“十二五”普通高等教育本科国家级规划教材
高校土木工程专业指导委员会规划推荐教材
（经典精品系列教材）

混凝土及砌体结构（上册）

（第二版）

哈尔滨工业大学　大连理工大学
北京建筑大学　华北水利水电大学　合编
哈尔滨工业大学　王振东　邹超英　主编
清　华　大　学　叶列平　主审

中国建筑工业出版社

图书在版编目（CIP）数据

混凝土及砌体结构（上册）/王振东，邹超英主编．—2版．—北京：中国建筑工业出版社，2014.3（2023.3重印）
“十二五”普通高等教育本科国家级规划教材．高校土木工程专业指导委员会规划推荐教材（经典精品系列教材）
ISBN 978-7-112-16370-0

Ⅰ.①混… Ⅱ.①王…②邹… Ⅲ.①混凝土结构-高等学校-教材②砌体结构-高等学校-教材 Ⅳ.①TU37 ②TU36

中国版本图书馆CIP数据核字（2014）第022333号

责任编辑：朱首明　张　晶
责任设计：李志立
责任校对：姜小莲　关　健

“十二五”普通高等教育本科国家级规划教材
高校土木工程专业指导委员会规划推荐教材
（经典精品系列教材）

混凝土及砌体结构（上册）

（第二版）

哈尔滨工业大学　大连理工大学
北京建筑大学　华北水利水电大学　合编
哈尔滨工业大学　王振东　邹超英　主编
清华大学　叶列平　主审

*

中国建筑工业出版社出版、发行（北京西郊百万庄）
各地新华书店、建筑书店经销
北京红光制版公司制版
北京建筑工业印刷厂印刷

*

开本：787×960毫米　1/16　印张：23　字数：472千字
2014年8月第二版　2023年3月第二十二次印刷
定价：**45.00**元
ISBN 978-7-112-16370-0
（25093）

本书是“十二五”普通高等教育本科国家级规划教材，也是高校土木工程专业指导委员会规划推荐教材。本书是在2003年2月出版的《混凝土及砌体结构》的基础上，根据新颁布的《混凝土结构设计规范》GB 50010—2010、《砌体结构设计规范》GB 50003—2011重新编写的。

本书介绍了混凝土和砌体结构的基本计算理论和设计方法，分上、下两册。上册内容10章：绪论、材性、设计方法、受弯构件正截面、受弯及偏心受力构件斜截面、受扭构件、受压构件正截面、受拉构件正截面、裂缝及变形、平面楼盖。下册内容3章：预应力混凝土构件的计算、单层厂房结构、砌体结构。

本书为高校土木工程专业教材，也可供土建设计、施工技术人员学习新颁布的《混凝土结构设计规范》GB 50010—2010和《砌体结构设计规范》GB 50003—2011时参考。

出版说明

1998年教育部颁布普通高等学校本科专业目录，将原建筑工程、交通土建工程等多个专业合并为土木工程专业。为适应大土木的教学需要，高等学校土木工程学科专业指导委员会编制出版了《高等学校土木工程专业本科教育培养目标和培养方案及课程教学大纲》，并组织我国土木工程专业教育领域的优秀专家编写了《高校土木工程专业指导委员会规划推荐教材》。该系列教材2002年起陆续出版，共40余册，十余年来多次修订，在土木工程专业教学中起到了积极的指导作用。

本系列教材从宽口径、大土木的概念出发，根据教育部有关高等教育土木工程专业课程设置的教学要求编写，经过多年的建设和发展，逐步形成了自己的特色。本系列教材投入使用之后，学生、教师以及教育和行业行政主管部门对教材给予了很高评价。本系列教材曾被教育部评为面向21世纪课程教材，其中大多数曾被评为普通高等教育“十一五”国家级规划教材和普通高等教育土建学科专业“十五”、“十一五”、“十二五”规划教材，并有11种入选教育部普通高等教育精品教材。2012年，本系列教材全部入选第一批“十二五”普通高等教育本科国家级规划教材。

2011年，高等学校土木工程学科专业指导委员会根据国家教育行政主管部门的要求以及新时期我国土木工程专业教学现状，编制了《高等学校土木工程本科指导性专业规范》。在此基础上，高等学校土木工程学科专业指导委员会及时规划出版了高等学校土木工程本科指导性专业规范配套教材。为区分两套教材，特在原系列教材丛书名《高校土木工程专业指导委员会规划推荐教材》后加上经典精品系列教材。各位主编将根据教育部《关于印发第一批“十二五”普通高等教育本科国家级规划教材书目的通知》要求，及时对教材进行修订完善，补充反映土木工程学科及行业发展的最新知识和技术内容，与时俱进。

高等学校土木工程学科专业指导委员会
中国建筑工业出版社
2013年2月

第二版前言

本教材是“十二五”普通高等教育本科国家级规划教材，也是高校土木工程专业指导委员会规划推荐教材。本教材是在2003年2月出版的《混凝土及砌体结构》的基础上，根据新颁布的《混凝土结构设计规范》GB 50010—2010、《砌体结构设计规范》GB 50003—2011、《工程结构可靠性设计统一标准》GB 50153—2008、《建筑结构荷载规范》GB 50009—2012和《建筑地基基础设计规范》GB 50007—2011等我国现行的标准、规范和规程重新编写的。

参加本教材上册重新编写的人员为：

哈尔滨工业大学：王振东（教授）、邹超英（教授）、张景吉（教授）、严佳川（博士）；大连理工大学：赵国藩（院士）；北京建筑大学：施岚青（教授）；华北水利水电大学：李树瑶（教授）。

本教材上册由王振东、邹超英担任主编，具体编写分工：赵国藩（第1章），王振东（第2章、第4章、第6章），施岚青、王振东（第3章），施岚青、王振东（第5章、第8章），王振东、邹超英、施岚青（第7章），李树瑶（第9章），邹超英、张景吉（第10章）。哈尔滨工业大学土木工程学院严佳川博士参加部分插图的绘制、例题试算、习题试算工作。全书由王振东、邹超英统稿，清华大学叶列平担任主审。我们谨向以上的专家表示衷心的感谢。

鉴于作者水平所限，书中有不妥或错误之处，恳请读者指正。

编　者

2013年12月

第一版前言

本书为适应国家教育事业发展的需要，系根据全国高等学校土木工程专业普遍执行的“混凝土结构教学大纲”的要求编写而成，初稿于1996年由国家建设部审批为高等学校推荐教材，2002年由全国高校土木工程学科专业指导委员会审定为规划推荐教材。

此次出版的内容是在所编写初稿的基础上，根据专家评审和广大读者的意见，并按国内最新修订的《建筑结构荷载规范》GB 50009、《混凝土结构设计规范》GB 50010、《建筑地基基础设计规范》GB 50007和《砌体结构设计规范》GB 50003，进行全面整理编写而成，使教材内容更加完善，并反映了新的科技成果。

本书编写的主要特点：符合教学大纲的要求，同时为了减轻学生学习的负担，贯彻少而精的原则，在各章节中，尽量精炼内容，力求概念清楚，文字通顺，便利教学。书中带有“*”号的章节，可供学生自学参考。

参加本书上册编写的单位和人员：

哈尔滨工业大学：王振东（教授）、张景吉（教授）、邹超英（教授）、王凤来（博士）；大连理工大学：赵国藩（院士）；北京建筑工程学院：施岚青（教授）；华北水利水电学院：李树瑶（教授）。

本书上册编写的分工：赵国藩（绪论），王振东（第1章、第3章、第5章），施岚青、王振东、王凤来（第2章），施岚青、王振东（第4章、第7章），施岚青、王振东、邹超英（第6章），李树瑶（第8章），张景吉（第9章）。

本书编写过程中，直接受到大连理工大学赵国藩院士的指导，同时还受到天津市第二预应力公司经理朱龙、冶金建筑科学研究院高级工程师束继华等专家热情的指导和帮助；哈尔滨工业大学土木工程学院王凤来博士、何政博士参加部分插图的制作和书稿的整理工作，我们谨向以上的专家表示衷心的感谢。

本书由哈尔滨工业大学王振东主编，东南大学丁大钧主审。由于水平所限，书中有不妥或错误之处，恳请读者指正。

编　者

2002年8月

目　录

第1章 绪 论

§1.1 概 述

混凝土是一种抗压能力比较高的材料，但是它的抗拉能力却很低，这就使得混凝土结构的应用受到很大限制。例如，试验表明，一根截面为 200mm×300mm、跨度为 2.5m、用 C30[❶] 混凝土做成的素混凝土简支梁，只承受约 16.5kN 作用在跨中的集中力，就因混凝土受拉而断裂为两半（图 1-1*a*）。但是，如果在混凝土构件的受拉区配置一定数量的钢筋，例如在上述这根混凝土梁中配置 2 根直径 20mm、牌号 HRB 400 的钢筋，做成钢筋混凝土构件（图 1-1*b*），混凝土开裂后，由钢筋代替混凝土承受拉力，则构件的承载力就会大大提高。试验表明，该梁在破坏时能承受约 98kN 的集中力。这就说明，与素混凝土梁比较，同样截面形状和尺寸的钢筋混凝土梁可承受大得多的外荷载。钢筋混凝土结构是由钢筋和混凝土两种材料组成的共同受力结构，除了以受压为主的构件外，通常是以混凝土承担压力、钢筋承担拉力。因此，钢筋混凝土结构能比较充分地利用混凝土和钢筋这两种材料的力学性能。

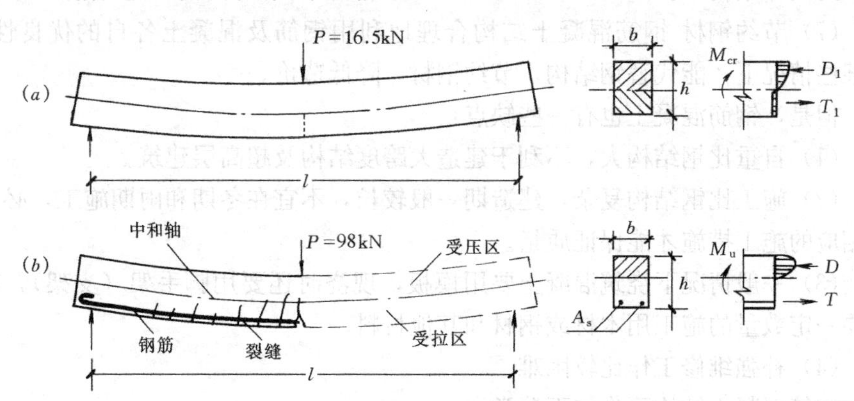

图 1-1 混凝土及钢筋混凝土简支梁的承载力

钢筋和混凝土这两种性能不同的材料能结合在一起受力，主要是由于它们之间有良好的粘结力，能牢固地粘结成整体。当构件承受外荷载时，钢筋和相邻的

❶ C30 表示混凝土强度等级，其中 C 表示混凝土，30 表示其立方体抗压强度标准值为 $30N/mm^2$，具体见第 2.2 节中 2.2.2。

混凝土具有相同变形，两者共同工作不产生相对滑动。此外，钢筋与混凝土的线膨胀系数又较接近［钢为 $1.2\times10^{-5}/℃$，混凝土为 $(1.0\sim1.5)\times10^{-5}/℃$］，当温度变化时，这两种材料不致产生相对的温度变形而破坏它们之间的结合。

钢筋混凝土除了较合理地利用钢筋和混凝土两种材料的性能外，还有下列优点：

(1) 耐久性好 处于良好环境的钢筋混凝土结构，混凝土的强度随时间不断增长，且钢筋受混凝土保护而不易锈蚀，所以钢筋混凝土结构的耐久性好，不像钢结构那样需要定期维修。

(2) 耐火性好 由传热性差的混凝土作钢筋的保护层，在遭受火灾时比钢、木结构的耐火性强。

(3) 整体性好 现浇整体式钢筋混凝土结构，整体性好，因而有利于抗震及防爆。

(4) 刚性好 钢筋混凝土结构的刚性大，在使用荷载下仅产生较小的变形，故有效地用于对变形要求较严格的各种建筑物。

(5) 可模性好 钢筋混凝土可根据设计需要，浇制成各种形状和尺寸的结构，特别适宜于建造外形复杂的大体积结构及空间薄壁结构。这一特点是砖石、钢、木等结构所没有的。

(6) 就地取材 钢筋混凝土中所用的砂、石材料，一般可以就地、就近取材，因而材料运输费用少，可以显著降低建筑造价。相对来说它的能源消耗也比钢结构和砖砌体结构少。

(7) 节约钢材 钢筋混凝土结构合理地利用钢筋及混凝土各自的优良性能，在某些情况下，能代替钢结构，节约钢材，降低造价。

但是，钢筋混凝土也有一些缺点：

(1) 自重比钢结构大，不利于建造大跨度结构及超高层建筑。

(2) 施工比钢结构复杂，建造期一般较长，不宜在冬期和雨期施工，必须采取相应的施工措施才能保证质量。

(3) 一般情况下浇筑混凝土要用模板，现浇时还要用脚手架（支架），因而需要一定数量的施工用木材或钢材和其他材料。

(4) 补强维修工作比较困难。

钢筋混凝土结构可作如下分类：

(1) 按结构的受力状态和结构外形可分为杆件系统和非杆件系统两大类。杆件系统中又有受弯构件、受压构件、受拉构件、受扭构件等。非杆件系统可以是空间薄壁结构，也可以是外形复杂的大体积结构。

(2) 按结构的制造方法可分为整体式、装配式及装配整体式三种。整体式结构是在现场先架立模板、绑扎钢筋，然后现场浇捣混凝土而成的结构。它的整体性比较好，刚度也比较大，但生产较难工业化，施工期长，模板用料较多。装配式结构则是在工厂预先制备各种构件，然后运往工地装配而成。采用装配式结构可使建筑事业工业化（设计标准化、制造工业化、安装机械化）；制造不受季节限制，能加快施工进度；利用工厂有利条件，提高构件质量；模板可重复使用，还可免去脚手架，节约木料或钢材。但装配式结构的接头构造较为复杂，整体性较差，对抗震和高层结构均为不利，装配时还需要有一定的起重安装设备。装配整体式结构是一部分为预制的装配式构件，另一部分为现浇的混凝土。预制装配部分通常可作为现浇部分的模板和支架。它比整体式结构有较高的工业化程度，又比装配式结构有较好的整体性，但同样存在施工时需要吊装的复杂性，特别对高层结构施工不利。

近十多年以来，国家大力发展整体式的多高层房屋建筑，施工时混凝土可以在现场或工厂搅拌供应，浇筑时垂直运输采用泵送。采用这种房屋，不但施工便利，房屋的整体性好，而且减少了能源损耗，节约用地；目前在国内各大中城市中，大大减少了以往所采用的楼板为预制空心楼板、墙体为砖石砌体混合结构的低层建筑，据报道，全国将建造二千幢超高层房屋建筑，都市现代化的气氛，正在逐步形成。

(3) 按结构的初始应力状态可分为普通钢筋混凝土结构和预应力混凝土结构。预应力混凝土结构是在结构承受荷载以前，预先在混凝土中施加压力，造成人为的压应力状态，预加的压应力可全部或部分地抵消荷载产生的拉应力。预应力混凝土结构的主要优点是抗裂性能好，能充分利用高强度材料，可以用来建筑大跨度的承重结构。

钢筋混凝土结构在工程上的应用是极为广泛的，工业与民用建筑、桥梁、道路工程、地下工程、水利工程、核电站、港口、航道工程、海洋工程以及水压机、机床、船舶等都广泛使用这种组合材料。

用钢筋混凝土建筑的国外著名工程有：世界上最高的建筑——迪拜的哈利法塔（原名迪拜塔）。该建筑总高度为 828m，塔的下部（－30～601m）采用钢筋混凝土剪力墙体系结构，上部（601～828m）采用钢结构；马来西亚吉隆坡 88 层 450m 高的石油双塔楼；加拿大和前苏联分别建成高度为 549m 及 533m 的预应力混凝土电视塔。大跨度的预应力混凝土桥有跨度 530m 的挪威特隆赫姆 Skarnsundet预应力混凝土斜拉桥（1991 年）；跨度 390m 的克罗地亚克尔克Ⅱ号拱桥（1980 年）等。英国北海石油开采平台 24 个预应力混凝土贮油罐，海下深度达 216m，油罐直径 28m，底板毛面积为 16000m^2（1989 年）。

新中国成立以来新建的大型混凝土结构主要有：广州中信广场大厦，共 80 层（地下 2 层），总高度为 391m；香港的中环广场大厦，地面以上 78 层，楼高 374m，号称香港摩天大厦；广州的广州中天广场大厦（1997 年），楼高 321.9m；我国最高的建筑是上海的金茂大厦，地上 88 层，地下 3 层，总高度为 420.5m，是钢筋混凝土和钢结构混合建造的建筑物；高度 468m，具有独特的空间框架形式的上海电视塔。著名的大桥有：世界上最长的桥是我国胶州湾跨海大桥（也称青岛海湾大桥），全长41.58km，大部分是钢筋混凝土斜拉桥（跨度最大为120m，桥宽35m，2011年）；目前世界上已经建成或在建的第三长桥，是我国浙江杭州湾跨海大桥，全长36km，主体为钢箱梁斜拉桥，其余引桥为30～80m不等的预应力混凝土结构，施工中已有5项创新科技成果达到国际领先水平，其中大桥基础的钢管桩，超长达89m，直径1.5～1.6m的设计，制造和在海上吊装施工，以及50～70m长，最重2180t的大吨位预应力混凝土箱梁的制造，和在海上架设的施工技术，都是目前举世无双的（2008年）。此外还有跨度为444m的重庆预应力混凝土斜拉长江二桥，跨度为420m的四川万县混凝土拱桥等。近几十年以来，我国在桥梁建设上，有了飞跃的发展，单是横跨长江的各种大桥已达60多座，也是世界上跨河大桥最多的工程。在公路方面，世界上最长的高速公路，是我国的沪（上海）——渝（重庆）高速公路，全长1768km，从上海至重庆只需17h，从重庆到武汉，只需8h，运行时间比空运和水运都要快，这条公路横贯我国西部、中部和东部三大经济区域，是我国一条联络东部和西部的“经济大动脉”。此外，该公路自湖北的宜昌至四川的重庆段，大部在山区里通过，施工条件复杂，开挖隧道46座，处理多处隧道底部的溶洞，建造20多座桥梁，也是世界上建造难度最大的高速公路。在隧道建设方面：陕西的终南山高速公路隧道，其公路，北至内蒙古的包头，南至广东的茂名，该隧道是贯通公路南北交通的重要枢纽，隧道的单洞长度为18.02km，双洞长度为36.04km，是世界第一座也是最长的双洞高速公路隧道，同时，隧道内部的灯光、防火、监控等设施非常完善，是现代化水平非常高的隧道；具有世界级水平的南京长江隧道，工程总长度约5853m，开挖直径14.93m，隧道最低点离长江水面约65m，是我国第一次采用世界最先进的大型盾构机旋转式开挖和建造的机械化施工隧道，被列为具有国际水平、可作为今后国内外的江河隧道施工范例的工程（2012年）。在水坝建设方面有：甘肃黄河刘家峡147m高的重力坝；青海黄河龙羊峡172m高的拱形重力坝；河南洛阳小浪底水利工程枢纽：坝高281m，主要功能为治沙防洪，即利用拽洪的水流，快速冲刷河底泥沙，使急速水流将泥沙带至黄河下游或排拽入海，起到治沙防洪作用；湖北长江葛洲坝水利枢纽，年平均发电量140亿kW·h；四川二滩的双曲拱形坝，高240m，年平均发电量170亿kW·h；世界上最大的混凝土重力坝为我国的长江三峡大坝，坝顶总长度3035m，坝顶高度185m，年平均发电量849亿kW·h，左岸能通航万吨级船队。

§1.2　混凝土结构的发展简况

混凝土结构的应用虽然只有160年左右的历史，但它比砖石、钢木结构具有更多的优点。据不完全统计，目前在我国每年混凝土用量约9亿m^3，钢筋用量约2000万t，用量之大，居世界前列。可以预见，混凝土将是我国今后相当长时期内一种重要的工程结构材料。混凝土的发展可以从以下几个方面加以了解。

1.2.1 材 料

1. 混凝土

其发展的主要方向是高强、轻质、耐久、抗震（爆）。

(1) 高性能混凝土（Highperformence Concrete）

所谓高性能混凝土是指具有高强度、高耐久性、高流动性等多方面优越性能的混凝土，它是近年来混凝土材料发展的一个重要方面。从强度而言，抗压强度大于C50的混凝土属于高强混凝土，提高混凝土的强度是发展高层建筑、高耸结构、大跨度结构的重要措施。采用高强混凝土可以减小截面尺寸，减轻自重，获得较大的经济效益，同时具有良好的耐久性。目前国际上混凝土已达到很高的强度，如罗马尼亚已制成C170的混凝土，美国已制成C200的混凝土，我国已制成C100的混凝土。高强混凝土的主要缺点是延性差。

在我国，为提高混凝土强度所采用的主要措施有：①采用高效减水剂以降低水灰比是获得高强度混凝土的主要技术方法；②采用优质水泥，如采用525、625及725强度的硫铝酸盐水泥、铁铝酸盐水泥；③采用优质骨料；④利用优质掺合料，如采用优质的磨细粉煤灰、硅灰、天然沸石矿粉或超细矿渣等。

(2) 轻骨料混凝土（Light Aggregate Concrete）

利用天然轻骨料（如浮石、凝灰岩等）、工业废料轻骨料（如炉渣、粉煤灰、煤矸石等）及其轻砂，人造轻骨料（页岩陶粒、黏土陶粒、膨胀珍珠岩等）制成的轻骨料混凝土，具有自重较小（可减轻自重10%～30%），相对强度高以及保温、抗冻性能好等优点。一般常用的轻骨料混凝土的强度等级为C15～C20，自重为17～18kN/m^3。自20世纪60年代以来，轻质高强混凝土是建造高层、大跨结构的主要材料。国外用于工程结构的轻骨料混凝土为C30～C60，自重为10～14kN/m^3；用于保温而不承重的轻骨料混凝土一般为C5～C20，自重为9～14kN/m^3。目前，我国生产的人造轻骨料的松散自重为5～8kN/m^3，可配制成级别为C7.5～C30、自重为12～18kN/m^{3}的轻骨料混凝土；同时，又生产出超轻陶粒，松散自重为3～5kN/m^3，达到了国际先进水平。我国发展轻骨料混凝土的重要途径是积极利用工业废渣废料，降低混凝土生产成本，变废为用，减少城市或厂区的污染，减少堆积废料占用的土地。另一个途径是大力开采和利用天然轻骨料，我国吉林、黑龙江、内蒙古、山西等地均有丰富的天然轻骨料。

(3) 改良混凝土（Modified Concrete）

1) 纤维增强混凝土。为了改善混凝土抗拉性能和延性差的缺点，20世纪60年代以后，掺加纤维以改善混凝土性能的研究和应用发展得相当迅速，研究较多的有掺钢纤维、耐碱玻璃纤维、聚丙烯纤维或尼龙合成纤维、植物纤维等。

钢纤维混凝土具有抗拉、抗弯、抗剪、耐磨、抗疲劳、延性及韧性好的特点，工程应用较为广泛，例如用于构件的三维复杂受力部位、抗震框架节点区、刚性防水屋面、地下防水工程、混凝土拱桥拱体受拉区、桥梁桥面、公路路面、机场道面、水工建筑中的高速水流冲刷及腐蚀部位，喷射钢纤维混凝土用于隧洞衬砌工程以及结构加固工程等处，均取得了良好的效果。在国内，采用钢丝切断法、薄板剪切法、钢锭（厚板）切削法、熔钢抽丝法等几种主要方法进行钢纤维的生产。

在施工技术上，钢纤维混凝土体积率一般为0.6%～2.0%，体积率再增加容易结团成球，影响混凝土质量，但是国内外正在研究一种体积率为5%～20%，最高达27%，简称为SIFCON的砂浆掺钢纤维混凝土，施工时是先将钢纤维松散填入在模具内，然后浇筑水泥浆或砂浆，硬化成型，其特点是抗压强度大幅度地提高，可达100～200N/mm^2，其抗拉、抗弯、抗剪以及延性、韧性等性能也比普通体积率的钢纤维混凝土有更大的提高。另一种名为SIMCON的施工方法与SIFCON基本相同，只是用钢纤维网（Mat）制成的产品预先填置在模具内，然后掺浇水泥浆，其钢纤维体积率一般为4%～6%，与前一种方法相比，可用较低钢纤维体积率而达到相同的强度和韧性，取得节约材料的效果。虽然以上两种材料力学性能优良，但由于钢纤维用量大，一次性投资高，施工工艺特殊，因此只是在必要时在某些特殊的结构或构件的局部（如火箭发射台等处）采用。

2）钢丝网水泥。是在砂浆中铺设钢丝网及骨架钢筋作为薄壁结构，具有良好的抗裂能力和变形能力，在国内外造船、水利、建筑工程中应用较为广泛。我国的钢丝网水泥船制造，在世界上是具有先进水平的。

3）树脂混凝土。是树脂和混凝土复合而成的新型材料，其强度可达100N/mm^{2}以上。常用的树脂有聚酯树脂和环氧树脂。树脂混凝土强度高、成型性好、耐腐蚀性强，多用于冶金、化工部门有腐蚀介质作用的结构及容器（如酸洗槽）。

此外，膨胀混凝土、聚合物混凝土等也得到应用。

(4) 其他混凝土

如泵送混凝土、流态混凝土、喷射混凝土应用亦比较广泛，还有水下混凝土、将水泥砂浆用压力灌入粗骨料空隙中形成的压浆混凝土等也得到应用。

2. 配筋

混凝土结构的配筋材料是指除钢筋以外的其他配筋材料，在国际上研究较多的是树脂粘结的纤维筋（FRP），常用的有树脂粘结的碳纤维、玻璃纤维及芳纶(Aramid)纤维。国外研究指出，以上这些纤维制成的筋材强度都很高，只是玻璃纤维筋的抗碱化性能较差。

为了减少裂缝宽度和构件的变形，我国一些地区研究采用焊成梯格形的双钢筋，它主要用在板式构件或跨度不大的小梁及直径不大的筒仓、水泥罐等处。

在海洋环境或有腐蚀性介质的环境中，如冬季撒盐的桥面，用环氧树脂涂敷钢筋表面，防止钢筋生锈，这一方法在日本、美国应用较多，我国亦在推广应用中。

1.2.2 结 构

对钢-混凝土组合结构的应用与发展是值得注意的事情，如钢板混凝土用于地下结构、混凝土结构加固，压型钢板-混凝土板用于楼板，型钢与混凝土组合而成的组合梁用于楼盖或桥梁，外包钢混凝土柱用于电厂主厂房等。在钢管内浇筑混凝土，在纵向压力作用下，使管内混凝土处于三向受压状态，而管内的混凝土又抑制管壁的局部失稳，因而使构件的承载力和变形能力大大地提高，而且钢管又是混凝土的模板，施工速度较快。这种结构已在国内逐步应用。

在钢-混凝土组合梁中，将工字型钢腹板按折线形切开，改焊成高度更大的蜂窝形梁，既提高了抗弯能力，又便于管道通过有洞的腹板，在电厂结构中已经应用。

在比利时、日本以及我国研究应用一种预弯型钢的预应力梁。即将预制的带有拱度的工字型钢梁，在加载状态下，在下翼缘浇筑混凝土，待达到一定强度后卸载，使下翼缘的混凝土预压，然后运至现场铺设预制梁板，再浇筑上部混凝土成为装配整体式构件，在使用荷载下，下翼缘产生的外加拉应力可与预加的压应力抵消，施工时无需锚具和张拉设备，国外已建成跨度达 60m 的公路桥，国内在辽宁、武汉、哈尔滨等地的桥梁工程中已有应用。

预应力混凝土结构在我国发展也较迅速，其中引人重视的是无粘结部分预应力混凝土结构。无粘结筋是由单根或多根高强度钢丝、钢绞线或钢筋，沿全长涂抹防腐蚀油脂并用聚乙烯塑料护套包裹而成。张拉时无粘结筋与周围混凝土产生纵向相对滑动。无粘结筋像普通钢筋一样敷设，然后浇筑混凝土，待混凝土达到规定的强度后进行张拉和锚固，省去了传统后张预应力混凝土预埋管道、穿索、压浆工艺，节省施工设备，缩短工期，节约造价，可得到综合的经济效益，我国已在房屋建筑和公路桥梁中应用。

一种体外张拉的预应力索已在桥梁工程的修建、补强加固中应用，其特点是：与体内无粘结预应力筋一样大幅度减小预应力值的摩擦损失，简化截面形状和减小截面或壁厚尺寸，便于再次张拉、锚固、更换或增添新索，提高构件的承载力，我国汕头海湾大桥的索桥预应力混凝土加劲梁即采用了体外索。

国内在上海成都路高架桥工程中采用一种“缓粘结”预应力混凝土张拉工艺，与无粘结预应力筋类似，但预应力筋周围是用缓凝砂浆包裹，在钢筋张拉时砂浆不起粘结作用可以自由张拉，待钢筋锚固后砂浆缓慢凝结硬化，与预应力筋相粘结。这种施工工艺，在张拉时是“无粘结”，在砂浆凝结后又是“有粘结”

的，具有进一步研究的意义。

1.2.3 计 算 理 论

钢筋混凝土宏观上是两种材料的组合体，从微观上看，混凝土又是水泥浆、砂、石、孔隙等组合体，其力学性能相当复杂，分析钢筋混凝土结构的问题，要比分析以匀质材料制造的结构（如钢结构）困难复杂，其结构计算理论的发展，同时又与力学、数学、物理学等基础科学的发展密切相关，主要有：

1. 钢筋混凝土有限元分析方法

有限元分析的概念是人为地把弹性体划分成有限个单元（如取相邻两个节点之间的梁、柱或二力杆等），由有限个节点相互连接而成为离散结构物，计算时通过对单元的分析，建立节点与节点的力和位移关系的平衡方程式，并进一步进行整体分析，由节点平衡方程式集合成结构的平衡方程组，最后通过解结构的线性代数平衡方程组，计算出各单元的内力及支承反力。由于有限元法可用计算机进行分析，确实使许多过去令人望而生畏的工程力学难题得到迅速而又可靠的解答。因此，其应用得到迅速的发展。

钢筋混凝土有限元是研究混凝土随着荷载的增加，由弹性状态过渡到塑性状态，最后达到丧失承载能力极限状态全过程中内力和变形发展的有效的弹塑性分析法，这种方法可以给出结构内力和变形的全过程，包括裂缝的形成和扩展，结构破坏过程及破坏形态，显示出结构的薄弱部位，给出结构极限承载能力等。

2. 钢筋混凝土结构的极限分析

对于板、壳、连续梁、框架结构的极限承载力，采用极限分析法直接求解，是一个发展的方向，并已有较多的成果，但需保证正常使用（限制裂缝和变形）和薄壁结构及细长压杆的稳定性，以及防止脆性的剪切破坏和钢筋锚固的失效。

3. 混凝土断裂力学

在计算理论中，另一个值得注意的发展方向是混凝土断裂力学在水工大坝中的应用，1995年在瑞士苏黎世举行的国际学术会议，对混凝土断裂的材料模型、复合型断裂、损伤模型、动态断裂、应用及设计规范等多项专题，进行了讨论。

1990年欧洲混凝土结构模式规范（CEB-FIP），给出了与最大骨料粒径 d_{max} 及混凝土强度等级有关的断裂能 G_F 的估算值以及 G_F 与温度和含水量的关系，这些规定虽然还不够完善，但为混凝土断裂力学的工程应用提供了基础。

4. 混凝土的收缩与徐变

混凝土收缩与徐变的研究一直是混凝土计算理论中的一个重要方面，对水工混凝土及预应力混凝土结构的计算理论影响甚大，中国水利水电科学研究院多年来进行了系统的研究，出版了专著《混凝土的收缩》及《混凝土的徐变》，结合我国工程实际情况，提出了估算收缩的方法，介绍了六种徐变计算理论，并以试验数据为依据进行了评述，还介绍了减小干缩和温度收缩的措施，介绍了结构徐变分析和数值分析方法等。

1990 年欧洲混凝土结构模式规范（CEB-FIP）也对混凝土收缩及徐变提出了有关的计算方式。

5. 工程结构可靠度

工程结构，包括混凝土结构，在设计施工、使用过程中，势必具有种种影响结构安全、适用、耐久的不确定性，这些不确定性大致可分为：随机性、模糊性、知识的不完善性。

事物的随机性，即事件发生条件充分与否，从而使事件出现与否表现出不确定性。处理和研究随机性的数学方法是概率论、随机过程和数学方法等。国内外对这种随机的不确定性对结构可靠性的影响作了大量研究，国际标准 ISO 2394 以及一些国家的规范，包括我国各种专业的工程结构设计规范，引用以概率论为基础的可靠性设计原则，在工程实践中得到不断的发展。

事物的模糊性，即事物本身的概念是模糊的，也就是说一个集合到底包括哪些事物是不明确的，例如工程结构中的“正常使用”与“不正常使用”、“耐久”与“不耐久”、“安全”与“危险”。

大连理工大学引用模糊数学研究钢筋混凝土结构正常使用极限状态的可靠度，提出了当量随机化计算方法，以及同时考虑模糊性和随机性影响的结构可靠度统一数学模型等。哈尔滨建筑大学在模糊数学用于地震烈度综合评定、抗震可靠性分析及优化设计等方面作了系统深入的研究。

知识的不完善性，即事物的系统是相互联系、相互作用构成具有特定功能的整体。虽然有些客观事物本身是属于确定性事物，但由于主观原因（例如知识水平不足）而对该事物认识不清，或是客观原因（例如难以取得待建桥梁未来荷载的统计信息），使决策者在使用这一信息时必须考虑它的不确定性等。目前对这种不完备的信息，还没有成熟的数学方法。

1.2.4 结构耐久性

混凝土结构耐久性研究是一个重要的问题，我国沿海及近海地区的混凝土结构，由于混凝土腐蚀，特别是钢筋的锈蚀而造成结构的早期损坏，已成为工程中的重要问题。提高混凝土耐久性的主要措施有：采用高炉矿渣水泥、优质陶粒骨料、高效减水剂、引气剂、优质掺合料（如硅粉），选用低碱水泥、注意选择骨料，防止碱-骨料反应（掺合料对防止碱-骨料反应的效果顺次为：硅粉、粉煤灰、矿粉）；保证施工质量或采用防腐涂层（环氧树脂等）。钢筋锈蚀会使构件产生顺筋裂缝、保护层剥落。防止钢筋锈蚀的主要措施是合理的保护层厚度，振捣密实的混凝土，良好的养护和使用环境。

结构的耐久性问题可分为两大类型：

（1）待建结构耐久性设计

耐久性设计涉及结构暴露环境、结构选材、设计、施工、养护、检查、管理、维修等多方面的条件，是一个极为复杂的问题。国家正在开展这方面的研究工作，成果已在有关国家规范中设计应用。

(2) 已建结构的鉴定

已建混凝土结构，经过长期使用或突然的灾害（地震、火灾），引起功能退化，这种结构功能的评估鉴定与待建时期的设计有很大的区别，需要根据当时当地“木已成舟”的现场条件，对已建结构功能进行鉴定，以评估结构的安全性和耐久性，提出处理方案。对需要加固的结构，如建筑结构，已由中国工程建设标准化协会颁布了《混凝土结构加固技术规范》CECS 25：90，提出了加大截面法、外包钢法、预应力法、改变结构传力途径法等加固方法。

1.2.5 试验技术

由于混凝土结构的材料组成相当复杂，要检验理论计算是否符合结构的实际受力情况，或者是观测结构受力后的损伤情况，需要研究近代试验技术（如声发射、云纹法、激光散斑法等）以及模型试验技术等，这是混凝土学科中的一个重要方面。

§1.3 学习本课程的目的及其特点

混凝土结构是土木、建筑、水利工程中最基本的结构形式。本课程也是工业与民用建筑专业中极为重要的课程。学习本课程的主要目的是：掌握混凝土结构构件设计计算的基本理论和构造知识，为今后能顺利地从事结构设计工作打下牢固的基础。

在某种意义上来说，本课程是研究钢筋混凝土这一具体材料的力学理论课程。因为研究的对象不是弹性材料，所以与研究弹性体的“材料力学”完全不同，在学习时应注意它们之间的异同点。混凝土的力学特性及强度理论非常复杂，人们对此认识得还不深，因此，目前钢筋混凝土结构的计算公式通常是在理论分析和大量试验基础上建立起来的。我们必须重视这种通过试验建立理论的方法，注意每一理论的适用范围和条件，在实际工程设计中正确运用这些理论与公式。

本课程同时又是一门结构设计课程，有很强的实践性。要搞好工程结构设计，除了要有扎实的基础理论以外，还必须综合考虑材料、施工、经济、构造细节等各方面的因素。通过参加实践工作，逐步掌握对各种错综复杂因素的综合分析能力，这是非常重要的。此外，为了培养从事设计工作的能力，对计算机应用、数值计算、整理编写设计书、绘制施工图纸等基本技能有严格的要求。

第2章 材料的力学性能

§2.1 钢 筋

2.1.1 钢筋的种类

我国在钢筋混凝土结构中，以往生产通用的普通钢筋，可分为低碳热轧碳素钢和普通低合金钢两种，二者的区别主要在于所含的化学成分不同。

热轧碳素钢除含有铁以及少量的硅、锰、硫、磷等元素外，另增加了碳的元素。这种钢筋的力学性能随含碳量不同而异，含碳量高强度高，质地硬，但塑性降低。在钢筋中常用的主要是低碳热轧碳素钢，其含碳量低于0.25%，强度较低，但塑性性能好，原《混凝土结构设计规范》GB 50010—2002（以后简称原《规范》）中所规定使用的热轧光面圆钢筋 HPB235，又称3号钢，即属此类。

普通低合金钢的成分，除含有热轧碳素钢的元素外，再加入微量的合金元素，如硅、锰、钒、钛、铌等，这些合金元素虽然含量不多，但改善了钢材的塑性性能。

随着我国对钢铁工业的科学深入研究和生产技术的发展进步，近些年来所生产的钢材，无论在质量上还是在品种上，都有很大的提高和改进，最主要的特点，取消了强度较低的低碳热轧碳素钢筋 HPB235 的生产，同时不限制钢筋材料的化学成分和制作工艺，而按性能确定钢筋的牌号和强度级别。为此，我国新公布的《混凝土结构设计规范》GB 50010—2010（以后简称《规范》）中所规定的用钢，亦作了相应的调整，依据应用高强度、高性能的原则，采用下列牌号的普通钢筋：

(1) HPB300——即热轧光面圆钢筋（Hot Rolled Plain Steel Bars 300）；

(2) HRB335、HRB400、HRB500——即热轧带肋钢筋（Hot Rolled Ribbed Steel Bars 335、400、500）；

(3) HRBF335、HRBF400、HRBF500——即热轧细晶粒带肋钢筋（Hot Rolled Ribbed Fine Steel Bars 335、400、500）；

(4) RRB400——即余热处理钢筋（Remained Heat Treatment Ribbed Steel Bars 400）。

细晶粒带肋钢筋，是指在热轧过程中，通过控轧和控冷工艺形成细晶粒，晶粒变细后，钢筋的强度提高，但其他性能不受影响。用这种方法轧制而成的钢筋叫做热轧细晶粒带肋钢筋。

钢筋的牌号是表示钢筋的名称，例如 HRB400 是指热轧带肋钢筋，其屈服强度 $f_y=400N/mm^2$。即钢筋的轧制工艺+屈服强度组成，称为钢筋的牌号。我国的国家标准《钢筋混凝土用钢　第2部分　热轧带肋钢筋》GB 1499.2—2007 规定：对热轧带肋钢筋 HRB335、HRB400、HRB500 分别用符号 3、4、5 表示其牌号，对热轧细晶粒带肋钢筋 HRBF335、HRBF400、HRBF500 分别用符号 C3、C4、C5 表示其牌号，在钢筋本体上明显轧制，并在每批（一批 60t）钢筋上附有说明书，对直径小于 10mm 的钢筋，仅在说明书上标明其牌号。

钢筋的级别是以钢筋不同的强度而区分的，例如 HRB400、HRBF400 同属一个 400 级，400 是指钢筋的屈服强度 $f_y=400N/mm^2$（或称 MPa），由于在同一等级中有不同牌号的钢筋，分不出每一种钢筋的品种，故这个名称应用较少。

我国《规范》将钢筋分为两类：普通钢筋和预应力筋。

1. 普通钢筋的性能和使用特点

这是一种经热轧而成低碳低合金的光面圆钢筋，塑性好、易焊接、易加工成型，以直条或盘圆交货，大量用于钢筋混凝土板和小型构件的受力钢筋以及各种构件的构造钢筋。由于它的屈服强度较低，不宜用于各种大中型钢筋混凝土结构构件以及混凝土强度等级较高的结构构件受力钢筋。在《规范》发布实施以后，用 300 级的光面圆钢筋取代了 235 级的光面圆钢筋。在规范使用的过渡期，若仍取用还有库存的 235 级光面圆钢筋设计应用时，则对 235 级光面圆钢筋的设计值，仍按原《规范》的规定取用。

(1) 牌号为 HRB335、HRBF335 的钢筋

HRB335 钢筋是由低合金钢经热轧而成的钢筋。为增加钢筋与混凝土之间的粘结力，表面轧制成外形为月牙肋。这种钢筋是原《规范》规定的钢种，其强度比 HPB300 高，塑性和焊接性能都比较好，易加工成型，但强度仍偏低，从《规范》推广应用高强材料的原则来要求，是一种限制使用并准备逐步淘汰的钢种，目前主要用于中小型钢筋混凝土结构构件的受力钢筋和构造钢筋，亦可应用于预应力混凝土结构中非预应力的箍筋以及承受地震作用、多次重复荷载、振动和冲击荷载结构的箍筋等。

HRBF335 钢筋是根据生产条件新增加的钢种，采用控温加压轧制工艺生产，晶粒变细，质量变实，强度提高。外形为月牙肋，其力学性能及主要用途与牌号 HRB335 级钢筋基本一致，但由于强度偏低，亦属于准备逐步淘汰的钢种。

(2) 牌号为 HRB400、HRBF400 的钢筋

HRB400 钢筋，由低合金轧制而成的月牙肋钢筋，是原《规范》规定的钢种，但制作工艺略有改进，具有较好的延性、可焊性、机械连接性能及施工的适用性，是我国今后推广应用作为纵向受力的主导钢筋。

HRBF400钢筋，亦是一种新增的按控温加压轧制工艺生产的细晶粒带月牙肋钢筋，其力学性能和使用条件与HRB400级钢筋基本一致。

(3) 牌号为RRB400的钢筋

RRB400余热处理钢筋为热轧后，经高压水湍流管进行快速冷却，再利用钢筋芯部的余热自行回火而成的钢筋。钢筋热轧后，经过湍流水，起到快速冷却作用，使钢筋强度提高，但脆性增加，再经自行回火后，能够消除材料的内应力，使材质稳定，同时其塑性得到一定的改善。这种钢筋的特点为，经湍流水、余热处理后，强度提高，但总的来说，其延性、可焊性、机械连接性能及施工适应性降低，一般可用于变形性能及加工性能要求不高的构件中，如基础、大体积混凝土、楼板、墙体以及次要的中小型结构等。

(4) 牌号为HRB500、HRBF500的钢筋

HRB500、HRBF500二者皆为生产所增加的低合金热轧带肋钢筋，强度高，延性及可焊性亦尚可，也是作为今后结构构件纵向受力的主导钢筋。

以上所说的外形为带有纵肋的月牙肋钢筋（图2-1a），其横肋高度向肋的两端逐渐降至零，不与纵肋相连，横肋在钢筋横截面的投影呈月牙形，这样可使在纵横肋相交处的应力集中有所缓解，但钢筋在横肋以外的机体有所增加，因此，钢筋的实际屈服强度和疲劳强度有所改善。

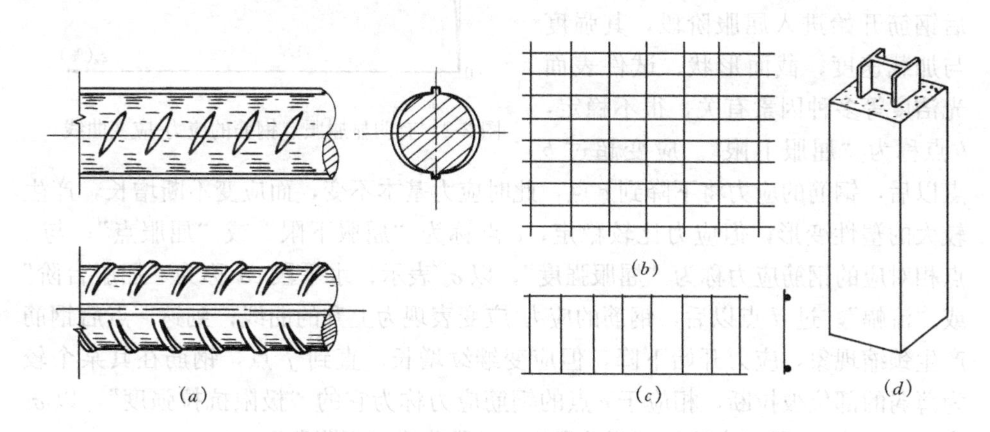

图2-1　钢筋形式

(a) 月牙肋钢筋；(b) 焊接钢筋网；(c) 焊接骨架；(d) 劲性钢筋

2. 预应力筋的性能和使用特点

预应力筋包括预应力钢丝、钢绞线和预应力螺纹钢筋。其性能和使用特点见第11章。

钢筋混凝土结构所采用的钢筋按其构造形式不同，可分为柔性钢筋和劲性钢筋。柔性钢筋即上述光圆及带肋的普通钢筋，可作为钢筋混凝土结构受力钢筋和构造钢筋以及预应力混凝土结构构件的构造钢筋。此外，经过绑扎或焊接做成钢

筋网（用于板、壳结构，图 2-1*b*），或做成空间的焊接骨架（用于梁、柱结构，图 2-1*c*），施工时固定在模板中，然后浇筑混凝土，加快了施工速度。

劲性钢筋是各种型钢（如角钢）、钢轨或用型钢与钢筋焊接成骨架（图2-1*d*）。由于劲性钢筋的刚度大，施工时可以由劲性钢筋本身来支承模板和混凝土自重，可以简化支模工作。用劲性钢筋作配筋用钢量多，设计时应经过方案比较后采用。

2.1.2　钢筋的应力-应变曲线及塑性性能

1. 应力-应变曲线

钢筋混凝土结构所用的钢筋，按单向受拉试验所得的应力-应变曲线性质不同，可分为有明显屈服点的钢筋和无明显屈服点的钢筋两大类。

(1) 有明显屈服点的钢筋

如图 2-2 所示的有明显屈服点钢筋的应力-应变曲线可以看出：在 *a* 点以前，应力-应变为直线关系，*a* 点的钢筋应力称为“比例极限”。过 *a* 点以后，应变增长加快，达到 *b* 点后钢筋开始进入屈服阶段，其强度与加载速度、截面形状、试件表面光洁度等多种因素有关，很不稳定，*b* 点称为“屈服上限”。应变超过 *b* 点以后，钢筋的应力将下降到 *c* 点，此时应力基本不变，而应变不断增长，产生较大的塑性变形，但应力比较稳定，*c* 点称为“屈服下限”或“屈服点”；与 *c* 点相对应的钢筋应力称为“屈服强度”，以 σ_s 表示；水平段 *cd* 称为“屈服台阶”或“流幅”。过 *d* 点以后，钢筋的应力-应变表现为上升的曲线；到达 *e* 点后钢筋产生颈缩现象，应力开始下降，但应变继续增长，直到 *f* 点，钢筋在其某个较为薄弱的部位被拉断，相应于 *e* 点的钢筋应力称为它的“极限抗拉强度”，以 σ_b 表示，曲线 *de* 段通常称为“强化段”，*ef* 段称为“下降段”。

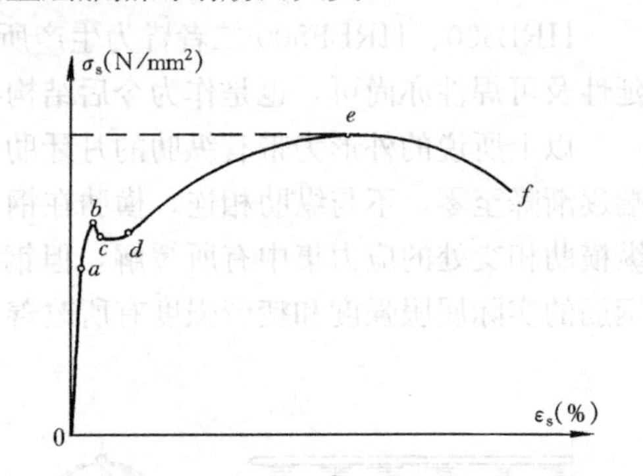

图 2-2　有明显屈服点钢筋的应力-应变曲线

在钢筋混凝土构件计算中，一般取钢筋屈服强度作为强度计算的指标。这是因为，当结构构件某个截面中的受拉或受压钢筋应力达到屈服，进入屈服台阶后，在应力基本不增长的情况下将产生较大的塑性变形，使构件最终产生不可闭合的裂缝而导致破坏，故取钢筋的屈服强度作为构件极限承载力的计算指标。

(2) 没有明显屈服点的钢筋

如预应力钢丝、钢绞线等。

图 2-3 为没有明显屈服点的钢筋应力-应变曲线。由图可以看出：钢筋没有

明显的流幅，塑性变形大为减少。通常取相应于残余应变为 0.002 的应力 $\sigma_{0.2}$ 作为其条件屈服强度，其值大致相当于钢筋极限抗拉强度 σ_b 的 0.85，即可取：

$$\sigma_{0.2}=0.85\sigma_b$$

图 2-4 列出各级钢筋的应力-应变曲线。从图中可以看出，普通钢筋应力-应变曲线都有明显屈服点，这种钢筋亦称软钢。没有明显屈服点的预应力钢丝、钢绞线称为硬钢。

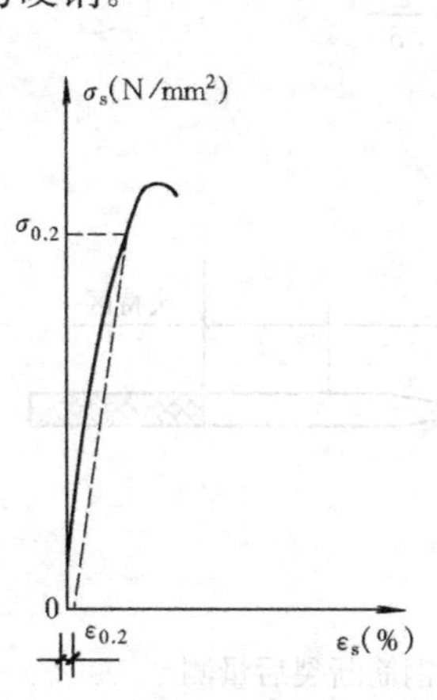

图 2-3 没有明显屈服点钢筋的应力-应变曲线

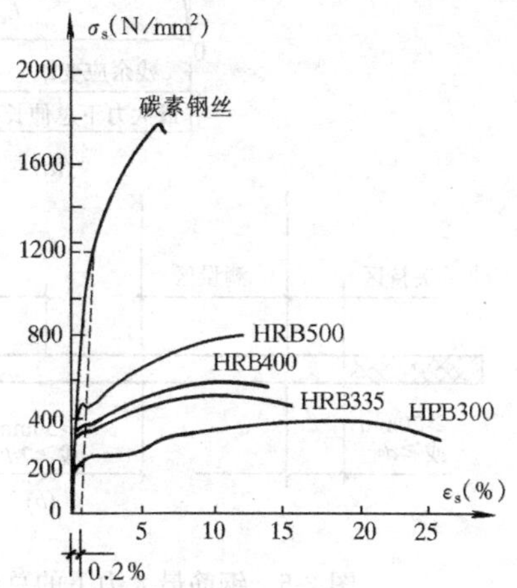

图 2-4 各级钢筋的应力-应变曲线

当钢筋的应力在比例极限以内时，其应力与应变关系：

$$E_s=\frac{\sigma_s}{\varepsilon_s} \tag{2-1}$$

式中 E_s——钢筋的弹性模量（N/mm²）；

σ_s——钢筋在比例极限以内的应力；

ε_s——相应于钢筋应力为 σ_s 时的应变。

2. 塑性性能

钢筋的塑性性能是用以下两个指标来表达的。

（1）钢筋的最大力下总伸长率

钢筋的最大力下总伸长率 δ_{gt}：是表示钢筋拉伸试验时拉断后不受断口—颈缩区域局部变形影响的相对应变值，它是作为钢筋延性好坏的一个控制指标。

钢筋拉伸试验断裂后的量测方法如下：

1）试验前的工作

如图 2-5 所示试样夹具之间的最小自由长度，应不小于表 2-1 中的规定。在试样自由长度范围内，需均匀地划分为 10mm 或 5mm 等间距的标记，然后进行拉伸试验。

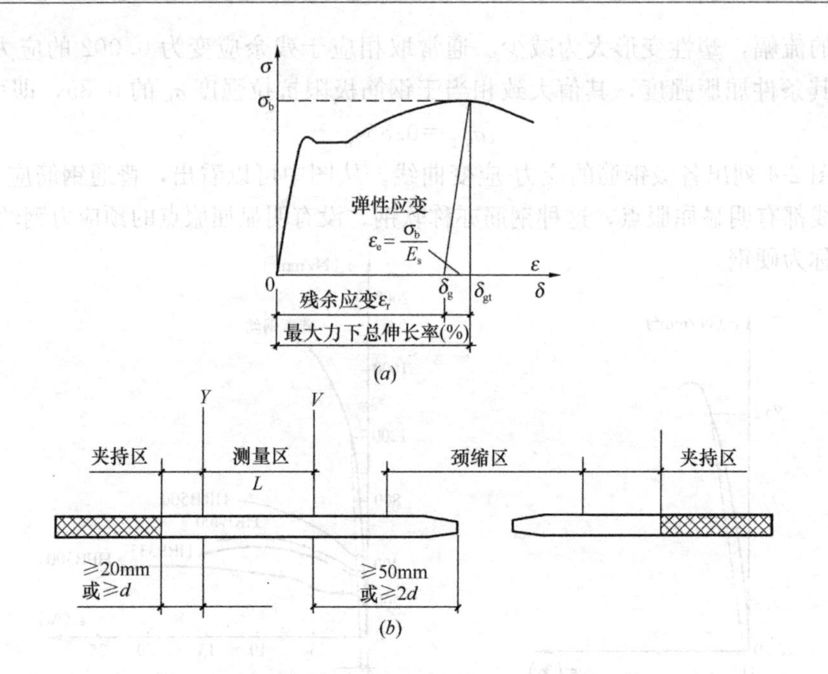

图2-5　钢筋最大力下的总伸长率及钢筋断裂后量测

(a) 钢筋最大力下的总伸长率；(b) 钢筋断裂后的量测

夹具之间的最小自由长度　表2-1

钢筋公称直径 d (mm)	试样夹具之间的最小自由长度 (mm)
$d\leqslant 25$	350
$25<d\leqslant 32$	400
$32<d\leqslant 50$	500

2) 断裂后的量测

首先在断裂试样上位于夹具离断裂点较远的一侧标记两个标记点 Y、V，Y、V 之间的距离应不小于在拉伸试验之前的 100mm 和 Y、V 两点中之一与夹具之间的最短距离，以及 Y、V 两点中之一与断口之间的最短距离，见图2-5。

这样，在最大力作用下，试样的总伸长率 δ_{gt}^0 (%) 可按下式计算：

$$\delta_{gt}^0=\left(\frac{L-L_0}{L}+\frac{f_y^0}{E_s}\right)\times 100 \tag{2-2}$$

式中　L——图2-5中的测量区断裂后的距离 (mm)；

L_0——图2-5中的测量区在试验前同样标记间的距离 (mm)；

f_y^0——抗拉强度实测值 (N/mm²)；

E_s——钢筋的弹性模量。

在设计时，按公式 (2-2) 计算所得的钢筋在最大力下试验所得的总伸长率 δ_{gt}^0 不超过所规定的最大力下的总伸长率限值 δ_{gt} 时，满足设计要求。《规范》规定，普通钢筋的最大力下总伸长率限值 δ_{gt}，见表 2-2。

普通钢筋在最大力下的总伸长率限值　　**表 2-2**

钢筋品种	HPB300	HRB335、HRBF335、HRB400、HRBF400、HRB500、HRBF500	RRB400
δ_{gt}（%）	10.0	7.5	5.5

对钢筋在最大力下的总伸长率试验的试样数量一般根据需要而定。

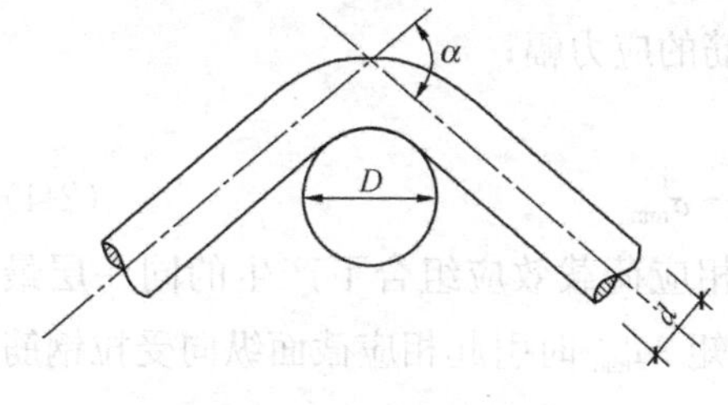

图 2-6　钢筋的弯曲试验

(2) 弯曲性能

如图 2-6 所示，D 为弯芯直径，α 为弯转角。当钢筋通过弯芯直径，弯转 180°时，钢筋的受弯曲部位，没有产生裂纹，则表示钢筋的弯曲性能，亦即其塑性性能特性之一，得到满足。

国家标准《钢筋混凝土用钢　第 2 部分　热轧带肋钢筋》GB1499.2—2007 规定，钢筋的弯芯直径，按表 2-3 确定。

钢筋的弯芯直径 D（mm）　　**表 2-3**

钢筋牌号	公称直径 d（mm）		
	6～25	28～40	>40～50
	D		
HRB335 HRBF335	$3d$	$4d$	$5d$
HRB400 HRBF400	$4d$	$5d$	$6d$
HRB500 HRBF500	$6d$	$7d$	$8d$

(3) 反向弯曲的性能

反向弯曲试验的弯芯直径比弯曲试验的弯芯直径增加一个公称直径 d。

反向弯曲的试验：先正向弯曲 90°后再反向弯曲 20°，两个弯曲角度均应在去载之前测量。经反向弯曲试验后，钢筋的受弯曲部位，不得产生裂纹。

反向弯曲试验，根据需方要求，可进行这项试验。

2.1.3　钢筋在重复荷载下的力学性能

钢筋混凝土结构构件在多次重复荷载作用下，尽管构件内的最大钢筋应力（σ_{max}^{f}）始终低于一次加载时钢筋的屈服强度，钢筋也会产生脆性断裂现象，称为“疲劳”破坏，此时其材料强度值称为“疲劳强度”。

材料“疲劳”破坏的原因，是由于材料内部有杂质和孔隙等缺陷存在，同时其内部每个晶粒的弹性、强度、受力大小和方向也各不相同，即使材料处于弹性工作阶段，内部个别晶粒也会达到屈服而发生歪扭和强化作用；随着重复荷载次数的不断增加，材料内部晶粒也不断在强化，致使个别晶粒的应力达到了破坏强度而使钢筋表面出现了微裂缝，最终由于多次重复荷载的不断作用，促使微裂缝不断增长和发展，降低了材料的强度而导致断裂。

现行《规范》规定，对钢筋疲劳强度，是采取应力幅的方法进行验算的。

普通钢筋的疲劳应力幅，应符合下列规定。

$$\Delta\sigma_s^f \leqslant \Delta f_y^f \tag{2-3}$$

式中　$\Delta\sigma_s^f$——疲劳验算时，纵向受拉钢筋的应力幅；

Δf_y^f——钢筋的应力幅限值。

$$\Delta\sigma_s^f = \sigma_{max}^f - \sigma_{min}^f \tag{2-4}$$

式中　σ_{max}^f、σ_{min}^f——疲劳验算时，分别按相应荷载效应组合下产生的同一层最大弯矩 M_{max}^f 和最小弯矩 M_{min}^f 时引起相应截面纵向受拉钢筋的应力。

普通钢筋的疲劳应力幅限值 Δf_y^f 可根据钢筋的疲劳应力比 ρ_s^f 查附表 6-1 求得，ρ_s^f 值由下式确定：

$$\rho_s^f = \sigma_{min}^f / \sigma_{max}^f \tag{2-5}$$

普通钢筋有关疲劳应力幅 $\Delta\sigma_s^f$ 以及疲劳应力幅限值的确定，可参照《规范》说明的有关事宜。

2.1.4　钢筋混凝土结构对钢筋性能的要求

钢筋混凝土结构对钢筋性能的要求，概括地说，即要求强度高，塑性及焊接性能好，还要求和混凝土有良好的粘结性能。

(1) 强度。采用强度高的钢筋，可以节约钢材，降低造价。《规范》推广 400 级及 500 级高强度热轧带肋钢筋作为纵向受力的主导钢筋。但用于抗剪、抗扭和抗冲切的箍筋时，其抗拉强度设计值，不宜高于 400N/mm^2。

(2) 塑性。即钢筋在断裂前具有足够的变形能力。钢筋的塑性是通过实测钢筋的最大力下的总伸长率，不超过其相应的最大力下总伸长率限值来保证的。采用 HPB300 以及 HRB 系列和 HRBF 系列的热轧带肋钢筋作配筋时，由于其塑性、可焊性、机械连接性能以及施工适应性均较好，对于对裂缝和变形没有特殊要求的一般构件，可不作上述对变形限值的验算；其中的 HPB300 光圆钢筋的塑性性能最好，设计时对预制构件中的预埋吊筋，一般均采用这种钢筋来配置。

(3) 焊接性能。即在一定的工艺条件下，钢筋焊接后不产生裂缝或过大的变形以保证有良好的受力性能。

当钢筋的含碳量较高，一般当其超过 0.55%时，就难以焊接；对 RRB 余热处理钢筋，其可焊性以及塑性、机械连接性和施工适应性有所降低，一般可用于对变形及加工性能要求不高的构件中，如基础、大体积混凝土、楼板、墙体以及次要的构件中。

(4) 粘结（握裹）性能。是保证钢筋和混凝土共同工作的基础。带肋钢筋表面经过处理，增加了粘结性能。此外，钢筋的锚固和有关构造措施亦加强了保证。

(5) 耐久性能。现代的建筑，用钢筋混凝土建造的高层结构房屋，日渐增多，暴露在室外的屋顶、墙体及各种构件，长期受到风雨及大气侵蚀，混凝土中孔隙水吸收空气中的二氧化碳溶入水后，变成弱酸性溶液，对钢筋有侵蚀作用，特别是对于直径较小的钢筋（钢丝），如预应力钢丝等处于高应力状态下，在某个薄弱部位，容易产生应力腐蚀而发生脆断。此外，处于有侵蚀性环境中结构内的钢筋，均存在耐久性的问题，设计时应采用如环氧化学涂层等相应的防腐措施。

§2.2 混 凝 土

2.2.1 概 述

混凝土是由石子、砂、水泥和水按一定的配合比拌和在一起，经凝结和硬化形成的人工石材。其材料性能的基本特点为：

(1) 是一种非匀质的多种材料结合体。其中砂和石子一般是性质不变的非活性材料，而水泥，有时添加一定的掺合料（如粉煤灰）等活性材料，与水、砂石拌和后粘结成一整体；同时，在搅拌过程中，还会混入少量气泡，以及由于浇捣不密实、养护时水分的蒸发等原因，形成一定的孔隙；此外，混凝土在水化硬化过程中，一部分形成硬化后的结晶体，另一部分是未经硬化的凝胶体，它包括被结晶体所包围未经水化的水泥颗粒和结晶体之间的孔隙水，需要在一定时间内逐渐硬化。综合以上各种材料和因素，构成硬化后的混凝土。

(2) 内部有微裂缝存在。微裂缝是指混凝土硬化后，在荷载作用前内部的裂缝。混凝土内可以认为骨料是不会产生收缩的，而由于混凝土在浇筑时的泌水作用而引起的沉缩，在硬化过程中水泥浆的水化而造成的凝缩，以及由于未水化多余水分的蒸发而发生的干缩等产生的收缩变形，受到骨料的限制，因而在水泥胶块和石子及砂浆的结合界面处，在荷载作用前就形成了不规则的微裂缝，这种微裂缝，在荷载作用时，往往是引起混凝土破坏的主要根源。

(3) 强度随时间而增长。混凝土内的部分水泥颗粒与水的化学反应，是由表及里逐渐深入的，需要在较长的时间内逐渐硬化，故其强度随时间逐渐增长。普通混凝土试验表明，在一般情况下，其浇筑后 3 天的强度大约相当于 28 天强度的 30%；7 天的强度大约为 50%～60%；14 天的强度大约为 70%～75%。其强度增长规律为：起初较快，以后逐渐减慢；当外界环境如温度、湿度、大气变化有利时，其强度增长偏为安全。研究表明，混凝土龄期在20年后，其强度增长仍未终止。

(4) 是具有一定塑性变形的弹塑性材料。混凝土中的砂石和水泥胶块的结晶体承受荷载具有弹性变形的特点，而水泥胶块中的凝胶体以及裂缝、孔隙和各种缺陷的存在，都会使塑性变形逐渐增加，因此它是一种弹塑性材料，以后将会讲到，利用这一特点，将会有效地利用钢筋和混凝土两种材料不同的强度和不同的弹、塑性性能，从而使设计更为安全。

2.2.2 混凝土强度

1. 混凝土立方体抗压强度（简称立方强度）

混凝土的强度和所采用的水泥强度等级、骨料（砂、石子）质量、水灰比大小、材料配合比、制作方法（人工或机械的）、养护条件以及混凝土的龄期等因素有关，同时试验时采用试件尺寸的大小和形状、加载方法和加载速度不同，测得的数据值亦不相同，因此需要规定一个标准作为依据。

国际标准化组织颁布了《混凝土按抗压强度的分级标准》ISO3839，提出直径150mm、高度300mm的圆柱体或边长150mm的立方体两种混凝土标准试件，作为试验方法的依据。

我国《规范》规定：混凝土强度等级应按立方体抗压强度标准值确定。立方体抗压强度标准值系指按标准方法制作、养护的边长为150mm的立方体试件，在28d或设计规定龄期以标准试验方法测得的具有95%保证率的抗压强度值，以符号$f_{cu,k}$表示。

在上述《规范》规定中，首次将混凝土试件养护龄期改为28d“或设计规定龄期”。这是考虑到我国近年来在混凝土工程中，为了提高强度，施工时，掺入大量粉煤灰等活性矿物材料，混凝土需要有稍长的时间水化和硬化，才能使其强度增长趋于基本稳定的状态，因此可由设计根据实际情况，通过试验分析，适当延长试件养护龄期。此外，所谓“且有95%保证率”是指：对该批试件的强度试验值作统计分析时，其中低于该试件强度等级的试件不应超过5%，亦即95%的试验数据是安全可靠的。

《规范》规定混凝土强度分成14个等级，即C15、C20、C25、C30、C35、C40、C45、C50、C55、C60、C65、C70、C75、C80。其中C表示混凝土，15～80等数值是表示以N/mm^{2}为单位的立方体抗压强度标准值的大小。同时还规定，在使用时，混凝土强度等级：对素混凝土结构不应低于C15；钢筋混凝土结构不应低于C20；采用强度等级400N/mm^{2}及以上的钢筋时，不应低于C25；承受重复荷载时不应低于C30；预应力混凝土结构不宜低于C40，且不应低于C30。

混凝土按照强度等级的不同，可分为普通混凝土、高强混凝土和超高强混凝土，三者之间没有明确的区分界限，一般认为强度等级在C50及其以下为普通混凝土，C50以上为高强混凝土，其中把C100及以上的高强混凝土称为超高强混凝土。随着我国科学技术的不断进步，以及材料质量和施工技术水平的提高，近30年来，对高强混凝土的配制和推广应用取得了显著的成就。为此在原《规范》中，增加了C55～C80的高强度混凝土等级，在混凝土应用技术上，跨入国际先进行列。

我国在20世纪80年代，试制成功并大力推广应用高效减水剂，与普通减水剂比较，其减水率在12%～20%及以上，效率较高。

高强混凝土，由于在配制时使用了高效减水剂，不但混凝土和易性好，而且水灰比减小，孔隙率降低，同时又掺入了适量的矿物掺合料（如粉煤灰等），混凝土质量密实因而强度高，尤其是抗压强度高，对以受压为主的钢筋混凝土结构构件（如柱子、拱壳等），可大幅度地增加承载能力，在相同的荷载作用下，则可减小构件截面尺寸，降低结构自重；此外，其抗渗、抗冻性能优于普通混凝土，耐久性好，故又属高性能混凝土。在适宜使用的工程中，宜优先采用。

混凝土的立方体抗压强度与试验方法有关。如在与压力机承压板接触的试件表面涂上一层润滑剂（如油脂、石蜡），其抗压强度将比表面不加润滑剂试件的抗压强度低很多，而两者的破坏形态也不相同。在标准试验情况下，是把表面不涂润滑剂的试件直接放在压力机的上下承压板之间进行加载的，由于试件表面与承压板之间存在着摩擦力，它好像一道箍一样阻止试件的横向变形，延缓裂缝的开展，因而提高了强度，试件呈两个对顶的角锥形破坏面（图2-7*a*）。如果在试件上下表面涂上一层润滑剂，则其摩擦力会大大减小，试件沿着与作用力的平行方向产生几条裂缝而破坏（图2-7*b*），这样得到的抗压极限强度较低。

混凝土的立方体抗压强度与试件的龄期和养护条件有关。在一定的湿度和温度条件下，开始时混凝土的强度增长很快，以后逐渐减慢，这个强度增长过程，往往延续许多年（图2-8）。从图2-8可以看出，混凝土试件在潮湿环境下养护时，

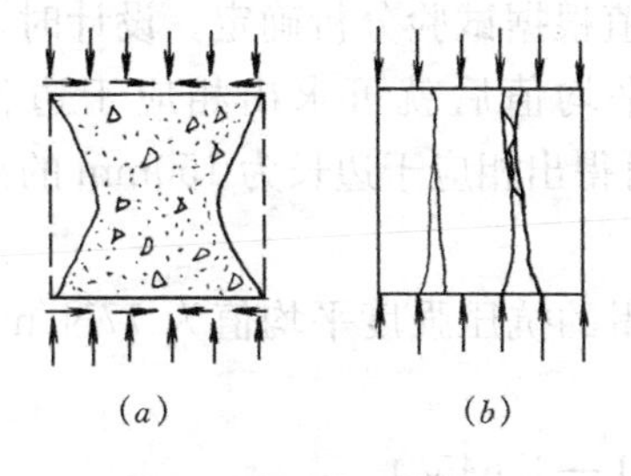

图2-7 混凝土立方体试件的破坏特征
(*a*) 不涂润滑剂；(*b*) 涂润滑剂

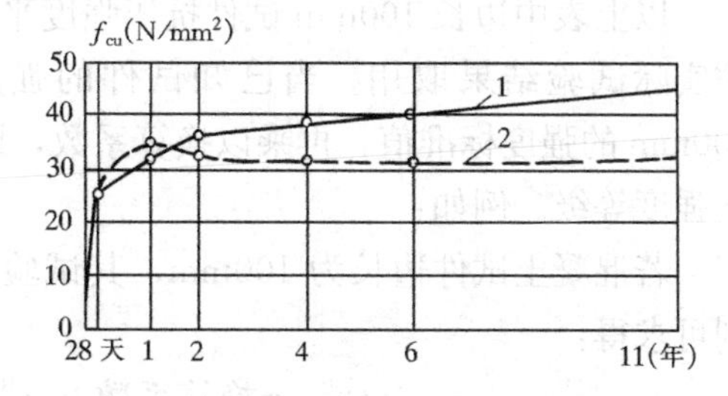

图2-8 混凝土强度随龄期而变化
1—在潮湿环境下；2—在干燥环境下

其后期强度较高；而在干燥环境下养护时，虽然其早期强度略高，但后期强度比前期要低。

混凝土的立方体抗压强度与试件的尺寸大小有关。当试件上下表面不加润滑剂加压时，试件的尺寸越小，摩擦力作用的影响越大，即“箍”的作用越强，量测所得的极限强度值越高。对此现象目前有各种不同的解释，有认为是与材料和试件尺寸自身的影响有关，如小试件容易捣实，内部缺陷（孔隙、裂纹等）出现的概率小，表层与内部硬化程度差异小，因此强度较高，这种现象称为“尺寸效应”。总之，对其原因至今尚未取得明确的认识。

我国过去曾采用边长为200mm的立方体试件，作为测定混凝土立方体抗压强度的标准；为了节约材料，便于试验，有时亦采用边长为100mm的立方体试件进行试验。但用这两种尺寸的试件测得的强度与用边长为150mm标准试件测得的强度相比有一定差别。为了统一试验标准，必须将非标准试件的强度乘以换算系数，成为标准试件的强度。《规范》根据试验资料，规定对强度等级相同边长分别为200mm、150mm、100mm的立方体试件，其强度换算系数分别取1.05、1.00、0.95。

对于高强混凝土，即当混凝土强度等级在C50以上时，试验表明，混凝土一开裂，将立即发生脆性断裂而破坏，并有爆破的响声。混凝土强度等级愈高，其脆断愈显著，且小试件比大试件更严重。

为安全起见，根据少量的试验数据，建议对高强混凝土强度，按表2-4的规定，乘以考虑试件尺寸的换算系数，加以确定。

混凝土强度等级在C50及以上时，试件尺寸与强度换算系数　　表2-4

混凝土强度等级	C50	C55	C60	C65	C70	C75	C80
试件边长为100mm时混凝土立方体抗压强度平均值 $f_{cu,m}^{100}$	64	71	77	85	92	100	108
边长为100mm时换算成边长为150mm时强度换算系数	0.95	0.94	0.93	0.92	0.91	0.90	0.89

以上表中边长100mm试件抗压强度平均值根据试验分析确定。设计时，可按实际试验结果取用。当已知试件的强度平均值后就可求出相应于边长为100mm的强度标准值，再乘以换算系数，即可得出相应于边长为150mm的混凝土强度等级。例如：

若混凝土试件边长为100mm，其试验所得的抗压强度平均值为77N/mm²，则可求得：

$$f_{cu,k}^{150} = \text{换算系数} \times f_{cu,m}^{100}(1-1.645\delta)$$
$$=0.93\times 77\times(1-1.645\times 0.1)$$
$$=59.83\text{N/mm}^2$$

近似等于 C60 的强度等级。

以上公式可见第 3 章 3.10 节。

混凝土立方体抗压强度与试验时加载速度有关。加载速度快，试件内混凝土的微裂缝来不及扩展，塑性变形没有充分发挥，所测得的抗压强度偏高；反之，加载速度慢，其试验所得的抗压强度亦有所降低。在立方体标准抗压强度试验中，规定以每秒 0.3～0.5N/mm^2 的速度进行加载试验。

2. 混凝土轴心抗压强度

在实际工程中，构件受压多是呈棱柱体形状（即高度大于边长），所以采用棱柱体试件比立方体试件能更好地反映混凝土的实际抗压能力。试验表明，在试件上下表面不涂润滑剂量测所得的抗压强度随棱柱体高宽比（即 h/b）的增加而降低，这是因为试件高度越大，试验机承压板与试件表面之间的摩擦力对试件中部横向变形约束的影响越小，所测得的强度相应也小。因此，在确定试件尺寸时就要求具有一定的高度，使试件中间区域不致受摩擦力的影响而形成纯压状态；同时，高度也不能取得太高，避免试件破坏时产生较大的附加偏心而降低其抗压强度。

由试验分析可知，当高宽比 $h/b=2\sim3$ 时，其强度值趋近于稳定。我国取用 150mm×150mm×300mm 的棱柱体作为标准试件，其试验所得的抗压强度称为轴心抗压强度，以 f_c 表示。由对比试验可知，混凝土轴心抗压强度的平均值 $f_{c,m}$ 和立方体抗压强度的平均值 $f_{cu,m}$ 之间的关系为：

$$f_{c,m}=\alpha_{c1}f_{cu,m} \tag{2-6}$$

式中 α_{c1}——混凝土轴心抗压强度平均值与立方体抗压强度平均值的比值。对 C50 及以下的混凝土可取 0.76（图 2-9），对 C80 可取 0.82，C50～C80 按直线内插法取用。

国外（如美国）以往系采用直径 6 英寸（150mm）、高度 12 英寸（300mm）的圆柱体试件的抗压强度作为轴心抗压强度指标，以 f'_c（磅/英寸^2）表示。圆柱体试件抗压强度 f'_c（单位换算为 N/mm^2）和我国《规范》立方体抗压强度标准值之间的关系为：

$$f'_c=\alpha_c f_{cu,k} \tag{2-7}$$

式中 $f_{cu,k}$——边长为 150mm 混凝土立方体试件抗压强度标准值；

α_c——强度换算系数，按表 2-5 取用。

强度换算系数 α_c 值 **表 2-5**

混凝土强度等级 $f_{cu,k}$	C50 级以下	C60	C70	C80
α_c 值	0.800	0.833	0.857	0.875

目前，美国规范亦采用与国际标准一致的试验方法与量纲。

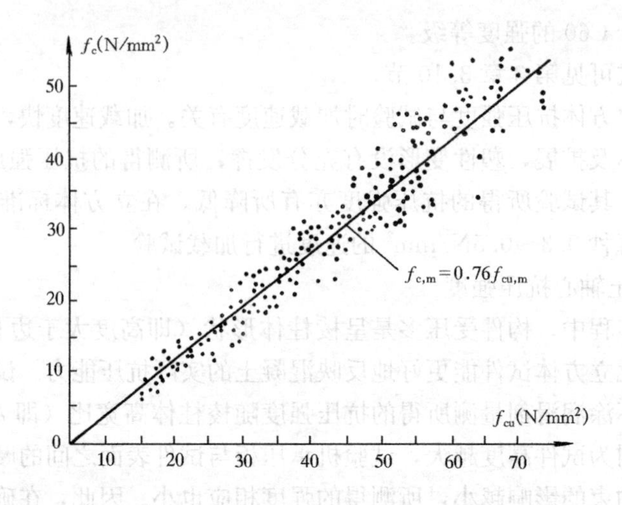

图 2-9　混凝土轴心抗压强度 f_c 与立方体抗压强度 f_{cu} 的关系

3. 混凝土轴心抗拉强度

对于不允许裂缝出现的混凝土受拉构件，如水池的池壁、有侵蚀性介质作用的屋架下弦等，混凝土抗拉强度成为主要的强度指标。

混凝土的轴心抗拉强度也和混凝土轴心抗压强度一样，受许多因素的影响，例如其强度随水泥活性、混凝土的龄期增加而提高。但是用增加水泥用量或提高混凝土强度等级来提高混凝土抗拉强度的速度不如提高其抗压强度快。提高抗拉强度的有效办法是使骨料级配均匀和增加混凝土的密实性。

测定混凝土抗拉强度的试验方法主要有直接拉伸试验和劈裂试验两种。

直接拉伸试验是采用 100mm×100mm×500mm 的棱柱体试件，在试件两端沿轴线的位置预埋钢筋，将试验机夹住钢筋施加拉力，靠钢筋和混凝土之间的粘结力对试件中部混凝土截面产生拉应力，由破坏时的拉应力确定混凝土的轴心抗拉强度（图 2-10*a*）。

劈裂试验方法（图 2-10*b*）的试件一般采用立方体（国内），也可采用圆柱体（国外部分国家），试验时试件通过其上、下的弧形垫条，施加一条线荷载（压力），则在试件中间垂直面上，除在加力点附近很小范围内有水平压应力外，其余部分均为分布均匀的拉应力。最后，试件沿中间垂直截面劈裂破坏。

根据弹性力学原理，其劈裂抗拉强度试验值 $f_{t,s}$ 为：

$$f_{t,s}=\frac{2P}{\pi dl} \tag{2-8}$$

式中 P——破坏荷载；

d——圆柱体直径或立方体边长；

l——圆柱体长度或立方体边长。

由普通混凝土和高强混凝土试验数据分析可得，混凝土的轴心抗拉强度平均

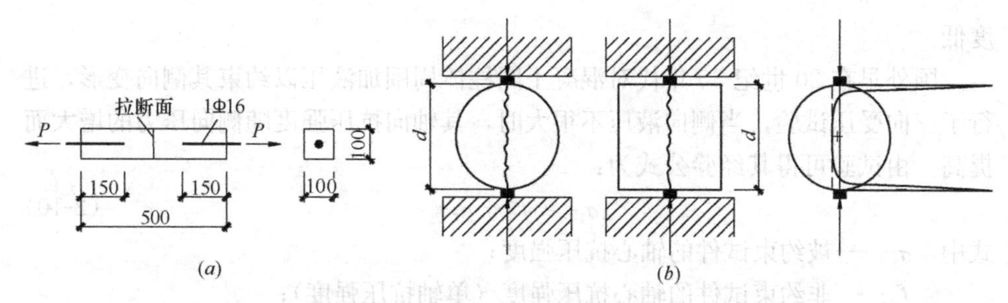

图 2-10　混凝土抗拉强度试验方法

(a) 直接拉伸试验；(b) 立方体或圆柱体劈裂试验

值 $f_{t,m}$ 和立方体抗压强度平均值 $f_{cu,m}$ 的关系为：

$$f_{t,m} = 0.395 f_{cu,m}^{0.55} \tag{2-9}$$

高强混凝土的抗拉强度亦随着混凝土强度等级的提高而增大。试验分析表明，当为 C80 时，其轴心抗拉强度比 C40 的轴心抗拉强度大约增加 1.55 倍及以上。

同样，虽然混凝土的抗拉强度和抗压强度都随着混凝土强度等级的提高而增长，但混凝土的强度等级愈高，其抗拉强度与抗压强度的比值降低愈多。混凝土抗拉强度标准值见 3.10 节。

4. 复合应力状态下混凝土的强度

在钢筋混凝土结构中，混凝土处于单向受力状态的情况较少，往往是处于复合应力状态。由于混凝土材料的特性，至今尚未建立适用于各种复合应力状态下的强度理论，目前只能根据有关资料，介绍一些近似方法作为计算的依据。

图 2-11 所示混凝土在双向应力作用下试验所得的强度变化规律，σ_1、σ_2 为其中两个平面上的法向应力，第三个平面上的应力为零，f_c 为单向轴力作用下的强度值。从该图可以看出其应力状态可划分成三个区。

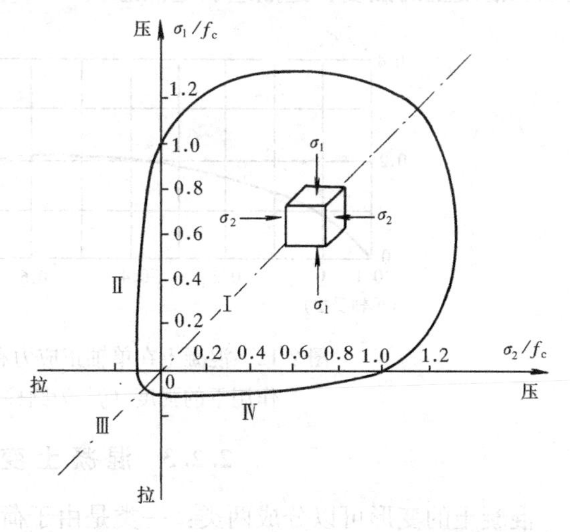

图 2-11　混凝土双向应力下的强度曲线

Ⅰ　双向受压区（第一象限）：其强度均比单向受压高，最大双向受压强度比单向受压强度约高 27%；

Ⅱ　双向受拉区（第三象限）：其强度与单向受拉时的强度差别不大；

Ⅲ　拉-压共同作用区（第二、四象限）：试件破坏时强度比单向受力时强度低。

国外早在20世纪30年代对混凝土圆柱体周围加液压以约束其侧向变形，进行了三向受压试验，当侧向液压不很大时，其轴向抗压强度随侧向压力的增大而提高。由试验可得其经验公式为：

$$\sigma_1 = f_c + \alpha_r \sigma_2 \tag{2-10}$$

式中　σ_1——被约束试件的轴心抗压强度；

f_c——非约束试件的轴心抗压强度（单轴抗压强度）；

σ_2——侧向约束压应力；

α_r——侧向约束应力系数。根据试验研究，侧向约束应力系数为4.5～7，其平均值为5.6，当侧向压力较低时，所得的系数较高。

当试件在三轴受压时，由于侧向等压的约束，延缓了混凝土内部裂缝的产生和发展，侧向等压力值愈大，对裂缝的约束作用亦愈大。因此，当三轴受压的侧向压力增大时，破坏时的轴向抗压强度亦相应地增大。在实际工程中，常要用配置密排侧向箍筋、螺旋箍筋及钢管等提供侧向约束，以提高混凝土的抗压强度和延性。

混凝土在单轴正应力和剪应力共同作用下的强度，如构件截面受扭同时受压或受拉的情况，其典型强度试验曲线如图2-12所示。由该图可知：其抗剪强度随拉应力的增大而减小，随压应力的增大而增大；但当压应力大于（0.5～0.7）f_c时，抗剪强度反而随压应力的增大而减小，混凝土的抗压强度由于剪力的存在要低于单轴抗压强度。故在梁、柱等构件中，当有剪应力时，将要影响其受压区混凝土的强度，这点应引起注意。

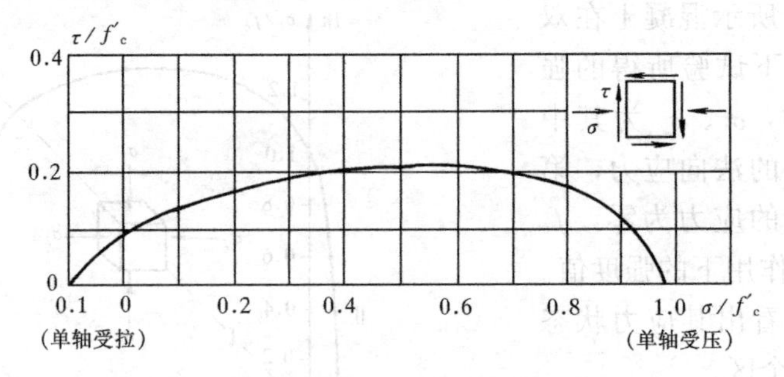

图2-12　混凝土在单轴正应力和剪应力共同作用下的强度（f'_c为圆柱体强度）

2.2.3　混凝土变形

混凝土的变形可以分成两类：一类是由于荷载产生的受力变形；另一类是由于混凝土的收缩和温度变化等产生的体积变形。

1. 混凝土在一次短期加载时的变形性能

用混凝土标准棱柱体或圆柱体试件，作一次短期加载单轴受压试验，所测得的应力-应变曲线，反映了混凝土受荷各个阶段内部结构的变化及其破坏状态，是用以研究钢筋混凝土结构强度机理的重要依据。

混凝土受压应力-应变曲线的测定：混凝土试件在普通材料试验机上以等压应力及等速度加载时，当混凝土达到峰值应力 f_c 后，试件将发生突然的脆性破坏。此时只能测得加载时其应力-应变曲线的"上升段"，而不能测得峰值应力 f_c 后应力-应变曲线的"下降段"。这是因为试验机在加载过程中积蓄了大量弹性应变能，当达到最大承载力后，由于试验机一般对卸载速度不起控制作用，试件破坏时荷载突然下降，大量释放应变能致使试件压应变迅速增大并立即被击碎。若采用能控制应变加载速度的特殊试验机，以等应变及等速度进行加载，或在试验机旁附加各种弹性元件协同受压，以吸收"下降段"开始后由于试验机刚度不足所释放的弹性应变能，使试件缓慢地卸载，则试件的变形会随着应力的降低而继续缓慢地发生，形成了应力-应变曲线的"下降段"。

图 2-13 所示为混凝土受压时典型的应力-应变曲线，对上升段，即图中的 oc 段：

(1) 当应力较小时（$\sigma\leqslant 0.3f_c$），即曲线上的 oa 段，混凝土内的骨料和水泥结晶体基本处于弹性工作阶段，其应力-应变曲线接近于一条直线。在卸载后应变将重新恢复到零。

(2) 当应力超过 a 点增加至 b 点后（$0.3f_c<\sigma\leqslant 0.8f_c$），即曲线上的 ab 段，此时其应变增长速度加快，呈现出材料的塑性性质，这是由于混凝土中未硬化的凝胶体的黏性流动，以及其内部的微裂缝开始延伸、扩展和孔隙的变形所致。在这一阶段，混凝土试件内部的微裂缝虽然有所发展，但最终是处于稳定状态。

(3) 当应力超过 b 点增加到接近于 f_c 值时（$0.8f_c<\sigma\leqslant 1.0f_c$），即曲线上的 bc 段。此时混凝土内裂缝不断扩展，裂缝数量及宽度急剧增加，试件已进入裂缝不稳定状态。对于一般强度等级的混凝土，其内部骨料与水泥胶块之间的粘结力被破坏，形成了相互贯通并与压力方向相平行的通缝，试件即将破坏。此时曲线上的 c 点为混凝土受压应力到达最大时的应力值，称为混凝土的轴心抗压强

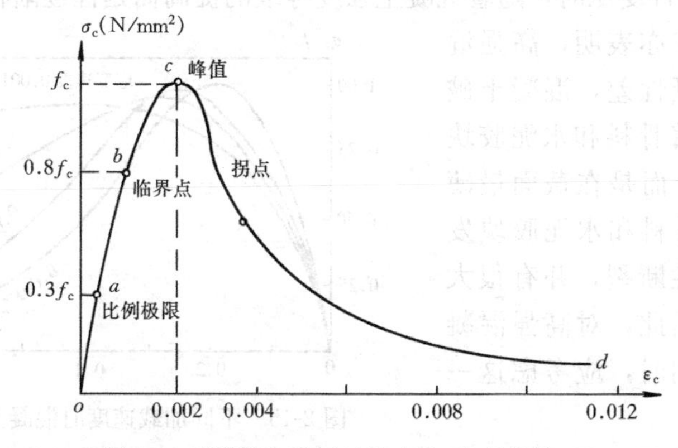

图 2-13 混凝土受压时的应力-应变曲线

度 f_c，相应于 f_c 的应变值 ε_0 在0.002附近。

对下降段，图中的 cd 段：当应力超过 f_c 值后，裂缝迅速发展、传播，内部结构的整体性受到愈来愈严重的破坏。当其变形达到曲线上的 d 点时，试件真正被压坏，相应于 d 点的应变值称为极限压应变，以 ε_{cu} 表示。

在实际工程中，对于截面上压应力均匀分布的混凝土构件是不存在下降段的，则其极限压应变即为 ε_0，而截面上应力分布不均匀的钢筋混凝土构件（如受弯构件），当受压边缘纤维应力到达 f_c 时，邻近的纤维应力还没有到达 f_c 值，其变形将继续增加，构件不会立即破坏，从而使边缘纤维经历下降段，应变达到 ε_{cu} 后，构件才会破坏。

混凝土的 ε_{cu} 值包括弹性应变和塑性应变两部分，塑性应变越大，表示变形能力越强，也就是延性越好，所谓混凝土材料的延性可理解为耐受后期变形的能力。后期变形包括材料的塑性、应变硬化以及应变软化（下降）阶段的变形。

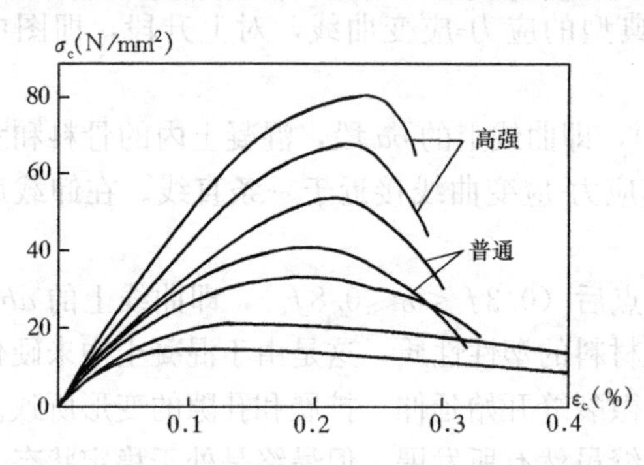

图2-14　不同强度等级混凝土的应力-应变曲线

图2-14为不同强度等级混凝土的应力-应变曲线。从该图可以看出，随着混凝土强度的提高，上升段形状相似，其应力对普通混凝土达到（0.3～0.5）的最大峰值应力，对高强混凝土则达到（0.6～0.9）的最大峰值应力时，应变近似成线性变化；而后进入强化阶段，其峰值对应的应变 ε_0 对强度等级低的普通混凝土为0.002，而对高强混凝土最大可增至0.003，峰值应变略有增长。但其下降段差别较大，强度等级低的普通混凝土，其下降段坡度平缓，随着应变的增长，应力下降较慢；而强度等级高的混凝土，其下降段坡度较陡，应力下降很快。这一现象表示构件受压时，随着混凝土强度等级的提高而延性逐渐在降低。

试验研究亦表明，高强混凝土的材料延性差，混凝土破坏时并非沿着骨料和水泥胶块的界面断裂，而是在截面最薄弱处，沿着骨料和水泥胶块发生突然的脆性断裂，并有很大的爆破声，因此，对高强混凝土在设计应用时，应考虑这一破坏的特性。

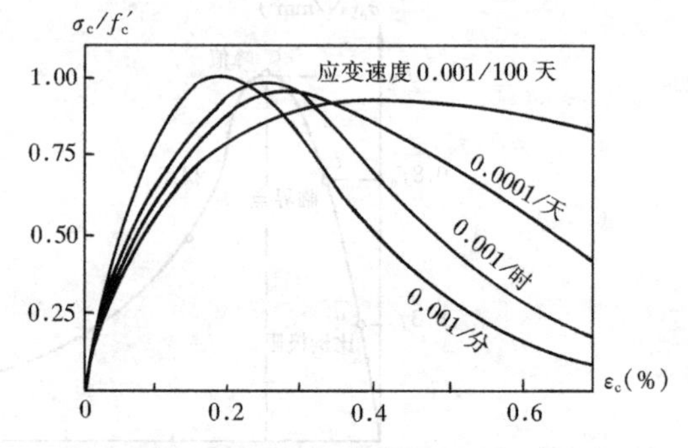

图2-15　不同加载速度时混凝土的应力-应变曲线（f'_c 为圆柱体强度）

图2-15为同一强度等级混

凝土采用不同加载速度时的应力-应变关系。从该图可以看出，随着应变速度的降低，其最大应力值也逐渐有所减小，但是相应于最大应力值时的应变值却增加了，下降段曲线的坡度亦在减缓。

图 2-16 所示为混凝土受拉时典型的应力-应变曲线，它和受压情况一样亦分为上升段和下降段两部分，下降段开始时坡度较陡。对应于轴心抗拉强度的应变值 ε_{0t} 在 0.00015～0.0002 左右，通常取 $\varepsilon_{0t}=0.00015$。

2. 混凝土的横向变形系数

混凝土试件在一次短期加压时，在其纵向产生压缩应变 ε_{cv}，而横向要产生膨胀应变 ε_{ch}，则其横向变形系数 ν_c 可表示为：

$$\nu_c = \varepsilon_{ch}/\varepsilon_{cv} \tag{2-11}$$

要注意到横向变形系数 ν_c 值与一般材料泊松比的概念是有区别的，泊松比是指材料处于弹性阶段时其横向应变与纵向应变的比值，而混凝土的横向变形系数是指材料处于弹塑性阶段时其横向应变与纵向应变的比值。

根据国外资料，试件在不同应力 σ 作用下，其 σ-ν_c 的关系曲线如图 2-17 所示。即当应力值小于约 $0.5f_c$ 时，可以认为 ν_c 值保持为常数（约 1/6）；当应力值超过 $0.5f_c$ 时，横向变形突然增加，表明其内部已出现了微裂缝。

我国《规范》将混凝土的横向变形系数 ν_c 亦称之为泊松比，并取 $\nu_c=0.2$。

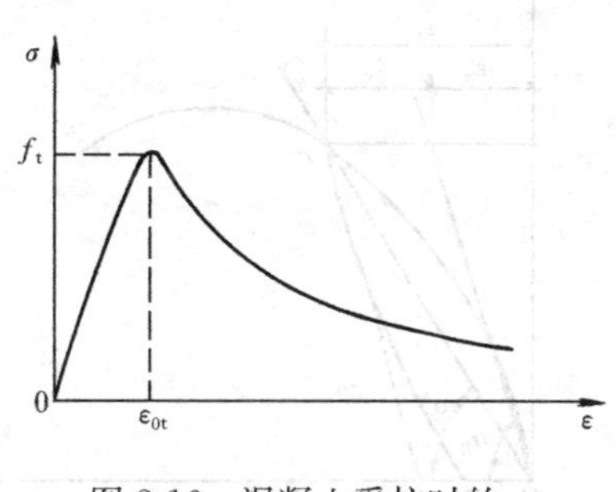

图 2-16　混凝土受拉时的应力-应变曲线

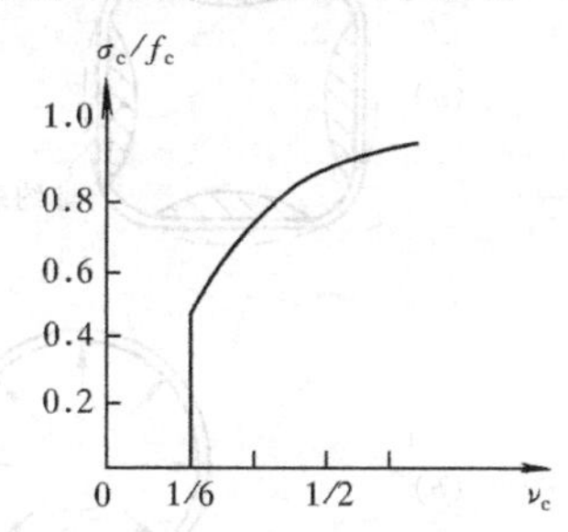

图 2-17　混凝土压应力与横向变形系数 ν_c 的关系

3. 混凝土受约束时的变形特点

在实际工程中，钢筋混凝土构件通过设置密排箍筋、螺旋箍筋及钢管等来约束混凝土，使混凝土处于三向受压状态，这样不仅可以提高混凝土的强度，而且可以大大提高混凝土的延性。

由图 2-18 用螺旋箍筋约束混凝土圆柱体所得的应力-应变试验曲线及图 2-19 可知：无论是密排箍筋棱柱体还是螺旋箍筋圆柱体试件，在其接近混凝土单轴抗压强度以前，箍筋基本上不起约束作用；当其应力超过单轴抗压强度后，混凝土就处在三轴受压状态下工作，强度和延性明显提高，而且箍筋越密，提高得越多。密排箍筋和螺旋箍筋不同之处是，密排箍筋仅能对其截面角上的混凝土施加

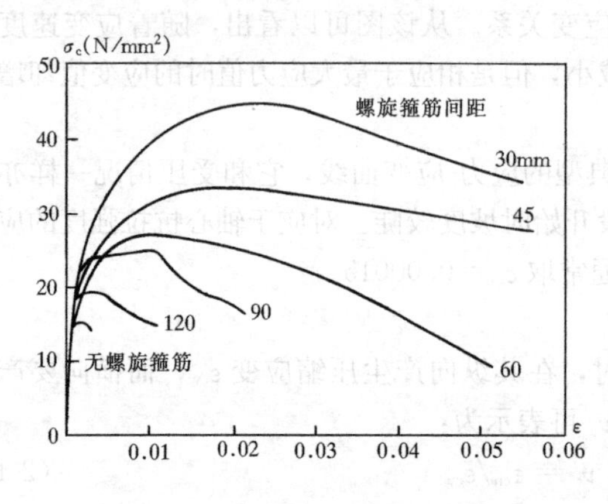

图 2-18 配置螺旋箍筋混凝土的应力-应变曲线

约束（图 2-19），只对延性有一定程度的提高，对提高混凝土抗压强度效果较差。

4. 混凝土的弹性模量和变形模量

如图 2-20 所示，混凝土受压时的应力-应变关系只是在快速加载或应力很小时（$\sigma<f_c/3$）才接近于直线。一般情况下其应力-应变为曲线关系，相应的总应变为 ε_c，它是由弹性应变 ε_e 和塑性应变 ε_p 两部分组成，即：

$$\varepsilon_c=\varepsilon_e+\varepsilon_p \tag{2-12}$$

从图 2-20 可知，若荷载加至 C 点以后，立即卸荷至零，此时弹性应变 ε_e 立即恢复，而剩余的就是塑性应变 ε_p，如再等待一段时间，应变还会继续恢复，将使 OE 减至 OE'，这一现象称为弹性后效，而 OE' 称为不能恢复的残余应变。

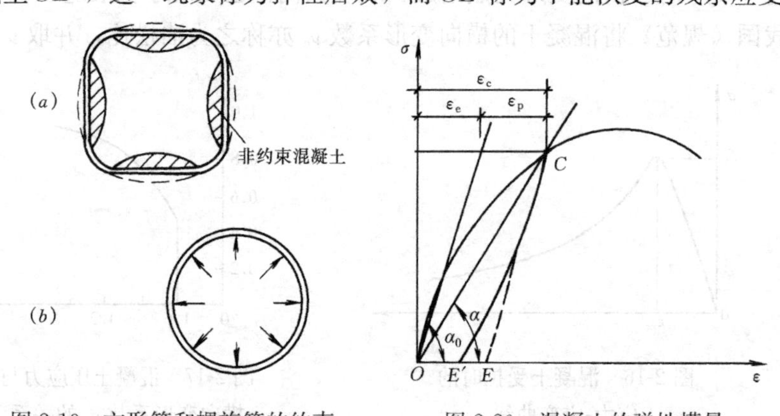

图 2-19 方形箍和螺旋箍的约束
（a）方形箍；（b）螺旋箍

图 2-20 混凝土的弹性模量和变形模量表示方法

混凝土的受压变形模量一般有两种表示方法。

（1）混凝土的弹性模量

由材料力学原理可知，在图 2-20 中应力-应变曲线自原点 O 作一切线，其倾角的正切称为混凝土的原点弹性模量，简称为弹性模量，以 E_c 表示：

$$E_c=\tan\alpha_0=\frac{\sigma_c}{\varepsilon_e} \tag{2-13}$$

式中 α_0——混凝土应力-应变曲线在原点处的切线与横坐标轴的夹角。

目前，各国对混凝土弹性模量的确定方法没有统一的标准，一般是将混凝土

棱柱体试件加载至 $0.5f_c$，然后卸载至零，再重复加载卸载10次，由于混凝土不是弹性材料，每次卸载为零时塑性变形不能恢复，即存在一定的残余变形。随着重复加载卸载次数的增加，塑性变形耗尽，应力-应变曲线渐趋稳定，并基本上接近于一倾斜直线（图 2-21a），此时该直线的斜率定义为混凝土的弹性模量 E_c 值。按此法测得的弹性模量比原点的弹性模量在数值上略低一些，但更符合实际情况。

按照上述方法，用不同强度的混凝土棱柱体试件进行了大量试验研究，由统计分析得出相应的经验公式为：

$$E_c=\frac{10^5}{2.2+\dfrac{34.7}{f_{cu,k}}} \tag{2-14}$$

上式中 E_c 和 $f_{cu,k}$ 的量纲为 N/mm^2。

《规范》根据研究结果规定，无论是普通混凝土还是高强混凝土受压的弹性模量，均可采用公式（2-14）进行计算，或由附表1查得。由于混凝土掺入粉煤灰等矿物掺合料，其组成成分改变而导致变形性能的不确定性，因此规范规定：当混凝土中掺有大量矿物掺合料时，弹性模量可按规定龄期根据实测数据确定。

（2）混凝土的变形模量

从图 2-20 中可以看出，混凝土的变形模量就是连接 O 至曲线上某点应力 σ_c 处的割线与横坐标的倾角 α 的正切，亦称割线模量，即：

$$E'_c = \tan\alpha = \frac{\sigma_c}{\varepsilon_c} = \frac{\varepsilon_e}{\varepsilon_c}\cdot\frac{\sigma_c}{\varepsilon_e} = \nu E_c \tag{2-15}$$

式中 ν——混凝土的弹性系数，$\nu=\varepsilon_e/\varepsilon_c$。

在混凝土的非线性全过程理论计算中，应当根据 E'_c 值来确定其应力-应变关系，所以 E'_c 是有实用意义的。但由于 E'_c 是一个变值，其中 ν 值是随着某点应力 σ_c 的增大而减小的。如果用手算，ν 值可根据构件的应用场合（如处在使用应力阶段或破坏阶段等），按试验资料来确定。通常近似可取：

$\sigma_c\leqslant 0.3f_c$ 时，$\nu=1.0$

$\sigma_c=0.5f_c$ 时，$\nu=0.8\sim0.9$

$\sigma_c=0.9f_c$ 时，$\nu=0.4\sim0.7$

由试验可知，混凝土受拉弹性模量与混凝土受压弹性模量相近，因此在计算时取与受压弹性模量相同的数值。当混凝土即将出现裂缝时，混凝土受拉时的弹性系数 $\nu=0.5$。

5. 混凝土在重复荷载下的变形性能

如图 2-21 所示，如果对混凝土棱柱体试件加载，使其压应力达到某一数值 σ，然后卸载至零，如此重复循环，称为多次重复荷载。

混凝土在经过一次加载与卸载循环后，将有一部分塑性变形不能恢复。在多次重复荷载循环过程中，其塑性变形将逐渐积累，但随着循环次数的增加，每次产生的塑性变形将逐渐减小。

当每次循环所加的压应力 σ_1^f 较小时，经过多次重复荷载循环后，塑性变形趋于收敛，其加载卸载后的应力-应变曲线变成一条倾斜的直线，此后混凝土接近于弹性工作，继续重复加载卸载混凝土也不会破坏（图 2-21*a*）。试验表明，其闭合直线基本上和一次加载时的应力-应变曲线的原点切线平行。

当每次加载时的最大压应力 σ_2^f 超过了某一个限值时，经过几次重复荷载作用后，其加载卸载过程的应力-应变曲线很快就闭合成直线，但当再继续重复加载卸载时，混凝土的塑性变形有所增长，其中加载过程曲线转向与原来相反的方向弯曲，对应于应力 σ_2^f 的割线斜率也随加载重复次数的增加而有所减小，直至试件被压坏（图 2-21*b*）。

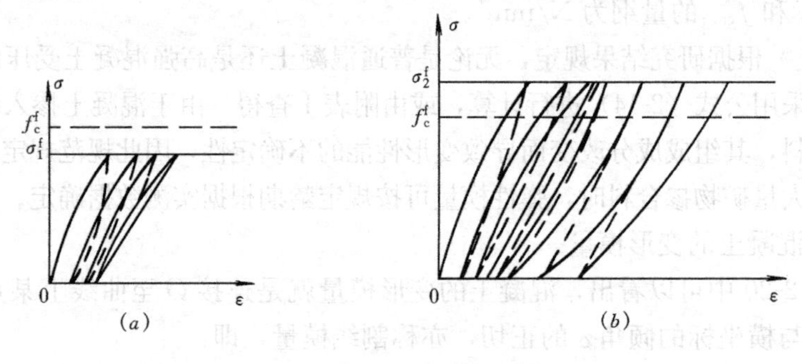

图 2-21　多次加载卸载作用下混凝土应力-应变曲线

(*a*) $\sigma_1^f < f_c^f$；(*b*) $\sigma_2^f > f_c^f$

当重复加载达到某一循环次数其应力处于 σ_1^f、σ_2^f 的疲劳破坏界限状态时，由于混凝土内微裂缝的存在和进一步发展，在试件内的缺陷处，造成局部应力集中，降低了材料的强度，最终产生脆性破坏，这一现象称为“混凝土的疲劳破坏”。混凝土材料达到疲劳破坏时所能承受的最大应力，称为“混凝土的疲劳强度”。根据资料分析，混凝土的疲劳强度要低于静载时的轴心抗压强度及轴心抗拉强度。当混凝土在不同的循环次数作用下，其产生的最大应力与最小应力差值均相等，且为正值时，称为“等幅疲劳”。通常混凝土疲劳强度对应的应力值比较分散，随着混凝土的强度等级和重复次数不同而变化。一般可分别取加载所产生的压应力约为 $0.5f_c$ 或拉应力为 $0.5f_t$，并能使构件试验在循环次数不低于 2×10^6 次发生破坏的最大应力值，作为混凝土的疲劳抗压或疲劳抗拉强度的计算指标。

我国《规范》规定：混凝土轴心抗压及轴心抗拉疲劳强度设计值（f_c^f、f_t^f），应分别按混凝土强度设计值（f_c、f_t），乘以相应的修正系数 γ_p 确定。混凝土受压或受拉疲劳强度修正系数 γ_p 应根据疲劳应力比值 ρ_c^f 查附表 2 来确定。对疲劳应力比值 ρ_c^f 的表达式，仍按与式（2-5）相似的方法表达：

$$\rho_{c}^{f}=\sigma_{c,\min}^{f}/\sigma_{c,\max}^{f} \tag{2-16}$$

式中 $\sigma_{c,\min}^{f}$、$\sigma_{c,\max}^{f}$——构件疲劳验算时，截面同一纤维上混凝土的最小应力、最大应力。

在设计中，一般取最小应力为当活载为零时，仅由构件自重作用所产生的应力值；最大应力为构件同时作用恒载和活载设计值时所产生的应力值。设计时应根据以往的设计经验确定最小及最大应力。

当混凝土承受等幅的拉-压疲劳应力作用时称为“交变疲劳”，若为变幅的疲劳应力作用时称为“变幅疲劳”。《规范》对交变疲劳强度和变幅疲劳强度，未作具体规定。

对普通混凝土和高强度混凝土，γ_{p} 的取值相同。

6. 混凝土的徐变

如果在混凝土棱柱体试件上加载，并维持一定的压应力（例如加载应力不小于 $0.5f_{c}$）不变时，经过若干时间后，发现其应变还在继续增加。这种混凝土在某一不变荷载的长期作用下，其应变随时间而增长的现象称为混凝土的徐变。

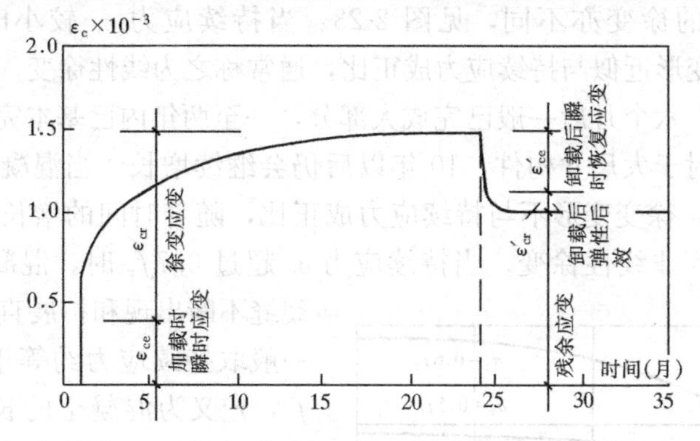

图 2-22 混凝土的徐变-时间曲线

图 2-22 所示为典型的徐变随时间而变化的关系曲线。图中 ε_{ce} 为试件在加载瞬间产生的应变，称为瞬时应变；ε_{cr} 为当荷载保持不变，试件随加载时间的增长而继续产生的应变，称为徐变应变。从图中可以看出，混凝土徐变开始增长较快，以后逐渐减慢，通常在最初 6 个月可完成最终徐变量的 70%～80%，第一年内可完成 90%左右，其余部分在以后逐渐完成，通常经过 2～5 年可以认为徐变基本结束。如果试件经长期荷载作用后，在某个时刻 t_{1} 全部卸载，如图中的虚线所示，则混凝土在卸载瞬间发生的瞬时弹性恢复，即图中的 ε_{ce}' 称之为瞬时恢复应变，其数值比加载时的瞬时应变 ε_{ce} 略小；接着为一段徐变恢复过程，这部分的徐变恢复应变称为弹性后效。弹性后效的绝对值仅为徐变变形的 1/12 左右，恢复的时间约为 20d。在试件中最后余下的绝大部分应变为不可恢复的残余应变。

混凝土徐变的大小，通常以最终徐变量 ε_{ct}（$t=\infty$）和瞬时应变 ε_{ce} 的比值 $\varphi_{cr}=\frac{\varepsilon_{ct}}{\varepsilon_{ce}}$ 来表示，φ_{cr} 称为徐变系数。

混凝土构件中最大徐变量约为初期的瞬时弹性应变的2.0～4.0倍，即 $\varphi_{cr}=2\sim4$。

引起混凝土徐变的原因，通常认为：首先是骨料、水泥和水拌合成混凝土后，一部分水泥颗粒水化后形成一种结晶体化合物，它是一种弹性体；另一部分是被结晶体所包围尚未水化的水泥颗粒以及晶体之间存在的游离水分和孔隙等形成的水泥凝胶体，它需要在较长时间内进行水化和内部水分的迁移。由于水泥凝胶体具有很大的塑性，它在变形过程中要将其所受到的压力逐步传给骨料和水化后结晶体，二者形成应力重分布而造成徐变变形；另一原因是混凝土内部微裂缝在长期荷载作用下不断发展和增长，从而导致应变的增加。由此可知，徐变的发展：当应力不大时是以第一个原因为主；当应力较大时是以第二个原因为主。

试验表明，混凝土持续应力取值越大，徐变也越大；随着混凝土持续应力的增加，所发生的徐变亦不同，见图2-23。当持续应力 σ_c 较小时（一般 $\sigma_c\leqslant0.4f_c$），徐变变形近似与持续应力成正比，通常称之为线性徐变。即在加载初期徐变增长较快，六个月后一般已完成大部分，一至两年内已基本完成，即徐变具有收敛性。但对于大尺寸构件，10年以后仍会继续增长。当混凝土持续应力较大($\sigma_c>0.4f_c$)，徐变变形不与持续应力成正比，随着时间的增长呈现出非稳定的现象，称之为非线性徐变。当持续应力 σ_c 超过 $0.7f_c$ 时，混凝土变形加速，裂缝不断出现和扩展直至破坏。所以一般取持续应力约等于（0.7～0.8）f_c，定义为混凝土的长期极限强度。由此可知，如果构件的混凝土应力，在使用期间经常处于高应力状态是不安全的，需要引起注意。

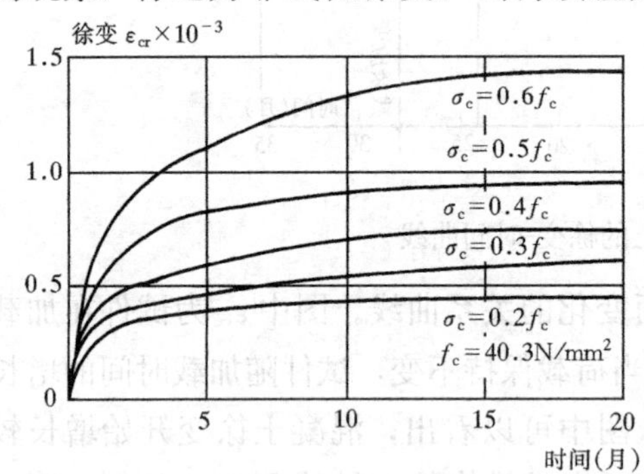

图2-23　压应力与徐变的关系

试验还表明，在保持应力不变情况下，混凝土的加载龄期愈长，徐变增长逐渐减小；水灰比愈大，则徐变愈大；在水灰比不变情况下，水泥含量愈多，则徐变逐渐增大；骨料越坚硬以及级配愈好，则徐变愈小。养护条件较好，混凝土周围的相对湿度越高，徐变越小；在加载前采用低压蒸汽养护，可使徐变减小。

徐变与混凝土内部微裂缝的发展过程有着密切的关系，当持续压应力较大时，混凝土内部微裂缝进一步形成并发展，非线性的徐变变形亦在增加。

在钢筋混凝土构件中，由于混凝土的徐变将产生应力重分布现象，如钢筋混凝土短柱在荷载开始作用时，钢筋和混凝土的应力是按弹性变形进行分配的，二者的应力状态和理想的弹性体相接近。随着时间的增长，由于混凝土徐变把自己所承担的一部分应力逐渐转移给钢筋，钢筋的应力在不断地增加，起初快，以后逐渐减慢。这样，当构件中钢筋的应力达到屈服强度后混凝土又继续承载，直到混凝土压应力亦达到受压强度极限值时，构件才最终破坏。构件由于这种应力重分布，就能充分利用钢筋混凝土构件中的钢筋受压强度。

对高强混凝土，在配制时由于加入了高效减水剂和掺合料，使水灰比减小，即游离水分相对减少同时增加了密实度。与普通混凝土相比，其水泥凝胶部分所占的比例减少，因而徐变变形小。

7. 混凝土的收缩

混凝土在空气中结硬时体积减小的现象称为收缩。如图2-24所示，混凝土的收缩变形随着时间的增长而减缓，初期收缩变形发展较快，2周可完成全部收缩量的25%，1个月约可完成50%，3个月后增长缓慢，一般2年后趋于稳定，最终收缩值约为（2～5）×10⁻⁴。当混凝土在水中结硬时，其体积将略有膨胀。

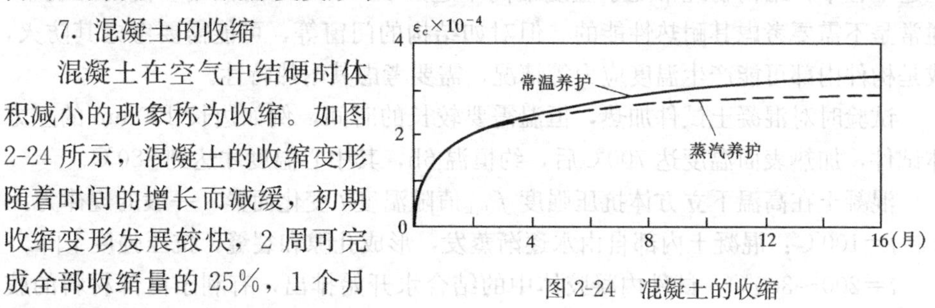

图2-24 混凝土的收缩

引起混凝土收缩的原因，在硬化初期主要是水与水泥的水化作用，形成一种新的水泥结晶体，这种晶体化合物较原材料体积为小，因而引起混凝土体积的收缩，即所谓凝缩；后期主要是混凝土内自由水蒸发而引起的干缩。

混凝土收缩与下列因素有关：

水泥强度高、水泥用量多、水灰比大，则收缩量大；

骨料粒径大、混凝土级配好、弹性模量大、混凝土密实，则收缩量小；

混凝土构件的体积与其表面面积的比值愈大，收缩量愈小；

混凝土在结硬和使用过程中，周围环境的湿度大，则收缩量小；

混凝土在蒸汽养护条件下，由于高温高湿的条件，大大促进了水和水泥的水化反应，缩短了其硬化时间，因此其收缩量减小（图2-24）。

当混凝土在较高的气温条件下浇筑时，其表面水分容易蒸发而出现过大的收缩变形和过早的开裂，因此，应注意对混凝土的早期养护。

通常由于构件表面混凝土比内部混凝土干缩快得多，所以其表面混凝土比内部混凝土的收缩量要大。

高强混凝土的收缩，试验研究表明，在相同水泥用量情况下，混凝土浇筑后2个月时，其收缩量比普通混凝土的收缩量要大，这可能与加入高效减水剂，促进水泥早期的水化作用有关，3个月后，其收缩量要低于后者，这与高强混凝土的水灰比小、骨料坚硬有关，此外，采用掺合料代替部分水泥，亦有可能进一步减小收缩，但最终总的收缩量，与普通混凝土大体相同。

混凝土如果在构件中受到约束，就要产生收缩应力，收缩应力过大，就会使得混凝土内部或表面产生裂缝，因此应尽量设法减少混凝土的收缩应力。在结构中设置温度收缩缝，可以减少其收缩应力。在构件中设置构造钢筋，使收缩应力均匀，可避免发生集中的大裂缝。

8. 混凝土的耐热性能

混凝土的耐热性能是指混凝土在高温下材料力学性能的变化状况。在一般的土建工程中，结构物经常处于温度最高不超过80～100℃的大气和使用环境中，通常是不需要考虑其耐热性能的。但对如结构的门窗等，可能需要考虑其防火，或是构件内部可能产生温度应力等情况，需要考虑其耐热特性。

试验时对混凝土试件加热，恒温需要较长的时间，例如边长100mm的立方体试件，加热表面温度达700℃后，约恒温6h，其中心温度才达到680℃。

混凝土在高温下立方体抗压强度 $f_{cu,k}$ 值随温度 t 变化而异，一般的规律为：

$t=100℃$：混凝土内部自由水逐渐蒸发，形成孔隙和裂缝，抗压强度下降。

$t=200～300℃$：试件内凝胶体中的结合水开始排出，有利于内部材料的胶合作用，缓和缝隙的应力集中，其抗压强度比 $t=100℃$ 时有所提高，甚至可能超过常温的强度。

$t>400℃$：粗骨料和水泥砂浆的温度变形差逐渐扩大，界面裂缝不断开展和延伸，水泥中水化生成的氢氧化钙等脱水，体积膨胀，裂缝发展，强度下降。

$t>600℃$：骨料内部开始形成裂缝，强度快速下降。

$t>800℃$ 后，材料开始破裂。

由此可知，混凝土在高温下强度和变形恶化主要原因：

①水分蒸发后内部裂缝的形成；②骨料和水泥砂浆的热工性能不协调，产生变形差和内应力；③骨料本身受热而破坏。这些原因随温度升高而更趋严重。

混凝土在高温下的试件受压强度可按常温下的受压强度乘以表2-6中的强度改变系数来确定。

混凝土在高温下强度改变系数　　　　表2-6

t（℃）	$f^t_{cu,k}/f_{cu,k}$	t（℃）	$f^t_{cu,k}/f_{cu,k}$
100	0.88～0.94	500	0.75～0.84
200～300	0.98～1.08	700	0.28～0.40

混凝土在高温下的抗拉强度下降系数（f^t_{tk}/f_{tk}）：当 $t=100～300℃$ 时，约为0.8；$t=400℃$ 时，约为0.6；$t>400℃$ 时，近似按线性规律下降。

混凝土在高温下弹性模量 E^t_c 值，是随着温度的升高而下降的，其下降系数见表2-7。

混凝土在高温下弹性模量下降系数 表 2-7

t (℃)	E_c^t/E_c	t (℃)	E_c^t/E_c
50	1.0	200	0.57（约）
100	0.75（约）	400	0.40（约）

《规范》规定：当温度在 0～100℃范围内时，混凝土的热工系数可取：线膨胀系数 $\alpha_c=1\times10^{-5}/℃$；导热系数 $\lambda=1.74W/(m\cdot k)$。

钢筋混凝土结构构件在高温下的材料性能实际情况比试验研究情况更为复杂，例如受火灾后表面温度迅速升高而内部增长较慢，存在温度的不均匀性；高温下混凝土内部开裂损伤程度各不相同；此外，温度的高低以及其持续时间的不同，其材料性能差别亦很大。因此在设计时，应根据实际可能出现的高温情况，认真地加以确定。

§2.3 钢筋与混凝土之间的粘结

2.3.1 概 述

所谓粘结应力，是指分布在钢筋和混凝土接触面上的剪应力，它将在钢筋和周围的混凝土之间进行应力传递和协调变形，粘结应力若以力的形式表达，也可以称为粘结力。混凝土结构构件内由于粘结力的存在，能够阻止钢筋和混凝土之间的相对滑动，使两种不同性质的材料，能够很好地共同参与受力工作。

图 2-25 (*a*) 所示为一集中荷载下的简支梁，在其弯剪区段取一长度为 x 的小段为脱离体，其内力状态如图 2-25 (*b*) 所示。再在该脱离体内取受拉钢筋为脱离体，当构件在混凝土未开裂以前，基本处于弹性阶段工作，在截面Ⅰ-Ⅰ及Ⅱ-Ⅱ上，由于所产生的弯矩 M 值大小不同，因此相应的钢筋拉应力亦不相同，从图 2-25 (*b*) 可知，按平衡条件，在微分段钢筋和混凝土接触面上，必然有粘结力存在，其大小与剪应力分布规律相同。

在钢筋混凝土构件中，一般情况是不会引起粘结力破坏的，一些特殊情况，设计时需加以考虑，采取相应的措施，如：

(1) 当钢筋伸入支座时，如图 2-26 (*a*) 所示，自支座斜裂缝至钢筋末端区段保证有足够的粘结力，亦即钢筋伸入支座内必须有一定长度，依靠这个长度上的粘结力把钢筋锚固在混凝土中，使其不能滑动，此长度称为锚固长度。

(2) 当钢筋在跨间被切断时，如图 2-26 (*b*) 所示，钢筋如果在理论上不需要受力的截面处立即切断，则钢筋由于没有锚固而造成粘结力不足，产生滑移。为此，钢筋需在理论切断点处再向外延伸一个长度然后切断，使钢筋有足够的粘结力把钢筋锚固在混凝土中，这个向外延伸的长度，称为钢筋的延伸长度。

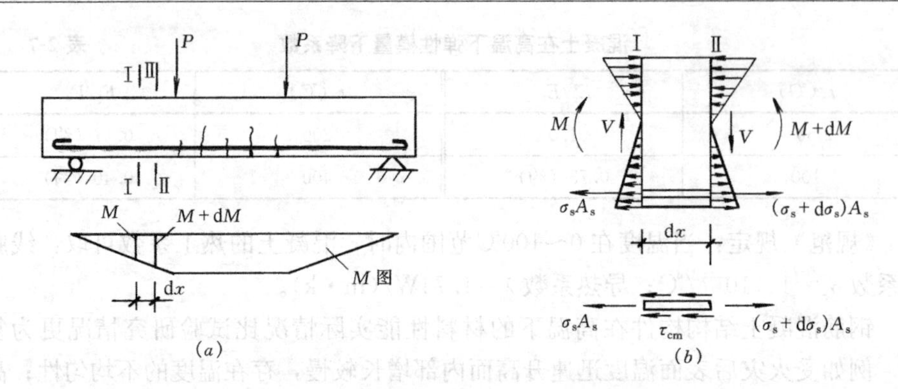

图2-25　钢筋混凝土梁弯曲粘结应力

(a) 集中荷载简支梁；(b) 脱离体图

(3) 当钢筋相互搭接浇筑在混凝土内时，如图2-27所示，在钢筋的搭接接头处，是通过钢筋与混凝土的粘结应力，来传递搭接钢筋之间内力的。因此，钢筋的相互搭接，必须有一定长度，此长度亦由能够锚固钢筋端部的粘结力来确定，称为搭接长度。

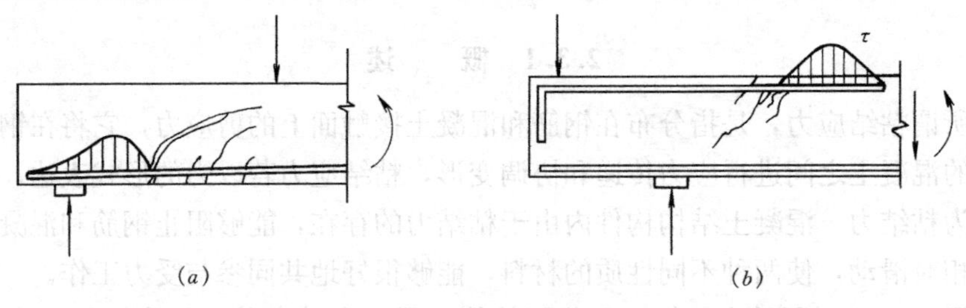

图2-26　锚固粘结应力

(a) 钢筋伸入支座；(b) 钢筋在跨间切断

钢筋混凝土结构中，钢筋主要承受拉力，因此，以受拉钢筋的锚固长度作为钢筋的基本锚固长度，用l_{ab}表示。钢筋与混凝土之间的粘结应力，通常用标准的拔出试验来确定（图2-28），其值沿钢筋长度成曲线分布，其粘结强度平均值τ_m可按下列公式确定：

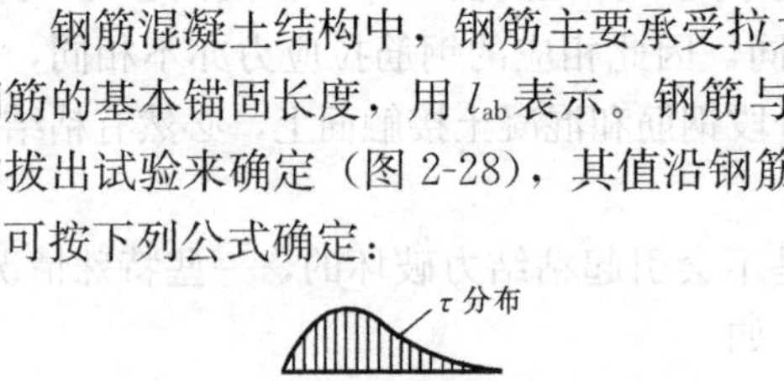

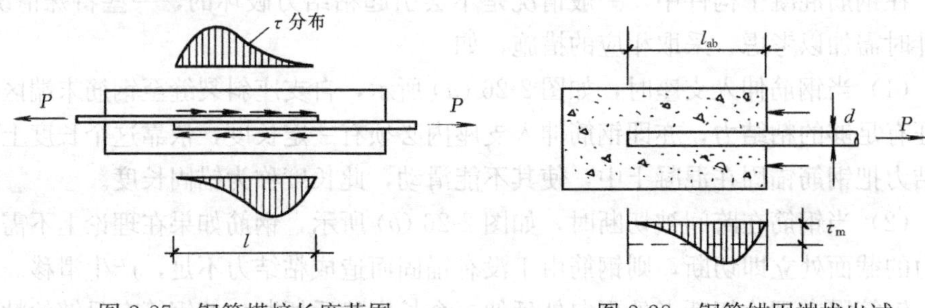

图2-27　钢筋搭接长度范围内的锚固粘结应力

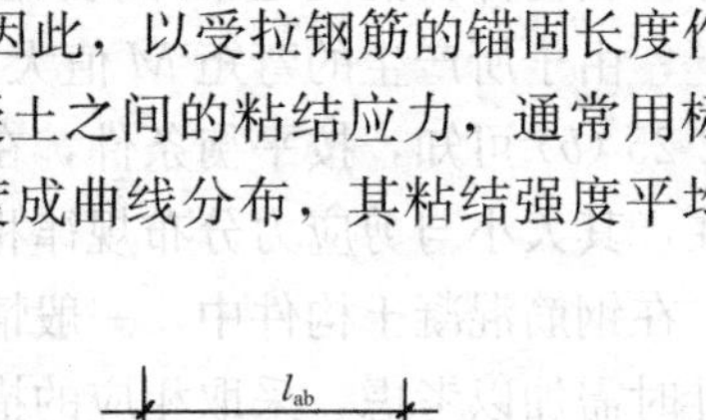

图2-28　钢筋锚固端拔出试验时的粘结应力

$$\tau_{m}=\frac{P}{l_{ab}\pi d} \tag{2-17}$$

式中　P——拔出力；

d——钢筋直径；

l_{ab}——受拉钢筋的基本锚固长度。

在公式（2-17）中，平均粘结强度 τ_{m} 值是以钢筋应力达到屈服强度 f_{y} 时而不发生粘结锚固破坏的最短锚固长度（即基本锚固长度）来确定的，并以 τ_{m} 值作为设计时确定基本锚固长度 l_{ab} 的依据（见第 5.6.1 节）。

2.3.2　粘结力的性能

试验研究表明，钢筋和混凝土之间的粘结力实际上是由三部分组成的：

(1) 因混凝土内水泥颗粒的水化作用形成了凝胶体，对钢筋表面产生的胶结力；

(2) 因混凝土结硬时体积收缩，将钢筋裹紧而产生的摩擦力；

(3) 因钢筋表面凸凹不平与混凝土之间产生的机械咬合作用而形成的挤压力。

钢筋和混凝土之间的粘结力破坏过程为：当荷载较小时，其接触面上由荷载产生的剪应力完全由其胶结力承担，接触面基本上不产生滑移。随着荷载的增加，胶结力的粘着作用被破坏，钢筋与混凝土之间产生明显的相对滑移，此时其剪应力由接触面上的摩擦力承担。对于光圆钢筋来说，随着剪应力和相对滑移的增长混凝土将陆续被剪碎；对于带肋钢筋来说，其横肋齿状突起部分和混凝土之间的挤压力可继续承担荷载，且挤压力起主要作用。当挤压力增加到一定程度时，混凝土齿状突起部分的折角处因应力集中而开裂，并沿着每条横肋朝外侧呈放射状发展，形成如图 2-29 所示的一个个圆锥状的斜裂面。钢筋横肋和混凝土齿之间的挤压力在垂直钢筋轴线方向上的分力将使得钢筋周围的混凝土沿环向受拉，当环向拉应力超过混凝土的抗拉强度时，出现纵向劈裂裂缝，这时的最大应力，即为带肋钢筋与混凝土之间的粘结强度。

如钢筋外的混凝土保护层足够厚或配置箍筋时，劈裂裂缝受到限制，这时混凝土的齿状突起部分即将被压碎而使钢筋带着横肋间的混凝土沿横肋外径圆柱面开始滑动，粘结强度下降，直至钢筋从混凝土中拔出而发生粘结破坏。

试验结果表明，影响粘结力的主要因素有：

混凝土的强度越高，钢筋与混凝土之间的粘结力也越高。

混凝土保护层较薄时，其粘结力也将降低，并在保护层最薄弱位置，容易出现纵向劈裂裂缝，促使粘结力提早破坏。

带肋钢筋埋入混凝土的锚固长度越长，则锚固作用越好。但如太长，靠近钢筋端头处的粘结应力很小，甚至等于零。设计时仅需保证其有足够的锚固长度，

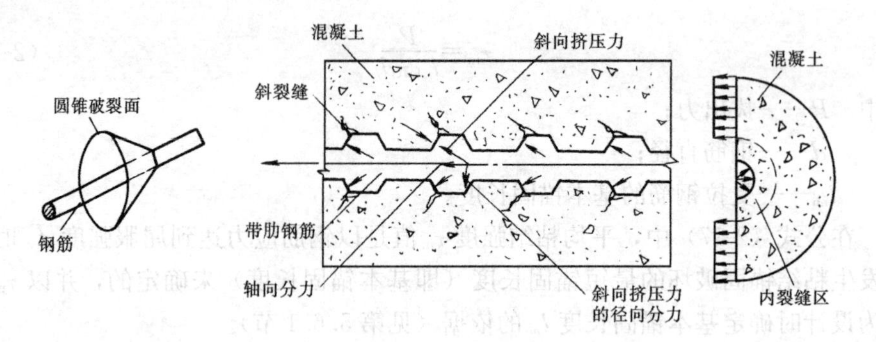

图 2-29 钢筋横肋处的挤压力和内力缝

因此也不必太长。

钢筋表面凸凹不平，与混凝土之间的机械咬合力好，破坏时粘结强度大。光圆钢筋的粘结强度则较小，所以在设计时要在钢筋端部做成弯钩，可以增加其拔出力。

在设计时，按我国《规范》规定，不需要进行粘结力计算，只是采用构造要求来保证。具体内容将在以后有关章节中叙述。

第3章 混凝土结构的设计方法

§3.1 结构设计的要求

3.1.1 结构的功能要求

在工程结构中，结构设计的目的是在现有技术基础上，用最少的人力和物力消耗，获得能够完成全部功能要求和足够可靠的结构。

结构在设计使用年限内应满足下列功能要求：

(1) 能承受正常施工和正常使用时可能出现的各种作用。

(2) 在正常使用时有良好的使用性能。如不发生过大的变形和过宽的裂缝等。

(3) 在正常维护下具有足够的耐久性能。如不发生由于混凝土保护层碳化或裂缝宽度开展过大导致钢筋的锈蚀，不发生混凝土在恶劣的环境中因受到侵蚀或化学腐蚀、温湿度及冻融破坏而影响结构的使用年限等。

(4) 当发生火灾时，在规定的时间内可保持足够的承载力。

(5) 当发生爆炸、撞击、人为错误的偶然事件时，结构能保持必需的整体稳固性，不出现与起因不相称的破坏后果，防止出现结构的连续倒塌。

上述要求的 (1)、(4)、(5) 项属于结构的安全性，(2)、(3) 项分别属于结构的适用性和耐久性。安全性、适用性和耐久性总称为结构的可靠性。亦即结构在规定的时间内（即设计使用年限），在规定的条件下（正常设计、正常施工、正常使用和维修）完成预定功能的能力。显然，增大结构设计的余量，如加大截面尺寸及配筋或提高对材料性能的要求，总是能够满足功能要求的。但是将使结构的造价提高，导致结构设计经济效益的降低。结构的可靠性和结构的经济性二者之间是相互矛盾的，科学的设计方法就能在结构的可靠与经济之间选择一种最佳的方案，使设计符合技术先进、安全适用、经济耐久、保证质量的要求。长期以来，人们一直在探索解决这个问题的途径，以获得满意的设计。

3.1.2 结构的极限状态

结构能够满足功能要求而且能够良好地工作，称为结构“可靠”或“有效”，反之则称结构“不可靠”或“失效”。区分结构可靠与失效状态的标志是“极限状态”。

整个结构或结构的一部分超过某一特定状态时（如到达极限承载力、失稳、变形过大、裂缝过宽等），就不能满足设计规定的某一功能要求，此特定状态称为该功能的极限状态。

根据功能要求，结构极限状态可分为两类：

1. 承载能力极限状态

是指结构或构件达到最大承载力、出现疲劳破坏或发生不适于继续承载的变形或因结构局部破坏而引发的连续倒塌时的状态。

对于所有结构构件，均应进行承载力（包括压屈失稳）极限状态的计算；在必要时尚应进行构件的疲劳强度或结构的倾覆和滑移的验算；对结构局部区域，在偶然荷载作用下，可能发生连续倒塌时应进行连续倒塌的设计；对处于地震区的结构，尚应进行构件偶然作用承载力的计算。通过以上方法来保证结构构件具有足够的安全性。

2. 正常使用极限状态

是指结构或构件达到正常使用的某项规定限值或耐久性能的某种规定状态。

对于在使用上或外观上需控制变形值的结构构件，应进行变形的验算；对于在使用上要求不出现裂缝的构件，应进行混凝土抗裂性的验算；对于允许出现裂缝的构件，应进行裂缝宽度验算；对舒适度有要求的楼盖结构，应进行竖向自振频率的验算；同时应进行相应的耐久性设计，以保证结构的正常使用并满足耐久性的要求。

当结构或构件进行正常使用极限状态设计时，考虑到万一所能满足的条件略差一些，虽然会影响结构的正常使用或使人们产生不能接受的感觉，甚至会减弱其耐久性，但一般不会导致人身伤亡或重大的经济损失；同时，考虑到作用在构件上的最不利可变荷载，往往仅是在某一瞬间出现的，所以设计的可靠程度允许比承载能力极限状态略低一些。通常是按承载能力极限状态来计算结构构件，再按正常使用极限状态来验算构件。

3.1.3　结构的设计使用年限、设计基准期

结构设计使用年限是指设计规定的结构或构件，不需进行大修，即可按其预定目的使用的时期，即结构或构件在规定的条件下所应达到的使用年限，见表3-1。

应当指出，结构的设计使用年限与结构的实际使用年限（寿命）有一定的联系，但不完全相同。结构的实际使用年限是指，当结构的使用年限超过设计使用年限时，其失效概率将逐年增大，但结构尚未报废，经过适当维修后，仍能正常使用，但实际继续使用年限需经鉴定确定。

《建筑结构荷载规范》GB 50009—2012（简称《荷载规范》）规定：结构的楼面和屋面活荷载应考虑表3-1中的设计使用年限的调整系数 r_L 来确定。对于

荷载标准值可控制的活荷载，可取 $r_L=1.0$。

楼面和屋面活荷载考虑设计使用年限的调整系数 r_L **表 3-1**

结构设计使用年限（年）	示　例	r_L 值
5	临时性建筑结构	0.9
25	易于替换的结构构件	—
50	普通房屋和构筑物	1.0
100	标志性建筑和特别重要的建筑结构	1.1

注：当设计使用年限不为表中数值时，r_L 值可按内插法确定。

设计基准期是指为确定可变荷载代表值而选用的时间参数。《荷载规范》规定，确定可变荷载代表值时，应采用50年设计基准期。

§3.2 结构的作用、作用效应和结构抗力❶

3.2.1 结构的作用与作用效应

1. 作用的概念与类型

建筑结构在施工期间和使用期间要承受各种作用。所谓“作用”是使结构或构件产生内力（应力）、变形（位移、应变）、裂缝和环境影响的各种原因的总称。

作用就其形式而言，可分为两类：

（1）当以力的形式作用于结构上时，称为直接作用，也叫结构的荷载。如结构自重、楼面上的人群及物品重量、风压力、雪压力、土压力、爆炸等。

（2）当以变形形式作用于结构上时，称为间接作用，习惯上称为结构的外加变形或约束变形。如地震、基础不均匀沉降、混凝土收缩、徐变、温度变形和焊接变形等。

在工程结构中，由于常见的作用多数是直接作用，即荷载，因此，对荷载的类型，又作进一步的区分。

结构上的荷载，用 Q 表示。按其随时间的变异性不同，可分为下列三类：

（1）永久荷载（恒荷载）。在结构使用期间，其值不随时间变化，或其变化与平均值相比可以忽略不计，或其变化是单调的并能趋于限值的荷载。例如，结构自重、土压力、预应力等。

（2）可变荷载（活荷载）。在结构使用期间，其值随时间而变化，且其变化

❶ 本章有关数理统计知识，见 3.9 节。

与平均值相比不可以忽略不计的荷载。例如，楼面活荷载、屋面活荷载和积灰荷载、吊车荷载、风荷载、雪荷载、温度作用等。

（3）偶然荷载。在结构设计使用年限内不一定出现，而一旦出现，其量值很大且持续时间很短的荷载。例如，爆炸力、撞击力等。地震是以变形的形式作用于结构上的间接作用（亦称偶然作用），不属于偶然荷载，但其对结构的影响类似于偶然荷载。

2. 荷载的代表值

由于各种荷载都具有一定的变异性，在结构设计时应根据各种极限状态的设计要求，取用不同的荷载数值，即所谓荷载的代表值。计算时是采用荷载的标准值，作为荷载的基本代表值。

荷载的标准值：一般是指结构在其设计基准期为50年的期间内，在正常情况下可能出现具有一定保证率的最大荷载。由于结构上的各种荷载，实际都是不确定的随机变量，对其取值应具有一定的保证率，也就是使得超过荷载标准值的概率要小于某一允许值。当有足够实测资料时，荷载标准值由资料按统计分析加以确定，即：

$$Q_k = Q_m + \alpha_Q \sigma_Q = Q_m(1 + \alpha_Q \delta_Q) \tag{3-1}$$

式中　Q_k——荷载标准值；

Q_m——荷载平均值；

δ_Q——荷载的变异系数，$\delta_Q = \sigma_Q / Q_m$；

σ_Q——荷载的标准差；

α_Q——荷载标准值的保证率系数。

国际标准化组织（ISO）建议取 $\alpha_Q = 1.645$，即相当于具有95%保证率的上限分位值（图3-1）。

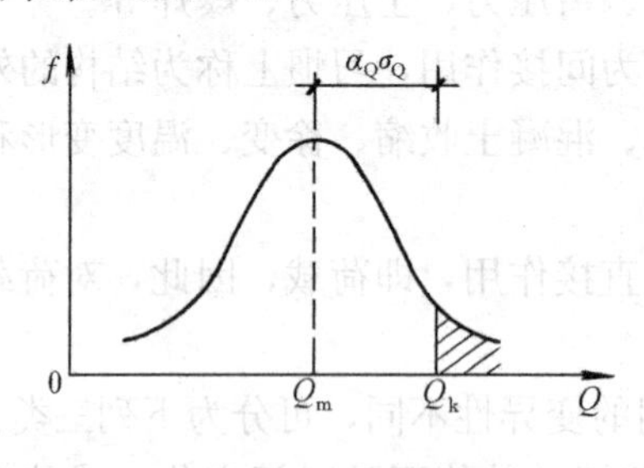

图3-1　荷载的标准值的取值

当没有足够统计资料时，荷载标准值可根据历史经验估算确定。

我国《荷载规范》规定，在建筑结构设计时，对不同荷载应采用不同的代表值。

（1）对永久荷载，应采用标准值作为代表值，并作了相应的简化措施。

永久荷载标准值，对结构自重，由于其变异性不大，可按结构设计尺寸与材料单位体积自重的乘积来确定。对常用材料和构件的自重，可参照《荷载规范》附录A采用。对于某些变异性较大的材料和构件（如现场制作的保温材料、混凝土薄壁结构等）自重的标准值，应根据对结构的不利状态，取上限值或下限值。

（2）对可变荷载，应根据设计要求采用标准值、组合值、频遇值或准永久值作为代表值。

1）可变荷载标准值，应按《荷载规范》各节规定采用。

2）可变荷载组合值：是指几种可变荷载进行组合时，其值不一定都同时达到最大，因此，需作适当调整。其调整的方法为：除其中最大荷载仍取其标准值外，其他伴随的可变荷载均采用小于 1.0 的组合值系数乘以相应的标准值来表达其荷载代表值。这种经调整后的伴随可变荷载，称为可变荷载的组合值。其值用可变荷载的组合值系数 ψ_c 与相应可变荷载标准值 Q_{ik} 的乘积来确定。

可变荷载组合值是承载能力极限状态设计和正常使用极限状态标准组合设计时荷载的代表值。

3）可变荷载频遇值：是指结构上时而出现持续时间较短，并具有一定保证率的较大可变荷载值，它与时间有密切的关联，即在规定的期限内（如在设计基准期 T 内），具有较短的总持续时间 T_x，或较少的发生次数 n_x 的特性，使结构的破坏性有所减缓，因此，可变荷载的频遇值总是小于荷载标准值（国际标准化组织 ISO2394 建议取 $\mu_x = T_x/T \leqslant 0.1$，作为确定频遇值的控制条件）。《荷载规范》规定：可变荷载频遇值以荷载的频遇值系数 ψ_f 与相应的可变荷载标准值 Q_{ik} 的乘积来确定。

4）可变荷载的准永久值：是指在结构上经常作用的可变荷载。它与时间的变异性有一定的相关，即在规定的期限内，具有较长的总持续时间 T_x，对结构的影响有如永久荷载的性能（国际标准化组织建议取 $\mu_x \geqslant 0.5$，作为确定准永久值的控制条件）。《荷载规范》规定：可变荷载准永久值以荷载的准永久值系数 ψ_q 与相应可变荷载标准值 Q_{ik} 的乘积来确定。

可变荷载的准永久值是正常使用极限状态按准永久组合设计时所采用的可变荷载代表值。

上述系数 ψ_c、ψ_f、ψ_q 值具体在《荷载规范》有关章节中取用。

《规范》对可变荷载频遇值的设计应用，未作具体的规定。设计时，对一些与时间密切相关的结构（如对设计年限要求较低的非临时性建筑结构等），可以参照上述概念，通过调查分析，根据实际情况，进行设计建设。

（3）对偶然荷载，应按建筑结构使用的特点确定其代表值。

3. 作用效应

结构构件在上述各种作用因素的作用下所引起的内力（如轴力、弯矩、剪力、扭矩）、变形（挠度、转角）、温度变形和裂缝等统称为“作用效应”，以“S”表示，当“作用”为“荷载”时，则称为荷载效应。

由于结构上的作用是随着时间、地点和各种条件的改变而变化的，是一个不确定的随机变量，所以作用效应 S 一般说来也是一个随机变量。

荷载 Q 与荷载效应 S 之间，一般可近似按线性关系考虑，即：

$$S = CQ \tag{3-2}$$

式中　C——荷载效应系数；

　　　Q——某种荷载；

　　　S——荷载效应。

例如，受均布荷载作用的简支梁，其跨中弯矩 $M=(1/8)ql^2$，此处，M 相当于荷载效应 S,q 相当于 Q，(1/8) l^2 则相当于荷载效应系数 C，l 为梁的计算跨度。

荷载效应是结构设计的依据之一，由于它的统计规律与荷载的统计规律是一致的，因而以后将着重讨论荷载变异的情况。

4. 荷载分项系数及荷载设计值

荷载分项系数是考虑荷载超过标准值的可能性，以及对不同变异性的荷载可能造成结构计算时可靠度严重不一致的调整系数。其选取是在各种荷载标准值已经给定的前提下，使所选取的数值在按极限状态设计中得到的各种结构构件所具有的可靠度（或失效概率），与规定的目标可靠度（或允许的失效概率）之间，在总体上误差最小为原则。若以 γ_G 及 γ_Q 分别表示永久荷载及可变荷载的分项系数，则按《荷载规范》规定：

(1) 永久荷载的分项系数 γ_G：

1) 当其效应对结构不利时：

对由可变荷载效应控制的组合，取1.2（本教材计算例题均按可变荷载效应控制的组合计算）；

对由永久荷载效应控制的组合，取1.35。

2) 当其效应对结构有利时的组合，不应大于1.0。

(2) 可变荷载的分项系数 γ_Q：

一般情况下取1.4；

对标准值大于4kN/m^2 的工业房屋楼面结构的活荷载，取1.3。

(3) 对结构的倾覆、滑移或漂浮验算，荷载的分项系数应满足有关的结构设计规范的规定。

荷载的标准值与荷载分项系数的乘积称为荷载的设计值，亦称设计荷载，其数值大体相当于结构在非正常使用情况下荷载的最大值，它比荷载的标准值具有更大的可靠度。

3.2.2　结　构　抗　力

1. 结构抗力的概念及结构的工作状态

结构抗力是指结构或构件承受内力和变形的能力（如构件的承载能力、刚度等），以“R”表示。在实际工程中，由于受材料强度的离散性、构件几何特征（如尺寸偏差、局部缺陷等）和计算模式不定性的综合影响，结构抗力是一个随机变量。

结构构件的极限状态可以用荷载效应 S 和结构抗力 R 的关系式来描述。一般可写成如下的极限平衡方程式：

$$S = R \tag{3-3}$$

对荷载效应和结构抗力的理解，可用下例说明。

如一轴心受压钢筋混凝土短柱的轴向压力设计值与构件的轴心受压极限承载力的极限平衡方程式可写成：

$$N = N_u \tag{3-4}$$

$$N_u = f_c A_c + f'_y A'_s \tag{3-5}$$

式中 N——由荷载产生的轴向压力设计值，即相当于荷载效应 S；

N_u——轴心受压短柱的受压极限承载力，即为结构抗力 R；

A_c、A'_s——混凝土及钢筋的截面面积；

f_c、f'_y——混凝土及钢筋的抗压强度设计值。

类似还可以写出构件的刚度和裂缝宽度的极限状态方程式。

从以上公式中，若以 $Z = R - S = G(R,S)$ 来表示，则按 Z 值的大小不同，可以用来描述结构所处的三种不同工作状态：

当 $Z>0$ 时，结构处于可靠状态；

$Z<0$ 时，结构处于失效状态；

$Z=0$ 时，结构处于极限状态。

上式中 Z 值代表在扣除了荷载效应以后结构内部所具有的多余抗力，可称“结构构件余力”，亦称“功能函数”，它是结构失效的标准。如上所述，R 和 S 都是非确定性的随机变量，故 $Z = G(R,S)$ 亦是一个非确定性的随机变量函数。

由此可知，材料强度是决定结构抗力的主要因素，下面具体分析材料强度问题。

2. 材料强度的标准值

材料强度标准值 f_k 的取值原则是：在材料强度实测值的总体中，强度标准值应具有不小于 95%的保证率。其值由下式决定：

$$f_k = f_m(1 - 1.645\delta_f) \tag{3-6}$$

式中 f_m——材料强度的平均值；

δ_f——材料强度的变异系数，$\delta_f = \sigma_f / f_m$；

σ_f——材料强度的标准差。

钢材的强度标准值，取不小于 95%保证率的抗拉强度值。对于普通钢筋，取用屈服强度标准值；由于结构防倒塌设计的需要，规定钢筋拉断前的最大拉力时的强度，称为钢筋的极限强度标准值，以符号 f_{tk} 表示。

混凝土的各种强度指标标准值，是假定与立方体强度具有相同的变异系数，由立方体抗压强度标准值推算出来的，其计算方法为：

(1) 混凝土立方体抗压强度标准值（或称混凝土强度等级）$f_{cu,k}$，是按标准方法制作、养护和试验所得的抗压强度值（具体见2.2节中的2.2.1）。

(2) 混凝土的轴心抗压强度标准值 f_{ck} 及抗拉强度标准值 f_{tk}，是根据混凝土立方体抗压强度标准值和各种强度指标的关系，按式（3-6）计算得出的。混凝土各种强度标准值见附表1。

3. 材料强度的设计值

材料强度的标准值 f_k 除以材料的分项系数 γ_m 就得到材料强度的设计值 f，即：

$$f = f_k/\gamma_m \tag{3-7}$$

钢筋的材料分项系数是通过对受拉构件的试验数据进行可靠度分析得出的。各种钢筋的分项系数见表3-2。

钢筋的分项系数值 γ_m **表3-2**

钢筋种类	γ_m 值
HPB300、HRB335、HRBF335、HRB400、HRBF400、RRB400	1.10
HRB500，HRBF500	1.15

混凝土的材料分项系数是通过对轴心受压构件试验数据作可靠度分析求得的，其值取为1.40。

§3.3 结构按概率极限状态设计

3.3.1 可靠度、失效概率及可靠指标

结构的概率极限状态设计方法，或称近似概率法，其基本概念是从概率的观点来研究结构的可靠性。结构的可靠度就是结构在规定的时间内、在规定的条件下完成预定功能（安全性、适用性、耐久性）的可能性大小，用概率来表示。因此，它是结构可靠性的概率度量。

结构能够完成预定功能（$R \geqslant S$）的概率即为“可靠概率”p_s；不能完成预定功能（$R < S$）的概率为“失效概率”p_f。显然二者是互补的。即：

$$p_s + p_f = 1.0 \tag{3-8}$$

在结构设计中，荷载、材料强度指标等都是随机变量。它们的概率分布函数可以用不同的曲线来反映，其中正态分布占很重要的地位，如永久荷载、钢筋强度等。一些非正态分布的随机变量（如风载）可以通过数学的变换转换成当量的正态分布。因此，由荷载等外部因素所产生的荷载效应 S 和与材料强度及截面几何特征相关的结构抗力 R 也可认为是正态分布的随机变量。

在研究分析时，由于荷载效应可表示成各个截面的内力，而结构抗力 R 亦

表示成结构所能承受的内力值，所以二者的统计关系可列于同一坐标内。假定二者之间是相互独立的，则可用如图 3-2 所示的两条正态分布的概率密度曲线来表达。

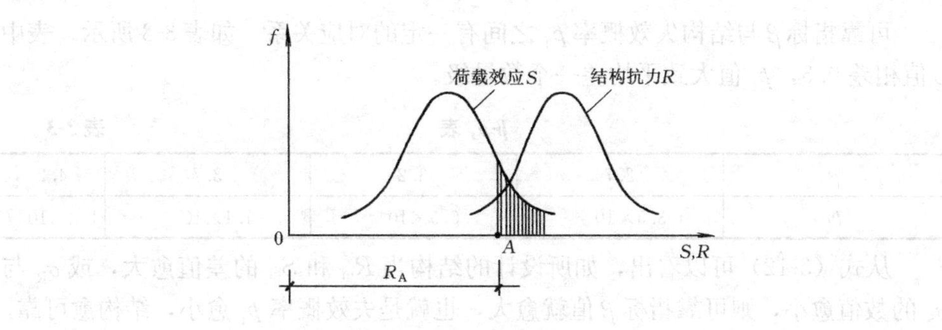

图 3-2 S 及 R 概率分布曲线

从图 3-2 可以看出，结构抗力 R 值在大多数情况下出现大于荷载效应 S 值的情况。但是在两条曲线重叠面积范围内，仍有可能出现结构抗力 R 低于荷载效应 S 的情况。例如图 3-2 中 A 点出现的抗力 R_A 值，就将低于以它右侧的 S 概率分布曲线所出现的各个 S 值，此时结构是失效的。由此可知，图中重叠面积的大小，反映了失效概率的高低，面积愈小，失效概率愈低。

从以上分析可知，由于结构抗力 R 和荷载效应 S 是正态分布的随机变量，所以 $Z = R - S$ 亦是一个正态分布的随机变量。Z 值的概率分布曲线如图 3-3 所示。从该图可以看出，所有 $Z = R - S < 0$ 的事件（失效事件），其出现的概率就等于原点以左曲线下面与横坐标所包围的阴影面积。这样，其失效概率可表示为：

$$p_f = p(Z = R - S < 0) = \int_{-\infty}^{0} f(Z)\mathrm{d}Z \tag{3-9}$$

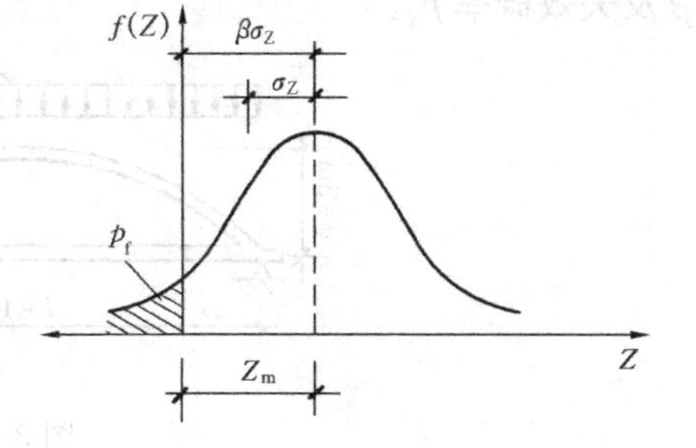

图 3-3 β 和 p_f 的关系图

由概率论的原理可知，若随机变量 R 和 S 相互独立，且符合正态分布，则由随机变量 R 和 S 组成的功能函数 Z 也是符合正态分布的随机变量，若以 R_m、S_m 和 σ_R、σ_S 分别表示结构抗力 R 及荷载效应 S 的平均值和标准差，则 Z 值的平均值 Z_m 和标准差 σ_Z 为：

$$Z_m = R_m - S_m \tag{3-10}$$

$$\sigma_Z = \sqrt{\sigma_R^2 + \sigma_S^2} \tag{3-11}$$

这样，由图 3-3 可以看出，结构的失效概率 p_f 与功能函数的平均值 Z_m 至原点的距离有关。令 $Z_m = \beta\sigma_Z$，则 β 与 p_f 之间存在着相应的关系，β 大则 p_f 小，因此 β 和 p_f 一样，可作为衡量结构可靠性的一个指标，故称 β 为结构的“可靠”

指标，即：

$$\beta=\frac{Z_m}{\sigma_Z}=\frac{R_m-S_m}{\sqrt{\sigma_R^2+\sigma_S^2}} \tag{3-12}$$

可靠指标β与结构失效概率p_f之间有一定的对应关系，如表3-3所示。表中β值相差0.5，p_f值大致平均差一个数量级。

β-p_f 表　　**表 3-3**

β	2.7	3.2	3.7	4.2
p_f	3.5×10^{-3}	6.9×10^{-4}	1.1×10^{-4}	1.3×10^{-5}

从式（3-12）可以看出，如所设计的结构当R_m和S_m的差值愈大，或σ_R与σ_S的数值愈小，则可靠指标β值就愈大，也就是失效概率p_f愈小，结构愈可靠。

用p_f来度量结构可靠性的物理意义明确，已为国际上所公认，但是计算p_f在数学上比较复杂，因此很多国际标准以及我国的《工程结构可靠性设计统一标准》GB 50153—2008都采用可靠指标β代替p_f来度量结构的可靠性。

【例3-1】 已知承受永久荷载q作用的钢筋混凝土拉杆拱（图3-4）。$l=15$m，$v=3$m，钢筋混凝土拉杆$b\times h=250\text{mm}\times200\text{mm}$，配有2Φ18钢筋，$A_s=509\text{mm}^2$，设永久荷载为正态分布，平均值$q_m=14\text{kN/m}$，变异系数$\delta_q=0.07$，钢筋屈服强度为正态分布，平均值$f_{y,m}=374\text{N/mm}^2$，变异系数$\delta_{f_y}=0.08$，不考虑结构尺寸的变异和计算公式精度的不准确性。求此拉杆的可靠指标β及失效概率p_f。

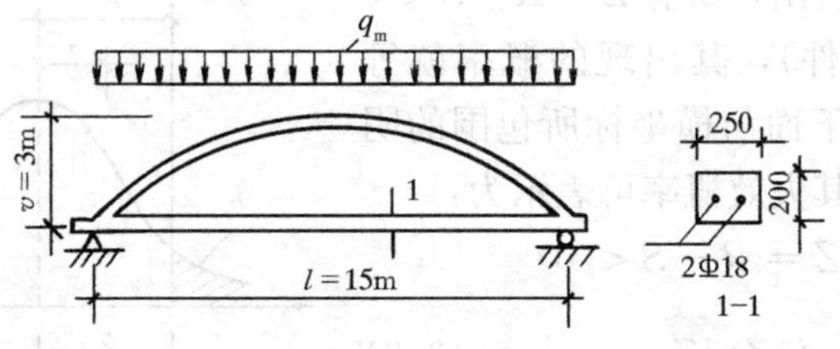

图3-4　拉杆拱

【解】 受均布荷载q_m作用的拱拉杆的轴力

$$S_m=N_m=\frac{l^2}{8v}q_m=\frac{15^2}{8\times3}\times14\times10^3=131250\text{N}$$

$$\sigma_S=\sigma_N=N_m\delta_q=131250\times0.07=9188\text{N}$$

拉杆的抗力：$R=f_yA_s$

$$R_m=A_sf_{y,m}=509\times374=190366\text{N}$$

$$\sigma_R=R_m\delta_{fy}=190366\times0.08=15229\text{N}$$

根据结构功能函数$Z=G(R,S)=R-S$，它是两个正态分布随机变量的线性方程，故可直接应用式（3-12）计算可靠指标β。

$$\beta=\frac{Z_m}{\sigma_Z}=\frac{R_m-S_m}{\sqrt{\sigma_R^2+\sigma_S^2}}=\frac{190366-131250}{\sqrt{15229^2+9188^2}}=\frac{59116}{17789}=3.32$$

相应的失效概率 $p_f=4.5\times10^{-4}$。

3.3.2　目标可靠指标及安全等级

在设计时，要使所设计的构件既安全可靠，又经济合理，具体方法是：使这个结构构件在设计使用年限内，在规定条件下能完成预定功能的概率不低于一个允许的水平，亦即要求其失效概率 p_f 为：

$$p_f\leqslant[p_f] \tag{3-13}$$

式中　$[p_f]$——允许失效概率。延性破坏的结构 $[p_f]=6.9\times10^{-4}$，脆性破坏的结构 $[p_f]=1.1\times10^{-4}$。

式（3-13）当用可靠指标 β 表示时，则为：

$$\beta\geqslant[\beta] \tag{3-14}$$

式中　$[\beta]$——允许可靠指标，或称目标可靠指标。

对于具有延性破坏特征的一般建筑物的结构构件，由于在破坏时有预兆，其允许失效概率可取得略高一些，亦即相应的目标可靠指标可取得略小一些。相反，对于具有脆性破坏特征的构件，其目标可靠指标则相应取得略大一些。

除此以外，根据建筑结构破坏后果的严重程度，将建筑结构按表3-5的规定，划分为三个安全等级，并根据其破坏类型不同，规定其相应承载能力极限状态的目标可靠指标，见表3-4。

不同安全等级的目标可靠指标 $[\beta]$　　**表3-4**

破坏类型＼安全等级	一　级	二　级	三　级
延性	3.7	3.2	2.7
脆性	4.2	3.7	3.2

由上表可知，一级和三级安全等级的结构目标可靠指标 $[\beta]$ 分别比二级建筑物增加或减少0.5。

按可靠指标的设计准则虽然是直接运用概率论的原理，但在确定可靠指标时，将效应和抗力作为两个独立的随机变量，只考虑其平均值和标准差，而没有考虑两者联合分布的特点等因素，计算中又作了一些简化，所以这个准则只能称为近似概率准则。

按可靠指标的设计方法在基本要领上比较合理，可以给出结构可靠度的定量概念，但计算过程复杂，而且需要掌握足够的实测数据，包括各种影响因素的统计特征值，但这些统计特征值仅在比较简单的情况下可以确定，有相当多的影响因素的不定性尚不能统计，因而这个方法还不能普遍用于实际工程。所以《规范》采用了以各基本变量标准值和分项系数来表达的实用设计式，通过验算两种极限状态来保证结构的可靠性。

§3.4 按承载能力极限状态计算

3.4.1 建筑结构的安全等级

在承载力极限状态设计时，根据建筑结构破坏后果（危及人的生命、造成经济损失和产生的社会影响等）的严重程度，将建筑结构划分为三个安全等级。设计时应根据具体情况，按照表3-5的规定选用适当的安全等级。

建筑结构的安全等级 **表3-5**

安全等级	破坏后果	γ_0 值
一级	很严重	1.1
二级	严重	1.0
三级	不严重	0.9

注：对重要的结构，其安全等级应取为一级，对一般的结构，其安全等级应取为二级，对次要的结构，其安全等级可取为三级。

建筑物中各类结构构件使用阶段的安全等级应与整个结构的安全等级相同，对其中部分结构构件的安全等级，可根据其重要程度作适当调整。但构件的安全等级在各个阶段均不得低于三级。

3.4.2 计算表达式

在极限状态设计方法中，结构构件的承载力计算，应采用下列极限状态设计表达式：

$$\gamma_0 S \leqslant R \tag{3-15}$$

$$R = R(f_c, f_s, a_k, \cdots)/\gamma_{Rd} \tag{3-16}$$

或

$$R = \frac{R_k}{\gamma_R} = R\left(\frac{f_{ck}}{\gamma_c}, \frac{f_{sk}}{\gamma_s}, a_k, \cdots\right)/\gamma_{Rd} \tag{3-17}$$

式中 γ_0——结构重要性系数，按表3-5确定；

S——承载能力极限状态下，作用（荷载）组合效应设计值：对持久设计状况和短暂设计状况，应按作用的基本组合计算，计算时用 M、V、N、T 来表达；

R——结构构件的抗力设计值；

$R(\cdot)$——结构构件的抗力函数；

γ_{Rd}——结构构件的抗力模型不定性系数：对静力设计取 1.0；对不定性较大的结构构件，根据具体情况取大于 1.0 的数值；

f_{ck}、f_c——混凝土强度标准值和设计值，按附表1取用；

f_{sk}、f_s——钢筋强度标准值和设计值，按附表 3、附表 4 取用；

γ_c、γ_s——混凝土和钢筋的材料分项系数；

a_k——几何参数的标准值，当几何参数的变异性对结构性能有明显的不利影响时，应增减一个附加值。

在承载力极限状态计算方法中，荷载效应的不定性和结构抗力的离散性首先在确定荷载及抗力标准值中加以考虑，然后再引入分项系数来保证构件承载力具有足够的可靠度。更具体地说，在多数荷载中的标准值取大于其平均值、材料强度的标准值取小于其平均值的同时，为充分反映荷载效应和结构抗力的离散性，再将各类荷载标准值分别乘以大于 1 的各自的荷载分项系数，得到荷载设计值；而将各类材料的强度标准值分别除以大于 1 的各自的材料分项系数，得到材料强度设计值。通过这样的处理，使结构构件具有足够的可靠概率。

此外，对一些由混凝土在复杂应力状态下破坏来确定承载能力的情况，即使采用了材料的强度设计值，仍不能保证构件具有足够的可靠度，这时在确定承载力函数时，在计算公式的取值上，要根据可靠度分析给予一定的安全储备。因此，钢筋混凝土构件的可靠性是通过标准值、分项系数和抗力函数的取值三部分保证的。

3.4.3 荷 载 组 合

当结构上同时作用有多种可变荷载时，要考虑荷载的组合问题。

荷载组合是指在所有可能同时出现的诸荷载组合下，确定结构或构件内产生的总效应。其最不利组合是指所有可能产生的荷载组合中，对结构构件产生总效应最为不利的一组。

（1）对承载力极限状态应按一般情况荷载效应的基本组合，从下列组合值中取其最不利值进行设计。

1）由可变荷载控制的效应设计值：即对永久荷载和参与组合的全部可变荷载中最大的可变荷载，直接采用效应设计值，而对其他可变荷载采用效应设计组合值的两者之和确定。其表达式为：

$$S_d = \sum_{j=1}^{m} \gamma_{G_j} S_{G_j k} + \gamma_{Q_1} \gamma_{L_1} S_{Q_1 k} + \sum_{i=2}^{n} \gamma_{Q_i} \gamma_{L_i} \psi_{c_i} S_{Q_i k} \tag{3-18}$$

式中 γ_{G_j}——第 j 个永久荷载的分项系数；

γ_{Q_i}——第 i 个可变荷载的分项系数，其中 γ_{Q_1} 为最大可变荷载 Q_1 的分项系数；

γ_{L_i}——第 i 个可变荷载考虑设计使用年限的调整系数，其中 γ_{L1} 为可变荷

载 Q_l 考虑设计使用年限的调整系数，对楼面和屋面活荷载 γ_L 值可直接查表3-1确定；对雪荷载和风荷载取重现期为设计使用年限，按《荷载规范》E.3、E.5、E.6的规定可确定重现期的雪压、风压基本值，直接求得相应的标准值，不考虑 γ_L 的作用；

$S_{G_j k}$——按永久荷载标准值 G_j 计算的荷载效应值；

$S_{Q_i k}$——按可变荷载标准值 Q_i 计算的荷载效应值；其中 $S_{Q_1 k}$ 为诸可变荷载效应中起控制作用者；

ψ_{c_i}——可变荷载 Q_i 的组合值系数；

m——参与组合的永久荷载数；

n——参与组合的可变荷载数。

2）当由永久荷载控制，即对永久荷载采用效应设计值，而对可变荷载效应采用设计组合值的两者之和确定，其表达式为：

$$S_d = \sum_{j=1}^{m} \gamma_{G_j} S_{G_j k} + \sum_{i=1}^{n} \gamma_{Q_i} \gamma_{L_i} \psi_{c_i} S_{Q_i k} \tag{3-19}$$

以上所述基本组合中的效应设计值，仅适用于荷载与荷载效应为线性关系的情况，此外，当对 $S_{Q_1 k}$ 无法明显判断时，应轮次以各可变荷载效应为 $S_{Q_1 k}$，选其中最不利的荷载组合为 $S_{Q_1 k}$ 的效应设计值。

【例3-2】 某屋面板，板的自重、抹灰层等永久荷载引起的弯矩标准值 M_{Gk} 为1.60kN·m，楼面活荷载引起的弯矩标准值 M_{Lk} 为1.2kN·m，雪荷载引起的弯矩标准值 M_{Sk} 为0.2kN·m，结构安全等级为二级，求荷载效应设计值 M。

【解】（1）按可变荷载效应控制的组合计算

$$M = \gamma_0 \left(\sum_{j=1}^{m} \gamma_{G_j} S_{G_j k} + \gamma_{Q_1} \gamma_{L_1} S_{Q_1 k} + \sum_{i=2}^{n} \gamma_{Q_i} \gamma_{L_i} \psi_{c_i} S_{Q_i k} \right)$$

$$= 1.0 \times (1.2 \times 1.6 + 1.4 \times 1.0 \times 1.2 + 1.4 \times 1.0 \times 0.7 \times 0.2)$$

$$= 3.80\text{kN} \cdot \text{m}$$

（2）按永久荷载效应控制的组合计算

$$M = \gamma_0 \left(\sum_{j=1}^{m} \gamma_{G_j} S_{G_j k} + \sum_{i=1}^{n} \gamma_{Q_i} \gamma_{L_i} \psi_{c_i} S_{Q_i k} \right)$$

$$= 1.0 \times (1.35 \times 1.6 + 1.4 \times 1.0 \times 0.7 \times 1.2 + 1.4 \times 1.0 \times 0.7 \times 0.2)$$

$$= 3.53\text{kN} \cdot \text{m}$$

（2）承载能力极限状态在偶然作用下，可按式（3-15）及式（3-16）进行偶然组合的计算。在计算时，其中的系数 γ_0 应取不小于1.0的数值，其荷载组合设计值 S，应按《荷载规范》有关规定进行计算。即按式（3-16）计算 R 时，其中的混凝土及钢筋设计强度 f_c、f_s 应改用强度标准值 f_{ck}、f_{sk}。

(3) 结构防连续倒塌的验算，应按 3.7 节的有关规定进行设计。

§3.5 按正常使用极限状态计算

在正常使用极限状态计算中，应根据不同的设计要求，采用荷载的标准组合、频遇组合或准永久组合，按下列设计表达式进行设计：

$$S_d \leqslant C \tag{3-20}$$

式中 S_d——荷载组合的效应设计值；

C——结构或结构构件达到正常使用要求的规定限值，例如变形、裂缝、频率、应力，其值按《规范》规定采用。

正常使用情况下荷载效应和结构抗力的变异性，已在确定荷载标准值和结构抗力标准值时得到一定程度的处理，并具有一定的安全储备。考虑到正常使用极限状态设计所要求的安全储备可以略低一些，所以采用荷载效应及结构抗力标准值进行计算。

关于荷载组合的效应设计值 S_d，应按下列方法确定。

(1) 对于标准组合：荷载组合的效应设计值

$$S_d = \sum_{j=1}^{m} S_{G_j k} + S_{Q_1 k} + \sum_{i=2}^{n} \psi_{c_i} S_{Q_i k} \tag{3-21}$$

标准组合是采用在设计基准期内根据正常使用条件可能出现最大可变荷载时的荷载标准值进行组合而确定的，在一般情况下均采用这种组合值，进行正常使用极限状态的验算；但仅适用于荷载与荷载效应成线性关系的情况。

(2) 对于频遇组合：荷载组合的效应设计值

$$S_d = \sum_{j=1}^{m} S_{G_j k} + \psi_{f_1} S_{Q_1 k} + \sum_{i=2}^{n} \psi_{q_i} S_{Q_i k} \tag{3-22}$$

式中 ψ_{f_1}——可变荷载 Q_1 的频遇值系数；

ψ_{q_i}——可变荷载 Q_i 的准永久值系数。

频遇组合是采用考虑时间影响的频遇值为主导进行组合而确定的。当结构或构件允许考虑荷载在较短的总持续时间或较少可能的出现次数这种情况时，则应按这种情况相应的最大可变荷载的组合（即频遇组合），进行正常使用极限状态的验算。例如，构件考虑疲劳的破坏，则应按混凝土的等幅疲劳、交变疲劳等不同的受力状态以及其所需承受的疲劳次数的相应组合值，进行疲劳强度的验算；但该构件如按标准组合进行验算时，有可能疲劳次数的增加，亦即其所需的构件截面和配筋量的增加，也就是其实际设计使用年限超过了设计基准期，但该构件最终是要随着设计使用年限仅为设计基准期的结构其他构件而报废的，可见按频遇组合值验算是较为经济合理的。

(3) 对于准永久组合：荷载组合的效应设计值

$$S_d = \sum_{j=1}^{m} S_{G_j k} + \sum_{i=1}^{n} \psi_{q_i} S_{Q_i k} \tag{3-23}$$

准永久组合是采用设计基准期内持久作用的准永久值进行组合而确定的。它是考虑可变荷载的长期作用起主要影响并具有自己独立性的一种组合形式。但在《规范》中由于对结构抗力（裂缝、变形）的试验研究结果，多数是在荷载短期作用情况下取得的，为此，对荷载准永久组合值的应用，仅将它作为考虑荷载长期作用对结构抗力（刚度）降低的影响因素之一来取用（具体见9.3节中的9.3.2）。

式（3-21）～式（3-23）仅适用于荷载与荷载效应成线性关系的情况。

【例3-3】 求［例3-2］中，分别按标准组合、频遇组合及准永久组合计算的弯矩值M。

【解】 按标准组合：

$$S_d = \sum_{j=1}^{m} S_{G_j k} + S_{Q_1 k} + \sum_{i=2}^{n} \psi_{c_i} S_{Q_i k}$$

$$= 1600 + 1200 + 0.7 \times 200 = 2940\text{N} \cdot \text{m}$$

按频遇组合：

$$S_d = \sum_{j=1}^{m} S_{G_j k} + \psi_{f_1} S_{Q_1 k} + \sum_{i=2}^{n} \psi_{q_i} S_{Q_i k}$$

$$= 1600 + 0.5 \times 1200 + 0.5 \times 200 = 2300\text{N} \cdot \text{m}$$

按准永久组合：

$$S_d = \sum_{j=1}^{m} S_{G_j k} + \sum_{i=1}^{n} \psi_{q_i} S_{Q_i k}$$

$$= 1600 + 0.4 \times 1200 + 0.5 \times 200 = 2180\text{N} \cdot \text{m}$$

§3.6　混凝土结构的耐久性

3.6.1 耐久性的概念

材料的耐久性是指它暴露在使用环境下，抵抗各种物理和化学作用的能力。对钢筋混凝土结构而言，其中钢筋被浇筑在混凝土内，混凝土起到保护钢筋的作用，如果对钢筋混凝土结构能够根据使用条件，进行正确的设计和施工，并能在使用过程中对混凝土认真地进行定期的维护，其使用年限可达百年及以上，因此，它是一种很耐久的材料。

试验研究表明，混凝土的强度随时间而增长，初期增长较快，以后逐渐减缓。但是由于混凝土表面暴露在大气中，特别是在恶劣的环境中时，长期受到有害物质的侵蚀，以及外界温、湿度等不良气候环境往复循环的影响，使混凝土随使用时间的增长而质量劣化，钢筋发生锈蚀，致使结构物承载能力降低。因此，在进行建筑物承载能力设计的同时，应根据其所处环境、重要性程度和设计使用年限的不同，进行必要的耐久性设计，这是保证结构安全、延长使用年限的重要条件。

3.6.2 影响材料耐久性的因素

钢筋混凝土结构长期暴露在使用环境中，使材料的耐久性降低，其影响因素较多，主要有以下几方面。

1. 材料的质量

钢筋混凝土材料的耐久性，主要取决于混凝土材料的耐久性。试验研究表明，混凝土所取用水灰比的大小是影响混凝土质量的主要因素。当混凝土浇筑成型后，由于未水化的多余水分的蒸发，容易在骨料和水泥浆体界面处或水泥浆体内产生微裂缝。水灰比愈大，微裂缝增加也愈多，在混凝土内所形成的毛细孔率、孔径和畅通程度也大大增加，因此，对材料的耐久性影响也愈大。试验表明，当水灰比不大于 0.55 时，其影响明显减小。

混凝土的水泥用量过少和强度等级过低，使材料的孔隙率增加，密实性差，对材料的耐久性影响也大。

2. 钢筋的锈蚀

钢筋混凝土结构中钢筋的锈蚀，是由于保护钢筋的混凝土碳化和氯离子引起的锈蚀作用而产生的。

(1) 混凝土的碳化

混凝土的碳化是指大气中的 CO_2 不断向混凝土孔隙中渗透，并与孔隙中碱性物质 $Ca(OH)_2$ 溶液发生中和反应，使混凝土孔隙内碱度(pH 值)降低的现象。

混凝土是一种多孔材料，孔隙中存有碱性的 $Ca(OH)_2$ 溶液，钢筋在这种碱性介质条件下，生成一层厚度很薄、牢固吸附在钢筋表面的氧化膜($Fe_2O_3 \cdot nH_2O$)，称为钢筋的纯化膜，它保护钢筋使之不会锈蚀。然而由于混凝土的碳化，使钢筋表面的介质转变为呈弱酸性状态，使纯化膜遭到破坏。钢筋表面在混凝土孔隙中的水和氧共同作用下发生化学反应，生成新的氧化物 $Fe(OH)_3$(即铁锈)，这种氧化物生成后体积增大(最大可达 5 倍)，使其周围混凝土产生拉应力直到引起混凝土的开裂和破坏。

影响混凝土碳化速度的主要因素：

1) 材料自身的影响。混凝土胶结料（水泥）中所含的能与 CO_2 反应的 CaO 总量越高，则吸收 CO_2 的量也越大，碳化速度越慢。混凝土强度等级愈高，内部结构愈密实，孔隙率愈低，孔径也愈小，则碳化速度愈慢。

2) 施工质量的影响。施工中水灰比大、混凝土振捣不密实，出现蜂窝、裂纹等缺陷，使碳化速度加快。例如，在梁、柱四角处，容易发生上述施工缺陷，同时有两个侧面发生碳化，因此，四角处的钢筋，容易提早出现锈蚀的现象。

3）外部环境的影响。当混凝土经常处于饱和水状态下时，CO_2 气体在孔隙中没有通道，不能吸收空气中的氧气，碳化不易进行；若混凝土处于干燥条件下，CO_2 虽能经毛细孔道进入混凝土，但缺少足够的液相进行碳化反应；一般在相对湿度70％～85％时最容易碳化。

研究表明，混凝土的碳化深度大致与时间 $t^{1/2}$ 成正比。为此，《规范》主要是通过规定混凝土最小保护层厚度，来控制碳化对结构耐久性的影响。

（2）氯离子引起的锈蚀

当钢筋表面的混凝土孔隙溶液中氯离子浓度超过某一定值时，也能破坏钢筋表面纯化膜，使钢筋锈蚀。混凝土中的氯离子是从混凝土所用的拌和水和外加剂中引入的，此外，不良环境中氯离子逐渐扩散和渗透进入混凝土的内部，在施工时应严格禁止或控制氯盐的掺量；一般对处于正常环境下的混凝土结构，混凝土中氯离子的含量不应大于水泥用量的1.0％。

3. 混凝土的腐蚀

混凝土的腐蚀是指混凝土在各种化学侵蚀介质作用下，其内部结构遭到不同程度破损的现象。混凝土腐蚀的机理较为复杂，一般认为有下列三方面原因：

通常是属于溶解性腐蚀，即当水渗透到混凝土内部，将水泥中一部分 $Ca(OH)_2$ 溶解，其溶液又使水泥中的硅酸钙溶解而流失，使混凝土遭到破坏。

其次是由于工业污染排放出 SO_2、H_2S 和 CO_2 等酸性气体以及潮湿土壤中有机物腐烂形成的碳酸水，使混凝土表面碱性降低，产生腐蚀。

此外，在混凝土中积聚较多的硫酸盐等有害物质时，容易在孔隙水中溶解，其溶液又使水泥中的铝酸盐水化，生成带有结晶水的水化物，其体积膨胀，最终导致混凝土的破坏。

防止混凝土腐蚀的主要措施：①选用与防止腐蚀类型相适应的水泥品种，如抗各种化学腐蚀性能都较强的矾土水泥，抗硫酸盐和海水腐蚀能力较好的抗硫酸盐水泥和火山灰质水泥等；②材料配合时，应保证必要的水泥用量，尽可能地减少水灰比，掺入一定的活性掺合料（如火山灰、粉煤灰）以提高混凝土的密实性、抗渗性和耐腐蚀性能；③设计时应保证有一定的混凝土保护层厚度，防止钢筋锈蚀；④掺入引气剂或减水剂；⑤混凝土表面采用专门涂料处理，防止镁盐或硬水对混凝土的腐蚀作用。

4. 碱-骨料反应

碱-骨料反应（英文简写A. A. R）是指混凝土中所含有的碱（Na_2O+K_2O）与其活性骨料之间发生化学反应，引起混凝土的膨胀、开裂、表面渗出白色浆液，造成结构的破坏。

混凝土中的碱是从水泥和外加剂中得来的。水泥中的碱主要由其原料黏土和燃料煤有钾钠含量而引入的。研究表明，水泥的碱含量（$Na_2O+0.66K_2O$）一般在0.6%～1.0%范围内，当碱含量低于0.6%时，称为低碱水泥，不会引起A.A.R的破坏。

外加剂中如最常用的萘系高效减水剂，其中含有Na_2SO_4成分，当高效减水剂掺量为水泥用量的1%时，折合成碱含量（$Na_2O+0.66K_2O$）约为0.045%。

混凝土所用的骨料一般是惰性材料，不与胶结料发生化学反应，仅当含有活性骨料时，与碱产生化学作用。活性骨料普遍认为有两种：一种是含有活性氧化硅的矿物骨料，如硅质石灰石等；另一种是碳酸盐骨料中的活性矿物石，如白云质石灰石等。活性骨料在我国分布广、种类多，且不易识别，对重要工程应对骨料做碱活性检验。

碱-骨料反应的过程是：①碱-氧化硅反应，即混凝土孔隙中的碱（氢氧化钠、钾）溶液与骨料中活性二氧化硅反应，生成硅酸盐凝胶，凝胶吸收较多的水分而体积膨胀，并进一步反应形成液溶胶，使周围的混凝土开裂和崩坏；②碱-碳酸盐反应，即混凝土孔隙中的碱与碳酸盐中的活性矿物岩反应，其生成物体积不能膨胀，但活性碳酸盐（白云石）晶体中包裹着黏土，当晶体破坏后黏土吸收水分体积膨胀而使混凝土破坏。

混凝土结构因A.A.R引起的开裂和破坏，需具备以下三个条件，缺少其中任何一个，其破坏的可能性则大为减弱：①混凝土含碱量超标；②骨料是碱活性的；③混凝土需暴露在潮湿环境中。因此，对在潮湿环境下的重要结构及部位，设计时应采取一定的措施。如骨料是碱活性时，则应尽量选用低碱水泥或掺加掺合料水泥，要严格限制钠盐和钠盐外加剂使用，此外，在混凝土拌合时，适当掺加较好的掺合料或引气剂和降低水灰比等措施都是有利的。

5. 混凝土的抗渗及抗冻性

在特殊使用环境下的结构或其某一部位，因使用和提高耐久性的需要，混凝土的抗渗及抗冻性是必须加以考虑的。

（1）混凝土的抗渗性。是指混凝土在潮湿环境下抵抗干湿交替作用的能力。混凝土内骨料和水泥浆体中的毛细孔隙很小，其渗透性极微，起主要作用的是由于混凝土拌合料的离析泌水，在骨料和水泥浆体界面富集的水分蒸发，容易产生贯通的微裂缝而形成较大的渗透性，并随着施工时水的含量的增加而增大，对混凝土的耐久性有较大的影响。

提高混凝土抗渗性能的措施：①首先要改善混凝土的配合比，如粗骨料粒径不宜太大（最大不宜超过40mm），粗、细骨料表面应保持清洁，严格控制含泥量，尽量减小水灰比；②在混凝土拌合时掺加适量掺合料，如磨细硅粉、矿渣、优质粉煤灰等，以增加密实度；③掺加适量引气剂（其含气量宜控制在3%～5%），使其产生细小气泡，以减小毛细孔道的贯通性；④掺加某些外加剂，如防水剂、减水剂、膨胀剂以及使水不易渗入的憎水剂等；⑤加强养护，避免施工时产生干湿交替的作用。

(2) 混凝土的抗冻性。是指是混凝土在寒热变迁环境下，抵抗冻融交替作用的能力。混凝土的冻结破坏，主要是由于其孔隙内饱和状态的水冻结成冰后，体积膨胀（膨胀率9%）而产生的；其次是混凝土大孔隙中的水温度降低到－1.0～－1.5℃时即开始冻结，而细孔隙中的水，由于它是与孔壁之间的极大分子引力相互作用所形成的结合水，冻结温度要低于大孔隙中的自由水，一般最低可达－12℃才冻结，同时冰的蒸汽压❶小于水的蒸汽压，因此，周围未冻结的水向大孔隙方向转移，并随之而冻结，这又增加了冻结破坏力；此外，在混凝土孔隙水中还含有各种盐类（环境中的盐，水泥、外加剂带入的盐），由于未冻结区水分的转移，使该区盐类溶液浓度增加，从而增加了液体的渗透阻力，相应地亦增加了冻结破坏力。混凝土在以上几种破坏压力共同作用下，经过多次冻融循环，所形成的微裂缝逐渐积累并不断扩大，导致冻结破坏。

但是当混凝土内孔隙水处于非饱和状态且水的含量较少时，冻结后冰的体积可能仅在孔隙的气泡内膨胀，不会使混凝土体积膨胀，而且由于未冻结水分的转移，失水的毛细管壁内部压力减小，将使混凝土体积收缩，这与混凝土的温度收缩是不同的。

提高混凝土抗冻性能的措施：①粗骨料应选择质量密实、粒径较小的材料，粗、细骨料表面应保持清洁，严格控制含泥量；②水泥应采用硅酸盐水泥和普通硅酸盐水泥，为了防止早期受冻，可采用早强硅酸盐水泥；③适量控制水灰比；④适量掺入减水剂、防冻剂、引气剂（含气量宜在3%～5%范围内），但引气剂掺量过大对混凝土强度有所降低，使用时应调整其配合比，以弥补其强度的损失。

3.6.3　《规范》对混凝土耐久性要求的规定

1. 使用环境的分类

混凝土结构的耐久性应根据表3-6的环境类别和设计使用年限进行设计。

混凝土结构的环境类别　　表3-6

环境类别	条　件
一	室内干燥环境；无侵蚀性静水浸没环境
二a	室内潮湿环境；非严寒和非寒冷地区的露天环境；非严寒和非寒冷地区与无侵蚀性的水或土壤直接接触的环境；严寒和寒冷地区的冰冻线以下与无侵蚀性的水或土壤直接接触的环境

❶ 蒸汽压是指在冰或水表面测量到的大气压力，不是固定的数值。例如在－10℃冰的表面，或100℃水的表面蒸汽中测量到的大气压力，分别称为－10℃冰的蒸汽压和100℃水的蒸汽压。

续表

环境类别	条 件
二 b	干湿交替环境；水位频繁变动环境；严寒和寒冷地区的露天环境；严寒和寒冷地区的冰冻线以下与无侵蚀性的水或土壤直接接触的环境
三 a	严寒和寒冷地区冬季水位变动区环境；受除冰盐影响环境；海风环境
三 b	盐渍土环境；受除冰盐作用环境；海岸环境

注：表 3-6 中，未记入四、五类的特殊情况的环境。

在上表中，所提的环境类别，是指混凝土暴露表面所处的环境；干湿交替主要指室内潮湿、室外露天、地下水浸润、水位变动的环境，由于水和氧的反复作用，容易引起钢筋和混凝土材料的劣化。

对于严寒和寒冷地区的概念，按照《民用建筑热工设计规范》GB 50176—1993 的规定：严寒地区——最冷月平均温度低于或等于－10℃，日平均温度低于或等于 5℃的天数不少于 145 天的地区。寒冷地区——最冷月平均温度高于－10℃,低于或等于 0℃，日平均温度低于或等于 5℃的天数不少于 90 天，且少于 145 天的地区。

对使用除冰盐的环境，主要是北方城市冬季采用喷洒除冰盐以降低冰点、消除路面冰雪的一种措施，但容易造成钢筋的锈蚀和环境污染，目前限制采用。

2. 对设计使用年限为 50 年的混凝土结构耐久性的要求

（1）对混凝土材料，宜符合表 3-7 的规定。

结构混凝土材料的耐久性基本要求 **表 3-7**

环境等级	最大水胶比	最低强度等级	最大氯离子含量（%）	最大碱含量（kg/m³）
一	0.60	C20	0.30	不限制
二 a	0.55	C25	0.20	3.0
二 b	0.50（0.55）	C30（C25）	0.15	
三 a	0.45（0.50）	C35（C30）	0.15	
三 b	0.40	C40	0.10	

注：1. 氯离子含量系指其占胶凝材料的百分比；
2. 预应力构件最大氯离子含量为 0.06%，其最低混凝土强度等级宜按表中规定提高两个等级；
3. 素混凝土构件的水胶比及最低强度等级可适当放松；
4. 有可靠工程经验时，二类环境中的最低混凝土强度等级可降低一个等级；
5. 处于严寒和寒冷地区二 b、三 a 环境中的混凝土应使用引气剂，并可采用括号内的有关参数；
6. 当使用非碱活性骨料时，对混凝土中的碱含量可不作限制。

（2）混凝土结构构件，应采用下列有关技术措施：

1）对预应力钢筋，应根据情况，采取表面防护、孔道灌浆、加大混凝土保护层厚度等措施。

2）有抗渗要求结构的混凝土抗渗等级，和严寒及寒冷地区潮湿环境中混凝土的抗冻要求的抗冻等级，应满足有关标准的规定。

3）处于二、三类环境中的悬臂构件，宜采用悬臂梁-板的结构形式，或在其上表面增设防腐层。

4）处于二、三类环境中的构件表面的预埋件、吊钩、连接件等金属部件，应采取可靠的防锈措施。

5）处在三类环境中的混凝土构件，可采用阻锈剂、环氧树脂涂层钢筋或其他耐腐蚀的钢筋，采取积极保护措施，或采用可更换的构件等措施。

3. 对设计使用年限为100年的混凝土结构耐久性的要求

在一类环境中，应符合下列规定：

1）混凝土最低强度等级为C30；预应力混凝土最低为C40；混凝土中最大氯离子含量为0.06%。

2）当使用碱活性骨料时，混凝土中的最大碱含量为3.0kg/m³。

3）混凝土的保护层当采取有效的表面防腐措施时，其厚度可适当减少。

在二、三类环境中，混凝土结构应采用专门的有效措施。

4. 混凝土结构在设计使用年限内尚应遵守的规定

1）建立定期检测、维修制度。

2）设计中可更换的构件，应按期更换。

3）构件表面的防腐层，应按规定维护或更换。

4）结构出现可见的耐久性缺陷时，应及时进行处理。

§3.7 混凝土结构防连续倒塌的设计原则

1. 概述

结构的防连续倒塌是指：结构构件在偶然作用（如撞击、爆炸、火灾等）发生时或发生后，结构能够承受这种偶然作用或当结构本体发生局部垮塌时，依靠剩余结构体系仍能继续承载，避免发生与偶然作用不成比例的大范围破坏或连续倒塌的情况。

偶然荷载的特点：

(1) 偶然荷载的出现概率很小，一旦出现其产生的破坏性却很大，往往引起重大的人员伤亡和财产损失。

(2) 偶然荷载发生的原因较为复杂，即使规定其设计值，往往亦带有主观臆测的因素，其实际所发生的偶然荷载值，很有可能超过其荷载的设计值。

(3) 结构设计时，对偶然荷载取值过大，则结构设计过于安全，且需大量的建设资金，目前尚缺乏这方面的设计经验，实际设计时，应根据业主的经济实力和要求，共同协商确定。

2.《规范》对混凝土结构防连续倒塌设计原则的规定

(1) 混凝土结构防连续倒塌宜符合的要求

1) 采取减小偶然作用效应的措施。

2) 采取使重要构件及关键传力部位避免直接遭受偶然荷载的措施。

3) 在结构容易遭受偶然作用影响的区域，增加冗余约束，布置备用的传力途径。

4) 增加疏散通道、避难空间及关键传力部位等处的承载力及变形性能。

5) 配置贯通水平、竖向构件的钢筋，并与周边构件可靠地锚固。

6) 设置结构缝，减少可能发生连续倒塌的范围。

以上是一种概念设计，属于定性设计的方法，增强结构的整体牢固性，用以控制发生连续倒塌和大范围的破坏。此设计原则是当结构受偶然作用发生局部破坏时，如不引发大范围倒塌，即认为结构具有整体稳定性，达到了偶然作用下结构设计预定功能的目标。

另外，采用延性较好的结构和材料、将结构设计成有多重性传力作用的体系和采用超静定结构的方法，均能增强结构的整体稳定性。

(2) 对重要结构的防连续倒塌设计可采用的方法

1) 局部加强法：对可能遭受偶然作用而发生局部破坏的竖向构件和关键传力部位，提高其安全储备；也可直接考虑偶然作用进行设计。

2) 拉结模型法：对局部竖向构件在发生偶然作用后可能失效时，可根据情况分别按梁-拉结模型、悬索-拉结模型和悬臂-拉结模型进行承载验算，维持结构的整体牢固性。

3) 拆除构件法：按一定规则拆除结构的主要受力构件，验算剩余结构体系的极限承载力；也可采用倒塌全过程分析进行设计。

以上规定中所谓重要结构是指：倒塌后可能引起严重后果的安全等级为一级的重要结构，以及为加强抵御灾害能力而必须增强的重要结构。

在局部加强法中，对多条传力途径交汇的关键部位（如梁、板、柱节点等）和可能引起大面积倒塌的重要构件（如结构的竖向和横向支撑等），应直接考虑偶然作用影响进行设计。

拉结模型法一般是用在偶然事件可能产生特大的情况时，若按偶然荷载组合的效应设计值进行结构的承载力计算，使结构保持完整无损，则代价太高。此时，可以考虑允许爆炸或撞击后造成结构局部的破坏，以在某个竖向构件失效后按新的结构简图采用拉结模型验算其承载力，使整体结构不发生连续倒塌为原则进行设计，则更为经济合理。

例如，某两跨连续梁，在中间支座，上层无柱，下层有柱，在偶然荷载作用下，下柱可能受损失效，则可考虑采用梁-拉结模型法，在该梁的底部两端有可靠锚固，以通长的单跨梁验算其破坏时的极限承载力，防止大范围的倒塌。

拆除构件法是对可能遭受偶然作用而破坏的结构，按一定的规则拆除结构中某一部分构件，验算剩余结构的抗倒塌能力的计算方法。可采用弹性分析法或非线性全过程动力分析法进行验算。

对实际工程的防倒塌设计，应根据具体条件，对其适当考虑和进行适当选择，牺牲局部倒塌，保持结构整体稳定。

(3) 在结构防连续倒塌设计中有关设计参数的取值

《规范》规定：

对作用的确定，宜考虑结构相应部位因倒塌冲击引起的动力系数。在结构抗力计算中的材料强度：混凝土取强度标准值 f_{ck}，普通钢筋取极限强度标准值 f_{stk}，预应力筋取极限强度标准值 f_{ptk}，并考虑锚具的影响。宜考虑偶然作用下结构倒塌对结构几何参数的影响。必要时尚应考虑材料性能在动力作用下的强化和脆性，并取相应的强度特征值。

§3.8　结构设计方法的概述

混凝土结构设计方法最初是建立在经验基础上的，直到19世纪初随着弹性体力学的发展，才有力地推动了结构设计理论的形成和发展，提出了允许应力设计方法。它是以线性弹性理论为基础，把钢筋和混凝土看作是完全弹性体，要求结构在使用期间内任何一点的应力 σ 不得超过某一允许的应力 $[\sigma]$ 值。允许应力是用一个比1大得多的安全系数 K 去除材料的强度 f 求得的。其设计表达式为：

$$\sigma \leqslant [\sigma] = \frac{f}{K} \tag{3-24}$$

其特点是以降低材料强度使用值的方法来考虑构件的安全性。

20世纪20年代后期，人们已认识到钢筋混凝土材料的塑性性能，提出了破损阶段设计方法。1922年英国的狄森（Dyson）首先提出了受弯构件按破损阶段的计算公式，至1938年苏联制定出世界上第一本按破损阶段计算的钢筋混凝土结构设计规范，使钢筋混凝土结构得到新的发展。按此法设计时，要求由最大荷载产生的结构内力 S 不大于截面的极限承载力 R。最大荷载为将荷载标准值增大 K 倍，截面极限承载力由试验经统计分析确定，其表达式为：

$$KS \leqslant R \tag{3-25}$$

其特点是把所有影响结构安全的不利因素用增大荷载的安全系数来反映。

上述两种设计方法中的安全系数 K，均是根据经验由人的主观判断确定的。

20世纪50年代中期又提出极限状态设计方法，1955年苏联首次颁布了按极限状态计算的《混凝土及钢筋混凝土设计标准技术规范》。这个方法是破损阶段设计方法的发展。它规定了三种极限状态（承载能力、变形和裂缝），用考虑荷载、材料、工作条件等方面不确定影响的三个分项系数代替单一的安全系数，使可能最大的外荷载所引起的荷载效应 S_{max}（内力、变形）不大于构件截面可能出现的最小抗力 R_{min}，其表达式为：

$$S_{max} \leqslant R_{min} \tag{3-26}$$

最大荷载是将荷载标准值增大 K_s 倍；最小抗力是将材料标准强度乘以考虑质量不均匀的降低系数，计算其承载力，并考虑构件的工作条件而得出的。其特点是在荷载和材料强度的取值上开始引入统计数学的方法，并与经验相结合定出一些经验系数，所以是一个半概率半经验的设计方法。目前很多国家的结构设计规范就是采用这种设计方法。我国《钢筋混凝土结构设计规范》GBJ—66 采用的多系数极限状态设计方法和《钢筋混凝土结构设计规范》TJ10—74 采用的单系数极限状态设计方法都属于半概率半经验的极限状态设计方法，其单系数是将上述各分项系数综合起来给出的。

允许应力设计法、破损阶段设计法和极限状态设计法从可靠度方面来看都属于定值的安全系数法。在设计时满足了这些规定的安全系数要求后，就认为是绝对安全，否则，就认为绝对不安全。不同点是它们确定安全系数时，前两种方法完全依赖经验，而第三种方法是部分依赖统计资料。在结构是否可靠的问题上用绝对的概念是不适合的，应该采用概率的概念。而极限状态设计方法反映结构设计由经验设计方法向概率设计方法的过渡。

当前发展的概率极限状态设计法，是运用概率论的方法对结构可靠性的度量给出科学的回答，明确地提出了结构可靠度的定义及可靠度的计算公式，对结构的可靠概率作了粗略的估计。这个方法虽还存在一定的近似性，但当代世界各国的设计规范已经和将要普遍采用这个设计方法，它代表结构可靠理论发展的新水平。我国现行的《规范》就是采用这种理论，设计表达式仍然采用半概率半经验极限状态的分项系数表达式，而在部分因素的计算中引进了统计及概率的概念。

§3.9 数理统计中的一些基本知识

3.9.1 随机变量和概率

1. 随机事件和随机变量

在一定的条件下，可能出现或可能不出现的事件称为随机事件，表示随机事件的变量称为随机变量。例如，在 10 根钢筋中，抽 1 根做试验，每一根钢筋都有可能被抽到，则抽样是随机事件，每根钢筋的强度试验值不相同，其值是随机变量。

2. 频率与概率

在一组不变事件的条件下，重复做 N 次试验，其中事件 A 出现 M 次，则其出现次数 M 称频数；相应的 M/N 值称为事件 A 出现的频率。例如，进行10个混凝土试块抗压强度试验，其中强度为30～36N/mm^2 的有3个，则其频率为3/10＝0.3。

当试验次数很多，即 N 很大时，如果其频率 M/N 相对稳定地在某一数值 p 附近摆动，而且摆动幅度随试验次数的增多愈来愈小，则称 p 值为随机事件 A 出现的概率。由此可知，频率的稳定值叫做该随机事件的概率。

3. 算术平均值 x_{m}、标准差 σ、变异系数 δ

这是随机变量数列最常用的一组统计特征值。

(1) 算术平均值 x_{m}。是随机变量数列 $X_1, X_2, \cdots, X_n$ 的总和除以项数 n，即：

$$x_{\mathrm{m}} = \frac{\sum_{i=1}^{n} X_i}{n} \tag{3-27}$$

算术平均值 x_{m} 表示一数列平均水平，但不能充分反映其分布情况。例如，有两组混凝土抗压强度试验值：

X_1：28　29　33(N/mm^2)

X_2：26　30　34(N/mm^2)

两者的算术平均值均等于30N/mm^2，而每组各个试验值与平均值的偏差之和均等于零（正负互相抵消），因而就看不出哪一组的离散程度大。实际是数列 X_1 较密，数列 X_2 较疏。为避免上述正负号相互抵消的影响，因此取用下述的标准差特征值。

(2) 标准差（或称均方差）σ。等于算术平均值与每个试验值偏差的平方之和除以（$n-1$），然后再将其开方，即：

$$\sigma = \sqrt{\frac{\Sigma(x_{\mathrm{m}} - x_i)^2}{n-1}} \tag{3-28}$$

经过以上这样的处理所得的 σ 值，其衡量的尺度（量纲）与随机变量及平均值相同，但由 σ 值的大小可以看出，σ 值愈大则数列愈离散。例如上例中，X_1 数例，$\sigma_1=2.65$；X_2 数列，$\sigma_2=4.00$。可见 σ 是用来衡量随机变量数列离散程度的特征值。

(3) 变异系数 δ（或称离散系数）。等于标准差 σ 除以算术平均值 x_{m}，即：

$$\delta = \frac{\sigma}{x_{\mathrm{m}}} \tag{3-29}$$

在平均值相同的数列中，标准差可以表示不同数列的离散程度。它反映数列之间绝对误差（或离散）的大小。但在平均值不相同的数列中，用单一的标准差就无法比较了。因此必须用相对误差，即变异系数δ来判定其离散程度。如有两组混凝土抗压强度试验值：

$$X_2: 26 \quad 30 \quad 34(\mathrm{N/mm^2})$$

$$X_3: 36 \quad 40 \quad 44(\mathrm{N/mm^2})$$

两者的σ相同：$\sigma_2 = \sigma_3 = 4$，但X_2数列$\delta_2 = 0.113$，X_3数列$\delta_3 = 0.100$，可见前者比后者离散。

【例 3-4】 混凝土立方体强度的统计分析。

从某工地混凝土强度等级为 C30 的试块中，随机抽取 35 个试块，测得试块强度如表 3-8 所示。试计算其平均值、标准差和变异系数，并给出直方图和分布密度函数图。

实测试块强度（N/mm²） **表 3-8**

40.0	41.5	36.9	38.7	38.7	40.7	40.9
41.6	40.6	40.7	41.4	47.1	42.8	42.1
47.1	39.5	47.3	49.0	43.5	41.7	43.7
47.5	43.8	44.1	36.1	36.0	39.0	34.0
43.9	44.5	45.6	45.9	41.0	38.9	41.5

频 率 分 布 表 **表 3-9**

组限（N/mm²）	频 数	累积频数	频 率	频率密度（mm²/N）
34～36	1	1	0.029	0.0145
36～38	3	4	0.086	0.0430
38～40	5	9	0.143	0.0715
40～42	11	20	0.314	0.1570
42～44	6	26	0.171	0.0855
44～46	4	30	0.114	0.0570
46～48	4	34	0.114	0.0570
48～50	1	35	0.029	0.0145

注：频率密度＝频率/组距；本题组距由图 3-5 可知等于 2。

混凝土由多种材料组成，每一种组成材料性能的变异以及配合比、搅拌、运输、浇筑和养护等工艺过程的微小差异都会引起混凝土强度的变动，此外试件的制作和试验的偏差亦会引起混凝土强度的离散，为了弄清强度变异的规律，首先要找出频率分布。表 3-9 是它的频率分布表，从表中就能够看出数据的波动规律。为了更加直观起见，现把它绘成直方图（图 3-5）。横坐标列出分组的点，纵坐标为对应的频数和频率。分别绘出以组距为底边，频率为高度的矩形图，便得到频率分布直方图。为了消除组距大小的影响和便于比较。可将纵坐标改用频率密度（即为频率/组距）表示。由于各频率之和为 1，所以图中各矩形面积之和等于 1。

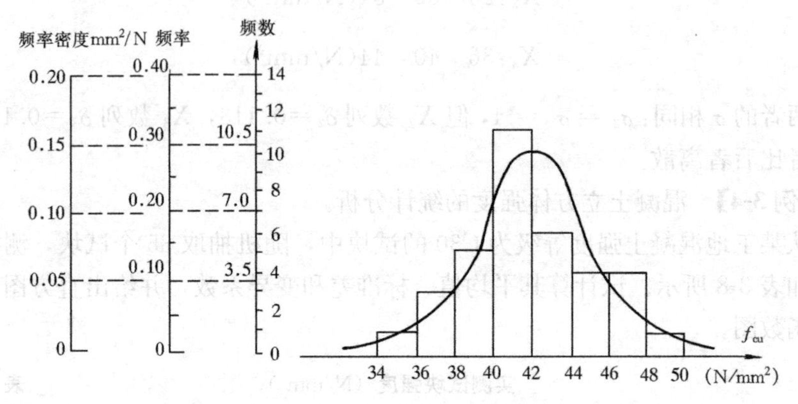

图 3-5　直方图和频率分布曲线

【解】　这批数据的统计特征值为：

平均值
$$x_m = \frac{\sum_{i=1}^{n} x_i}{n} = 41.92\text{N/mm}^2$$

标准差
$$\sigma = \sqrt{\frac{\sum(x_m - x_i)^2}{n-1}} = 3.55\text{N/mm}^2$$

变异系数
$$\delta = \frac{\sigma}{x_m} = 0.085$$

式中　x_i——随机变量；

n——变量个数。

当所取的样本很多，组距分得很细时，则每组样本值的频率趋向于一个稳定的值。这时直方图的形状逐渐趋于一条曲线，这就是频率分布曲线。若以 $y = f(x)$ 表示此曲线，则 $f(x)$ 称为随机变量 x 的分布密度函数。如能较好地控制混凝土质量，则它的强度频率分布曲线基本上就是大家熟悉的正态分布曲线。

3.9.2　正态分布曲线

正态分布曲线的特点是一条单峰曲线，它有一最高点，以此点的横坐标为中心，对称地向两边单调下降，在向正和负一倍标准差处曲线上各有一个拐点，然后各以横坐标为渐近线到正负无穷大。其概率密度函数为：

$$f(x) = \frac{1}{\sqrt{2\pi}\sigma} \cdot e^{-\frac{(x-x_m)^2}{2\sigma^2}} \tag{3-30}$$

式中 x——从总体分布中抽出的随机样本值；

x_m——正态分布的平均值，即为曲线最高峰值处的横坐标值；

σ——正态分布的标准差，σ值越大则数据越分散，曲线亦扁平；σ值越小则数据越集中，曲线越高窄（图 3-6）。

为了计算方便，将x轴的坐标进行换算，取$y=\frac{x_m-x}{\sigma}$代入正态分布概率密度函数，则：

$$f(x)=\frac{1}{\sqrt{2\pi}}\cdot e^{-\frac{y^2}{2}} \tag{3-31}$$

它相当于平均值$x_m=0$，标准差$\sigma=1$时正态分布的概率密度函数。该分布称为标准正态分布，如图 3-7 所示。这种分布曲线的形状不受x_m和σ的影响，已经做成表格可以查用。

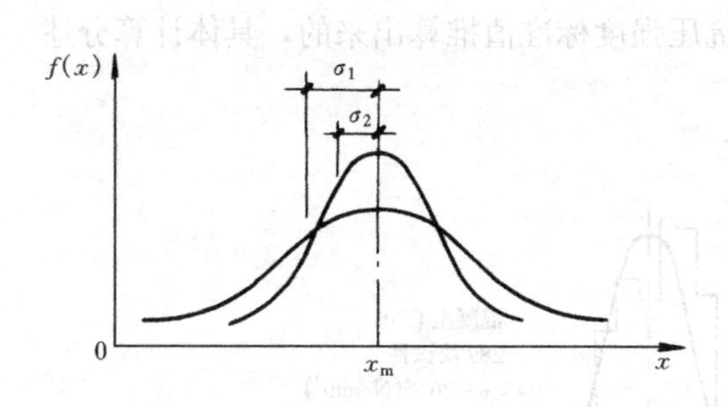

图 3-6 不同σ的正态分布曲线图

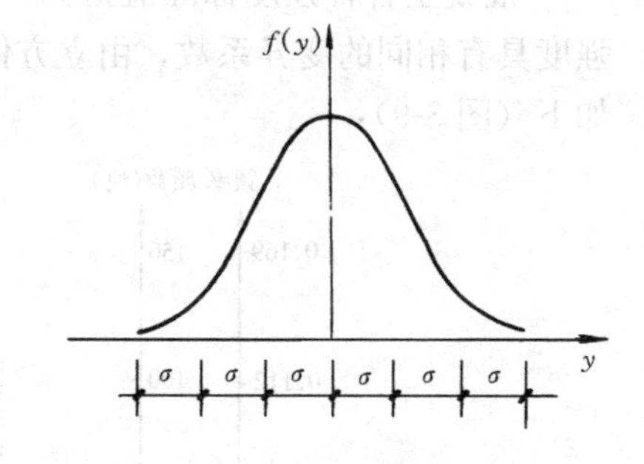

图 3-7 标准正态分布

实际工程中荷载和抗力的变异性是很复杂的，并不一定服从正态分布。但是应用正态分布曲线来描述随机变量的分布，用起来十分方便。根据有限抽样求得的平均值和标准差，就可近似地得到此随机变量的分布规律。为了便于说清概念，下面仅以正态分布为例来进行论证。

3.9.3 特 征 值

通常，要求出现的事件不大于或不小于某一数值，这个数值就称为特征值。超过这数值的情况的出现概率很小。如把允许超过特征值的概率（超越概率）确定为某一很小的数值，那么特征值就能用数理统计方法计算出来。具体公式为：

$$x_k=x_m\pm\alpha\sigma=x_m(1\pm\alpha\delta) \tag{3-32}$$

式中 x_k——特征值；

α——特征值取值保证率系数。

用概率表示某种现象发生的可能性很小时，通常用 5%表示，利用正态分布曲线，相应此特征值的保证率系数为$\alpha=1.645$（图 3-8）。前面讨论中所用的荷载标准值和材料强度标准值就是一种特征值。

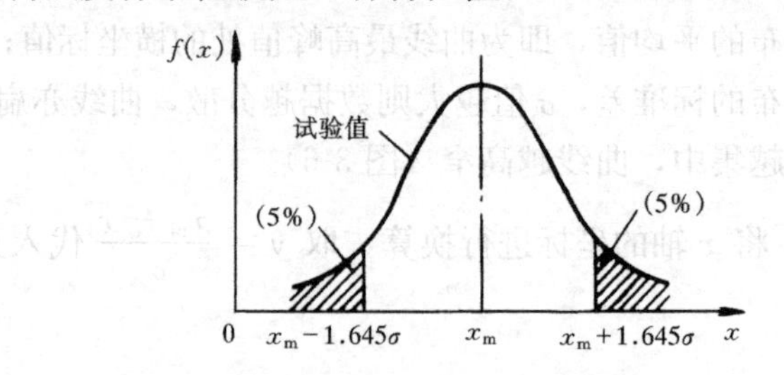

图 3-8　概率分布特征值

§3.10　混凝土强度标准值指标*

混凝土各种强度标准值指标，用上述概率的方法来表示，并假定与立方体强度具有相同的变异系数，由立方体抗压强度标准值推算出来的，具体计算分述如下（图 3-9）：

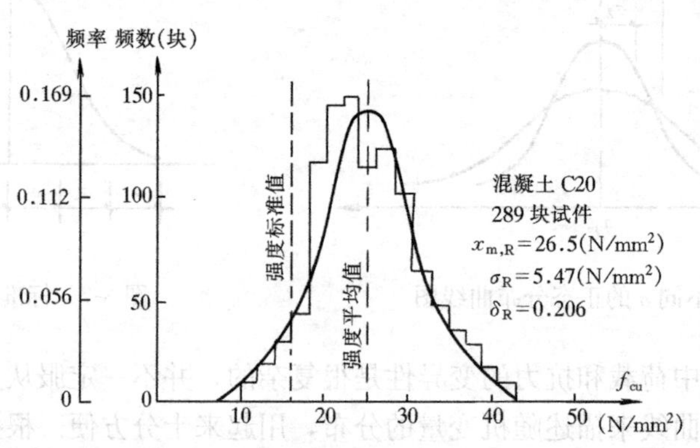

图 3-9　C20 混凝土强度频率分布图

1. 混凝土的轴心抗压强度标准值 f_{ck}

混凝土轴心抗压强度标准值 f_{ck}，可由其强度平均值 $f_{c,m}$（式 2-6）按概率和试验分析确定。

因　　$f_{cu,k}=f_{cu,m}(1-1.645\delta)$

故　　$f_{ck}=f_{c,m}(1-1.645\delta)=\alpha_{c1}f_{cu,m}(1-1.645\delta)$

$$=\alpha_{c1}\frac{f_{cu,k}}{(1-1.645\delta)}(1-1.645\delta)=\alpha_{c1}f_{cu,k} \tag{3-33}$$

混凝土结构构件的混凝土试件在养护条件、加载速度和实际受力情况等方面都是有差异的。《规范》根据工程实践经验，并参考国外的有关规定综合考虑，对试件混凝土强度乘以修正系数 0.88。此外，还乘以考虑混凝土脆性的折减系

数 α_{c2}。这样，式（3-33）则可写成：

$$f_{ck} = 0.88\alpha_{c1}\alpha_{c2}f_{cu,k} \tag{3-34}$$

对系数 α_{c1} 值，《规范》规定：对混凝土 C50 及以下，取 $\alpha_{c1}=0.76$；对 C80，取 $\alpha_{c1}=0.82$；当为中间值时，按直线内插法取值。

此外，α_{c2} 值是考虑高强混凝土脆性破坏特征对强度影响的系数，强度等级愈高，脆性愈明显。《规范》规定，对 C40，取 $\alpha_{c2}=1.0$；对 C80，取 $\alpha_{c2}=0.87$；当为中间值时，按直线内插法确定。

2. 混凝土的轴心抗拉强度标准值 f_{tk}

与轴心抗压强度标准值的确定方法和取值类似，轴心抗拉强度标准值 f_{tk}，可由其强度平均值 $f_{t,m}$（式 2-9）按概率分析来确定，并考虑试件混凝土强度修正系数 0.88 和脆性系数 α_{c2}，则得：

$$\begin{aligned} f_{tk} &= 0.88\alpha_{c2} \times 0.395 f_{cu,m}^{0.55}(1-1.645\delta) \\ &= 0.88\alpha_{c2} \times 0.395 \frac{(f_{cu,k})^{0.55}}{(1-1.645\delta)^{0.55}}(1-1.645\delta) \\ &= 0.88\alpha_{c2} \times 0.395(f_{cu,k})^{0.55}(1-1.645\delta)^{0.45} \end{aligned} \tag{3-35}$$

上式中混凝土的变异系数 δ 值按表 3-10 取用。

混凝土的变异系数 δ **表 3-10**

混凝土强度等级	C15	C20	C25	C30	C35	C40	C45	C50	C55	C60～C80
变异系数 δ	0.21	0.18	0.16	0.14	0.13	0.12	0.12	0.11	0.11	0.10

【例 3-5】 求 C20 混凝土的 f_{ck} 及 f_{tk}。

【解】 由式（3-34）及式（3-35）得：

$$f_{ck} = 0.88\alpha_{c1}\alpha_{c2}f_{cu,k} = 0.88 \times 0.76 \times 1.0 \times 20 = 13.4\text{N/mm}^2$$

$$\begin{aligned} f_{tk} &= 0.88\alpha_{c2} \times 0.395(f_{cu,k})^{0.55}(1-1.645\delta)^{0.45} \\ &= 0.88 \times 1.0 \times 0.395 \times (20)^{0.55} \times (1-1.645 \times 0.18)^{0.45} \\ &= 1.55\text{N/mm}^2 \end{aligned}$$

习 题

已知某教学楼的预制钢筋混凝土实心走道板，厚 70mm，宽 $b=0.6$m，计算跨度 $l_0=2.8$m，水泥砂浆面层厚 25mm，板底采用 15mm 厚纸筋石灰粉刷。已知钢筋混凝土、水泥砂浆、纸筋石灰的重度分别为 25kN/m³、20kN/m³、16kN/m³。结构重要性系数 $\gamma_0=1$，楼面活荷载标准值为 2.0kN/m²。

（1）计算均布恒荷载标准值 g_k 与均布活荷载标准值 q_k，均以 kN/m 计；

（2）计算走道板跨度中点截面的弯矩标准值 M_k 和弯矩设计值 M。

第4章　受弯构件正截面承载力

§4.1　概　　述

受弯构件是指承受弯矩和剪力共同作用的构件，一般以板、梁构件为其代表形式。

钢筋混凝土板的常用截面有矩形、槽形和空心形等。梁的常见截面形式，有矩形、T形、工字形和空心形等。若按截面所配置受力钢筋的不同，可分为：仅在截面受拉区配置受力钢筋的构件称为单筋截面受弯构件；同时在截面受拉区和受压区配置受力钢筋的构件称为双筋截面受弯构件（图4-1）。

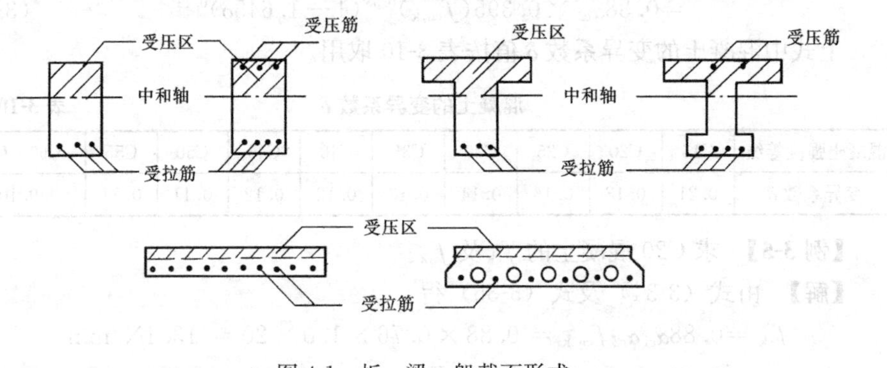

图4-1　板、梁一般截面形式

§4.2　受弯构件一般构造要求

在进行受弯构件承载力计算时，需先确定构件截面尺寸和截面中的钢筋布置形式。因此，首先需要了解有关截面的一些构造要求。

4.2.1　板的一般构造要求

钢筋混凝土板仅支承在两个边上，或者虽支承在四个边上，但其荷载主要沿短边 l_1 方向传递，其受力性能与梁相近，计算中可近似地仅考虑板在短边 l_1 方向的弯曲作用，故称为梁式板或单向板。反之，当板支承在四边上，其长边 l_2 与短边 l_1 的边长相差不多，荷载沿两个方向传递，在设计计算中必须考虑双向受弯的作用，故称为四边支承板或双向板[1]。

1. 板的厚跨比

板截面厚度 h 与板的跨度及其所受荷载有关。从刚度要求出发，根据设计经验，板的厚跨比，对钢筋混凝土单向板不小于 $l_1/30$，双向板不小于 $l_1/40$；对悬臂板一般不小于 $l_1/12$；板的荷载、跨度较大时，宜适当增加。

2. 现浇钢筋混凝土板的最小厚度

对单向板最小厚度：屋面板及民用建筑楼板，不小于 60mm；工业建筑楼板，不小于 70mm；行车道下的楼板，不小于 80mm。

对双向板，不小于 80mm；悬臂板长度不大于 500mm，其厚度（根部）不小于 60mm；悬臂长度 1200mm，其厚度不小于 100mm。

3. 板的钢筋布置

单向板中通常布置两种钢筋：①受力钢筋——沿板的短跨方向在截面受拉一侧布置，其截面面积由计算确定；②分布钢筋——垂直于板的受力钢筋方向，并在受力钢筋的内侧按构造要求配置。图 4-2 所示为简支单向板受力钢筋两种布置方案。

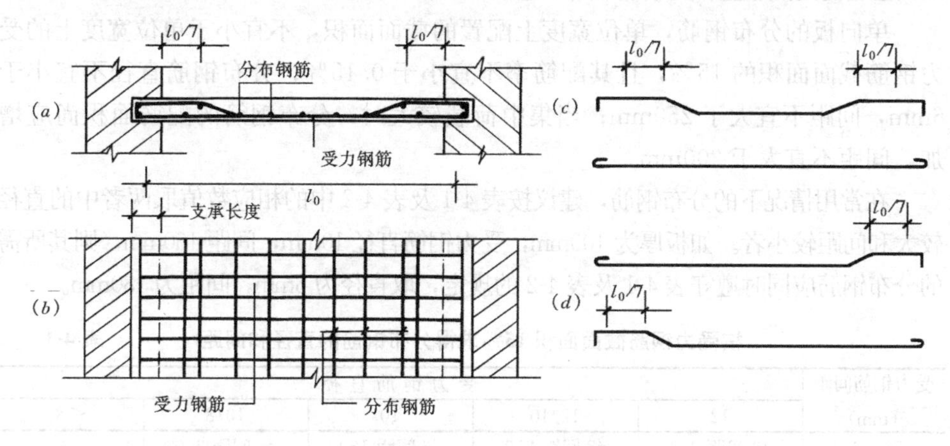

图 4-2 单向板钢筋布置

4. 板的受力钢筋

钢筋直径：通常采用 6mm、8mm、10mm。为了使板内钢筋受力均匀，配置时应尽量采用小直径的钢筋，同时为了便于施工，选用钢筋直径的种类愈少愈好。为了避免在施工中不同直径的钢筋相互混淆，在同一块板中钢筋直径差应不少于 2mm。

钢筋间距：为了使板内钢筋能够正常地分担内力和便于浇筑混凝土，受力钢筋间距不宜太大，宜符合下列规定：

当板厚 $h \leqslant 150$mm 时，不宜大于 200mm；

$h > 150$mm 时，不宜大于 $1.5h$，且不宜大于 250mm。

---

[1] 具体分析见 10.2 节。

板的受力钢筋间距亦不宜小于70mm。

板中下部纵向受力钢筋伸入支座的锚固长度 l_{as} 不应小于 $5d$（d 为下部纵向受力钢筋直径）。

弯起钢筋：板中弯起钢筋的弯起角不宜小于30°。弯起钢筋的端部可做成直钩，使其直接支承在模板上，以保证钢筋的设计位置和可靠锚固（图4-3）。

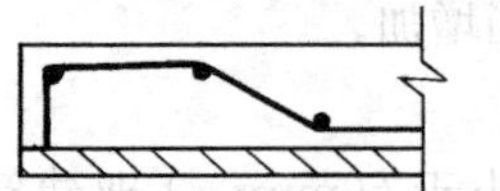

图4-3　板中弯起钢筋做法

板的混凝土保护层厚度：是指受力钢筋的外边缘至混凝土截面外边缘的最小距离。其作用是保护钢筋，防止钢筋锈蚀，满足钢筋与混凝土耐久性的要求，并使钢筋可靠地锚固在混凝土内，发挥钢筋和混凝土共同工作的作用。钢筋混凝土板的保护层最小厚度不应小于钢筋的直径，并应符合表4-3的规定。

5. 板的分布钢筋

分布钢筋的作用是把荷载较分散地传递到板的各受力钢筋上去，承担因混凝土收缩及温度变化在垂直于板跨方向所产生的拉应力，并在施工中固定受力钢筋的位置。

单向板的分布钢筋，单位宽度上配置的截面面积，不宜小于单位宽度上的受力钢筋截面面积的15%，且其配筋率不宜小于0.15%；分布钢筋直径不宜小于6mm，间距不宜大于250mm；当集中荷载较大时，分布钢筋的配筋面积尚应增加，间距不宜大于200mm。

在常用情况下的分布钢筋，建议按表4-1及表4-2中的相应数值取两者中的直径较大和间距较小者。如板厚为100mm，受力钢筋直径10mm，间距160mm，则其所需的分布钢筋应同时遵守表4-1及表4-2的规定，取直径为6mm，间距为180mm。

按受力钢筋截面面积15%求得分布钢筋的直径和间距　　**表4-1**

受力钢筋间距（mm）	受力钢筋直径				
	12	12/10	10	10/8	≤8
70、80	ϕ8 间距 200	ϕ8 间距 250	ϕ6 间距 160	ϕ6 间距 200	ϕ6 间距 250
90、100	ϕ8 间距 250	ϕ6 间距 160	ϕ6 间距 200	ϕ6 间距 250	
120、140	ϕ6 间距 200	ϕ6 间距 220	ϕ6 间距 250		
≥160	ϕ6 间距 250	ϕ6 间距 250			

按板截面面积0.15%求得分布钢筋的直径和间距　　**表4-2**

板厚（mm）	100	90	80	70	60
分布钢筋直径、间距	ϕ6 间距 180	ϕ6 间距 200	ϕ6 间距 230	ϕ6 间距 250	ϕ6 间距 250

注：表4-1、表4-2中 ϕ 仅表示钢筋直径，不代表钢筋牌号。

6. 板的其他构造钢筋

（1）现浇板的简支边或非受力边板端上部，因有负弯矩，应设置构造钢筋，当板与混凝土梁、墙整体浇筑或嵌固在砌体墙内时，应设置上部构造钢筋，并符合下列规定：

1）钢筋直径不宜小于 8mm，间距不宜大于 200mm，且单位宽度内的配筋面积不宜小于相应方向跨中板底纵筋面积的 1/3（包括弯起钢筋在内）。

2）钢筋从混凝土梁边、柱边、混凝土墙边向板跨方向伸入板内的长度，不宜小于 $l_0/4$。

对砌体墙支座处，钢筋从板边向板跨方向伸入板内的长度不宜小于 $l_0/7$。

上述的计算跨度 l_0 对单向板按受力方向考虑，对双向板按短跨方向考虑。板嵌固在砖墙内的支承长度（图 4-2*a*），一般不小于板的厚度。

（2）板角的附加钢筋。在荷载作用下，板角向上翘起，上表面产生与两个垂直板边相切的弯曲斜裂缝，故宜在顶部两个方向配置正交、斜向平行或放射状附加钢筋。

4.2.2 梁的一般构造要求

1. 截面尺寸

梁的截面高度 h 也与跨度 l 及荷载大小有关。从刚度要求出发，根据设计经验，单跨次梁及主梁的最小截面高度分别宜取为 $l/20$ 及 $l/12$，连续次梁及主梁则分别为 $l/25$ 及 $l/15$（l 为轴线距离）。

梁截面宽度 b 与截面高度 h 的比值（b/h），对于矩形截面为 1/2～1/2.5，对于 T 形截面为 1/2.5～1/3。

梁截面尺寸，为了便于施工，应取统一规格按下列情况采用：

梁宽 b(mm)＝120、150、180、200、220、250，大于 250mm 以 50mm 为模数增加。

梁高 h(mm)＝250、300、350、...、750、800，大于 800mm 以 100mm 为模数增加。

2. 钢筋的布置和用途

梁中一般配置以下几种钢筋（图 4-4）。

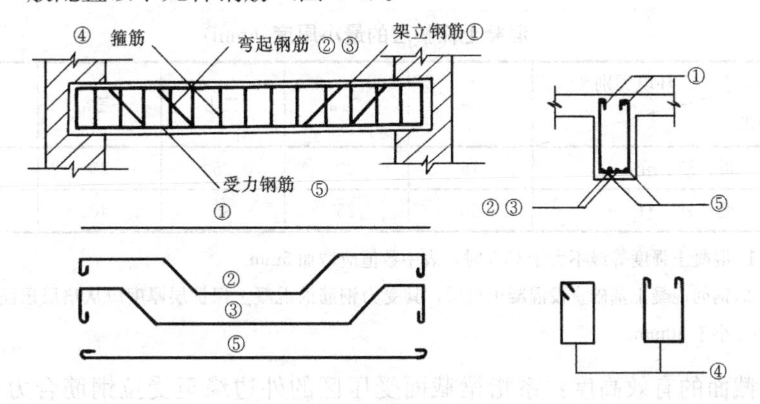

图 4-4 简支梁钢筋布置

纵向受力钢筋——用以承受弯矩，在梁的受拉区布置钢筋以承担拉力；有时由于弯矩较大，在受压区亦布置钢筋，协助混凝土共同承担压力。

弯起钢筋——是将纵向受力钢筋弯起而成型的，用以承受弯起区段截面的剪力。弯起后钢筋顶部的水平段可以承受支座处的负弯矩。

架立钢筋——设置在梁受压区，和纵向受力钢筋平行，用以固定箍筋的正确位置，并能承受梁内因收缩和温度变化所产生的内应力。

箍筋——用以承受梁的剪力；联系梁内的受拉及受压纵向钢筋使其共同工作；此外，能固定纵向钢筋位置，便于浇筑混凝土。

侧向构造钢筋——用以增加梁内钢筋骨架的刚性，增强梁的抗扭能力，并承受侧向发生的温度及收缩变形。

3. 纵向受力钢筋

钢筋直径：梁中常用直径为10～25mm。纵向钢筋的选择应当适中，直径太粗则不易加工，钢筋与混凝土之间的粘结力亦差；直径太细则根数增加，在截面内不好布置。钢筋混凝土梁受力钢筋直径的选取为：

当梁高 $h \geqslant 300$mm 时，$d \geqslant 10$mm；

当梁高 $h < 300$mm 时，$d \geqslant 8$mm。

钢筋间距：为了便于浇筑混凝土，保证混凝土有良好的密实性，对采用绑扎骨架的钢筋混凝土梁，纵向钢筋的净间距应满足图4-5所示的要求。当截面下部纵向钢筋配置多于两排时，上排钢筋水平方向的中距应比下面两排的中距增大一倍。

梁的混凝土保护层厚度：系指最外层钢筋（包括箍筋、构造钢筋、分布钢筋等）的外表面到截面边缘的垂直距离，用 c 表示。应符合下列要求：

设计使用年限为50年的混凝土结构最外层钢筋的保护层厚度应符合表4-3的规定；对设计使用年限为100年的混凝土结构，其最外层钢筋的保护层厚度不应小于表4-3中数值的1.4倍。

混凝土保护层的最小厚度（mm）　　**表 4-3**

环境类别 / 结构种类	一	二a	二b	三a	三b
板、墙、壳	15	20	25	30	40
梁、柱、杆	20	25	35	40	50

注：1. 混凝土强度等级不大于C25时，表中数值应增加5mm。

2. 钢筋混凝土基础宜设混凝土垫层，其受力钢筋的混凝土保护层厚度应从垫层顶面算起，不应小于40mm。

梁截面的有效高度：系指梁截面受压区的外边缘至受拉钢筋合力重心的距离。根据以上定义，对一类环境，当混凝土保护层厚度取为20mm时，可得梁

截面的有效高度 h_0 值（图 4-5）为：

当受拉钢筋配置成一排时，近似取 $h_0 = h-(35 \sim 40)$mm；

当受拉钢筋配置成两排时，近似取 $h_0 = h-(60 \sim 65)$mm。

4. 构造钢筋

架立钢筋：钢筋直径与梁的跨度有关，当梁的跨度小于 4m 时，不宜小于 8mm；当跨度为 4～6m 时，不宜小于 10mm；当跨度大于 6m 时，不宜小于 12mm。

侧向构造钢筋：当梁的腹板高度 $h_w \geqslant 450$mm 时，在梁的两个侧面应沿高度配置纵向构造钢筋（图 4-6），每侧纵向构造钢筋的直径不宜小于 10mm，其间距不宜大于 200mm。此处，h_w 值见式（5-19）中的说明。

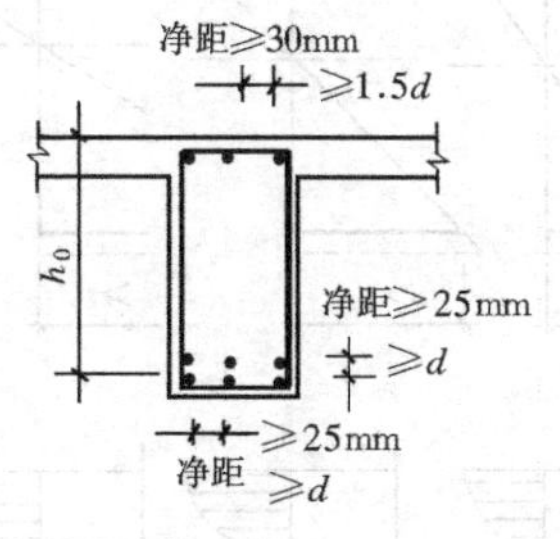

图 4-5　纵向受力钢筋的间距（d 为钢筋最大直径）

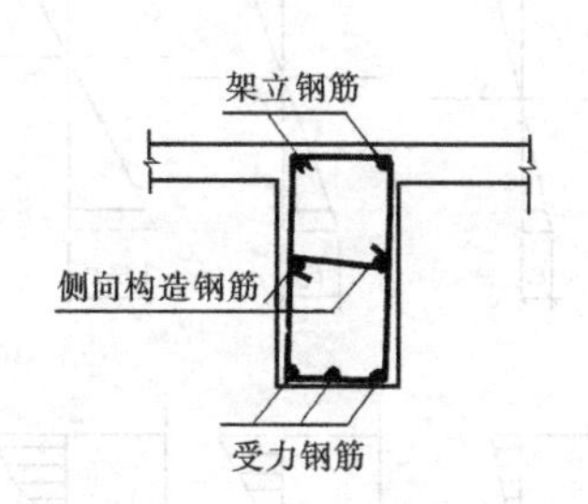

图 4-6　侧向构造钢筋

§4.3　受弯构件正截面的试验研究

4.3.1　钢筋混凝土梁正截面工作的三个阶段

钢筋混凝土受弯构件的破坏有两种情况：一种是由弯矩引起的，破坏截面与构件的纵轴线垂直（正交），称为沿正截面破坏；另一种是由弯矩及剪力共同引起的，破坏截面是倾斜的，称为沿斜截面破坏（图 4-7）。本章仅讨论受弯构件正截面的破坏机理及计算方法。

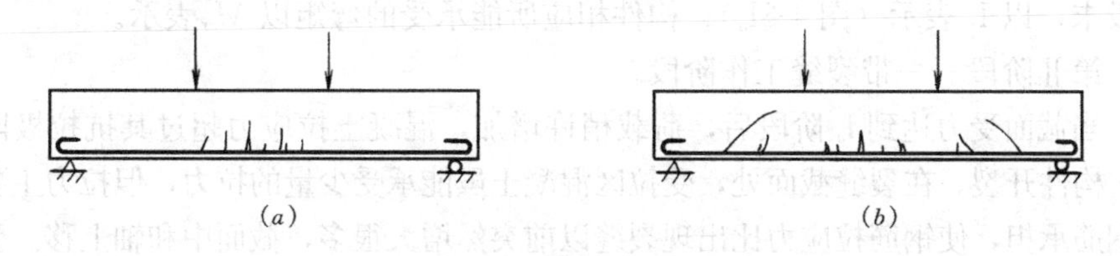

图 4-7　受弯构件的破坏形态

(a) 沿正截面破坏；(b) 沿斜截面破坏

试验研究表明：钢筋混凝土受弯构件当具有足够的抗剪能力而且构造设计合理时，构件受力后将在弯矩较大的部位，或在图4-7中纯弯区段的正截面发生弯曲破坏。受弯构件自加载至破坏的过程中，随着荷载的增加及混凝土塑性变形的发展，对于正常配筋的梁，其正截面上的应力及其分布和应变发展过程可分以下三个阶段：

第Ⅰ阶段——构件未开裂，弹性工作阶段。

构件开始承受荷载时，正截面上各点的应力及应变均很小，二者成正比例关系，应变变化符合平截面假定（图4-8），混凝土基本上处于弹性工作阶段，受压区和受拉区混凝土应力分布图形为三角形；受拉区由于钢筋的存在，其中和轴较匀质弹性体中和轴稍低。

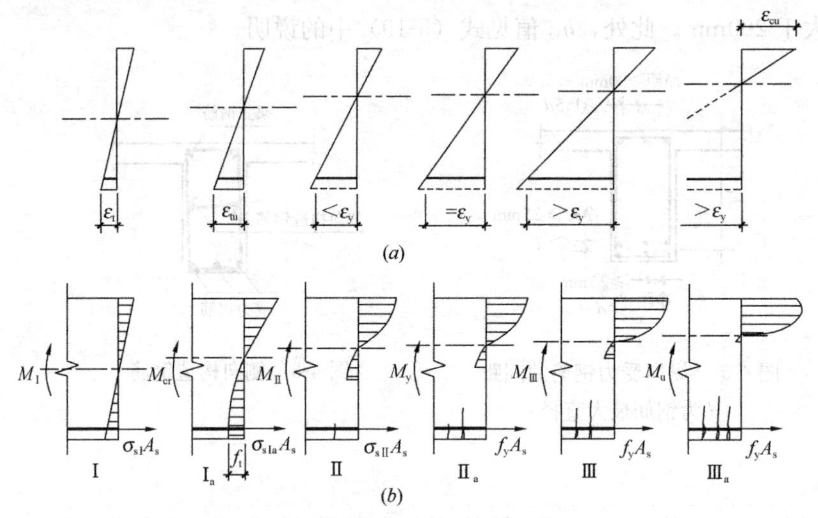

图4-8　钢筋混凝土受弯构件工作的三个阶段

(a) 截面应变分布；(b) 截面应力分布

当荷载继续增加，由于混凝土抗拉能力远小于抗压能力，故在受拉边缘处混凝土将开始表现出塑性性质，应变增长速度加快，受拉区混凝土发生塑性变形。当构件受拉区边缘应变达到混凝土的极限拉应变时，相应的边缘拉应力达到混凝土的抗拉强度 f_t，拉应力图形接近矩形的曲线变化。此时受压区混凝土仍属弹性工作阶段，压应力图形接近三角形，构件处于将裂未裂的极限状态，此即第Ⅰ阶段末，以 $Ⅰ_a$ 表示（图4-8$Ⅰ_a$）；构件相应所能承受的弯矩以 M_{cr} 表示。

第Ⅱ阶段——带裂缝工作阶段。

当截面受力达到 $Ⅰ_a$ 阶段后，荷载稍许增加，混凝土拉应力超过其抗拉极限强度，构件开裂。在裂缝截面处，受拉区混凝土虽能承受少量的拉力，但拉力主要改由钢筋承担，使钢筋拉应力比出现裂缝以前突然增大很多，截面中和轴上移。受压区混凝土压应力继续增加，混凝土塑性变形有了明显的发展，压应力图形呈曲线变化。试验表明，其截面上各点平均应变的变化规律仍符合平截面假定（图4-8Ⅱ）。

在第Ⅱ阶段中，当荷载继续增加，裂缝进一步开展，钢筋和混凝土应力不断增大，当荷载增加到某一数值时，纵向受拉钢筋开始屈服，钢筋应力达到其屈服强度，此即为第Ⅱ阶段末，以$Ⅱ_a$表示（图4-8$Ⅱ_a$）。

第Ⅲ阶段——钢筋塑流阶段。

当荷载再继续增加时，钢筋应力达到屈服强度后，钢筋应变骤增且不停地发展，而钢筋应力仍保持在屈服点f_y的水平上不变。此时裂缝不断扩展且向上延伸，受压区高度逐渐减小，混凝土压应力不断增大。但受压区混凝土的总压力D始终保持不变，与钢筋总拉力T保持平衡（$D=T$）。此时受压区混凝土边缘应变迅速增长，受压区应力图形更趋丰满（图4-8Ⅲ）。

当弯矩再增加直至极限弯矩M_u时，称为第Ⅲ阶段末，以$Ⅲ_a$表示。此时，由于钢筋塑性变形的发展，截面中和轴不断上升，混凝土受压区高度不断减小。截面受压区边缘纤维应变增大到混凝土极限压应变ε_{cu}，构件即开始破坏。其后，在试验时虽然仍可继续变形，但所承受的弯矩将有所降低，最后受压区混凝土被压碎甚至崩落而导致构件完全破坏（图4-8$Ⅲ_a$）。

在以上三个阶段中：

第Ⅰ阶段末（$Ⅰ_a$）：构件所能承受的抗裂弯矩M_{cr}，作为抗裂度计算的依据；

第Ⅱ阶段：正常使用中的受弯构件，通常处在第Ⅱ阶段，是构件正常使用极限状态中变形及裂缝宽度验算的依据；

第Ⅲ阶段末（$Ⅲ_a$）：构件所能承受的破坏弯矩M_u，作为承载力极限状态计算的依据。

4.3.2 钢筋混凝土梁正截面的破坏形式

试验研究表明，梁正截面的破坏形式与配筋率ρ[1]以及钢筋和混凝土的强度有关。在常用的钢筋牌号和混凝土强度等级情况下，其破坏形式主要随ρ的大小而异。按照梁的破坏形式不同，可分为以下三类。

1. 适筋梁

当梁在其受拉区配置适量的钢筋时，破坏是纵向受拉钢筋首先到达屈服强度而开始的，由受压区边缘纤维混凝土的压应变达到极限压应变ε_{cu}，混凝土被压碎而宣告破坏。其破坏形态如图4-9（*b*）所示。这种梁在破坏以前，由于钢筋要经历较大的塑性伸长，随之引起裂缝急剧开展和挠度的激增（图4-10*B*），破坏时有明显的预兆，因此称这种破坏形态为“塑性破坏”。由于适筋梁在破坏时钢筋的拉应力达到屈服点，而混凝土的压应力亦随之达到其抗压极限强度，此时钢筋和混凝土两种材料性能基本上都得到充分利用，因而它是作为设计依据的一种破坏形式。

[1] $\rho=A_s/bh_0$；A_s为受拉钢筋的截面面积，b为梁截面宽度，h_0为梁截面的有效高度。

2. 超筋梁

当梁在其受拉区配置的钢筋过多时，其破坏是以受压区混凝土首先被压碎而引起的；亦即当受压区边缘纤维应变到达混凝土极限压应变时，纵向受拉钢筋拉应力尚小于屈服强度，但梁已宣告破坏（图 4-9*c*），破坏前没有明显的预兆（图 4-10*C*），破坏时受拉区裂缝开展不宽，挠度不大，而是受压区混凝土突然被压碎，通常称这种破坏形态为“脆性破坏”。设计时应尽量避免。

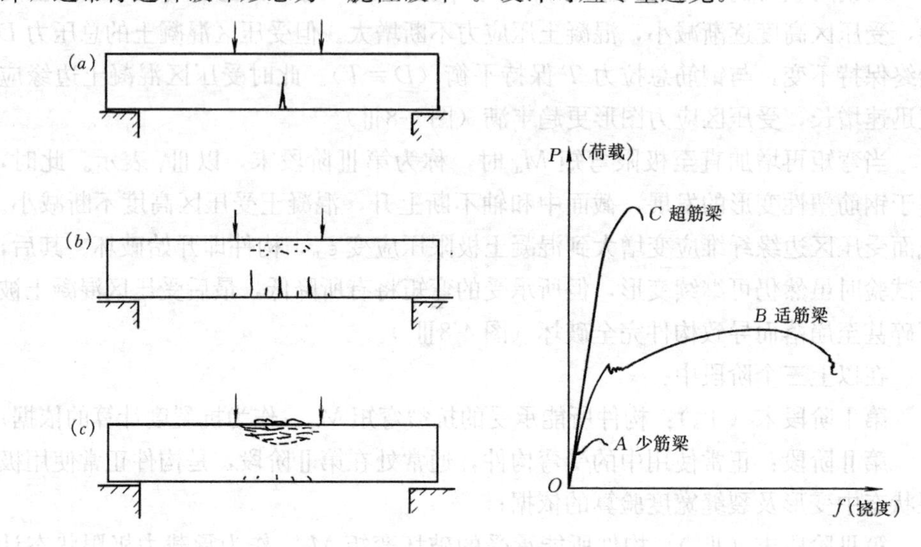

图 4-9 梁的破坏形式

（*a*）少筋梁；（*b*）适筋梁；（*c*）超筋梁

图 4-10 不同破坏形态梁的 *P*-*f* 曲线

3. 少筋梁

当梁的配筋量很低时，构件破坏前的极限弯矩 M_u 不大于开裂时的弯矩 M_{cr}，因此，受拉区混凝土一旦开裂，在裂缝处的受拉钢筋应力就立即屈服而进入强化阶段，将构件断裂为两段而破坏（图 4-9*a*）。这种构件一开裂后，就立即发生很宽的裂缝和很大的挠度，随之发生破坏（图 4-10*A*），其破坏是突然性的，也属于“脆性破坏”。从满足承载力需要出发，少筋梁选定的截面尺寸过大，不经济，因此设计时也应避免。

§4.4 正截面受弯承载力计算一般规定

4.4.1 基 本 假 定

钢筋混凝土构件正截面受弯承载力的计算方法，有下列四项基本假定：

（1）平截面假定。构件正截面在弯曲变形以后仍保持一平面。

试验研究表明，钢筋混凝土虽然是一种不均质的非弹性复合材料，但在构件出现裂缝以前基本上处于弹性工作阶段，截面上的应变沿构件高度为线性分布，符合平截面假定。而在裂缝出现以后，直至受拉钢筋达到屈服强度时，若在跨过几条裂缝的标距内量测平均应变，则其应变分布基本上符合平截面的假定。

（2）钢筋应力 σ_s 取等于钢筋应变 ε_s 与其弹性模量 E_s 的乘积，但不得大于其强度设计值 f_y。此外，为了防止混凝土裂缝过宽，要求纵向受拉钢筋拉应变 $\varepsilon_s \leqslant 0.01$。

（3）不考虑截面受拉区混凝土抗拉强度，即认为拉力全部由纵向受拉钢筋承担。这是因为混凝土所承受的拉力很小，同时其合力作用点又靠近中和轴，对截面总抗弯力矩的贡献也很小的缘故。

（4）对于受压混凝土的应力-应变关系，在分析国内科研成果并参照国外有关规范规定的基础上，我国《规范》采用如图 4-11 所示的曲线，作为混凝土强度计算的理想化 σ_c-ε_c 曲线。按此求得的压应力合力，与试验值符合程度较好。

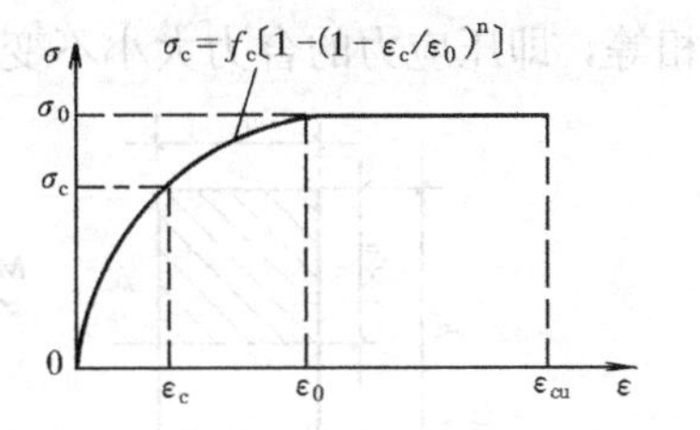

图 4-11 混凝土应力-应变计算曲线

图 4-11 中混凝土 σ_c-ε_c 曲线如用于轴心受压构件，其应力-应变关系的增长规律为一抛物线，随着混凝土应力的增加，该曲线逐渐接近于一条倾斜的直线。其极限压应变为 ε_0，相应的最大压应力取 $\sigma_0=f_c$；该曲线如用于弯曲和偏心受压构件，由于其应变沿梁高非均匀分布，故其最大应变并不等于轴心受压构件最大应变。具体取值时：当压应变 $\varepsilon_0 \leqslant \varepsilon_0$ 时，应力-应变关系取为与轴心受压构件相同的曲线；当压应变 $\varepsilon_0 < \varepsilon_c \leqslant \varepsilon_{cu}$ 时，应力-应变关系取为一水平线。当混凝土强度等级为 C50 及以下时，$\varepsilon_0=0.002$，$\varepsilon_{cu}=0.0033$。

这样，如图 4-11 所示，混凝土受压应力-应变曲线取用的数学表达式可写成：

当 $0 \leqslant \varepsilon_c \leqslant \varepsilon_0$ 时，$\qquad \sigma_c = f_c[1-(1-\varepsilon_c/\varepsilon_0)^n]$ （4-1）

当 $\varepsilon_0 < \varepsilon_c \leqslant \varepsilon_{cu}$ 时，$\qquad \sigma_c = f_c$ （4-2）

$$n = 2 - \frac{1}{60}(f_{cu,k} - 50) \tag{4-3}$$

$$\varepsilon_0 = 0.002 + 0.5(f_{cu,k} - 50) \times 10^{-5} \tag{4-4}$$

$$\varepsilon_{cu} = 0.0033 - (f_{cu,k} - 50) \times 10^{-5} \tag{4-5}$$

式中 σ_c——对应于混凝土压应变为 ε_c 时的混凝土压应力；

ε_0——对应于混凝土压应力刚达到 f_c 时的混凝土压应变，当按式（4-4）

计算的 ε_0 值小于 0.002 时，应取为 0.002；

ε_{cu}——正截面处于非均匀受压的混凝土极限压应变，当按式（4-5）计算的 ε_{cu} 值大于 0.0033 时，应取为 0.0033，对正截面处于轴心受压时的混凝土极限压应变取为 0.002；

$f_{cu,k}$——混凝土立方体抗压强度标准值；

n——系数，当计算的 n 值大于 2.0 时，应取为 2.0。

4.4.2　受压区混凝土的等效应力图

受弯构件受压区混凝土的压应力分布图，理论上可根据平截面假定得出每一纤维的应变值，再从混凝土的应力-应变曲线中找到相应的压应力值，从而可以求出压区混凝土的应力分布图。为了简化计算，国内外规范多采用以等效矩形应力图形来代替压区混凝土应力图形，其换算的条件是：

（1）等效矩形应力图形的面积与理论图形（即二次抛物线加矩形图）的面积相等，即压应力的合力大小不变。

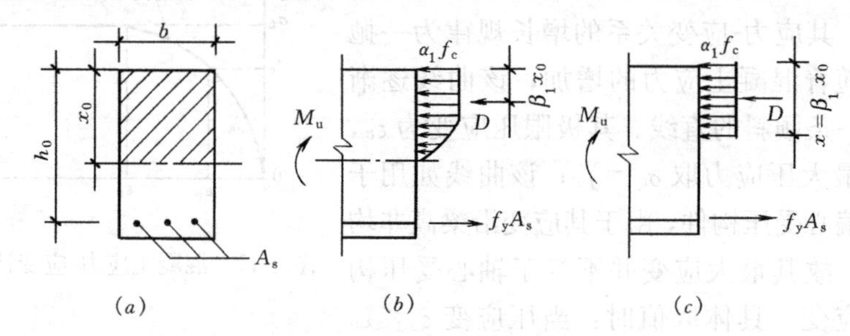

图 4-12　等效矩形应力图的换算

（a）横截面；（b）理论取用应力图；（c）换算应力图

（2）等效矩形应力图形的形心位置与理论应力图形的总形心位置相同，即压应力的合力作用点不变。

根据以上条件，具体换算结果如图 4-12 所示。该图中 x_0 为实际受压区高度，x 为换算受压区高度，《规范》规定取 $x=\beta_1 x_0$，并取换算矩形应力图的应力为 $\alpha_1 f_c$（具体换算方法及对 β_1、α_1 的取值见表 4-6）。这样，使计算方法大为简化。

4.4.3　界限相对受压区高度及梁的配筋率

1. 界限相对受压区高度 ξ_b

构件（包括受弯和偏心受压）的界限相对受压区高度系指：当构件达到极限承载力时，正截面内受拉钢筋达到屈服强度时的应变 ε_y 值，同时受压区边缘混凝土也达到受弯时极限压应变 ε_{cu} 值，此时构件处于适筋与超筋之间的界限状态而破坏。其界限状态换算受压区高度 x_b 与截面有效高度 h_0 的比值，称为界限相对受压区高度，以 ξ_b 表示。

根据应变平截面假定以及界限相对受压区高度的定义（图 4-13），钢筋混凝土构件当配有明显屈服点的钢筋时，$\varepsilon_y = f_y/E_s$，可求出 ξ_b 值为：

$$\xi_b = \frac{x_b}{h_0} = \frac{\beta_1 x_{0b}}{h_0} = \beta_1 \frac{\varepsilon_{cu}}{\varepsilon_{cu}+\varepsilon_s}$$

$$= \frac{\beta_1}{1+\dfrac{\varepsilon_s}{\varepsilon_{cu}}} = \frac{\beta_1}{1+\dfrac{f_y}{\varepsilon_{cu}E_s}} \tag{4-6}$$

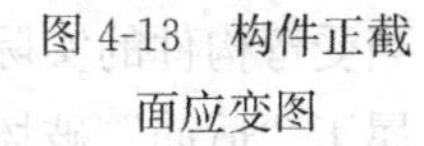

图 4-13 构件正截面应变图

由式（4-6）可以看出：当构件的实际配筋量大于界限状态破坏的配筋量时，即实际的 $\xi(\xi = x/h_0)$ 值要大于 ξ_b 值，则钢筋应力 σ_s 要小于其相应的屈服强度 f_y，构件破坏时钢筋不能屈服，其破坏是属于“超筋”破坏；反之，当实际的 ξ 值不超过 ξ_b 值时，构件所配置的钢筋在破坏时能够屈服，其破坏是属于“适筋”破坏。因此，ξ_b 值是用来衡量构件破坏时钢筋强度能否充分利用的一个特征值。各种钢筋的 ξ_b 值见表 4-4。

钢筋混凝土构件的 ξ_b 值 **表 4-4**

钢筋级别	屈服强度 f_y (N/mm²)	ξ_b	
		≤C50	C80
HPB300	270	0.576	—
HRB335，HRBF335	300	0.550	0.509
HRB400，HRBF400，RRB400	360	0.518	0.479
HRB500，HRBF500	435	0.482	0.446

在表 4-4 中，当混凝土强度等级介于 C50 与 C80 之间时，ξ_b 值可用线性插入法求得。此外，对混凝土强度等级较高的构件，不宜采用低强度的 HPB300 级钢筋，故在表 4-4 中，当混凝土强度高于 C50 时，对其 ξ_b 值未予列出。

对于无明显屈服点的钢筋，其条件屈服点的应变 $\varepsilon_y = 0.002 + f_y/E_s$，则界限相对受压区高度 ξ_b 值为：

$$\xi_b = \frac{\beta_1}{1+\dfrac{0.002}{\varepsilon_{cu}}+\dfrac{f_y}{E_s\varepsilon_{cu}}} \tag{4-7}$$

2. 最大配筋率 ρ_{max}

当受弯构件的配筋率达到相应于受压区混凝土即将破坏时的配筋率，称为最大配筋率，以 $\rho_{max}\left(\rho = \dfrac{A_s}{bh_0}\right)$ 表示。对于矩形截面单筋受弯构件，若其受压区混凝土应力分布图以等效矩形应力分布图来代替（图 4-12*c*），则可得：

$$\alpha_1 f_c bx = f_y A_s$$

$$\xi = \frac{x}{h_0} = \frac{f_y A_s}{\alpha_1 f_c b h_0}$$

$$= \rho \frac{f_y}{\alpha_1 f_c}$$

取 $\xi=\xi_b$，则相应的配筋率 ρ 即为最大配筋率 ρ_{max}，故：

$$\rho_{max} = \xi_b \frac{\alpha_1 f_c}{f_y} \tag{4-8}$$

当受弯构件的实际配筋率 ρ 不超过 ρ_{max} 值时，构件破坏时受拉钢筋能够屈服，属于“适筋”破坏构件；当实际配筋率 ρ 超过 ρ_{max} 值时，属于“超筋”破坏构件。

3. 最小配筋率 ρ_{min}

从理论上讲，按最小配筋率 ρ_{min} 配筋的钢筋混凝土梁，破坏时所能承受的弯矩极限值 M_u 应等于同截面的素混凝土梁所能承受的弯矩 M_{cr}（M_{cr} 为按阶段 I_a 计算的开裂弯矩）。因此，最小配筋率 ρ_{min} 规定了少筋梁与适筋梁的界限。当构件按适筋梁配筋计算所得的 ρ 值小于最小配筋率 ρ_{min} 时，则作用在梁上的计算弯矩仅素混凝土就能够承受，按理可以不配受力钢筋；但考虑到混凝土强度的离散性较大，又因少筋梁是属于“脆性破坏”等因素，《规范》对最小配筋率作了具体的规定，见附表 7。当纵向受拉钢筋符合最小配筋率的规定时，则使受弯构件基本上能满足“开裂后不致立即失效”的要求。

4. 经验配筋率

根据设计经验，受弯构件在截面宽高比适当的情况下，应尽可能地使其配筋率处在以下经济配筋率的范围内，这样，将会达到较好的经济效果。对钢筋混凝土板为 $\rho=0.4\%\sim0.8\%$，对矩形截面梁为 $\rho=0.6\%\sim1.5\%$，对 T 形截面梁为 $\rho=0.9\%\sim1.8\%$。

§4.5　单筋矩形截面梁的受弯承载力计算

4.5.1　基本计算公式

1. 基本公式

如图 4-14 所示，由平衡条件可得：

$$\Sigma N = 0 \quad \alpha_1 f_c bx = f_y A_s \tag{4-9}$$

$$\Sigma M = 0 \quad M \leqslant \alpha_1 f_c bx \left(h_0 - \frac{x}{2}\right) \tag{4-10}$$

或
$$M \leqslant f_y A_s \left(h_0 - \frac{x}{2}\right) \tag{4-10a}$$

式中 M——弯矩设计值；

f_c——混凝土轴心抗压强度设计值；

f_y——钢筋抗拉强度设计值；

A_s——纵向受拉钢筋的截面面积；

b——截面宽度；

x——等效矩形应力图形的换算受压区高度；

h_0——截面有效高度，$h_0 = h - a_s$；

α_1——系数，对于C50及以下混凝土，α_1 取为1.0；对于C80混凝土，α_1 取为0.94；当为中间值时，按线性插入法取用（或按表4-6确定）。

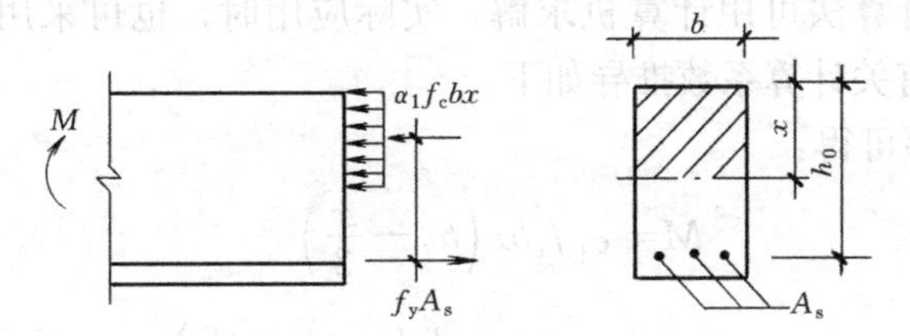

图4-14 单筋矩形截面梁承载力计算简图

2. 适用条件

（1）为了防止构件发生超筋破坏，则应满足下列条件：

$$\xi = \frac{x}{h_0} = \frac{A_s}{bh_0}\frac{f_y}{\alpha_1 f_c} = \rho \frac{f_y}{\alpha_1 f_c} \leqslant \xi_b \tag{4-11}$$

或
$$x \leqslant \xi_b h_0$$

即
$$\rho = \frac{A_s}{bh_0} \leqslant \xi_b \frac{\alpha_1 f_c}{f_y}$$

上式中 ρ 为构件实际配筋率，ξ_b 值可由表4-4查得。若将 ξ_b 值代入式(4-10)，则可求得单筋矩形截面适筋梁所能承受的最大弯矩 $M_{u,max}$ 值：

$$M_{u,max} = \alpha_1 f_c b h_0^2 \xi_b (1 - 0.5\xi_b) \tag{4-12}$$

（2）为了防止构件出现少筋破坏，纵向受拉钢筋应满足下列条件：

$$A_s \geqslant A_{s,min} = \rho_{min} bh \tag{4-13}$$

4.5.2 计 算 方 法

1. 计算方法

（1）直接计算法

在式(4-9)、式(4-10)或式(4-10a)中，有四个未知数，即 x、A_s、b 和 h_0 值。一般合理地假定其中两个，然后按上式直接求解。具体方法为：当梁的截面 b、

h_0 为已知时，由式(4-10)解得 x 值：

$$x = h_0 \pm \sqrt{h_0^2 - 2M/\alpha_1 f_c b} \tag{4-14}$$

上式中等号右边第二项若取正值则将会出现 $x > h_0$ 的情况，这与实际不符，故只取负值。这样，可由式（4-10a）求得钢筋截面面积 A_s 值：

$$A_s = M/f_y\left(h_0 - \frac{x}{2}\right) \tag{4-15}$$

当梁的截面为未知时，则可根据设计经验（见4.2节中的4.2.2），估算出梁的截面 b、h 值，并合理地假定配筋率 ρ 值，则受压区高度 x 值可由式（4-11）求得，故可求得 A_s 值。

在计算中选择 ρ 值时，可参考第4.4节中4.4.3的经济配筋率。

（2）利用表格计算法

应用直接计算法可用计算机求解，实际应用时，也可采用计算图表进行运算。图表所用有关计算系数推导如下。

按式(4-10)可得：

$$\begin{aligned} M &= \alpha_1 f_c bx\left(h_0 - \frac{x}{2}\right) \\ &= \alpha_1 f_c b h_0^2 \frac{x}{h_0}\left(1 - 0.5\frac{x}{h_0}\right) \\ &= \alpha_1 f_c b h_0^2 \xi(1 - 0.5\xi) \\ &= \alpha_s \alpha_1 f_c b h_0^2 \end{aligned} \tag{4-16}$$

取
$$\alpha_s = \xi(1 - 0.5\xi) \tag{4-16a}$$

则得
$$\alpha_s = \frac{M}{\alpha_1 f_c b h_0^2} \tag{4-17}$$

$$h_0 = \sqrt{\frac{M}{\alpha_s \alpha_1 f_c b}} \tag{4-18}$$

同理，按式（4-10a）可得：

$$M = f_y A_s\left(h_0 - \frac{x}{2}\right) = f_y A_s(1 - 0.5\xi)h_0 = f_y A_s \gamma_s h_0 \tag{4-19}$$

取
$$\gamma_s = 1 - 0.5\xi \tag{4-19a}$$

故
$$A_s = \frac{M}{f_y \gamma_s h_0} \tag{4-20}$$

或
$$A_s = \rho b h_0 = \xi \frac{\alpha_1 f_c}{f_y} b h_0 \tag{4-20a}$$

系数 α_s、γ_s 仅与相对受压区高度 ξ 值有关，可以预先算出列成表格，以便应用（见附表8）。

2. 截面选择

在单筋矩形截面受弯构件的承载力计算时，已知弯矩设计值 M、混凝土的强度等级、钢筋牌号及构件的截面尺寸 $b \times h$，求所需的受拉钢筋截面面积 A_s。

由式(4-17)确定 α_s，按求得的 α_s 值从附表 8 查得相应于 α_s 的 γ_s 及 ξ 值，则由式(4-20)或式(4-20*a*)求得：

$$A_s = \frac{M}{f_y \gamma_s h_0}$$

或

$$A_s = \rho b h_0 = \xi \frac{\alpha_1 f_c}{f_y} b h_0$$

计算时若得 $\xi > \xi_b$，则需加大截面尺寸，或提高混凝土强度等级，或改用双筋矩形截面。同时还应符合下式要求：

$$A_s \geqslant \rho_{min} bh$$

当求得钢筋截面面积后，遵照有关构造要求由附表 9 或附表 10 中选用钢筋的直径和根数。

3. 承载力校核

已知构件的截面尺寸 $b \times h$、混凝土的强度等级、钢筋牌号及钢筋截面面积 A_s，求截面所能承受的最大弯矩设计值 M_u。

由式（4-11）计算 ξ 值：

$$\xi = \frac{A_s}{bh_0} \frac{f_y}{\alpha_1 f_c}$$

则当 $\xi \leqslant \xi_b$ 时，从附表 8 查得 α_s 和 γ_s，再通过式（4-16）或式（4-19）求得 M_u 值。

当 $\xi > \xi_b$ 时，则取 $\xi = \xi_b$，求 M_u 值。

【例 4-1】 已知矩形截面梁 $b \times h = 250\text{mm} \times 500\text{mm}$，环境类别为一类，由荷载设计值产生的弯矩 $M = 170\text{kN} \cdot \text{m}$。混凝土强度等级 C30，钢筋牌号选用 HRB400（图 4-15）。

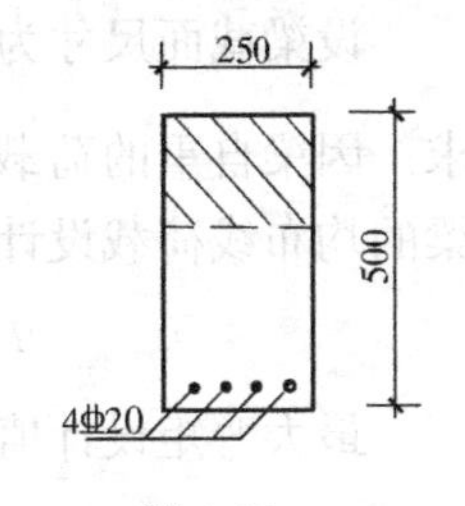

图 4-15

试求所需的受拉钢筋截面面积 A_s 值。

【解】 $a_s = 35\text{mm}$

$h_0 = 500 - 35 = 465\text{mm}$

混凝土强度设计值 $f_c = 14.3\text{N/mm}^2$（查附表 1），$\alpha_1 = 1.0$

钢筋强度设计值 $f_y = 360\text{N/mm}^2$（查附表 3）

则 $$\alpha_s = \frac{M}{\alpha_1 f_c b h_0^2} = \frac{170000000}{1.0 \times 14.3 \times 250 \times 465^2} = 0.220$$

查附表 8 得 $\gamma_s = 0.874$

$$A_s = \frac{170000000}{360 \times 0.874 \times 465} = 1162\text{mm}^2$$

选用 4 Φ 20（$A_s = 1256\text{mm}^2$）

适用条件验算：$A_{s,min} = \frac{0.45 \times 1.43}{360} \times 250 \times 500 = 223mm^2 < A_s = 1162mm^2$

$$A_{s,min} = 0.002 \times 250 \times 500 = 250mm^2 < A_s = 1162mm^2$$

又由式（4-6）求得（对 HRB400 钢筋）

$$\xi_b = \frac{0.8}{1 + \frac{f_y}{0.0033E_s}} = \frac{0.8}{1 + \frac{360}{0.0033 \times 2 \times 10^5}} = 0.518$$

或由表 4-4 直接查得 $\xi_b = 0.518$

因 $\xi = \rho \frac{f_y}{\alpha_1 f_c} = \frac{1162}{250 \times 465} \times \frac{360}{1.0 \times 14.3} = 0.252 < \xi_b = 0.518$

故符合要求。

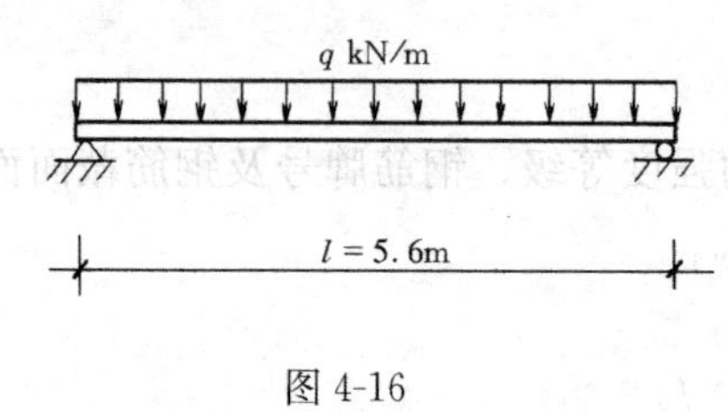

图 4-16

【例 4-2】 已知钢筋混凝土简支梁（图 4-16），计算跨度 l=5.6m，环境类别为一类，作用均布荷载设计值 22kN/m（不包括梁自重），混凝土强度等级为 C30，钢筋牌号选用 HRB400（$f_c = 14.3N/mm^2$，$f_t = 1.43N/mm^2$，f_y=360N/mm²）。试确定其截面尺寸和配筋。

【解】（1）荷载及内力计算

设梁截面尺寸为 $b \times h$=200mm×500mm，$\frac{b}{h} = \frac{200}{500} = \frac{1}{2.5}$，故符合宽高比要求。因梁自重的荷载分项系数 γ_G=1.2（3.2 节），混凝土自重为 25kN/m³，则梁的均布线荷载设计值为：

$$q = 22 + 0.2 \times 0.5 \times 25 \times 1.2 = 25kN/m$$

最大弯矩设计值 $M = \frac{1}{8} \times 25 \times 5.6^2 = 98kN \cdot m = 98 \times 10^6 N \cdot mm$

（2）配筋计算

a_s=35mm，$h_0 = h - a_s$=500−35=465mm

$$\alpha_s = \frac{98 \times 10^6}{1.0 \times 14.3 \times 200 \times 465^2} = 0.159$$

查附表 8 得 γ_s=0.913

$$A_s = \frac{98 \times 10^6}{360 \times 0.913 \times 465} = 641.21mm^2$$

选用 4⌀14（A_s=615mm²，图 4-17）

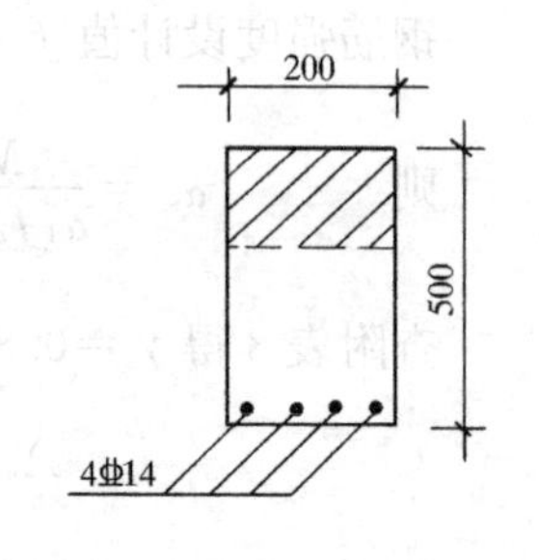

图 4-17

（3）适用条件验算

$$A_{s,\min}=\frac{0.45\times1.43}{360}\times200\times500=178.75\text{mm}^2<A_s=615\text{mm}^2$$

$$A_{s,\min}=0.002bh=0.002\times200\times500=200\text{mm}^2<A_s=615\text{mm}^2$$

又由表4-4查得$\xi_b=0.518$

因 $\xi=\rho\dfrac{f_y}{\alpha_1 f_c}=\dfrac{641.21}{200\times465}\times\dfrac{360}{1.0\times14.3}=0.174<\xi_b=0.518$

故符合要求。

【例4-3】 已知某钢筋混凝土梁，$b\times h=200\text{mm}\times450\text{mm}$，混凝土强度等级C60，环境类别为一类，钢筋牌号为HRB400，4Φ16（$A_s=804\text{mm}^2$）。试求该梁所能承受的极限弯矩设计值M_u。

【解】 $a_s=35\text{mm}$，$h_0=450-35=415\text{mm}$

由已知条件：$f_c=27.5\text{N/mm}^2$，$f_y=360\text{N/mm}^2$，查表4-6，$\alpha_1=0.98$

$$\xi=\frac{A_s}{bh_0}\frac{f_y}{\alpha_1 f_c}=\frac{804\times360}{200\times415\times0.98\times27.5}=0.129<\xi_b=0.500$$

查附表8得$\alpha_s=0.120$

$$M_u=\alpha_s\alpha_1 f_c bh_0^2=0.120\times0.98\times27.5\times200\times415^2=112\text{kN}\cdot\text{m}$$

§4.6 双筋矩形截面梁的受弯承载力计算

4.6.1 概　　述

在单筋截面受压区内配置受力钢筋后便构成双筋截面。双筋截面梁一般用于下列情况：

（1）当构件所承受的弯矩较大，而截面尺寸受到限制，以致$x>\xi_b h_0$，用单筋梁已无法满足设计要求时，可采用双筋截面梁计算。

（2）当构件在同一截面内受变号弯矩作用时，在截面上下两侧均应配置受力钢筋。

（3）由于构造上需要，在截面受压区已配置有受力钢筋，则按双筋截面计算，可以节约钢筋用量。

在工程设计中，按双筋截面配筋计算是不经济的，除上述情况外，一般不宜采用。

但双筋梁可以提高截面的延性，纵向受压钢筋越多，截面延性越好。此外，在使用荷载作用下，由于受压钢筋的存在，可以减小构件在荷载长期作用下的变形。

双筋截面承载力计算的基本假定与单筋截面基本相同，只是在截面受压区增设了受压钢筋。试验研究表明，当构件在一定保证条件下进入破坏阶段时，受压钢筋应力能达到屈服强度。故在计算公式中，可取钢筋抗压强度设计值为 f'_y。

4.6.2 基本计算公式

1. 基本公式

图4-18为双筋矩形截面受弯构件在极限承载力时的截面应力状态。由平衡条件可得：

$$\Sigma N=0 \quad \alpha_1 f_c bx + f'_y A'_s = f_y A_s \tag{4-21}$$

$$\Sigma M=0 \quad M \leqslant \alpha_1 f_c bx\left(h_0-\frac{x}{2}\right)+f'_y A'_s(h_0-a'_s) \tag{4-22}$$

式中　f'_y——钢筋的抗压强度设计值；

A'_s——受压钢筋的截面面积；

a'_s——受压钢筋的合力点到截面受压区外边缘的距离；

A_s——受拉钢筋的截面面积，$A_s=A_{s1}+A_{s2}$，而 $A_{s1}=\dfrac{f'_y A'_s}{f_y}$。其余符号同前。

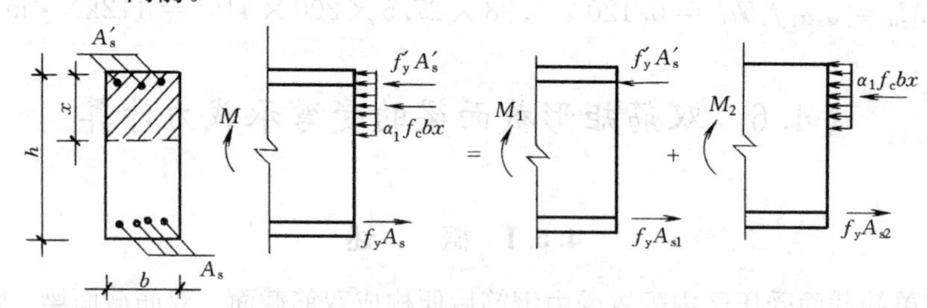

图4-18　双筋截面梁计算简图

式(4-22)中，若取：

$$M_1=f'_y A'_s(h_0-a'_s) \tag{4-23}$$

$$M_2=\alpha_1 f_c bx\left(h_0-\frac{x}{2}\right) \tag{4-24}$$

则得

$$M \leqslant M_1+M_2 \tag{4-25}$$

式中　M_1——由受压钢筋的压力 $f'_y A'_s$ 和相应的部分受拉钢筋的拉力 $A_{s1} f_y$ 所组成的内力矩；

M_2——由受压区混凝土的压力和余下的受拉钢筋的拉力 $A_{s2} f_y$ 所组成的内力矩。

2. 适用条件

(1) 为了防止构件发生超筋破坏，应满足：

$$x \leqslant \xi_b h_0 \tag{4-26}$$

或

$$\rho_2 = \frac{A_{s2}}{bh_0} \leqslant \xi_b \frac{\alpha_1 f_c}{f_y} \tag{4-27}$$

（2）为了保证受压钢筋在构件破坏时达到屈服强度，则应满足：

$$x \geqslant 2a'_s \tag{4-28}$$

或

$$z \leqslant h_0 - a'_s \tag{4-29}$$

式中 z——受压区混凝土合力与受拉钢筋合力之间的内力偶臂。

在实际设计中，如果不能满足式(4-28)的要求，则表明受压钢筋的位置离中和轴太近，梁破坏时受压钢筋的压应变 ε'_s 太小，其应力达不到抗压强度设计值 f'_y，所以对双筋梁的 x 值要加以限制。

从理论上说，根据式(4-22)通过加设受压钢筋 A'_s 和与它相对应的受拉钢筋 A_{s1} 可把截面的受弯承载力提高到任意需要的数值，即能满足截面受弯承载力的要求。但若配置的钢筋过多，将造成钢筋排列上的过分拥挤，不利于保证施工质量，而且也不经济，因此在设计时，截面尺寸不能过小，应该加以控制。

在双筋截面中，一般配筋量均比较大，因此没有必要验算其最小配筋率。

4.6.3 计 算 方 法

1. 截面选择

在设计双筋梁时，其截面尺寸一般均为已知，需要计算受压和受拉钢筋；有时因为构造需要，受压钢筋为已知，仅需计算受拉钢筋。

（1）情况 1 已知弯矩设计值 M、截面尺寸 $b \times h$、混凝土强度等级和钢筋牌号，求受压钢筋和受拉钢筋截面面积 A'_s 及 A_s。

利用式(4-21)、式(4-22)，在两个方程式中有 x、A'_s 及 A_s 三个未知数，故尚需补充一个条件才能求解。为了节约钢材，应充分利用混凝土的受弯承载力，故令 $\xi = \xi_b$ 可求得最小的 A'_s 值，以达到经济效果。这样，由式(4-22)得：

$$M \leqslant \alpha_1 f_c b h_0^2 \xi_b (1 - 0.5\xi_b) + f'_y A'_s (h_0 - a'_s)$$

$$A'_s = \frac{M - \alpha_1 f_c b h_0^2 \xi_b (1 - 0.5\xi_b)}{f'_y (h_0 - a'_s)} \tag{4-30}$$

将 $\xi = \xi_b$ 代入式（4-21），则可得：

$$A_s = \frac{\alpha_1 f_c b h_0 \xi_b + f'_y A'_s}{f_y} \tag{4-31}$$

（2）情况 2 已知弯矩设计值 M、截面尺寸 $b \times h$、混凝土强度等级、钢筋牌号和受压钢筋截面面积 A'_s，求受拉钢筋截面面积 A_s。

因 A'_s 为已知，可利用式(4-23)求得 M_1：

$$M_1 = f'_y A'_s (h_0 - a'_s)$$

故
$$M_2 = M - M_1$$

$$\alpha_{s2} = \frac{M_2}{\alpha_1 f_c b h_0^2} \tag{4-32}$$

由 α_{s2} 查得 γ_{s2}，则：
$$A_{s2} = \frac{M_2}{\gamma_{s2} h_0 f_y} \tag{4-33}$$

又
$$A_{s1} = \frac{f'_y A'_s}{f_y} \tag{4-34}$$

所以
$$A_s = A_{s1} + A_{s2} \tag{4-35}$$

在以上计算过程中求 A_{s2} 时尚需注意：

若 $\xi > \xi_b$ 时，表明受压钢筋 A'_s 不足，可按 A'_s 未知的情况1计算。

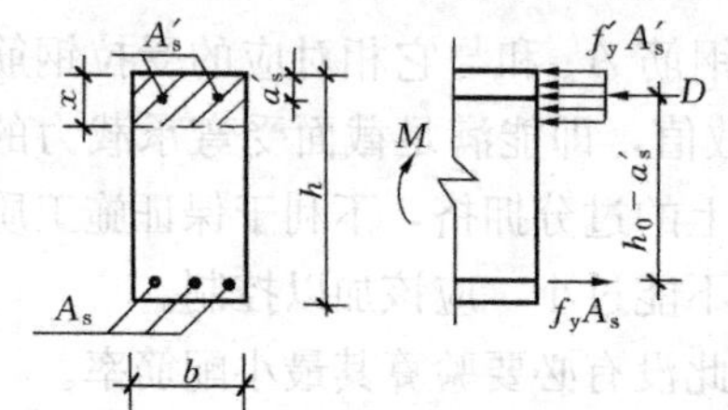

图4-19　当 $x \leqslant 2a'_s$ 时双筋梁截面计算

若求得的 $x \leqslant 2a'_s$ 时，即表明 A'_s 不能达到其抗压强度设计值。此时，可近似认为混凝土压应力合力 D 作用点通过受压钢筋的合力作用点处（图4-19），这样计算对 A_s 值的误差很小，且偏于安全。其计算公式为：

$$A_s = \frac{M}{f_y (h_0 - a'_s)} \tag{4-36}$$

当按式(4-36)求得的 A_s 值大于按单筋梁计算所得的数值时，则应按单筋梁确定受拉钢筋截面面积，以节约钢材。这种情况很少见，仅在截面尺寸过大时才有可能。

2. 承载力校核

(1) 情况1　已知构件截面尺寸 $b \times h$、混凝土强度等级、钢筋牌号、受压钢筋和受拉钢筋的截面面积 A'_s 和 A_s，求梁所能承受的弯矩设计值。

根据已知条件，可求得：

$$M_1 = f'_y A'_s (h_0 - a'_s)$$

相应的受拉钢筋截面面积 A_{s1} 为：

$$A_{s1} = \frac{f'_y A'_s}{f_y}$$

$$A_{s2} = A_s - A_{s1}$$

当 $\xi = \frac{A_{s2}}{b h_0} \frac{f_y}{\alpha_1 f_c} = \rho \frac{f_y}{\alpha_1 f_c} \leqslant \xi_b$ 时，为适筋梁；又 $\xi h_0 \geqslant 2a'_s$ 时，受压钢筋能够屈服。所以按 ξ 值查表得 α_{s2}，则：

$$M_2 = \alpha_{s2} \alpha_1 f_c b h_0^2$$

当 $M_u = M_1 + M_2 > M$ 时为安全。

（2）情况 2 其他条件和上述情况 1 相同，但计算中发现 $\xi > \xi_b$，即属超筋情况，则应令 $\xi = \xi_b$ 求 M_2。以下计算步骤同承载力校核情况 1。

【例 4-4】 已知某梁截面尺寸 $b \times h = 200\text{mm} \times 450\text{mm}$，混凝土强度等级选用 C30，钢筋牌号用 HRB400，若梁承受的弯矩设计值 $M = 174\text{kN} \cdot \text{m}$。试计算该梁截面配筋。环境类别为一类。

【解】（1）验算是否需用双筋截面梁

$\alpha_1 = 1.0$，$f_c = 14.3\text{N/mm}^2$，$f'_y = f_y = 360\text{N/mm}^2$。设受拉钢筋排成两排，故 $h_0 = 450 - 60 = 390\text{mm}$。查表 4-4 得 $\xi_b = 0.518$，按式（4-12）求单筋截面最大弯矩为：

$$M_{max} = \alpha_1 f_c b h_0^2 \xi_b (1 - 0.5\xi_b)$$

$$= 1.0 \times 14.3 \times 200 \times 390^2 \times 0.518 \times (1 - 0.5 \times 0.518)$$

$$= 167.0\text{kN} \cdot \text{m} < M = 174\text{kN} \cdot \text{m}$$

故应采用双筋截面。

（2）配筋计算

受压钢筋配置成单排，则按式（4-30）得：

$$A'_s = \frac{M - \alpha_1 f_c b h_0^2 \xi_b (1 - 0.5\xi_b)}{f'_y (h_0 - a'_s)}$$

$$= \frac{174000000 - 1.0 \times 14.3 \times 200 \times 390^2 \times 0.518 \times (1 - 0.5 \times 0.518)}{360 \times (390 - 35)}$$

$$= 55\text{mm}^2$$

按式（4-31）得：

$$A_s = \frac{\alpha_1 f_c b h_0 \xi_b + f'_y A'_s}{f_y}$$

$$= \frac{1.0 \times 14.3 \times 200 \times 390 \times 0.518 + 360 \times 55}{360}$$

$$= 1660\text{mm}^2$$

选用：受压钢筋 2 Φ 10（$A'_s = 157\text{mm}^2$）

受拉钢筋 6 Φ 20（$A_s = 1884\text{mm}^2$，图 4-20）

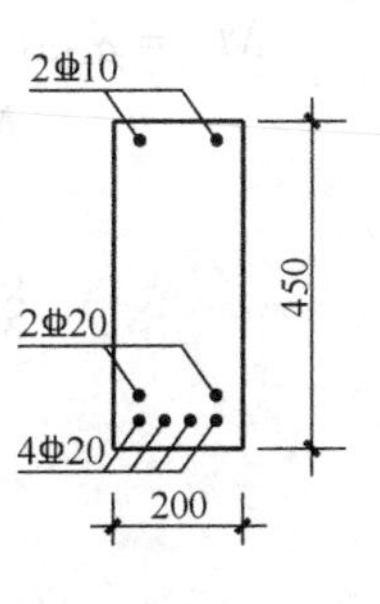

图 4-20

【例 4-5】 已知数据同上例，但已配置受压钢筋 3 Φ 20（$A'_s = 942\text{mm}^2$）。试求受拉钢筋截面面积 A_s。

【解】 按公式（3-23）得：

$$M_1 = f'_y A'_s (h_0 - a'_s) = 360 \times 942 \times (390 - 35)$$

$$= 120.4\text{kN}\cdot\text{m}$$

$$M_2 = M - M_1 = 174.0 - 120.4 = 53.6\text{kN}\cdot\text{m}$$

$$\alpha_{s2} = \frac{53600000}{1.0 \times 14.3 \times 200 \times 390^2} = 0.123 < \alpha_{sb} = 0.384$$

查附表8，得 $\xi = 0.132$

$$x = \xi h_0 = 0.132 \times 390 = 51.5\text{mm} < 2a'_s = 70\text{mm}$$

$$A_s = \frac{M}{f_y(h_0 - a'_s)} = \frac{174 \times 10^6}{360 \times (390 - 35)} = 1362\text{mm}^2$$

比较以上两例可以看出，由于［例4-4］充分利用了混凝土的抗压性能，其计算总用钢量（$A'_s + A_s = 55 + 1660 = 1715\text{mm}^2$）比［例4-5］的计算总用钢量（$A'_s + A_s = 942 + 1362 = 2304\text{mm}^2$）为省。

【例4-6】 已知梁的截面尺寸 $b \times h = 200\text{mm} \times 500\text{mm}$，混凝土强度等级采用C40，环境类别为一类，受压钢筋牌号为HRB400，2Φ14（$A'_s = 308\text{mm}^2$），受拉钢筋牌号为HRB400，3Φ22（$A_s = 1140\text{mm}^2$）。

试求该梁所承担的最大弯矩设计值 M。

【解】 $\alpha_1 = 1.0$，$f_c = 19.1\text{N/mm}^2$，受压钢筋 $f'_y = 360\text{N/mm}^2$，受拉钢筋 $f_y = 360\text{N/mm}^2$, $a_s = 35\text{mm}$, $h_0 = 500 - 35 = 465\text{mm}$

$$M_1 = f'_y A'_s (h_0 - a'_s) = 360 \times 308 \times (465 - 35) = 47.7\text{kN}\cdot\text{m}$$

$$A_{s1} = \frac{f'_y A'_s}{f_y} = \frac{360 \times 308}{360} = 308\text{mm}^2$$

$$A_{s2} = A_s - A_{s1} = 1140 - 308 = 832\text{mm}^2$$

因　$\xi = \frac{A_{s2}}{bh_0}\frac{f_y}{\alpha_1 f_c} = \frac{832}{200 \times 465} \times \frac{360}{1.0 \times 19.1} = 0.169 < 0.518$

故为适筋梁

又 $\xi h_0 = 0.169 \times 465 = 78.6\text{mm} > 2a'_s = 2 \times 35 = 70\text{mm}$，故受压钢筋能够屈服。由 ξ 值查附表8，得 $\alpha_{s1} = 0.155$

$$M_2 = \alpha_{s2}\alpha_1 f_c b h_0^2 = 0.155 \times 1.0 \times 19.1 \times 200 \times 465^2 = 128.0\text{kN}\cdot\text{m}$$

$$M = M_1 + M_2 = 47.7 + 128.0 = 175.7\text{kN}\cdot\text{m}$$

§4.7　T形截面梁的受弯承载力计算

4.7.1　概　　述

在矩形截面构件受弯承载力计算中，其受拉区混凝土允许开裂，不考虑参加受拉工作，如果把受拉区两侧的混凝土挖去一部分，余下的部分只要能够布置受拉钢筋就可以了（图 4-21），这样就成为 T 形截面。它和原来的矩形截面相比，其承载力计算值与原有截面完全相同，但节省了混凝土用量，减轻了自重。

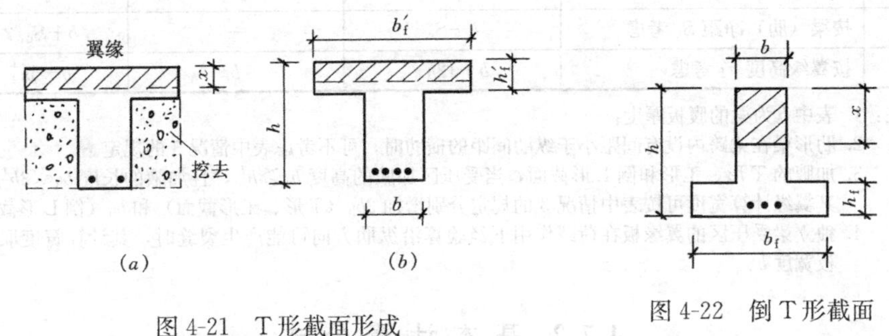

图 4-21　T形截面形成

（a）矩形；（b）T形

图 4-22　倒T形截面

对于翼缘在受拉区的倒 T 形截面梁，当受拉区开裂以后，翼缘就不起作用了，因此在计算时应按 $b \times h$ 的矩形截面梁考虑（图 4-22）。

在工程中采用 T 形截面受弯构件的有吊车梁、屋面大梁、槽形板、空心板等。T 形截面一般为单筋截面（图 4-23）。

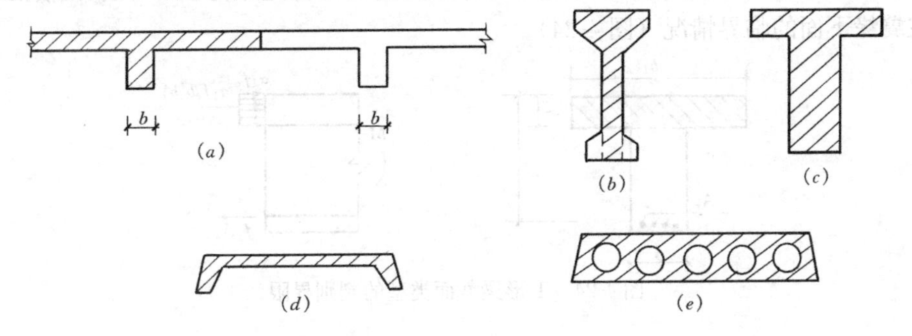

图 4-23　T形截面梁板形式

（a）现浇肋形梁板结构；（b）薄腹屋面梁；（c）吊车梁；（d）槽形板；（e）空心板

试验和理论分析表明，T 形截面受弯构件翼缘的纵向压应力沿宽度方向的分布是不均匀的，离开肋愈远，压应力愈小，有时远离肋的部分翼缘还会因发生压屈失稳而退出工作，因此 T 形截面的翼缘宽度在计算中应有所限制。在设计时取其一定范围内的翼缘宽度作为翼缘的计算宽度，即认为截面翼缘在这一宽度范围内的压应力是均匀分布的，其合力大小，大致与实际不均匀分布的压应力图形等效，翼缘与肋部亦能很好地整体工作。

对 T 形截面翼缘计算宽度 b'_f 的取值，《规范》规定应取表 4-5 中有关各项规定中的最小值。

受弯构件受压区有效翼缘计算宽度 b'_f　　表 4-5

情况		T形、I形截面		倒L形截面
		肋形梁（板）	独立梁	肋形梁（板）
1	按计算跨度 l_0 考虑	$l_0/3$	$l_0/3$	$l_0/6$
2	按梁（肋）净距 S_n 考虑	$b+S_n$	—	$b+S_n/2$
3	按翼缘高度 h'_f 考虑	$b+12h'_f$	b	$b+5h'_f$

注：1. 表中 b 为梁的腹板厚度。
2. 肋形梁在梁跨内设有间距小于纵肋间距的横肋时，可不考虑表中情况 3 的规定。
3. 加腋的T形、工形和倒L形截面，当受压区加腋的高度 $h_h \geqslant h'_f$，且加腋的长度 $b_h \leqslant 3h'_h$ 时，其翼缘计算宽度可按表中情况 3 的规定分别增加 $2b_h$（T形、工形截面）和 b_h（倒L形截面）。
4. 独立梁受压区的翼缘板在荷载作用下经验算沿纵肋方向可能产生裂缝时，其计算宽度取用腹板宽度 b。

4.7.2 基本计算公式

1. T形截面的计算类型

T形截面受弯构件，根据中和轴所在位置的不同可分为两种类型。

第一类：中和轴在翼缘内；

第二类：中和轴在梁肋内。

为了判别T形截面受弯构件的两种不同类型，首先来分析一下中和轴恰好在翼缘下面的临界情况（图 4-24）。

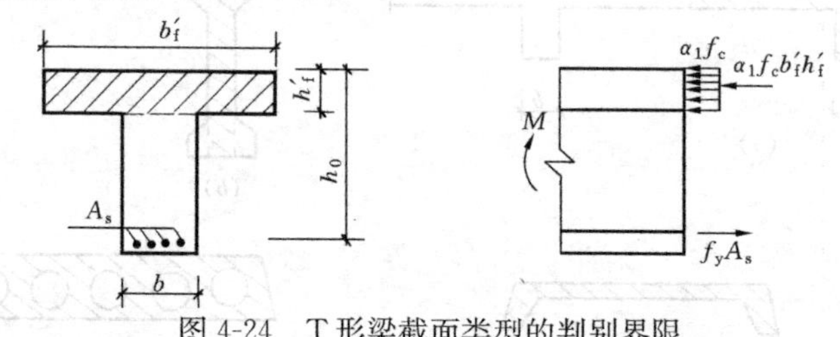

图 4-24　T形梁截面类型的判别界限

由平衡条件：

$$\Sigma N = 0 \quad \alpha_1 f_c b'_f h'_f = f_y A_s \tag{4-37}$$

$$\Sigma M = 0 \quad M = \alpha_1 f_c b'_f h'_f \left(h_0 - \frac{h'_f}{2}\right) \tag{4-38}$$

式中　b'_f——T形截面受弯构件受压区翼缘的计算宽度；

h'_f——T形截面受弯构件受压区翼缘的高度。

对T形截面类型的判别方法为：

在设计时，弯矩计算值 M 为已知，

$$\left.\begin{array}{l} M \leqslant \alpha_1 f_c b'_f h'_f \left(h_0 - \dfrac{h'_f}{2}\right) \text{为第一类} \\ M > \alpha_1 f_c b'_f h'_f \left(h_0 - \dfrac{h'_f}{2}\right) \text{为第二类} \end{array}\right\} \tag{4-39}$$

在承载力校核时，α_1、f_c、f_y、A_s 为已知，

$$\left.\begin{aligned} f_yA_s \leqslant \alpha_1 f_c b'_f h'_f \text{ 为第一类} \\ f_yA_s > \alpha_1 f_c b'_f h'_f \text{ 为第二类} \end{aligned}\right\} \tag{4-40}$$

2. 第一类T形截面计算公式

由图4-25可知，平衡条件：

$$\Sigma N = 0 \quad \alpha_1 f_c b'_f x = f_y A_s \tag{4-41}$$

$$\Sigma M = 0 \quad M \leqslant \alpha_1 f_c b'_f x\left(h_0 - \frac{x}{2}\right) \tag{4-42}$$

适用条件：

（1）为了防止发生超筋破坏，要求：

$$\rho \leqslant \rho_{max} \text{ 或 } \xi = \frac{x}{h_0} = \frac{A_s}{b'_f h_0} \frac{f_y}{\alpha_1 f_c} \leqslant \xi_b$$

此条件一般均能满足，不必验算。

（2）为了防止少筋破坏，要求：

$$A_s \geqslant \rho_{min} bh$$

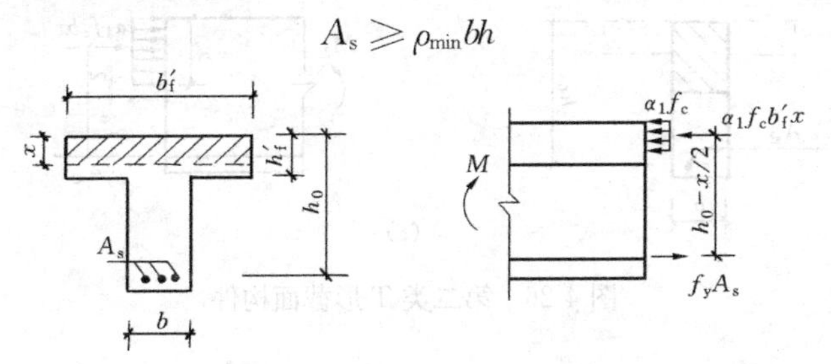

图4-25 第一类T形截面构件

3. 第二类T形截面计算公式

由图4-26，平衡条件：

$$\Sigma N = 0 \quad \alpha_1 f_c h'_f (b'_f - b) + \alpha_1 f_c bx = f_y A_s \tag{4-43}$$

$$\Sigma M = 0 \quad M \leqslant \alpha_1 f_c h'_f (b'_f - b)\left(h_0 - \frac{h'_f}{2}\right) + \alpha_1 f_c bx\left(h_0 - \frac{x}{2}\right) \tag{4-44}$$

或

$$M \leqslant M_1 + M_2 \tag{4-44a}$$

式中

$$M_1 = \alpha_1 f_c (b'_f - b) h'_f\left(h_0 - \frac{h'_f}{2}\right) = f_y A_{s1}\left(h_0 - \frac{h'_f}{2}\right) \tag{4-45}$$

$$M_2 = \alpha_1 f_c bx\left(h_0 - \frac{x}{2}\right) \tag{4-46}$$

适用条件(仅对 M_2)：

（1）$\rho \leqslant \rho_{max}$ 或 $\xi = \dfrac{x}{h_0} \leqslant \xi_b$ 和单筋矩形截面受弯构件相同，满足上式要求是为了在破坏时使受拉钢筋首先屈服。

（2）$A_s \geqslant \rho_{min} bh$ 一般均能满足，不必验算。

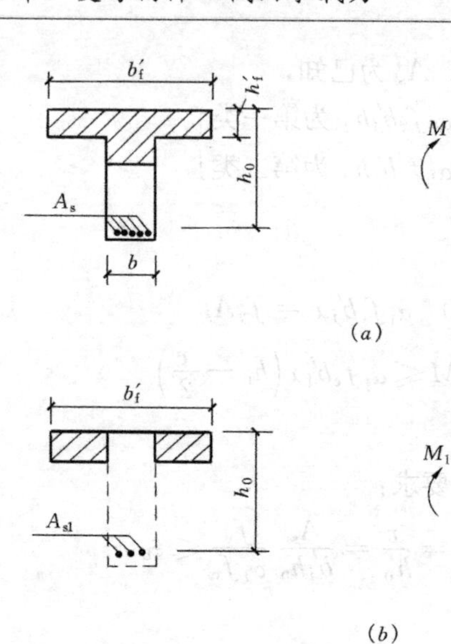

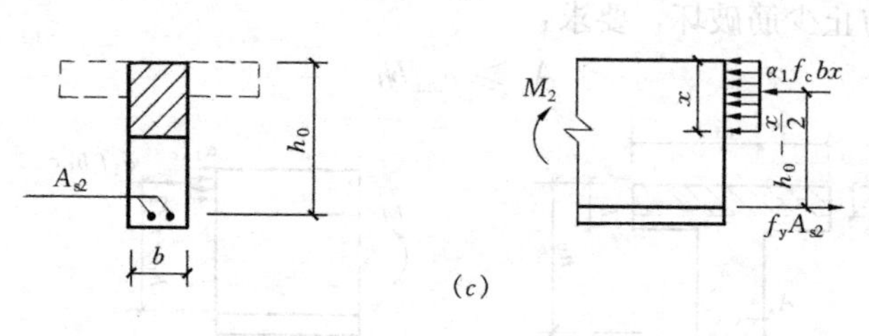

图 4-26　第二类 T 形截面构件

4.7.3 计 算 方 法

1. 截面选择

T 形截面受弯构件，计算时一般截面尺寸为已知，其受弯承载力计算可分为以下两种情况。

第一类 T 形截面

判别条件：
$$M \leqslant \alpha_1 f_c b'_f h'_f \left(h_0 - \frac{h'_f}{2}\right)$$

按 $b'_f \times h$ 的单筋矩形截面受弯构件计算。

第二类 T 形截面

判别条件：
$$M > \alpha_1 f_c b'_f h'_f \left(h_0 - \frac{h'_f}{2}\right)$$

取
$$M = M_1 + M_2$$

由式（4-45）可得 A_{s1} 值，同时可得 M_1 值，则：

$$A_{s1} = \frac{\alpha_1 f_c (b'_f - b) h'_f}{f_y}$$

$$M_2 = M - M_1$$

$\alpha_{s2}=\dfrac{M_2}{\alpha_1 f_c b h_0^2}$，可按单筋矩形截面的计算方法查附表 8 得 γ_{s2}，则：

$$A_{s2}=\frac{M_2}{f_y\gamma_{s2}h_0}$$

$$A_s=A_{s1}+A_{s2}$$

2. 承载力校核

对第一类，按 $b'_f\times h$ 单筋矩形截面受弯构件的方法计算。

对第二类，按以下步骤计算。

判别条件：$f_yA_s>\alpha_1 f_c b'_f h'_f$

先求 A_{s1} 及 M_1：

$$A_{s1}=\frac{\alpha_1 f_c(b'_f-b)h'_f}{f_y}$$

$$M_1=\alpha_1 f_c(b'_f-b)h'_f\left(h_0-\frac{h'_f}{2}\right)$$

则得 A_{s2} 及 M_2：

$$A_{s2}=A_s-A_{s1}$$

$\xi=\dfrac{A_{s2}}{bh_0}\dfrac{f_y}{\alpha_1 f_c}\leqslant\xi_b$，同时由 ξ 值查得 α_{s2}，则：

$$M_2=\alpha_{s2}\alpha_1 f_c b h_0^2$$

当 $M_u=M_1+M_2\geqslant M$ 时安全。

【例 4-7】 已知某 T 形截面梁，截面尺寸 $b'_f=600\text{mm}$，$h'_f=120\text{mm}$，$b\times h=250\text{mm}\times650\text{mm}$，环境类别为一类，混凝土强度等级采用 C30，钢筋牌号用 HRB400，梁所承担的弯矩设计值 $M=560\text{kN}\cdot\text{m}$。试求所需受拉钢筋截面面积 A_s。

【解】 $\alpha_1=1.0$，$f_c=14.3\text{N/mm}^2$，$f_y=360\text{N/mm}^2$，取 $a_s=60\text{mm}$，则 $h_0=650-60=590\text{mm}$。判定 T 形截面类型：

$$\alpha_1 f_c b'_f h'_f\left(h_0-\frac{h'_f}{2}\right)=1.0\times14.3\times600\times120\times\left(590-\frac{120}{2}\right)$$

$$=545.7\text{kN}\cdot\text{m}<560\text{kN}\cdot\text{m}$$

故为第二类 T 形截面梁。

$$M_1=\alpha_1 f_c(b'_f-b)h'_f\left(h_0-\frac{h'_f}{2}\right)$$

$$=1.0\times14.3\times(600-250)\times120\times\left(590-\frac{120}{2}\right)$$

$$=318.3\text{kN}\cdot\text{m}$$

$$A_{s1}=\frac{\alpha_1 f_c(b'_f-b)h'_f}{f_y}=\frac{1.0\times14.3\times(600-250)\times120}{360}=1668\text{mm}^2$$

$$M_2=560-318.3=241.7\text{kN}\cdot\text{m}$$

$$\alpha_{s2}=\frac{241700000}{1.0\times14.3\times250\times590^2}=0.194$$

查附表8得 $\gamma_{s2}=0.891$

$$A_{s2}=\frac{241700000}{360\times0.891\times590}=1277\text{mm}^2$$

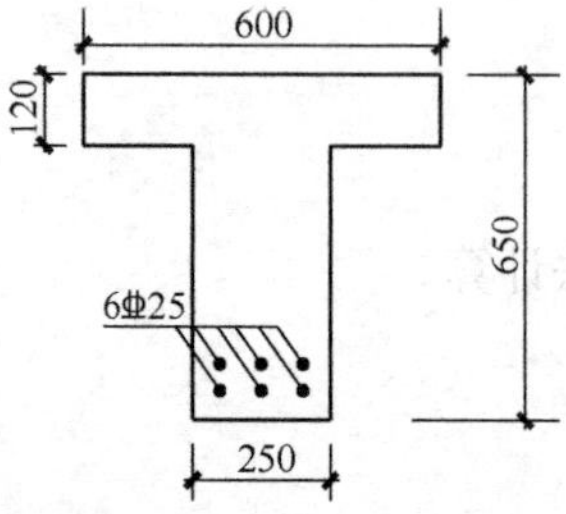

故　$A_s=A_{s1}+A_{s2}=1668+1277=2945\text{mm}^2$

选用6Φ25（$A_s=2945\text{mm}^2$，图4-27）。

图4-27　T形截面配筋

【例4-8】　已知某一T形截面梁，截面尺寸：$b'_f=500\text{mm}$，$h'_f=120\text{mm}$，$b\times h=250\text{mm}\times700\text{mm}$。环境类别为一类，混凝土强度等级为C30，配有7Φ22（$A_s=2661\text{mm}^2$）HRB400受拉钢筋。试求其截面所能承受的弯矩设计值M。

【解】　$\alpha_1=1.0$，$f_c=14.3\text{N/mm}^2$，$f_y=360\text{N/mm}^2$，$a_s=60\text{mm}$，$h_0=700-60=640\text{mm}$，因 $f_yA_s=360\times2661=957960\text{N}>\alpha_1f_cb'_fh'_f=1.0\times14.3\times500\times120=858000\text{N}$

故为第二类T形截面梁。

$$A_{s1}=\frac{\alpha_1f_c(b'_f-b)h'_f}{f_y}=\frac{1.0\times14.3\times(500-250)\times120}{360}$$

$$=1192\text{mm}^2$$

$$M_1=\alpha_1f_c(b'_f-b)h'_f\left(h_0-\frac{h'_f}{2}\right)$$

$$=1.0\times14.3\times(500-250)\times120\times\left(640-\frac{120}{2}\right)$$

$$=249\text{kN}\cdot\text{m}$$

$$A_{s2}=A_s-A_{s1}=2661-1192=1469\text{mm}^2$$

$$\xi=\frac{A_{s2}}{bh_0}\frac{f_y}{\alpha_1f_c}=\frac{1469\times360}{250\times640\times1.0\times14.3}=0.231$$

查附表8得 $\alpha_{s2}=0.204$

$$M_2=\alpha_{s2}\alpha_1f_cbh_0^2=0.204\times1.0\times14.3\times250\times640^2=298.7\text{kN}\cdot\text{m}$$

$$M=M_1+M_2=249.0+298.7=547.7\text{kN}\cdot\text{m}$$

§4.8　正截面受弯承载力计算的几个问题

1. 关于平截面假定

由普通钢筋混凝土梁的应变实测结果可知：适筋梁破坏时，其受压区混凝土被压碎和受拉钢筋的屈服是沿梁长度一定范围内发生的，因此在量测时，若其平均应变的量测标距大小与破坏区段的长度相近，且测点位置与破坏区段的位置相适应，则由量测所得的应变值，就能与其破坏时应变变化的客观规律性相接近。

国内近年来大量试验（包括受弯、偏心受压构件）表明：在受拉钢筋到达屈服强度瞬间及之前，截面的平均应变基本符合平截面假定。因此，按照平截面假定建立判别受拉钢筋是否屈服的界限条件和确定钢筋屈服之前的应力 σ_s 是合理的。

分析表明，引用平截面假定提供的变形协调条件作为正截面受弯承载力的计算手段，即使钢筋已屈服甚至进入强化段也还是可行的，计算值与试验值符合较好。

引用平截面假定，可以将各种类型截面在单向或双向受力情况下的正截面受弯承载力计算统一起来，加强了计算方法的逻辑性和条理性，使计算公式具有明确的物理概念。

引用平截面假定为利用电算进行全过程分析及非线性分析提供了必不可少的变形条件。

2. 受压区混凝土等效应力图形的简化计算方法

为了简化计算，受弯构件正截面受弯时混凝土压应力分布图形可按 4.4 节中的 4.4.2 所述的原则进行换算。具体方法如图 4-28 所示，对普通混凝土，假定以带有阴影部分的矩形应力图形来代替二次抛物线加矩形的理论应力图形，使两者的截面面积相等，同时压应力合力的作用点不变，亦即二者的受力性能等效。计算时假定等效矩形应力图形的换算高度为 $\alpha_1\sigma_0$，水平方向的换算长度为 $\beta_1 x_0$（即图 4-28 中的阴影部分），其中：

α_1——矩形应力图的换算高度与 σ_c-ε_c 曲线中峰值应力 σ_0（$=f_c$）的比值；

β_1——矩形应力图的换算长度与中和轴高度 x_0 的比值。

则由图 4-28 及图 4-29 可知，若 OA 为理论应力图形中抛物线段部分的长度，AB 为其矩形线段的长度，则得：

$$OA=\frac{\varepsilon_0}{\varepsilon_{cu}}x_0=\frac{0.002}{0.0033}x_0=\frac{20}{33}x_0$$

$$AB=x_0\left(1-\frac{\varepsilon_0}{\varepsilon_{cu}}\right)=\left(1-\frac{20}{33}\right)x_0=\frac{13}{33}x_0$$

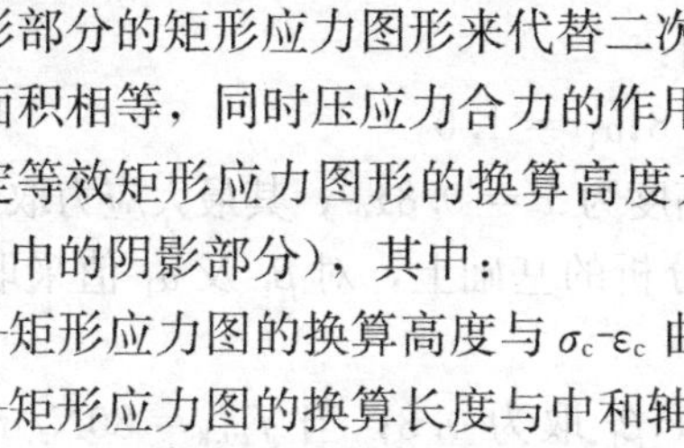

图 4-28　受压区混凝土应力分布图换算方法

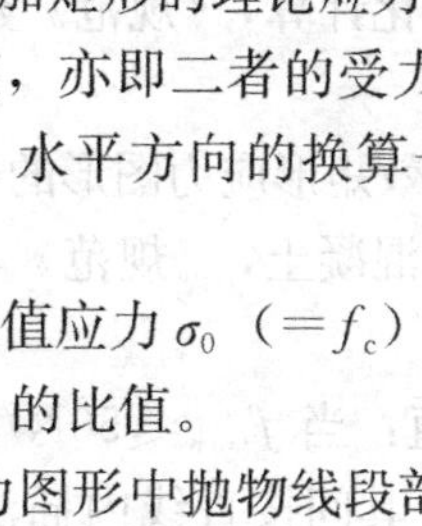

图 4-29　受弯构件正截面应变分布图

由理论应力图形的面积即可求得混凝土压应力的合力 D 值为：

$$D = D_1 + D_2 = \frac{2}{3}\sigma_0 \frac{20}{33}x_0 b + \sigma_0 \frac{13}{33}x_0 b = 0.798\sigma_0 x_0 b \tag{A}$$

混凝土压应力合力作用点至截面受压边的距离可按求静面积矩的方法求得：

$$\frac{1}{2}\beta_1 x_0 = \frac{\sigma_0 b\left(\frac{2}{3}\times\frac{20}{33}x_0\right)\left(\frac{13}{33}x_0+\frac{3}{8}\times\frac{20}{33}x_0\right)+\sigma_0 b\frac{13}{33}x_0\left(\frac{1}{2}\times\frac{13}{33}x_0\right)}{0.798\sigma_0 x_0 b}$$

$$= 0.412x_0$$

$$\beta_1 = 0.824 \tag{B}$$

又由矩形应力分布图形的面积亦可求得混凝土压应力的合力 D 值为：

$$D = \alpha_1\sigma_0\beta_1 x_0 b = 0.824\alpha_1\sigma_0 x_0 b \tag{C}$$

利用式（A）与式（C）相等，则可得：

$$\alpha_1 = \frac{0.798}{0.824} = 0.968 \tag{D}$$

为了简化计算，《规范》建议取用：

$$\beta_1 = 0.8;\alpha_1 = 1.0$$

所以等效矩形应力图形的中和轴高度为 $x = 0.8x_0$；其最大应力取 $\sigma_0 = \alpha_1 f_c$。

对高强混凝土，《规范》在试验分析的基础上，对 β_1 及 α_1 值采取下列的确定方法：

对 β_1 值：当 $f_{cu,k} \leqslant 50\text{N/mm}^2$ 时，β_1 取为 0.8；当 $f_{cu,k} = 80\text{N/mm}^2$ 时，β_1 取为 0.74；其间按直线内插法取用。对 α_1 值：当 $f_{cu,k} \leqslant 50\text{N/mm}^2$ 时，α_1 取为 1.0；当 $f_{cu,k} = 80\text{N/mm}^2$ 时，α_1 取为 0.94；其间按直线内插法取用。

亦即对 β_1、α_1 值可按表 4-6 直接查用。

受压混凝土的简化应力图形系数 β_1、α_1 值　　　**表 4-6**

混凝土强度等级	≤C50	C55	C60	C65	C70	C75	C80
β_1 值	0.8	0.79	0.78	0.77	0.76	0.75	0.74
α_1 值	1.0	0.99	0.98	0.97	0.96	0.95	0.94

3. 受弯构件截面延性

（1）延性的概念

在设计钢筋混凝土结构构件时，不仅要满足承载力、刚度及稳定性的要求，而且还应具有一定的延性。

延性是指材料、截面或结构超越弹性变形后，在承载力没有显著下降的情况下所能承受变形的能力。即材料、截面或结构在屈服以后所能承受的后期变形（包括材料塑性、应变硬化和软化阶段）。

图 4-30 所示坐标的荷载可以是力或弯矩等，变形可以是曲率、转角或挠度

等。若以 Δ_y 表示钢筋屈服或构件变形曲线发生明显转折时的变形，以 Δ_u 表示破坏时的变形，通常以延性比 Δ_u/Δ_y（或 φ_u/φ_y，φ_u、φ_y 为相应转角），或后期变形（$\Delta_u-\Delta_y$）表示延性。延性比大，说明延性好，当达到最大承载力后，发生较大的后期变形才破坏，破坏时有一定的安全感。反之，延性差，达到承载力后，容易产生突然的脆性破坏，破坏时缺乏明显的预兆。

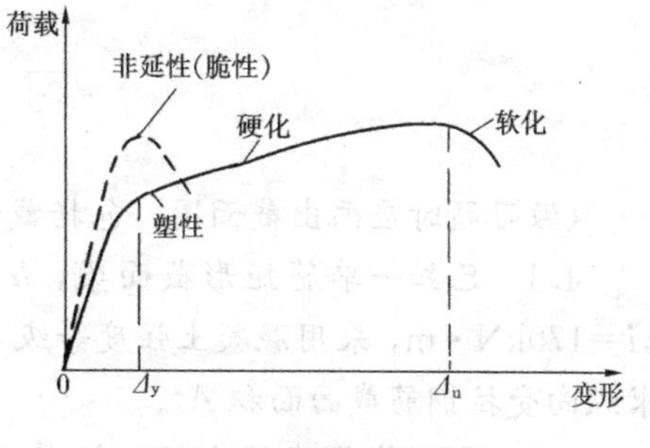

图 4-30 荷载-变形曲线

在设计时，要求结构构件具有一定的延性，其目的在于：

1）防止结构发生脆性破坏，确保人的生命和财产安全。

2）在超静定梁中，更好地承担由不均匀沉降、温度变化及收缩产生的内力和变形。

3）使超静定梁能够充分地进行内力重分布，有利于调整截面配筋量，避免配筋疏密悬殊，便于施工，节约钢材。

4）有利于吸收和耗散地震能量，使结构具有良好的抗震性能。

上述这些因素在结构设计中往往无法精确计算。若构件具有一定的延性，亦即具备足够的承受后期变形的能力，则可以作为出现各种意外情况的安全储备。

（2）影响受弯构件截面延性的因素

试验研究表明：

1）配置箍筋，能增加构件的延性。今有 A、B 两根单筋矩形截面梁的截面尺寸、混凝土强度及钢筋强度均相同，且配有相同纵向受拉钢筋，但 B 梁还配有 定的直径和间距的箍筋。由试验比较可知，配置箍筋的梁，其正截面受弯承载力虽然没有增加，但延性有显著改善。

2）对单筋截面梁，其延性与纵筋配筋率 ρ 及受压区高度 x 有关。当梁的截面尺寸和两种材料强度均相同，但配筋率不同，由试验可知，配筋率 ρ 值越小，x 值随之减小，延性越好；ρ 值越大，延性越差。

3）对双筋截面梁，箍筋间距越密，防止受压纵筋压屈的效果越好，截面延性越好。

4）双筋截面梁的延性随 ρ'/ρ 的比值增加而增加。在受压区配置适量的受压钢筋，既可增大混凝土的极限压应变 ε_{cu}，又可减少混凝土的受压区高度 x，因而延性增加，这一措施有时要比增加箍筋用量更为有效。

在实际工程结构设计中，增加了结构的延性，在一定程度上意味着增加了结构的使用年限，这在结构抗震设计中，显得更为重要。

习　题

（做习题时应画出截面图，包括截面尺寸及配筋示意图）

4.1　已知一单筋矩形截面梁，$b \times h = 250\text{mm} \times 600\text{mm}$，截面弯矩设计值 $M = 170\text{kN} \cdot \text{m}$，采用混凝土强度等级 C30、HRB400 级钢筋，环境类别为一类。求纵向受拉钢筋截面面积 A_s。

4.2　已知某单跨简支板，板厚 $h = 100\text{mm}$，跨度中央的最大弯矩设计值 $M = 15\text{kN} \cdot \text{m}$（包括恒荷载产生的弯矩）。采用混凝土强度等级 C25、HRB400 级钢筋，环境类别为一类。求纵向受拉钢筋用量（取板宽 $b = 1\text{m}$ 进行设计）。

4.3　已知一单筋矩形截面梁，$b \times h = 200\text{mm} \times 450\text{mm}$，采用混凝土强度等级 C35、纵向受拉钢筋 4Φ16，$f_y = 360\text{N/mm}^2$，环境类别为一类，截面弯矩设计值 $M = 105\text{kN} \cdot \text{m}$。此截面是否安全？

4.4　已知一双筋矩形截面梁，$b \times h = 220\text{mm} \times 500\text{mm}$，采用混凝土强度等级 C30、HRB400 级钢筋，环境类别为一类，截面弯矩设计值 $M = 280\text{kN} \cdot \text{m}$。试进行截面设计。

4.5　已知条件同习题 4.4，但已配有纵向受压钢筋 2Φ18。试求纵向受拉钢筋用量。

4.6　已知一单筋 T 形截面梁，$b = 200\text{mm}$，$h = 450\text{mm}$，$b'_f = 2000\text{mm}$，$h'_f = 70\text{mm}$，采用混凝土强度等级 C35、HRB400 级钢筋，环境类别为一类，截面弯矩设计值 $M = 90\text{kN} \cdot \text{m}$。求纵向受拉钢筋截面面积。

4.7　已知某单筋 T 形截面梁，$b = 200\text{mm}$，$h = 500\text{mm}$，$b'_f = 400\text{mm}$，$h'_f = 100\text{mm}$，采用混凝土强度等级 C30、HRB400 级钢筋，环境类别为一类，截面弯矩设计值 $M = 300\text{kN} \cdot \text{m}$。求纵向受拉钢筋截面面积。

第5章 受弯构件斜截面承载力

§5.1 概 述

钢筋混凝土受弯构件在弯矩和剪力共同作用下，当所配置的受弯纵向钢筋较多不致引起正截面受弯首先破坏时，则构件将产生斜截面的剪切破坏。设计时为了保证受弯构件的承载力，除了进行正截面受弯承载力计算外，还必须进行斜截面受剪承载力计算。

分析钢筋混凝土受弯构件在出现裂缝前的应力状态，由于它是两种不同材料组成的非均质体，因而材料力学公式不能完全适用。但是，当作用的荷载较小，构件内的应力也较小，其拉应力还未超过混凝土的抗拉极限强度、亦即处于裂缝出现以前的 $\mathrm{I_a}$ 阶段（图 4-8）状态时，则构件与均质弹性体相似，应力-应变基本成线性关系，此时其应力可按一般材料力学公式来进行分析。在计算时可将纵向钢筋截面按其重心处钢筋的拉应变取与同一高度处混凝土纤维拉应变相等的原则，由虎克定律换算成等效的混凝土截面，得出一个换算截面，则截面上任意一点的正应力和剪应力分别按下式计算，其应力分布见图 5-1。

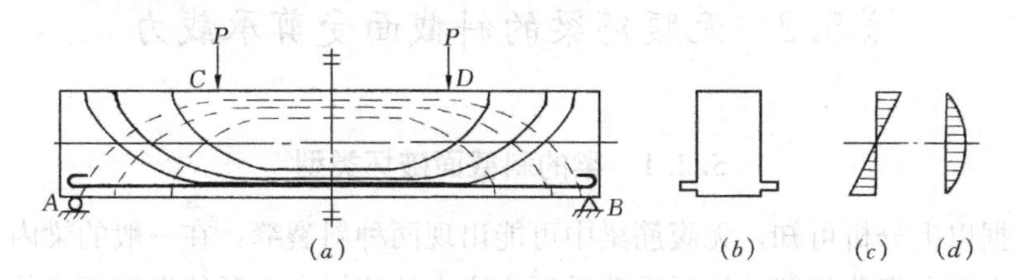

图 5-1 钢筋混凝土简支梁开裂前的应力状态

(a) 开裂前的主应力轨迹线；(b) 换算截面；(c) 正应力 σ 图；(d) 剪应力 τ 图

正应力
$$\sigma=\frac{M}{I_0}\cdot y \tag{5-1}$$

剪应力
$$\tau=\frac{VS}{bI_0} \tag{5-2}$$

式中 I_0——换算截面惯性矩。

由于受弯构件纵向钢筋的配筋率一般不超过 2%，所以按换算截面面积计算所得的正应力和剪应力值与按素混凝土截面计算所得的应力值相差不大。

根据材料力学原理，受弯构件正截面上任意一点在正应力 σ 和剪应力 τ 共同作用下，在该点所产生的主应力，可按下式计算：

主拉应力
$$\sigma_{tp}=\frac{\sigma}{2}+\sqrt{\frac{\sigma^2}{4}+\tau^2} \tag{5-3}$$

主压应力
$$\sigma_{cp}=\frac{\sigma}{2}-\sqrt{\frac{\sigma^2}{4}+\tau^2} \tag{5-4}$$

主应力的作用方向与构件纵向轴线的夹角 α 可由下式求得：

$$\tan2\alpha=-\frac{2\tau}{\sigma} \tag{5-5}$$

图 5-1（a）中绘出了构件开裂前的主拉应力及主压应力轨迹线。在截面中和轴处，因 $\sigma=0$，故其主应力与剪应力相等，方向与纵轴成 45°。

在图中仅承受弯矩的区段，由于剪应力等于零，最大主拉应力发生在截面的下边缘，其值与最大正应力相等，作用方向为水平方向。因此，当主拉应力超过混凝土的抗拉强度时，就产生了垂直裂缝。而在同时承受弯矩和剪力的弯剪区段，在截面下边缘主拉应力是水平的方向，在截面的腹部主拉应力是倾斜方向，所以在开裂时，裂缝首先垂直于截面的下边缘，然后向腹部延伸成为弯斜的裂缝。

为了防止开裂后斜截面受剪承载力的破坏，在梁中可设置与梁纵轴垂直的箍筋和采用与主拉应力方向一致的弯起钢筋（图 4-4）。仅配有纵向钢筋而无箍筋和弯起钢筋的梁，称为无腹筋梁；而配有纵向钢筋、箍筋及弯起钢筋的梁，称为有腹筋梁。箍筋和弯起钢筋统称为腹筋。下面将具体讨论这两种梁的抗剪性能。

§5.2　无腹筋梁的斜截面受剪承载力

5.2.1　梁的斜截面破坏类型

根据以上分析可知，无腹筋梁中可能出现两种斜裂缝：在一般的梁内首先在梁底产生竖向弯曲裂缝，然后沿着受压主应力轨迹线向上延伸发展而成的弯斜裂缝；另一种是在薄腹梁内，当梁的腹部宽度较窄，腹部主拉应力过大，开裂时首先在中和轴附近出现 45°方向的斜裂缝，随着荷载的增加，再不断向上、下两端延伸而形成的腹部斜裂缝。

无腹筋梁出现了第一条斜裂缝后，还可能出现新的斜裂缝，其中导致破坏的斜裂缝，称为临界斜裂缝。无腹筋梁临界斜裂缝出现的位置：集中荷载作用下的简支梁，斜裂缝出现在集中荷载作用截面处，因此处弯矩和剪力值均达到最大值（图 5-2a），截面上的正应力和剪应力也最大；均布荷载作用下的简支梁，斜裂缝并不出现在剪力最大的支座边缘，而是在离支座 1/4 跨度范围内（图 5-2b），相当于弯矩和剪力同时相对较大的截面，即在正应力和剪应力组合作用下最不利的截面处。

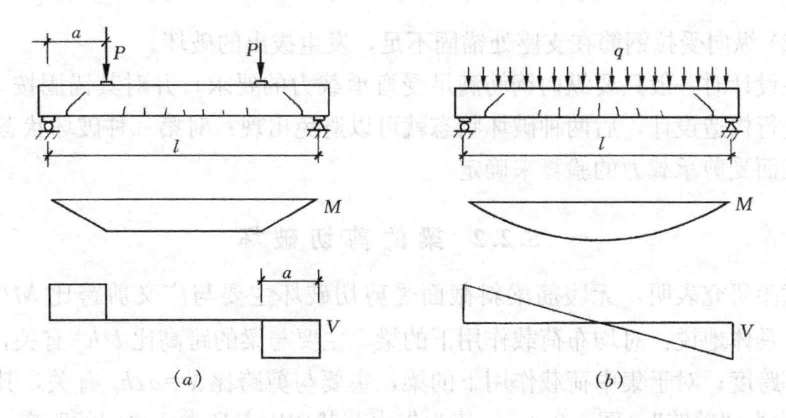

图 5-2 简支梁在集中荷载与均布荷载作用下的斜裂缝

(a) 集中荷载；(b) 均布荷载

图 5-3 (a) 为无腹筋梁开裂后的受力图，图 5-3 (b) 为其分离体图。在该图上作用着由荷载产生的支座反力 V_A，纵向钢筋拉力 T，以及 bc 垂直面上混凝土所承受的剪力 V 和正压力 D。其中 D 与 T 值组成内力偶承受外力矩，V 值则承受外剪力 V_A。bc 面同时承受剪力 V 及正压力 D 的作用，故称为剪压面。当梁出现斜裂缝后，剪压面迅速减小，剪压面上的剪应力 τ 和正应力 σ 显著增加，同时受拉区在混凝土开裂的一刹那，混凝土的拉力突然卸载给钢筋，从而引起混凝土与钢筋之间的内力重分布。在斜裂缝 ab 水平投影长度之间的钢筋表面与混凝土之间的粘结力被破坏时，梁在 ab 区段各个截面上的拉力 T 是相同的，分离体中的混凝土成为一个斜压杆，将合力 F 传到支座上。这时梁的传力状态可比拟成一个拉杆拱，拱的下弦是纵向受拉钢筋，拱的上弦是一个混凝土的斜压杆（图 5-3a 中的阴影部分），作用于梁顶的荷载通过斜压杆传递到支座，其破坏形态有三种可能：

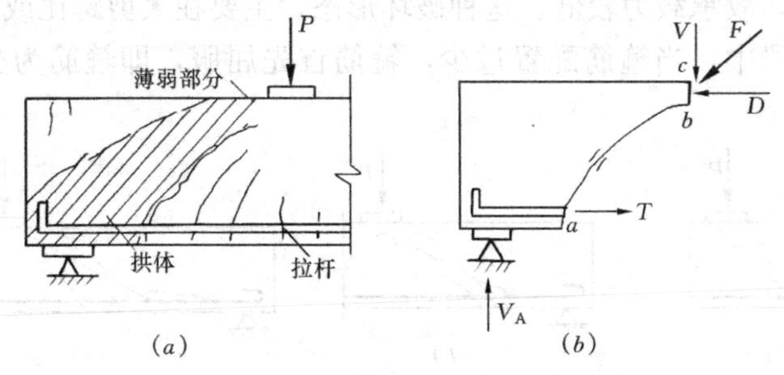

图 5-3 无腹筋梁的拉杆拱受力模型

(a) 梁裂缝开展后受力图；(b) 梁的分离体图

(1) 斜压杆在压力 D 和剪力 V 的共同作用下，随着荷载的增加，混凝土到达了极限承载力被压碎，而纵向受拉钢筋尚未屈服，这种破坏即为剪切破坏。

(2) 纵向受拉钢筋在拉力 T 作用下首先屈服，这种破坏称为斜截面弯曲破坏。

(3) 纵向受拉钢筋在支座处锚固不足，发生拔出的破坏。

在设计时一般只要纵向钢筋满足受弯承载力的要求，并对其锚固按《规范》要求进行构造设计，后两种破坏状态就可以避免出现；对第一种破坏状态，需通过斜截面受剪承载力的验算来确定。

5.2.2 梁的剪切破坏

试验研究表明，无腹筋梁斜截面受剪切破坏主要与广义剪跨比 $M/(Vh_0)$ 有关，具体地说：对均布荷载作用下的梁，主要与梁的跨高比 l/h_0 有关，l 为梁的计算跨度；对于集中荷载作用下的梁，主要与剪跨比 $\lambda=a/h_0$ 有关，其中 $a=M/V$ 称为“剪跨”（图5-2a），a 值为集中荷载作用点到支座之间的距离。

梁的剪切破坏有三种形式：

(1) 斜压破坏　当剪跨比或跨高比较小时（$\lambda<1$ 或 $l/h_0<4$），梁在弯剪区段内腹部的剪应力 τ 值很大，腹部混凝土首先开裂，并产生多条相互平行的斜裂缝，最后将混凝土分割为数个斜向短柱而压坏（图5-4a）。

斜压破坏容易在腹部很薄的如T形、工字形截面梁内产生；对于有腹筋梁，当腹筋配置过多，腹筋不能屈服，即腹筋为超筋时，也产生这种情况的破坏。

(2) 斜拉破坏　当剪跨比或跨高比较大时（$\lambda>3$ 或 $l/h_0>12$），梁在弯剪区段内其截面弯曲拉应力 σ 较大，开裂时首先出现与截面下边缘垂直的裂缝，然后向上斜向延伸，其中一条较宽的斜裂缝迅速向上发展到截面的顶部，形成临界斜裂缝，同时，斜裂缝下端在纵筋和混凝土接触表面附近随之发生撕裂，把梁斜劈成两部分，破坏是突然的，破坏面整齐而无压碎痕迹，表现出明显的脆性破坏特征，故称斜拉破坏（图5-4c）。

斜拉破坏为主拉应力达到混凝土的抗拉强度而破坏，梁的承载力取决于混凝土的抗拉强度，故承载力较低。这种破坏形态，主要在大剪跨比或大跨高比时考虑；在有腹筋梁中，当箍筋配置过少，箍筋首先屈服，即箍筋为少筋而破坏的情况。

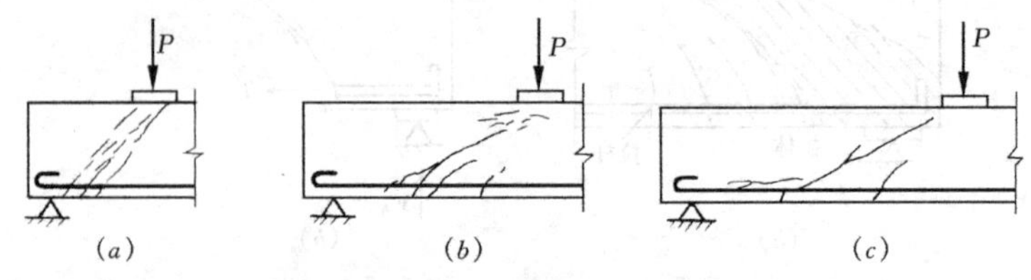

图5-4　无腹筋梁的剪切破坏

(a) 斜压破坏；(b) 剪压破坏；(c) 斜拉破坏

(3) 剪压破坏 当剪跨比或跨高比处于中间值时（$1\leqslant\lambda\leqslant3$ 或 $4\leqslant l/h_0\leqslant12$），梁在弯剪区段首先出现一批与截面下边缘垂直的裂缝，然后斜向延伸并形成一条临界斜裂缝。随着荷载的增加，临界斜裂缝继续向上发展并延伸至剪压面（图

5-3b 中 bc 面）的下方，此后不再出现新的斜裂缝，直至剪压面处混凝土被压碎而破坏。这时在梁的沿纵向受压破坏区可以看到很多沿水平方向大致平行的短裂缝和混凝土被压碎的碎渣（图 5-4b）。

剪压破坏是由于斜裂缝上部剪压面处混凝土受剪应力 τ 和正应力 σ 的复合作用，有时还有由构件顶部荷载（均布荷载）直接产生的局部挤压应力 σ_y 的共同作用引起的破坏；此时由于压区混凝土处于双向受压的应力状态，其承载力比单向受压时要高。对于有腹筋梁，当腹筋配置适中时，常常发生这种情况的破坏。

图 5-5 列出梁在不同跨高比时开裂承载力和破坏承载力的实测值[1]，它表示当跨高比较小时，梁的开裂承载力与其破坏时承载力相差较大，即在斜裂缝出现后，还要承受较大的荷载，才能发生剪切破坏；当跨高比较大时，从开裂到破坏十分接近。

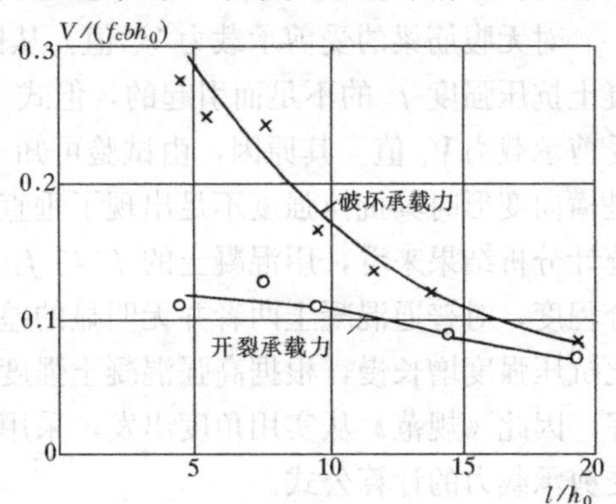

图 5-5　均布荷载作用下简支梁的受剪开裂

当荷载不是直接作用于梁顶，而是通过次梁传递到梁侧，这种加载方式称间接加载。间接加载将使斜裂缝上方混凝土拱体所承受的垂直正应力不再是受压而转变成受拉（图 5-6）。应力 σ_y 的变号，使跨高比 $l/h_0<12$ 的梁不再发生斜压破坏或剪压破坏，而出现斜拉破坏，即梁上斜裂缝一出现就破坏。

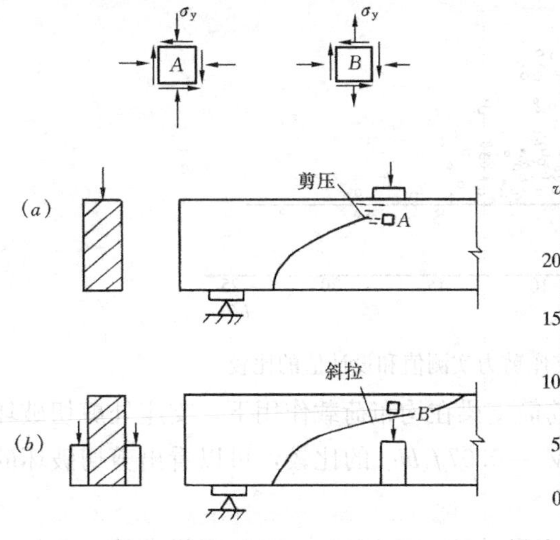

图 5-6　间接加载的影响

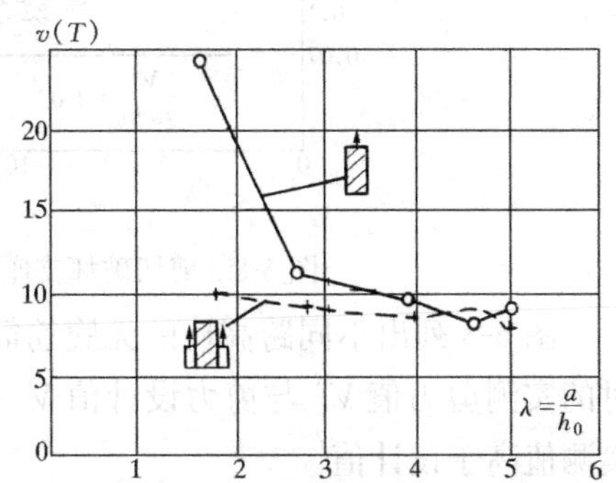

图 5-7　两种不同加载方式的破坏承载力比较

---

[1] 图 5-5 中的数据是根据普通混凝土构件试验得出的。

图5-7列出两种不同加载方式在不同剪跨比a/h_0条件下的破坏承载力比较，可以看出，在间接加载时剪跨比大小对剪切破坏承载力的影响就不明显了。

5.2.3　无腹筋梁的受剪承载力

通过大量试验研究分析，对一般无腹筋梁在均布荷载作用下的受剪承载力设计值V_c，采用如下的计算方式：

$$V_c = 0.7 f_t b h_0 \tag{5-6}$$

对无腹筋梁的受剪承载力V_c值，从图5-3的破坏形态来看，主要是由于混凝土抗压强度f_c的不足而引起的，但式（5-6）是以混凝土的抗拉强度来表达其受剪承载力V_c值。其原因，由试验可知（图2-7b），混凝土抗压试件破坏，主要是横向变形时其抗拉强度不足出现了垂直裂缝，实质上是抗拉的破坏。此外，从统计分析结果来看，用混凝土的f_c与f_t来表达梁的受剪承载力和试验结果的符合程度，对普通混凝土两者并无明显的差异，但对高强混凝土其抗拉强度增长要比抗压强度增长慢，根据高强混凝土强度增长规律采用f_t要比采用f_c符合程度好。因此《规范》从实用角度出发，采用如式（5-6）所示的f_t来表达混凝土梁受剪承载力的计算公式。

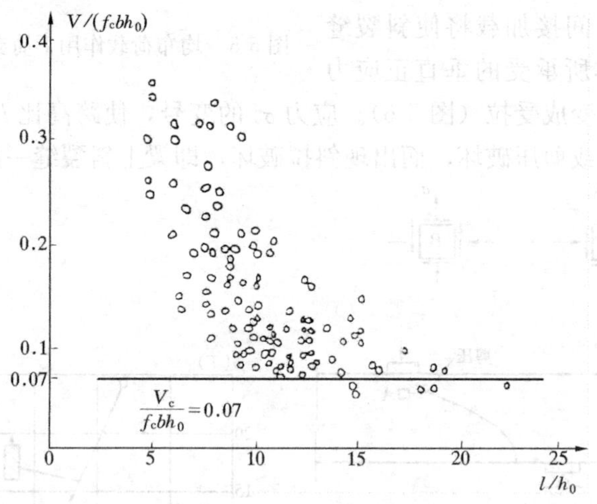

图5-8　剪切破坏支座剪力实测值和设计值的比较

图5-8列出不同跨高比的无腹筋简支梁在均布荷载作用下，支座处剪切破坏时的实测剪力值V_c^0与剪力设计值$V_c=0.07f_c b h_0$的比较，可以看出剪切破坏的实测值高于设计值。

式（5-6）是根据图5-8中的剪力设计值并取用$f_c=10f_t$而得出的，它是一个重要的控制分界线。当梁的最大剪力设计值$V<0.7f_t b h_0$时，梁上不会出现斜裂缝。当$V>0.7f_t b h_0$时，就可能出现斜裂缝。这两种情况，在设计时对钢筋的弯起、切断、锚固等各种情况采取构造措施时，需考虑裂缝出现后，混凝土所能

承担的剪力 V_c 值，卸载后将由构造钢筋承担的不利情况。

试验表明，集中荷载作用下矩形截面构件的斜截面受剪承载力实测值有时会低于 $0.7f_tbh_0$，应采用下列公式作为它的受剪承载力 V_c 计算公式：

$$V_c = \frac{1.75}{\lambda + 1.0} f_t bh_0 \tag{5-7}$$

式中 λ——剪跨比。

当 $\lambda < 1.5$ 时，取 $\lambda = 1.5$，即相当于 $V_c = 0.7f_tbh_0$；

当 $\lambda > 3.0$ 时，取 $\lambda = 3.0$，即相当于 $V_c = 0.44f_tbh_0$

上式是矩形截面构件在压弯剪和拉弯剪作用下受剪承载力计算公式的基础。

式（5-6）和式（5-7）是试验结果的偏下线，虽然采用的参数很少，但能满足在各种条件下构件不出现斜裂缝，使用是十分方便的。

5.2.4 无腹筋梁的构造配筋

试验表明，无腹筋梁的开裂承载力随着截面高度的增加还会降低，而公式 $V_c = 0.44f_tbh_0$ 是按梁高 $h=300$mm 试验结果统计而得的，同时，在梁发生剪切破坏时有明显的脆性。因此通常规定仅在一些次要的小型构件中才可以采用无腹筋梁，否则仍需配置箍筋。具体规定如下：

（1）梁的截面高度 h 超过 300mm 时需全跨配置箍筋。

（2）梁的截面高度 h 在 150～300mm 之间时，需要在离梁端 1/4 的跨度范围内配置箍筋。如中间 1/2 跨度范围内有集中荷载作用时，仍应沿梁全跨配置箍筋。

（3）箍筋的间距 s 应满足 5.6 节表 5-4 中 $V \leqslant 0.7f_tbh_0$ 时箍筋最大间距的要求。

（4）截面高度 h 小于 150mm 的小梁才允许不配置箍筋。

5.2.5 无腹筋单向板的受剪承载力

试验表明：无腹筋受弯构件的受剪开裂承载力，随着截面高度的增加而降低，因此，当构件截面较大时，需考虑这一因素的影响。

无腹筋受弯构件在板类构件中应用较多，因此，《规范》对一般板类受弯构件的斜截面受剪承载力，采用下列的计算公式：

$$V \leqslant 0.7\beta_h f_t bh_0 \tag{5-8}$$

$$\beta_h = \left[\frac{800}{h_0}\right]^{\frac{1}{4}} \tag{5-9}$$

式中 V——构件斜截面上的最大剪力设计值；

β_h——截面高度影响系数。当 $h_0 \leqslant 800$mm 时，取 $h_0 = 800$mm；当 $h_0 > 2000$mm 时，取 $h_0 = 2000$mm。

§5.3　有腹筋梁的斜截面受剪承载力

5.3.1　有腹筋梁的受力模型

在有腹筋梁中，配置腹筋是提高梁受剪承载力的有效措施，腹筋有箍筋和弯起钢筋两种。如图5-9所示，其中箍筋可以将被斜裂缝分割的混凝土齿状块体，即混凝土斜压杆连接在一起，从而可将梁中开裂后的混凝土块体Ⅰ视为桁架的上弦，斜裂缝间的小齿块体Ⅱ、Ⅲ，视为桁架的斜压杆，纵筋为受拉弦杆，箍筋及弯起钢筋为受拉腹杆，比拟成一个平面桁架。

由此可知，箍筋作为桁架受拉腹杆，传递小齿Ⅱ、Ⅲ等传来的压力，相对地可以认为增加了压区的高度，减轻了块体Ⅰ斜裂缝顶端混凝土承担的压力，从而提高了梁的抗剪能力。此外，在梁中配置箍筋，除箍筋本身参加抗剪的作用外，尚有下列优点：

(1) 箍筋均匀布置在梁表面内侧，能有效地控制斜裂缝宽度。

(2) 箍筋沿梁整个跨度均匀布置，箍筋和纵向钢筋共同组成一个刚性骨架，除有利于施工时钢筋位置的固定外，还能将骨架中的混凝土箍围住，有利于发挥混凝土的作用。

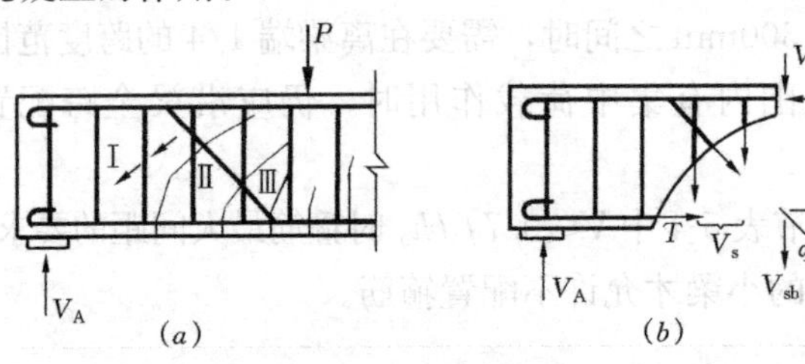

图5-9　有腹筋梁斜截面受剪承载力计算简图

(a) 开裂后受力图；(b) 斜截面受剪计算简图

(3) 箍筋有利于提高纵向钢筋和混凝土之间的粘结性能，延缓了沿纵筋方向粘结裂缝的出现。

因此，不能简单认为配置箍筋后梁内混凝土所能承受的剪力和无腹筋梁混凝土所能承受的剪力完全相同。

弯起钢筋一般是将纵向受拉钢筋在接近支座区段弯起，其受力方向和梁的主拉应力走向接近，能有效发挥作用。但箍筋的抗剪作用优于弯起钢筋，施工难度也小。因此，在剪力不太大的一般梁和薄腹梁中，基本上仅配置箍筋而不必专门设置弯起钢筋。

5.3.2　斜截面受剪承载力计算公式

1. 受剪承载力的计算表达式

梁的斜截面破坏有斜截面弯曲破坏和剪切破坏两种。对于斜截面的弯曲破坏，一般是在对斜截面和正截面承载力计算方法分析的基础上，通过构造措施，保证斜截面的受弯承载力大于相应正截面的受弯承载力，使其不出现斜截面的弯曲破坏。对于斜截面的剪切破坏，通过配置腹筋来避免。《规范》给出了配置腹筋后梁的受剪承载力计算公式。

图 5-9（*b*）所示为配有箍筋及弯起钢筋的简支梁发生斜截面破坏时梁左端的分离体图。设 V_u 为斜截面受剪承载力，由竖向平衡条件可得：

$$V_u = V_{cs} + V_{sb} = V_c + V_s + V_{sb} \tag{5-10}$$

$$V_{cs} = V_c + V_s \tag{5-11}$$

式中 V_c——构件斜截面上混凝土的受剪承载力设计值；

V_s——构件斜截面上箍筋的受剪承载力设计值；

V_{cs}——构件斜截面上混凝土和箍筋受剪承载力设计值；

V_{sb}——构件中与斜截面相交的弯起钢筋的受剪承载力设计值。

在式（5-10）中的 V_c 值与式（5-6）的无腹筋梁混凝土受剪承载力的 V_c 值应有所不同，它包括由于箍筋的存在控制斜裂缝的开展，使混凝土的剪压区增大，导致受剪承载力 V_c 值的提高，其提高多少与箍筋的强度和箍筋配筋率有关，目前对两者尚无明确的区分方法。为了计算简便，《规范》规定对有腹筋梁中的 V_c 值与无腹筋梁的 V_c 值取用相同的数值，则其相应的 V_s 值反映了箍筋所能承受的以及受到箍筋影响使混凝土承载力提高的一个综合受剪承载力值。

2. 仅配置箍筋时梁的斜截面受剪承载力

仅配置箍筋的梁，《规范》在试验分析的基础上，给出了受剪承载力 V_{cs} 值为两项相加的公式。第一项为混凝土受剪承载力，第二项为配置箍筋后，梁所增加的受剪承载力，对矩形、T形和工字形截面，其计算公式为：

（1）一般受弯构件

$$V_{cs} = 0.7 f_t b h_0 + f_{yv} \frac{A_{sv}}{s} h_0 \tag{5-12}$$

或表示成

$$\frac{V_{cs}}{f_t b h_0} = 0.7 + \frac{\rho_{sv} f_{yv}}{f_t} \tag{5-13}$$

$$\rho_{sv} = \frac{n A_{sv1}}{bs} \tag{5-14}$$

式中 f_{yv}——箍筋的抗拉强度设计值；

b——截面宽度；

h_0——截面有效高度；

s——箍筋间距；

A_{sv}——同一截面内箍筋的截面面积，$A_{sv} = nA_{sv1}$；

n——同一截面内箍筋的肢数；

A_{sv1}——单肢箍筋的截面面积；

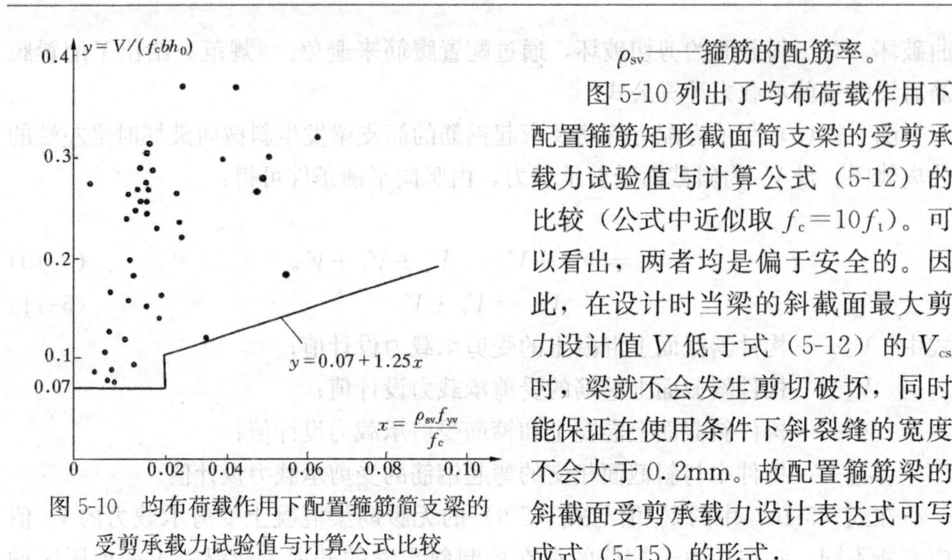

图 5-10　均布荷载作用下配置箍筋简支梁的受剪承载力试验值与计算公式比较

ρ_{sv}——箍筋的配筋率。

图 5-10 列出了均布荷载作用下配置箍筋矩形截面简支梁的受剪承载力试验值与计算公式（5-12）的比较（公式中近似取 $f_c=10f_t$）。可以看出，两者均是偏于安全的。因此，在设计时当梁的斜截面最大剪力设计值 V 低于式（5-12）的 V_{cs} 时，梁就不会发生剪切破坏，同时能保证在使用条件下斜裂缝的宽度不会大于 0.2mm。故配置箍筋梁的斜截面受剪承载力设计表达式可写成式（5-15）的形式：

$$V \leqslant 0.7 f_t b h_0 + f_{yv} \frac{A_{sv}}{s} h_0 \tag{5-15}$$

在上述公式中，对翼缘位于剪压区的 T 形截面而言，翼缘加大了剪压区混凝土的面积，因此提高了梁的受剪承载力。试验表明，对无腹筋梁可提高 20% 左右。当翼缘加大到一定程度以后，再加大翼缘截面，不能再提高梁的受剪承载力。有时梁腹板相对较窄成为薄弱环节，剪切破坏发生在腹板上，其翼缘的大小对在腹板破坏时的承载力影响不大。因此，对 T 形和工字形截面梁仍按肋宽为 b 的矩形截面梁的受剪承载力计算公式（5-15）计算，而将翼缘对受剪承载力的贡献作为安全储备。

（2）集中荷载作用的独立梁（包括作用有多种荷载，其中集中荷载对支座截面或节点边缘所产生的剪力值占总剪力值的 75%以上的情况）

$$V_{cs} = \frac{1.75}{\lambda + 1.0} f_t b h_0 + f_{yv} \frac{A_{sv}}{s} h_0 \tag{5-16}$$

其相应的受剪承载力设计表达式为：

$$V \leqslant \frac{1.75}{\lambda + 1.0} f_t b h_0 + f_{yv} \frac{A_{sv}}{s} h_0 \tag{5-17}$$

$$\lambda = \frac{a}{h_0}$$

式中　λ——计算截面的剪跨比；

a——集中荷载到支座之间的距离。

当 $\lambda \leqslant 1.5$ 时，取 $\lambda = 1.5$；

当 $\lambda > 3.0$ 时，取 $\lambda = 3.0$。

图5-11列出了集中荷载作用下配置箍筋简支梁的受剪承载力试验值与计算公式比较，可以看出其计算值亦为实测值的偏下线。

在实际工程中，只有集中荷载作用的独立梁出现的情况较少，所以式（5-17）在梁的设计中采用亦较少；但在柱（压弯剪构件）和拉杆（拉弯剪构件）中，该公式是二者建立受剪承载力计算公式的基础。

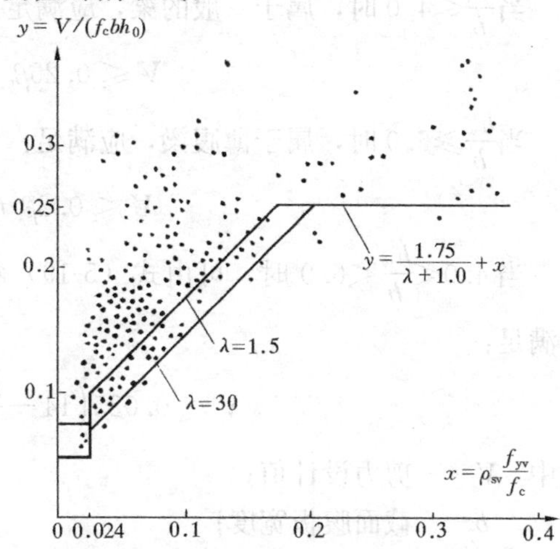

图5-11 集中荷载作用下配置箍筋简支梁的受剪承载力试验值与计算公式比较

3. 配有箍筋和弯起钢筋时梁的斜截面受剪承载力

当梁的剪力较大时，可配置箍筋和弯起钢筋共同承受剪力设计值。弯起钢筋所承受的剪力值应等于弯起钢筋的承载力在垂直于梁纵轴方向的分力值。其斜截面承载力设计表达式为：

$$V \leqslant V_{cs} + 0.8 f_y A_{sb} \sin\alpha \tag{5-18}$$

式中 f_y——弯起钢筋的抗拉强度设计值；

A_{sb}——同一弯起平面内弯起钢筋的截面面积；

α——弯起钢筋与梁纵轴的夹角；

0.8——应力不均匀系数，考虑到构件破坏时靠近剪压区的弯起钢筋可能达不到其抗拉设计强度。

4. 纵向配筋率对受剪承载力的影响

试验分析表明，纵向受拉钢筋的配筋率 $\rho=\frac{A_s}{bh_0}$ 较大时，在无腹筋梁中纵筋起到销栓的作用，即在与梁纵轴垂直方向，能够提高梁的受剪承载力，其提高的幅度，一般可用提高系数 $\beta_\rho=(0.7+20\rho)$ 来表示。我国《规范》考虑到在土建工程中，对一般常用的梁其纵筋配筋率都不会太大，因此未考虑这一影响系数，但是在 ρ 值大于1.5%时，纵筋的销栓作用对无腹筋梁的受剪承载力有明显的提高作用。

5. 截面限制条件及构造配筋

（1）截面限制条件

在斜截面受剪承载力设计中配置箍筋能有效提高梁的受剪承载力。当梁中箍筋的配筋率超过一定数值后（$\rho_{sv} \geqslant 0.144 f_c/f_{yv}$），继续增加箍筋用量则箍筋应力达不到屈服，属于箍筋超筋。梁在发生剪切破坏时混凝土首先被压碎，属于斜压的脆性破坏。为了避免这种破坏的发生，要求构件截面尺寸不能过小。为此，

《规范》规定了截面尺寸的限制条件。

当$\frac{h_w}{b}\leqslant 4.0$时，属于一般的梁，应满足：

$$V\leqslant 0.25\beta_c f_c b h_0 \tag{5-19}$$

当$\frac{h_w}{b}\geqslant 6.0$时，属于薄腹梁，应满足：

$$V\leqslant 0.2\beta_c f_c b h_0 \tag{5-20}$$

当$4.0<\frac{h_w}{b}<6.0$时，可由式（5-19）和式（5-20）按线性内插法确定。即应满足：

$$V\leqslant 0.025\left(14-\frac{h_w}{b}\right)\beta_c f_c b h_0 \tag{5-21}$$

式中　V——剪力设计值；

b——截面腹板宽度；

h_w——截面腹板高度，矩形截面取有效高度，T形截面取有效高度减去翼缘高度，工字形截面取腹板净高；

β_c——混凝土强度影响系数。

试验分析表明，梁的受剪承载力当用混凝土轴心抗压强度设计值f_c来表达时，对高强混凝土取值过高，而在乘以系数β_c以后，其受剪承载力的计算值与试验结果符合程度较好，β_c值可取为$\beta_c=\sqrt{\frac{23.1}{f_c}}$，其中23.1是C50的$f_c$值。为了简化计算，《规范》对$\beta_c$的取值作如下规定：

当$f_{cu,k}\leqslant 50\text{N/mm}^2$时，取$\beta_c=1.0$

当$f_{cu,k}=80\text{N/mm}^2$时，取$\beta_c=0.8$

当为其中间值时，可按线性内插法取用。

《规范》规定：对T形或工字形截面的简支梁，由于受压翼缘的有利影响，当有实践经验时，式（5-19）中的系数可取0.3，如没有实践经验，则不能放宽要求。

如设计中不能满足截面尺寸限制条件要求时，应加大截面尺寸或提高混凝土强度等级，避免出现箍筋超筋。

（2）箍筋的构造配筋

试验表明，在混凝土出现斜裂缝以前，斜截面上的应力主要由混凝土承担，当出现斜裂缝后，斜裂缝处的拉应力全部转移给箍筋，箍筋拉应力突然增大，如果箍筋配置过少，则箍筋不能承担原来由混凝土承担的拉力，斜裂缝一出现箍筋拉应力会立即达到屈服强度，甚至被拉断而导致斜拉的脆性破坏。这种情况属于箍筋少筋。

为了避免因箍筋少筋的破坏，要求在梁内配置一定数量的箍筋，且箍筋的间距又不能过大，以保证每一道斜裂缝均能与箍筋相交，就可避免发生斜拉破坏。《规范》规定，箍筋最小配筋率为：

$$\rho_{sv,min}=\frac{nA_{sv1}}{bs}=0.24\frac{f_t}{f_{yv}} \tag{5-22}$$

当采用最小箍筋配筋率时，按式（5-15）梁的受剪承载力为：

$$V_{cs}=0.7f_tbh_0+0.24f_tbh_0=0.94f_tbh_0$$

故对矩形、T形和工字形截面的一般受弯构件，当满足下列条件时：

$$V\leqslant 0.94f_tbh_0 \tag{5-23}$$

则可按构造要求配置箍筋，否则应按式（5-15）和式（5-22）由计算确定。这是按最小箍筋配筋率配筋的另一种表示方法，计算比较简便。

6. 斜截面受剪承载力的计算位置

由于每个构件发生斜截面剪切破坏的位置受作用的荷载、构件的外形、支座条件、腹筋配置方法和数量等因素的影响而不同，因此斜截面破坏可能在多处发生。

下列各个斜截面都应分别计算受剪承载力：

（1）支座边缘的斜截面（图5-12a的截面1-1）。

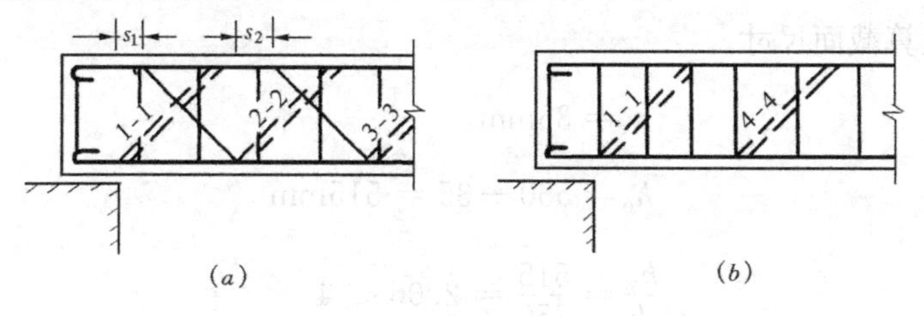

图5-12 斜截面受剪承载力的计算位置

（a）配置箍筋和弯起钢筋；（b）配置箍筋

（2）箍筋直径和间距改变处的斜截面（图5-12b的截面4-4）。

（3）弯起钢筋弯起点处的斜截面（图5-12a截面2-2、3-3）。

（4）腹板宽度或截面高度改变处的截面。

图5-12中的s_1及s_2值按箍筋有关构造要求取用。

在计算弯起钢筋时，其剪力设计值，按下述方法采用：

（1）当计算支座边第一排弯起钢筋时，取用支座边缘处的剪力设计值。

（2）当计算下一排弯起钢筋时，取用前一排弯起钢筋弯起点处的剪力设计值。

【例5-1】 图5-13所示的矩形截面简支梁，截面尺寸$b\times h=250\text{mm}\times 550\text{mm}$，环境类别为一类，混凝土强度等级C35，纵向钢筋HRB400，箍筋HPB300，承受均布荷载设计值$q=100\text{kN/m}$（包括梁自重），根据正截面受弯承载力计算配置的纵筋为4 ⌀25。试求仅配箍筋的用量。

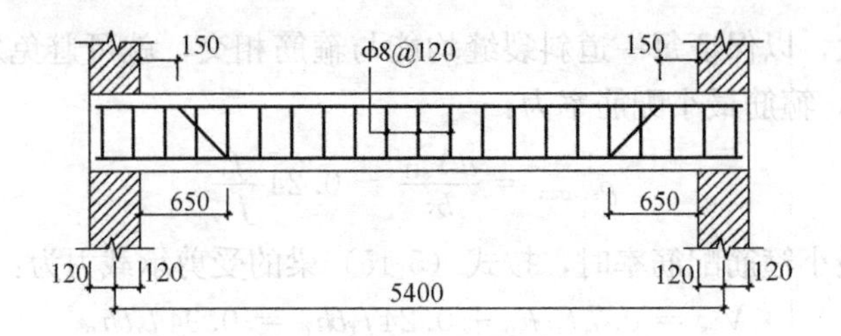

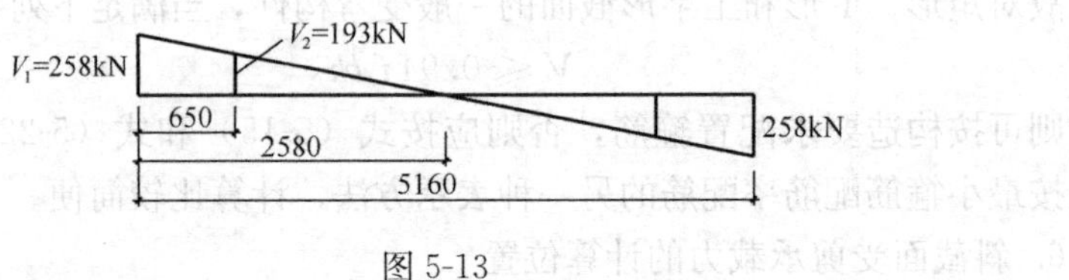

图 5-13

【解】 (1) 材料强度

$f_c=16.7\text{N/mm}^2$，$f_t=1.57\text{N/mm}^2$，$f_y=360\text{N/mm}^2$，$f_{yv}=270\text{N/mm}^2$

(2) 支座边缘截面剪力设计值

$$V_1=\frac{1}{2}\times100\times(5.4-0.24)=258\text{kN}$$

(3) 验算截面尺寸

$$a_s=35\text{mm}$$

$$h_0=550-35=515\text{mm}$$

$$\frac{h_w}{b}=\frac{515}{250}=2.06<4$$

则 $0.25\beta_c f_c bh_0=0.25\times1.0\times16.7\times250\times515=537.5\text{kN}>V_1=258\text{kN}$

截面尺寸满足要求。

(4) 验算是否需按计算配置箍筋（按式 5-6 或式 5-23 验算）

$$0.7f_tbh_0=0.7\times1.57\times250\times515=141.5\text{kN}<V_1=258\text{kN}$$

故需按计算配置箍筋。

(5) 求所需箍筋数量

$$\frac{A_{sv}}{s}=\frac{V_1-0.7f_tbh_0}{f_{yv}h_0}=\frac{(258-141.5)\times1000}{270\times515}=0.838$$

(6) 确定箍筋的直径和间距

选用双肢箍筋，直径取Φ 8，则：

$$s=\frac{A_{sv}}{0.838}=\frac{2\times50.3}{0.838}=120\text{mm},\text{取 } s=120\text{mm}$$

【例 5-2】 已知条件同［例 5-1］，要求同时配置箍筋和弯起钢筋。试求其箍筋及弯起钢筋用量。

【解】（1）～（4）同上题

（5）箍筋按构造要求配置，取双肢Φ 8@200（$A_{sv1}=50.3\text{mm}^2$）

则
$$\rho_{sv}=\frac{2A_{sv1}}{bs}=\frac{101}{250\times200}=0.202\%$$

又
$$\rho_{sv,min}=0.24\frac{f_t}{f_{yv}}=0.24\times\frac{1.57}{270}=0.14\%$$

因 $\rho_{sv}>\rho_{sv,min}$，故构造配置箍筋合理。

（6）求 V_{cs}

$$V_{cs}=0.7f_tbh_0+\frac{f_{yv}A_{sv}}{s}h_0=141.5\times10^3+\frac{270\times101}{200}\times515$$
$$=(141.5+70.2)\times10^3=211.7\times10^3\text{N}$$

（7）弯起钢筋弯起角度 45°，求 A_{sb}

$$A_{sb}=\frac{V_1-V_{cs}}{0.8f_y\sin\alpha}=\frac{(258-211.7)\times1000}{0.8\times360\times0.707}=227\text{mm}^2$$

将梁跨中配置的纵向钢筋弯起 1 Φ 25（$A_{sb}=490.9\text{mm}^2$）。钢筋弯起点到支座边缘距离为 150＋500＝650mm（图 5-13），再验算是否需要第二排的弯起钢筋。第一排弯起钢筋弯起点处的剪力设计值：

$$V_2=\frac{V_1\times(2580-650)}{2580}=193\text{kN}<V_{cs}=211.7\text{kN}$$

故不必再配置第二排弯起钢筋。

【例 5-3】 矩形截面简支梁，承受如图 5-14 所示的荷载设计值，均布荷载 $q=8\text{kN/m}$，集中荷载 $P=120\text{kN}$。梁的截面尺寸 $b\times h=250\text{mm}\times600\text{mm}$，$h_0=540\text{mm}$，混凝土强度等级 C30，箍筋选用牌号 HRB400，试确定箍筋用量。

【解】（1）材料强度

$$f_c=14.3\text{N/mm}^2,\ f_t=1.43\text{N/mm}^2,\ f_{yv}=360\text{N/mm}^2$$

（2）剪力设计值

由均布荷载在支座边缘处产生的剪力设计值为：

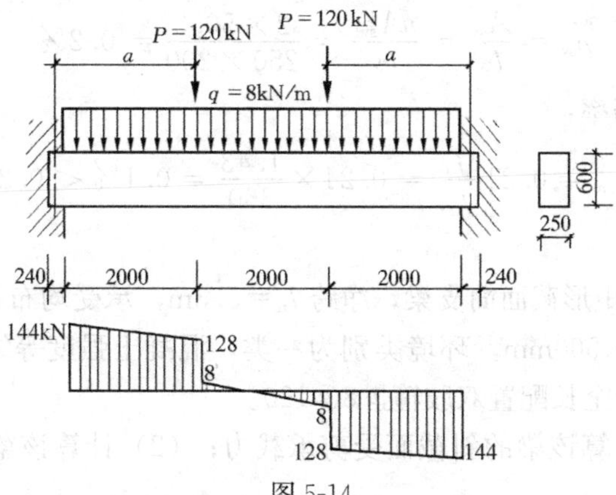

图 5-14

$$V_q=\frac{1}{2}ql_n=\frac{1}{2}\times 8\times 6=24\text{kN}$$

由集中荷载在支座边缘处产生的剪力设计值 $V_p=120\text{kN}$

在支座处总剪力为 $V=V_q+V_p=24+120=144\text{kN}$

集中荷载在支座截面产生的剪力值与该截面总剪力值的百分比：120/144=83.3%>75%，应按集中荷载作用的相应公式计算斜截面受剪承载力。

(3) 复核截面尺寸

$$\frac{h_0}{b}=\frac{540}{250}=2.16<4$$

$$0.25\beta_c f_c bh_0=0.25\times 1.0\times 14.3\times 250\times 540=482.6\text{kN}>V=144\text{kN}$$

截面尺寸满足要求。

(4) 验算是否需按计算配置箍筋

剪跨比 $\lambda=a/h_0=2/0.54=3.7>3$，取 $\lambda=3.0$

$$\frac{1.75}{\lambda+1.0}f_t bh_0=\frac{1.75}{3+1.0}\times 1.43\times 250\times 540=84\text{kN}<V=144\text{kN}$$

故应按计算配置箍筋。

(5) 计算箍筋数量

$$\frac{A_{sv}}{s}=\frac{V-\frac{1.75}{\lambda+1.0}f_t bh_0}{f_{yv}h_0}=\frac{(144-84.0)\times 1000}{360\times 540}=0.309$$

选用双肢箍筋Φ8，即 $n=2$，$A_{sv1}=50.3\text{mm}^2$

箍筋间距　$s=\frac{A_{sv}}{0.309}=\frac{2\times 50.3}{0.309}=326\text{mm}$

按构造要求采用 $s=200\text{mm}$，沿梁全长配置。

(6) 验算最小箍筋配筋率条件

$$\rho_{sv}=\frac{A_{sv}}{bs}=\frac{nA_{sv1}}{bs}=\frac{2\times 50.3}{250\times 200}=0.2\%$$

最小箍筋配筋率：

$$\rho_{sv,min}=0.24\frac{f_t}{f_{yv}}=0.24\times\frac{1.43}{360}=0.1\%<0.2\%$$

满足要求。

【例 5-4】 一矩形截面简支梁，净跨 $l_n=5.3\text{m}$，承受均布荷载 q，梁截面尺寸 $b\times h=200\text{mm}\times 500\text{mm}$，环境类别为一类，混凝土强度等级 C30，箍筋用牌号 HRB400，沿梁全长配置双肢箍Φ8@120。

要求：(1) 计算该梁的斜截面受剪承载力；(2) 计算该梁可承担的均布荷载 q。

【解】（1）材料强度

$f_t = 1.43\text{N/mm}^2$，$f_c = 14.3\text{N/mm}^2$，$f_{yv} = 360\text{N/mm}^2$

（2）按截面尺寸求最大受剪承载力

$$a_s = 35\text{mm}$$

$$\frac{h_0}{b} = \frac{465}{200} = 2.33 < 4$$

$$0.25\beta_c f_c b h_0 = 0.25 \times 1.0 \times 14.3 \times 200 \times 465 = 332.5\text{kN}$$

（3）求斜截面受剪承载力 V_{cs}

$$h_0 = 465\text{mm}$$

$$V_{cs} = 0.7 f_t b h_0 + f_{yv}\frac{nA_{sv1}}{s}h_0 = 0.7 \times 1.43 \times 200 \times 465$$

$$+ 360 \times \frac{2 \times 50.3}{120} \times 465$$

$$= 234\text{kN} < 332.5\text{kN}$$

故该梁的斜截面受剪承载力为 234kN。

（4）求均布荷载设计值 q

设梁所能承受的均布荷载设计值为 q，梁单位长度上的自重标准值为 G_k，则 $V = \frac{1}{2}(q + 1.2G_k)l_n$，于是：

$$q = \frac{2V}{l_n} - 1.2G_k = \frac{2 \times 234}{5.3} - 1.2 \times 0.2 \times 0.50 \times 25 = 85.3\text{kN/m}$$

§5.4 连续梁斜截面受剪承载力

如图 5-15 所示，连续梁在剪跨区段内作用有正负两个方向的弯矩并存在一个反弯点。梁在荷载作用下，在反弯点附近从顶面及底面可能出现两条临界斜裂缝，分别指向中间支座和加载点。此时，在斜裂缝处由于混凝土开裂产生内力重分布而使纵向钢筋的拉应力增大很多，当纵向受拉钢筋自斜裂缝处延伸至反弯点时，从理论上讲该点处纵向钢筋的应力应很小，这样，在这不长区段内的纵向钢筋拉力差，要通过钢筋和混凝土之间的粘结力将其传递到混凝土上去，由混凝土承受。而实际上由于这一区段钢筋内拉力差过大，从而引起粘结力的破坏，致使沿纵向钢筋与混凝土之间出现一批针脚状的粘结裂缝。当粘结裂缝出现后引起纵向钢筋受拉区的延伸，使原先受压的钢筋区段亦变成受拉，在截面上，只有中间的部分混凝土面积承受压力和剪力（图 5-15），这就使得其相应的压应力和剪应力增大，成为全梁最薄弱的环节，从而降低了梁的受剪承载力。降低的幅度同广义剪跨比（M/Vh_0）的大小有关。当剪跨比较大时，临界斜裂缝一出现，梁就发生斜拉破坏，这时连续梁和简支梁受剪承载力相近。当剪跨比较小时，发生剪压破坏，这时当临界斜裂缝出现后，随之发生粘结开裂裂缝，引起承载力的降低。因此，就连续梁自身来说，剪跨比愈小，粘结开裂裂缝发展愈充分，受剪承载力降低愈多。

连续梁受剪承载力的计算方法，可与简支梁对比分析确定。当连续梁与对比的简支梁条件相同时，在集中荷载作用下，简支梁的剪跨比为 $\lambda=\frac{M}{Vh_0}$，或 $\lambda=\frac{a}{h_0}$；而连续梁由于支座处有负弯矩的存在，即在 M^- 与 M^+ 区段之间存在着反弯点，其剪跨比还与弯矩比$\left(\psi=\left|\frac{M^-}{M^+}\right|\right)$有关，若将连续梁的剪跨 a_1 比拟为简支梁的剪跨 a，则连续梁的剪跨比为 $\lambda=\frac{a_1}{h_0}=\frac{a}{(1+\psi)\ h_0}$（图 5-15$b$），其值要小于简支梁的剪跨比 $\lambda=\frac{a}{h_0}$ 值，亦即其受剪承载力计算值反而略高于简支梁的受剪承载力计算值。连续梁在均布荷载作用下，由于在 M^- 与 M^+ 区段之间存在着反弯点，同样，若将其与简支梁相比拟，则连续梁的跨高比要小于相应简支梁的跨高比，由图 5-5 可以看出，跨高比愈小，梁的破坏承载力反而略有提高，亦即其受剪承载力同样也略高于相应简支梁在均布荷载作用下的受剪承载力。

为了简化计算，《规范》对连续梁的受剪承载力取用与简支梁受剪承载力计算公式相同的方法计算，即一般情况下，按式（5-15）计算；当符合式（5-17）的条件时，按式（5-17）计算。

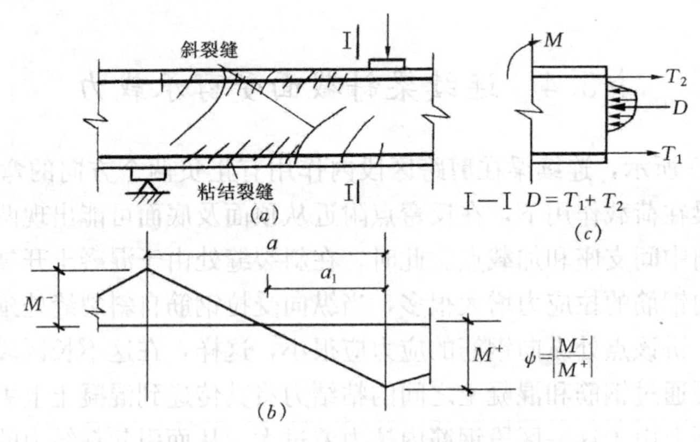

图 5-15　连续梁剪跨段的受力状态

（a）裂缝图；（b）弯矩图；（c）分离体图

§5.5　斜截面受弯承载力

受弯构件在配筋计算时，除按正截面受弯承载力和斜截面受剪承载力设计外，有时在弯剪区段内由于受拉纵向钢筋在跨中弯起或切断，使纵向钢筋截面面积减少，虽然垂直的正截面受弯承载力满足要求，但由于剪力的存在，相应出现与纵向钢筋相交的是一条斜裂缝，最终由于斜截面的受弯承载力不足而引起破坏。下面对其作用进行具体讨论。

5.5.1 抵抗弯矩图

抵抗弯矩图就是以各截面实际纵向受拉钢筋所能承受的弯矩为纵坐标，以相应的截面位置为横坐标，所作出的弯矩图（或称材料图）。计算时当梁的截面尺寸、材料强度及钢筋截面面积确定后，其抵抗弯矩值可由下式确定：

$$M_u = f_y A_s h_0 \left(1 - \frac{\rho f_y}{2\alpha_1 f_c}\right) \tag{5-24}$$

每根钢筋所抵抗的弯矩 M_{ui} 可近似地按该根钢筋的面积 A_{si} 与钢筋总面积 A_s 的比值乘以总抵抗弯矩 M_u 求得：

$$M_{ui} = \frac{A_{si}}{A_s} M_u \tag{5-25}$$

图 5-16 所示为钢筋混凝土简支梁左端部分的分离体。该图的上部为其配筋图，下部抛物线为其弯矩图，折线 $abdefh$ 所包围的面积为其相应的抵抗弯矩图。在设计时，当所选定的纵向钢筋若沿梁长直通至两端放置时，因 A_s 值不变，则其抵抗弯矩图为一矩形 $acfh$。由图中可以看出，钢筋如果直通设置，梁中任一正截面的钢筋强度没有被充分利用，这种设置方案是不经济的。为了节约钢材，较合理的设计方法是将部分纵向钢筋在受弯不需要的截面弯起，用以承担剪力和支座负弯矩；此外，对连续梁中间支座处的上部钢筋，在其按计算不需要区段可进行合理的切断。这样，在保证梁内任一正截面和斜截面受弯能力的前提下，确定纵筋的弯起和切断的位置，需要通过作抵抗弯矩图的方法来解决。

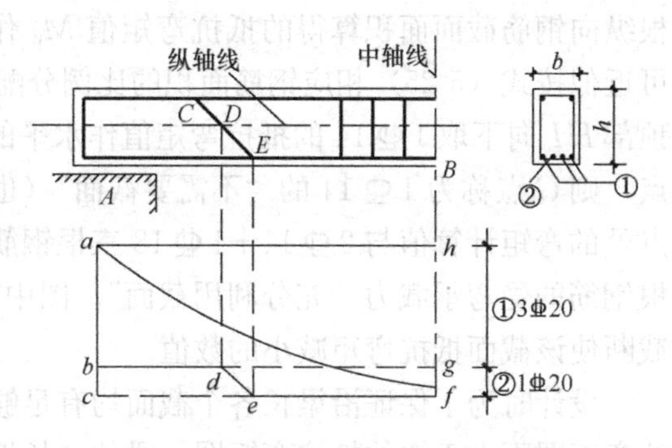

图 5-16 纵向钢筋的抵抗弯矩图

纵向钢筋弯起时其抵抗弯矩 M_u 图的表示方法：在图 5-16 的配筋剖面中，D 点为弯起钢筋和梁纵轴的交点，E 点为其弯起点，从 D、E 两点作垂直投影与抵抗弯矩图的两条平行于基线 ah 的直线 dg、ef 相交，则连线 $abdefh$ 表示②号钢筋弯起后的抵抗弯矩图。配筋图中 D 点表示梁斜截面受拉区与受压区近似的分界点，相应的抵抗弯矩图的倾斜连线 ed 表示随着钢筋的弯起，其相应的抵抗弯矩值在逐渐减小。

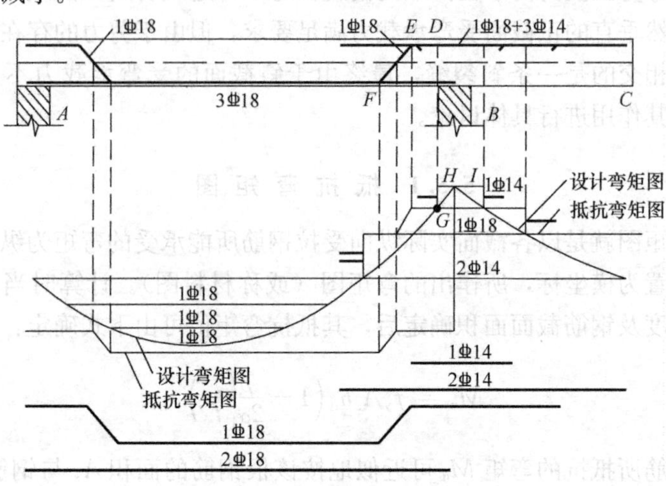

图 5-17　支座截面的抵抗弯矩图

当钢筋在抗弯不需要的截面切断时，其抵抗弯矩 M_u 图的表示方法：如图5-17中所示，支座 B 的抵抗弯矩图纵坐标总高度，是按支座最大弯矩所选定的4根纵向钢筋截面面积算得的抵抗弯矩值 M_u 作出的，其每根钢筋的抵抗弯矩值，可近似按式（5-25）相应钢筋面积的比例分配而求得。图中自支座 B 抵抗弯矩图顶部 HI 向下取1Φ14的抵抗弯矩值作水平的平行线，与抛物线弯矩图相交于 G 点，则 G 点称为1Φ14的“不需要截面”（也称为“理论截断截面”）。因为在 G 点处的弯矩计算值与2Φ14+1Φ18三根钢筋的抵抗弯矩值相等，故该点又称三根钢筋的受弯承载力“充分利用截面”。图中 G 点处台阶 GH 表示因1Φ14钢筋截断使该截面抵抗弯矩减小的数值。

设计时为了保证沿梁长各个截面均有足够的受弯承载力，必须使由荷载产生的弯矩图不大于梁的抵抗弯矩图。梁的全长抵抗弯矩图愈接近于荷载产生的弯矩包络图，则说明该设计愈经济。

5.5.2　斜截面的受弯承载力

对斜截面受弯承载力，一般不需计算而是通过下列方法加以保证，即通过构造要求，使其斜面的受弯承载力不低于相应正截面受弯承载力。这样，只要能满足正截面受弯承载力的要求，则相应斜截面受弯承载力就能得到保证。

如图5-18所示，取梁斜裂缝右边作分离体图（图5-18b），则由图可知，其斜截面受弯承载力当不考虑箍筋的影响时则为：

$$M_{斜}=f_y(A_s-A_{sb})z+f_yA_{sb}z_w=f_yA_sz+f_yA_{sb}(z_w-z) \tag{5-26}$$

式中　z——垂直截面纵筋的内力偶臂；

z_w——弯起钢筋的内力偶臂。

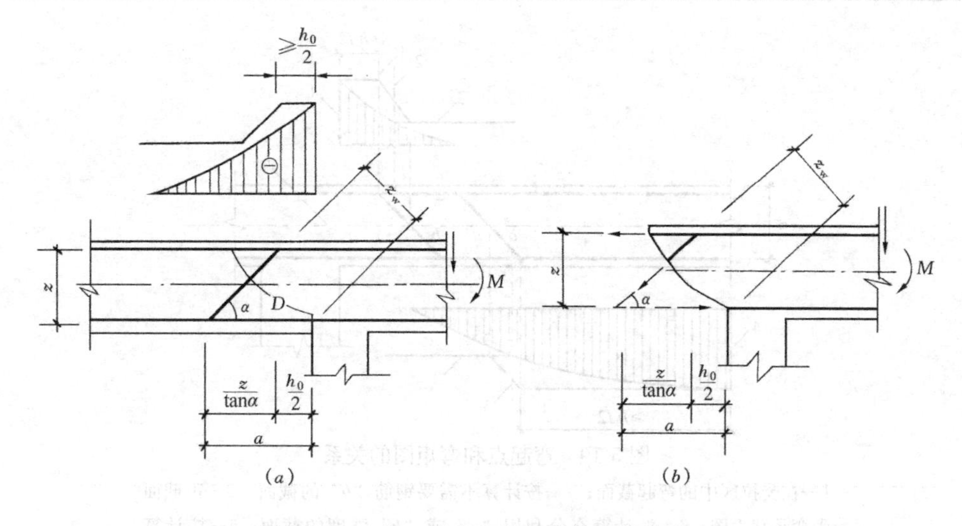

图 5-18 第一根弯起钢筋弯起点的确定

(a) 梁支座处分离体图；(b) 斜裂缝右边分离体图

又由该图可知，当纵筋未下弯以前，在支座边缘垂直截面处纵筋所能承受的弯矩：

$$M = f_y A_s z \tag{5-27}$$

比较以上两式可知，若使钢筋弯下后斜截面的受弯承载力不低于未弯下时垂直截面的受弯承载力，即 $M_{斜} \geqslant M$，则必须满足：

$$z_w \geqslant z \tag{5-28}$$

根据几何关系，如果钢筋的弯终点设在该垂直截面以外不小于 $h_0/2$ 处，则：

$$z_w = a\sin\alpha = \left(\frac{z}{\tan\alpha} + \frac{h_0}{2}\right)\sin\alpha \tag{5-28a}$$

当弯起角 $\alpha = 45°$，取 $h_0 =$ （1.05～1.11）z，则 $z_w =$ （1.08～1.10）z。因此，就能保证 $M_{斜} \geqslant M$。

5.5.3 纵向钢筋的弯起

在设计中，梁纵向钢筋的弯起必须满足三个要求：

(1) 满足斜截面受剪承载力的要求。这点，已在上面讨论了。

(2) 满足正截面受弯承载力的要求。设计时，必须使梁的抵抗弯矩图不小于相应的荷载计算弯矩图。

(3) 满足斜截面受弯承载力的要求。亦即上面讨论的当纵向钢筋弯起时，其弯终点与充分利用点之间的距离不得小于 $h_0/2$；同时，弯起钢筋与梁纵轴线的交点应位于按计算不需要该钢筋的截面以外（图 5-19）。

设计时，在满足上述条件的前提下，弯起钢筋的位置可由作图确定。

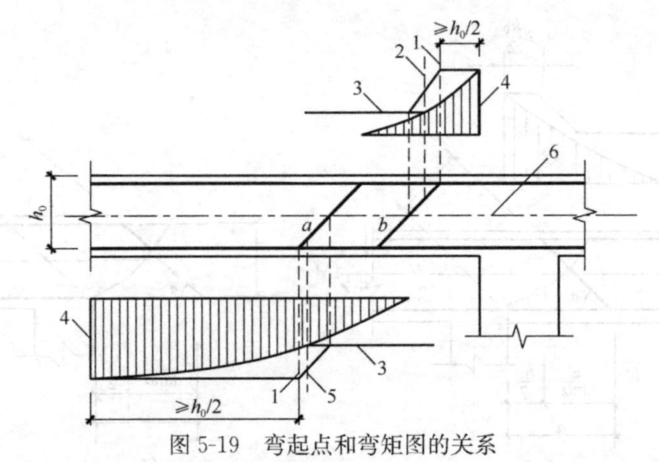

图 5-19　弯起点和弯矩图的关系

1—在受拉区中的弯起截面；2—按计算不需要钢筋“b”的截面；3—正截面受弯承载力图；4—按计算充分利用“a”或“b”强度的截面；5—按计算不需要钢筋“a”的截面；6—梁中心线

5.5.4　纵向钢筋的截断

1. 连续梁中间支座负弯矩处受拉纵筋的截断

连续梁中间支座上部受拉纵筋根据正截面受弯承载力计算，在梁纵轴上的抵抗弯矩图与设计弯矩图相等处，该截面称为纵筋强度的“充分利用截面”；若将部分纵筋截断，在截断后其抵抗弯矩图与设计弯矩仍相等处，该截面称为“不需要截面”。如图 5-20（a）所示的 a 点，纵筋在该“不需要截面” a 处截断后，使该处纵筋两侧所承担的拉力差较大，致使该处混凝土的拉应力骤增，往往引起弯剪斜裂缝的出现，这时未截断的纵筋仅能承受“不需要截面” a 处截断后的弯矩，其未截断的纵筋的强度已被充分利用。这样，当斜裂缝出现后就会继续扩展而使其自顶端向下延伸至截面 c，由于在 c 处的弯矩大于“不需要截面” a 处的弯矩，因而使未截断纵筋的应力超过屈服强度而发生斜弯破坏。

在设计时，为了避免发生上述这种斜弯破坏，纵筋应从“不需要截面”延伸一定长度 ω 后截断。这时在实际截断点 b 处如出现斜裂缝（图 5-20b），则由于该处未截断钢筋强度尚未被充分利用，还能承受一部分由于斜裂缝的出现而增加的弯矩，此外，和斜裂缝相交的箍筋对斜裂缝顶端取矩，亦能补偿部分由于斜裂缝出现而增加的弯矩，使斜截面受弯承载力得到保证。ω 值的大小和被截断的钢筋直径有关，截断钢筋的直径越粗，要求参加补偿的钢筋越多，则 ω 值越大。此外，为了减少或避免钢筋与混凝土之间粘结裂缝的出现，使得纵向钢筋的强度能够充分利用，同时要求自钢筋的充分利用截面开始，向外延伸一个伸出长度 l_d。设计时在 ω 与 l_d 之间选用其中一个较大伸出的数值。

2. 受拉纵筋的伸出长度

为了保证钢筋在充分利用截面处能够真正发挥作用，需要从钢筋的最大应力截面，即充分利用截面，再向截断截面以外伸出一段距离才能截断，钢筋的这段距离称为伸出长度。

如图 5-20（*b*）所示，支座边缘的弯矩图和抵抗弯矩图的交点处，是支座的全部受拉纵筋强度的充分利用截面；而在截面 *a* 处的弯矩图和截断后的抵抗弯矩图的交点处，是经截断后剩余纵筋强度的充分利用截面。

纵向钢筋的截断当其伸出长度不足时，则沿纵筋水平位置处的混凝土，由于粘结强度的不足会出现一批针脚状的短小斜裂缝，并进一步发展，最后会导致粘结裂缝的贯通，保护层脱落，发生粘结破坏（图 5-15*a*）。此时，在出现粘结破坏区段的纵筋所受的拉力与充分利用截面处的纵筋拉力是相同的，所以不能将纵筋提前截断，需要伸出一段足够的长度后再截断，使针脚状裂缝不会出现，或即使出现也不会贯通，以保证充分发挥纵筋的作用。

《规范》规定：梁支座截面负弯矩纵向受拉钢筋不宜在受拉区截断，如必须截断时，应按表 5-1 规定进行。

负弯矩纵筋的伸出长度 **表 5-1**

截面条件	充分利用截面伸出 l_d	计算不需要截面伸出 ω
$V \leqslant 0.7bh_0f_t$	$\geqslant 1.2l_a$	$\geqslant 20d$
$V > 0.7bh_0f_t$	$\geqslant 1.2l_a + h_0$	$\geqslant h_0$ 且 $\geqslant 20d$
$V > 0.7bh_0f_t$，且截断点仍在负弯矩对应的受拉区内	$\geqslant 1.2l_a + 1.7h_0$	$\geqslant 1.3h_0$ 且 $\geqslant 20d$

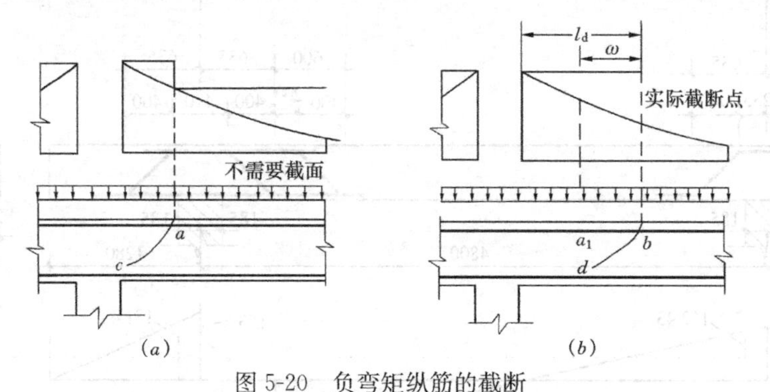

图 5-20 负弯矩纵筋的截断

（*a*）纵筋自不需要截面截断；（*b*）纵筋的伸出长度和实际截断点

表 5-1 中，*d* 为纵向钢筋直径，l_a 为受拉钢筋锚固长度，按式（5-29）确定。

当梁内配置有较强的箍筋时，箍筋能够阻止针脚状裂缝的出现和发展，提高了纵筋与混凝土之间的粘结强度。所以只要在延伸长度范围内，配置足够数量的箍筋，就能保证纵筋截断后充分利用点的钢筋还能达到屈服强度，避免粘结破坏的出现。

3. 梁跨中正弯矩受拉纵筋的截断

纵向钢筋在截断后往往会出现过宽的裂缝，因此，在跨中正弯矩内，一般不允许将纵筋截断，而向两端直通延伸至支座内，或将其部分弯起作为负弯矩区的纵向受拉钢筋。仅当$V \leqslant 0.7 f_t b h_0$，即在使用阶段不会出现斜裂缝和配有足够的箍筋，根据设计经验确有把握时，才可在受拉区将纵筋截断，但其伸出长度不小于$12d$。

5.5.5 设计例题

【例5-5】 一钢筋混凝土外伸梁，支承在砖墙上，其跨度和截面尺寸见图5-21，荷载设计值（包括自重）$q_1 = 60\text{kN/m}$，$q_2 = 120\text{kN/m}$，混凝土用C30（$f_c = 14.3\text{N/mm}^2$，$f_t = 1.43\text{N/mm}^2$），纵筋和箍筋用HRB400（$f_y = 360\text{N/mm}^2$）。试设计此梁并进行钢筋布置。

【解】（1）作此梁的弯矩图和剪力图

（2）正截面受弯承载力计算

跨中　$M_{1\max} = 126.57\text{kN·m}$，　$A_s = 1000\text{mm}^2$

选用4Φ18　（$A_s = 1017\text{mm}^2$）

支座B　$M_{B\max} = -98.3\text{kN·m}$，$A_s = 742\text{mm}^2$

选用2Φ18+2Φ12（$A_s = 735\text{mm}^2$）

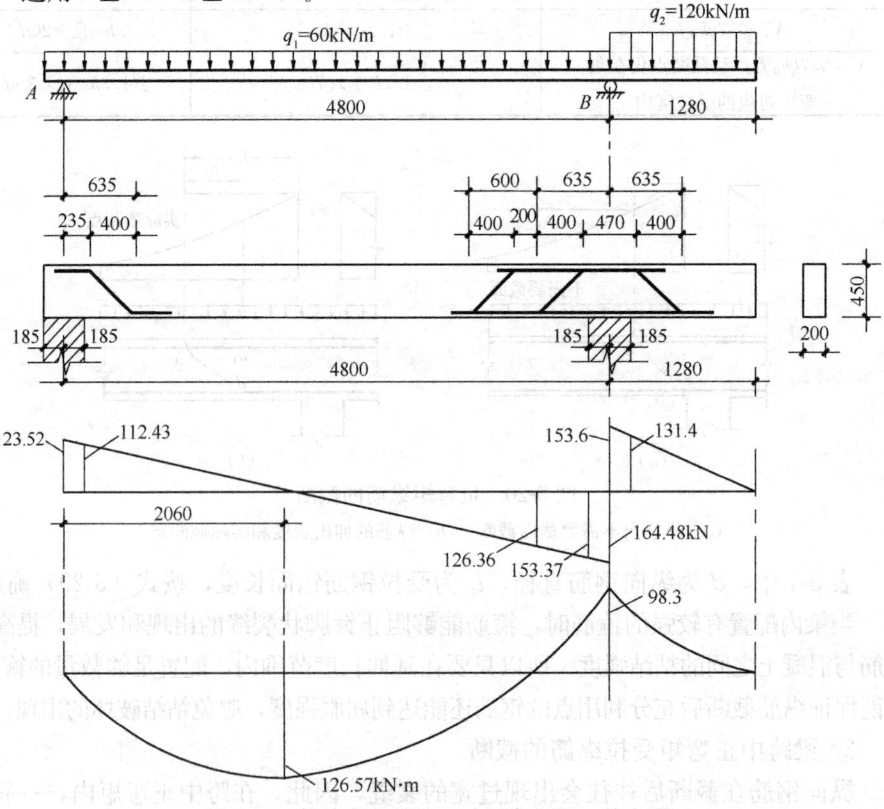

图5-21　外伸梁各部分尺寸及弯矩图、剪力图

(3) 斜截面受剪承载力计算

1) 验算截面限制条件

$$0.25\beta_c f_c b h_0 = 0.25 \times 1.0 \times 14.3 \times 200 \times 415 = 296.73\text{kN} > V = 153.37\text{kN}$$

故截面尺寸符合要求。

2) 验算是否需按计算配置箍筋

$$0.94 f_t b h_0 = 0.94 \times 1.43 \times 200 \times 415 = 111.57\text{kN} < V = 112.43\text{kN}$$

故该梁需要按计算配置箍筋。

3) 混凝土和箍筋承担的受剪承载力

取用双肢箍筋Φ 6@150：

$$V_{cs} = 0.7 f_t b h_0 + f_{yv}\frac{A_{sv}}{s}h_0 = 0.7 \times 1.43 \times 200 \times 415 + 360 \times \frac{57}{150} \times 415 = 139.8\text{kN}$$

4) 受剪配筋计算

支座 A，因 $V_A = 112.43\text{kN} < 139.8\text{kN}$，故弯起钢筋按构造配置。

支座 $B_左$，$V_{B左} = 153.37\text{kN}$

$$A_{sb} = \frac{(153.37 - 139.8) \times 1000}{0.8 \times 360 \times 0.707} = 67\text{mm}^2$$

用 1 Φ 18 弯起钢筋（$A_{sb} = 254.5\text{mm}^2$）。

支座 $B_左$ 第二根弯起钢筋 $V_1 = 126.36\text{kN} < V_{cs}$，故第二根弯起钢筋按构造配置。

支座 $B_右$，$V_{B右} = 131.4\text{kN}$，采用 1 Φ 18 弯起钢筋。

(4) 抵抗弯矩值

一根Φ 18 的抵抗弯矩值：

$$M_u = f_y A_s h_0 \left(1 - \frac{f_y \rho}{2\alpha_1 f_c}\right) = 360 \times 254.5 \times 415 \times \left(1 - \frac{360 \times 254.5}{2 \times 1.0 \times 14.3 \times 200 \times 415}\right) = 36.6\text{kN} \cdot \text{m}$$

根据以上数值可作出抵抗弯矩图（图 5-22）。

(5) 钢筋布置

如图 5-22 所示，首先应按比例绘出构件纵剖面、横剖面及计算弯矩图，然后进行配筋布置。在配置跨中截面正弯矩钢筋时，同时要考虑其中哪些钢筋可以弯起用作抗剪和抵抗负弯矩，钢筋布置时应较全面地加以考虑。下面，对图 5-22 的钢筋布置进行简要说明。

1）梁跨中：共配置4Φ18抵抗正弯矩所需的纵筋，其中①号的2根筋一端伸入A支座，另一端宜伸过B支座直通至梁端，也可在B支座内截断与悬臂梁下部构造钢筋搭接。②、③号筋分别可在一端或两端弯起，参加抗剪和抵抗负弯矩。

2）A支座：因$V_A<V_{cs}$，③号筋按构造要求，离支座边50mm处下弯，确定其下弯位置，并按5.6节中的5.6.1的规定（锚固长度按式5-31计算，若考虑不同条件需进行修正，则经修正后取用的锚固长度不小于$0.7l_a$，且不应小于250mm）取自支座边伸入600mm的锚固长度。⑤号筋是构造配置，无锚固要求。

3）B支座：配置2Φ18+2Φ12抵抗负弯矩所需的纵筋，其中③号筋在支座B左边向上弯起，其弯终点至支座边的距离为50mm，参加抗剪，但因其自支座边的充分利用截面至弯终点的距离小于$\frac{h_0}{2}$，故在支座B左边不参加抵抗负弯矩，在左边负弯矩区的抵抗弯矩图中不反映。③号筋在支座B右边参加抵抗负弯矩。

②号筋在支座B左边弯起，根据抗剪要求，自②号筋的弯终点至③号筋的弯起点水平距离取200mm。此时，②号筋抵抗弯矩图顶部的钢筋强度充分利用截面的位置，可通过作抵抗弯矩图的水平线与设计弯矩图的交点求得，按抵抗弯矩中实测，其充分利用截面至②号筋的弯终点水平距离大于$\frac{h_0}{2}$，故②号筋在支座B左侧同时可以参加抵抗负弯矩。

②号筋在支座B右边下弯，根据抗剪要求，自支座边至其弯终点的水平距离为50mm，因50mm小于$\frac{h_0}{2}$，故②号筋在支座B右边不参加抵抗负弯矩，在右边负弯矩区的抵抗弯矩图中不反映。

④号筋在支座B左边②号筋的充分利用截面处为不需要截面，在支座B右边直通至梁端。

这样，在支座B截面顶部，需另设1Φ18的⑦号筋参加承担负弯矩，以补偿支座B处负弯矩承载力的不足。

当B支座两侧的弯起钢筋位置确定后，梁负弯矩区域内的抵抗弯矩图就可作出。在作抵抗弯矩图时，应根据所作的抵抗弯矩图形面积为最小但不小于计算弯矩图的面积为原则，由钢筋总的抵抗弯矩自上至下进行，作出钢筋截断或下弯的抵抗弯矩图。

在钢筋截断时，钢筋的不需要截面再增加一延伸长度l_d值及ω值两个条件，取其最大值而确定；其他截断截面钢筋的伸出长度确定方法与此相同。

应该注意到，纵筋弯起的抵抗弯矩图，是先确定纵筋的弯起位置再作出弯起

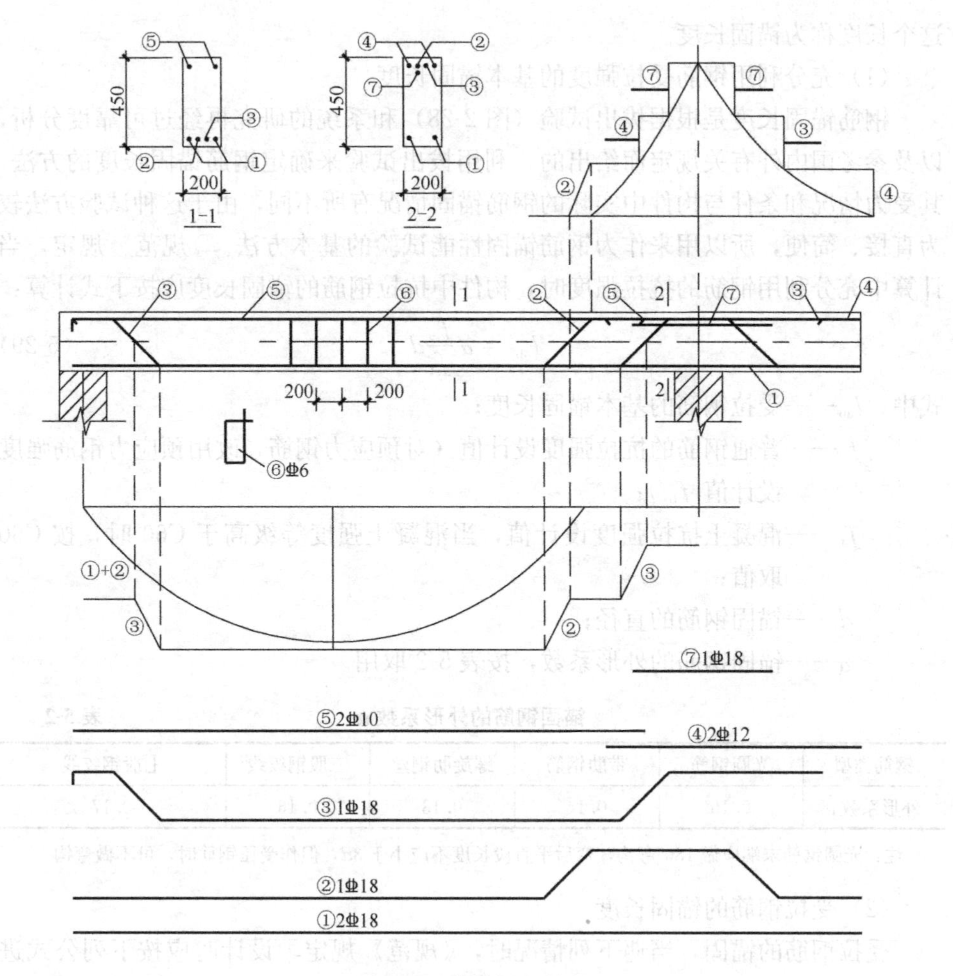

图 5-22 外伸梁配筋图

处的抵抗弯矩图；而钢筋的截断是根据抵抗弯矩图和计算弯矩图的相交点，即不需要截面的位置作出截断处的抵抗弯矩，再延伸一个长度，它在梁纵剖面上的投影，即钢筋的实际截断点，二者作图的先后次序是不同的。

总之，通过对梁抵抗弯矩图的绘制，就可确定各根钢筋的构造和尺寸。

§5.6 钢筋的构造要求

5.6.1 钢筋的锚固长度

1. 受拉钢筋的锚固长度

钢筋混凝土构件中，当钢筋伸入支座时，必须保持一定的长度，依靠这个长度上的粘结力，将钢筋可靠地锚固在混凝土中，保证钢筋充分发挥抗拉的作用，这个长度称为锚固长度。

（1）充分利用钢筋受拉强度的基本锚固长度

钢筋锚固长度是根据拔出试验（图2-28）和系统的研究再经过可靠度分析，以及参考国内外有关规定而给出的。利用拔出试验来确定钢筋锚固长度的方法，其受力情况和条件与构件中实际的钢筋锚固情况有所不同，由于这种试验方法较为直接、简便，所以用来作为钢筋锚固性能试验的基本方法。《规范》规定，当计算中充分利用钢筋的抗拉强度时，构件中抗拉钢筋的锚固长度应按下式计算：

$$l_{ab} = \alpha \frac{f_y}{f_t} d \tag{5-29}$$

式中　l_{ab}——受拉钢筋的基本锚固长度；

f_y——普通钢筋的抗拉强度设计值（对预应力钢筋，改用预应力钢筋强度设计值 f_{py}）；

f_t——混凝土抗拉强度设计值，当混凝土强度等级高于C60时，按C60取值；

d——锚固钢筋的直径；

α——锚固钢筋的外形系数，按表5-2取用。

锚固钢筋的外形系数 α　　**表5-2**

钢筋类型	光圆钢筋	带肋钢筋	螺旋肋钢丝	三股钢绞线	七股钢绞线
外形系数 α	0.16	0.14	0.13	0.16	0.17

注：光圆钢筋末端应做180°弯钩，弯后平直段长度不应小于3d，但作受压钢筋时，可不做弯钩。

（2）受拉钢筋的锚固长度

受拉钢筋的锚固，当遇下列情况时，《规范》规定，设计时应按下列公式进行修正取用：

$$l_a = \zeta_a l_{ab} \tag{5-30}$$

式中　l_a——受拉钢筋的锚固长度；

ζ_a——锚固长度修正系数，按《规范》的规定取用；当考虑的系数多于一项时，可按连乘的数值计算，但其最小值，对普通混凝土不得低于0.6，对预应力混凝土不得低于1.0。

当遇下列情况时，《规范》对修正系数 ζ_a 取值的规定：

1）当带肋钢筋的直径大于25mm时，取1.10。

2）环氧树脂涂层带肋钢筋，取1.25。

3）施工过程中易受扰动的钢筋，取1.10。

4）当纵向受力钢筋的实配面积大于其设计计算面积时，系数 ζ_a 值取设计计算面积与实配面积的比值，但有抗震要求或直接承受动力荷载作用时，不应考虑其修正。

5）锚固钢筋的保护层为 $3d$ 时，系数 ζ_a 值取 0.8；保护层为 $5d$ 时，取 0.70；中间值按线性内插法确定。d 为锚固钢筋直径。

(3) 纵向受拉钢筋在锚固区段配置箍筋的要求

当锚固钢筋的保护层厚度不大于 $5d$ 时，锚固长度范围内应配置横向钢筋，直径不小于 $d/4$；间距为：对梁、柱、斜撑等构件，不应大于 $5d$；对板、墙等平面构件，不应大于 $10d$。

当保护层厚度大于 $5d$ 时，《规范》没有具体要求，说明可不遵守上述的规定。

(4) 纵向受拉钢筋末端有弯钩或机械锚固时的具体要求：

1）锚固长度（包括弯钩或锚固端头在内的投影长度），可取为 $0.6l_{ab}$ 的长度。

2）弯钩和机械锚固的形式和技术要求。见图 5-23。设计时，图中的螺栓锚头和焊接锚板的承压净面积，不应小于锚固钢筋的截面面积，与螺栓锚头和焊接板相连的锚固钢筋的净间距，不宜小于 $4d$，否则应考虑群锚效应的不利影响。

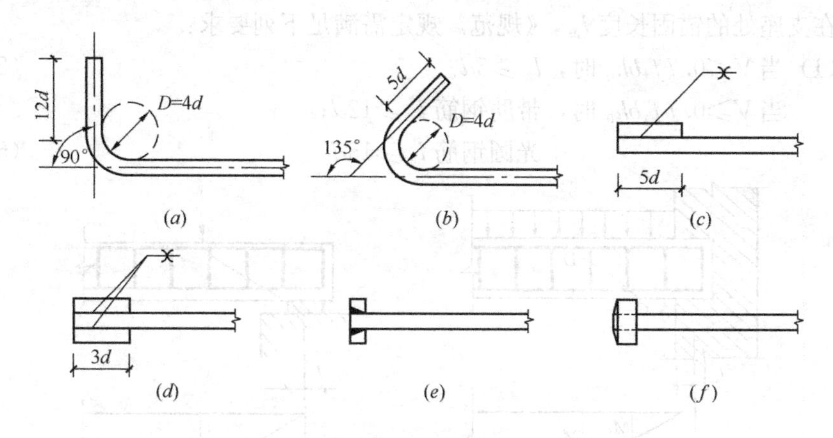

图 5-23 钢筋的弯钩和机械锚固的形式和技术要求

(a) 90°弯钩；(b) 135°弯钩；(c) 一侧贴焊锚筋；(d) 两侧贴焊锚筋；(e) 穿孔塞焊锚板；(f) 螺栓锚头

2. 受压钢筋的锚固长度

由于钢筋端头的部分压力减少了需通过钢筋和混凝土之间的粘结应力所传递的压力，故受压钢筋锚固长度可以适当减小。《规范》规定：当计算中充分利用受压强度时，锚固长度不应小于受拉锚固长度的 $0.7l_a$ 值。

受压钢筋不应采用末端弯钩和一侧贴焊的锚固构造措施。

受压钢筋锚固长度范围内的横向构造钢筋，应符合与上述受拉锚固钢筋对横向构造钢筋同样的要求。

5.6.2 钢筋在支座处的锚固

1. 对板端

《规范》规定：简支板或连续板下部纵向受力钢筋伸入支座的锚固长度不应小于 $5d$，且宜伸过支座中心线。当连续板内的温度收缩应力较大时，伸入支座的长度宜适当增加。

2. 对梁端

梁的简支端：简支梁和连续梁简支端端部弯矩 $M=0$，当梁端剪力较小不会出现斜裂缝时，纵筋适当伸入支座即可。但当 $V>0.7f_tbh_0$ 时，在均布荷载作用下，离支座1/4跨度内将出现斜裂缝，与斜裂缝相交的受拉纵筋所承受的弯矩，由原来的 M_C 增加到 M_D（图5-24）；当在支座附近作用一个较大集中力时，会在集中力与支座的连线上出现一条斜裂缝，这时支座处的纵筋拉力由集中力作用截面的弯矩确定（图5-25）。这两种情况均使支座处的纵筋拉力明显增大，若无足够的锚固长度，纵筋会从支座内拔出，发生斜截面弯曲破坏。为此，简支端下部纵筋在支座处的锚固长度 l_{as}，《规范》规定需满足下列要求：

(1) 当 $V<0.7f_tbh_0$ 时，$l_{as}\geqslant 5d$。　(5-31)

当 $V\geqslant 0.7f_tbh_0$ 时，带肋钢筋 $l_{as}\geqslant 12d$；

光圆钢筋 $l_{as}\geqslant 15d$。　(5-32)

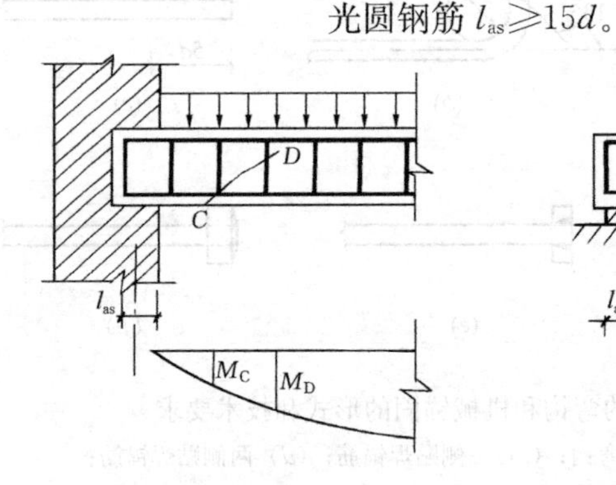

图5-24　均布荷载作用时梁简支端纵筋受力状态

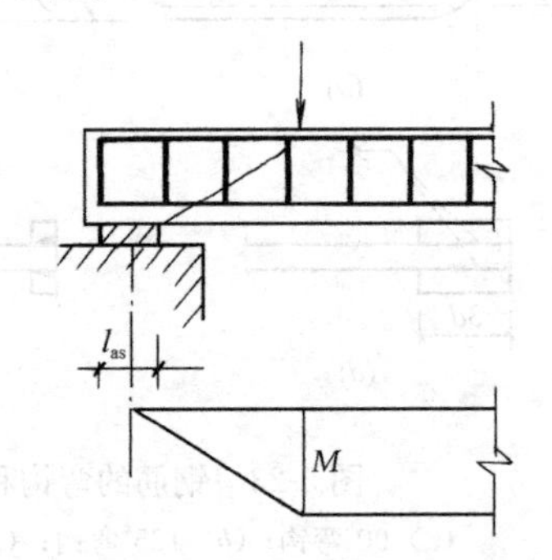

图5-25　集中荷载作用时梁简支端纵筋受力状态

(2) 如纵向受力钢筋伸入梁支座范围内的锚固长度不符合（1）条的要求时，可采用设置弯钩或机械锚固措施，并应符合图5-23的要求。

(3) 支承在砌体结构上的钢筋混凝土独立梁，在纵向受力钢筋锚固长度范围内，应配置不少于2个箍筋，其直径不宜小于 $d/4$，d 为纵向受力钢筋最大直径；间距不宜大于 $10d$；当采取机械锚固时，其间距尚不宜大于 $5d$，d 为纵向受力钢筋最小直径。

(4) 当混凝土强度等级不超过C25，梁的简支端距支座边 $1.5h$ 范围内作用有集中荷载，且$V>0.7f_{t}bh_{0}$时，带肋钢筋锚固长度宜取不小于$15d$，d为锚固钢筋直径。

5.6.3 钢筋的连接

当构件内纵向受力钢筋长度不够时，宜在受力较小区，设置连接接头，在同一根钢筋上宜少设接头，在结构的重要构件和关键部位，不宜设置连接接头。

钢筋连接可采用绑扎搭接、机械连接或焊接的方法。

1. 绑扎搭接接头

对轴心受拉和小偏心受拉构件（如桁架和拱拉杆）的受力钢筋，不得采用绑扎搭接；其他构件中的钢筋采用绑扎搭接时，受拉钢筋直径不宜大于25mm，受压钢筋直径不宜大于28mm。

受拉钢筋的搭接接头处，其拉力由一根钢筋通过粘结应力传给混凝土，再由混凝土通过粘结应力传递给另一根钢筋，实现两根反向受力的钢筋在搭接区段间全部内力的传递。当混凝土与钢筋在搭接区段间粘结应力不足时，沿纵向钢筋表面的混凝土将发生相对劈裂而导致纵向粘结裂缝的出现。《规范》对搭接接头的规定如下：

（1）同一构件中相邻钢筋的绑扎搭接接头宜相互错开。钢筋绑扎搭接接头连接区段的长度为$1.3l_{l}$（图5-26）。l_{l}为受拉钢筋的搭接长度。凡搭接接头中点位于该连接区段长度内时，均属于同一连接区段的搭接接头。同一连接区段内的纵向受力搭接钢筋搭接面积百分率为该区段内有搭接接头的纵向受力钢筋与全部纵向受力钢筋截面面积的比值。

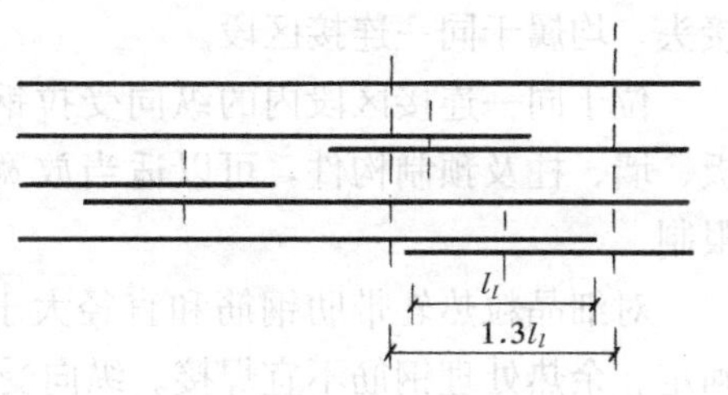

图5-26 同一连接区段内纵筋绑扎搭接接头

注：图中所示钢筋搭接接头面积百分率为50%

（2）位于同一连接区段内的受拉钢筋搭接接头面积百分率：对梁、板及墙类构件，不宜大于25%；对柱类构件，不宜大于50%。当工程中确有必要增大受拉钢筋接头面积百分率时，梁类构件不应大于50%，板类及柱类构件可以适当放宽。

（3）受拉钢筋绑扎搭接接头的搭接长度l_{l}应根据位于同一连接区段的搭接钢筋面积百分率按下式计算，其搭接长度均不应小于300mm。

$$l_{l}=\zeta_{l}l_{a} \tag{5-33}$$

式中 l_{a}——受拉钢筋的锚固长度，按第5.6节中的5.6.1确定；

ζ_{l}——受拉钢筋搭接长度修正系数，按表5-3取用。当系数为表中数值的中间值时，可按内插法取值。

纵向受拉钢筋搭接长度修正系数　表 5-3

搭接钢筋接头面积百分率（%）	≤25	50	100
ζ_l	1.2	1.4	1.6

（4）构件中的纵向受压钢筋，当采用搭接连接时，其受压搭接长度不应小于 $0.7l_l$，此处，l_l 值按式（5-33）确定，且不应小于 200mm。

（5）在搭接长度范围内的混凝土会引起横向受拉，一般用加密箍筋来承担这种横向拉力。《规范》规定，在搭接长度范围内应配置箍筋，直径不应小于 $0.25d$，d 为搭接钢筋直径较大值。箍筋间距：当为受拉时不应大于 $5d$，且不应大于 100mm；当为受压时，不应大于 $10d$，且不应大于 200mm；d 为搭接钢筋直径较小值。当受压钢筋直径大于 25mm 时，尚应在搭接接头两个端面外 100mm 范围内，各设置 2 根箍筋。

2. 机械连接和焊接接头

直径大于 22mm 的受拉钢筋和直径大于 32mm 的受压钢筋宜采用机械连接。《规范》规定，受力钢筋机械连接接头宜相互错开。钢筋机械连接区段的长度为 $35d$，d 为连接钢筋的较小直径。凡接头中点位于该区段长度内的机械连接接头，均属于同一连接区段。

位于同一连接区段内的纵向受拉钢筋接头面积百分率不宜大于 50%，但对板、墙、柱及预制构件，可以适当放宽。纵向受压钢筋的接头百分率，可不受限制。

对细晶粒热轧带肋钢筋和直径大于 28mm 的带肋钢筋，其焊接应经过试验确定。余热处理钢筋不宜焊接。纵向受力钢筋的焊接接头，应相互错开。钢筋焊接接头连接区段的长度为 $35d$，且不小于 500mm，d 为连接钢筋的较小直径。凡接头中点位于该区段长度内的焊接接头，均属同一区段。

5.6.4　钢筋骨架的构造

1. 箍筋

箍筋在梁的弯剪区段内承受斜截面剪力的同时，在不少部位还可起到改善混凝土和纵筋的粘结锚固性能、箍筋和纵筋连系在一起约束混凝土的作用。

（1）形式和肢数

箍筋的形式有封闭式和开口式两种，形式和肢数如图 5-27 所示。

（2）直径

为了使箍筋与纵筋连系形成的钢筋骨架有一定的刚性，箍筋的直径不宜太小。《规范》规定：

梁的高度 $h \leqslant 800$mm 时，箍筋直径不宜小于 6mm；$h > 800$mm 时，箍筋直径不宜小于 8mm。

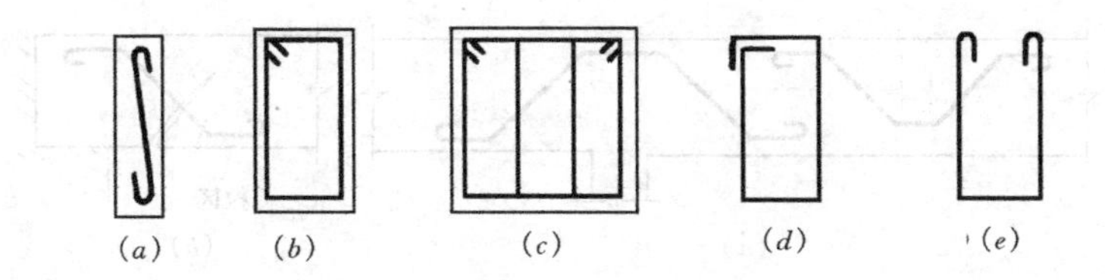

图 5-27 箍筋的形式和肢数

(a) 单肢箍；(b) 双肢箍；(c) 四肢箍；(d) 封闭箍；(e) 开口箍

当梁中配有计算需要的纵向受压钢筋时，箍筋直径尚不应小于 $d/4$（d 为纵向受压钢筋的最大直径）。

(3) 间距

箍筋间距除应满足计算需要外，其最大间距应符合表 5-4 的规定。

梁中箍筋的最大间距（mm） **表 5-4**

梁高 h（mm）	$V>0.7f_tbh_0$	$V\leqslant0.7f_tbh_0$
$150<h\leqslant300$	150	200
$300<h\leqslant500$	200	300
$500<h\leqslant800$	250	350
$h>800$	300	400

(4) 按计算需要配置纵向受压钢筋时，箍筋应符合的规定

1）箍筋应做成封闭式，且弯钩直线段长度不应小于 $5d$，d 为箍筋直径。

2）箍筋间距，不应大于 $15d$，并不应大于 400mm。当一层内的纵向受压钢筋多于 5 根且直径大于 18mm 时，箍筋间距不应大于 $10d$，d 为纵向受压钢筋的最小直径。

3）当梁的宽度大于 400mm 且一层内的纵向受压钢筋多于 3 根时，或当梁的宽度不大于 400mm 但一层内的纵向受压钢筋多于 4 根时，应设置复合箍筋。

2. 弯起钢筋

弯起钢筋的作用和箍筋相似，用以承受斜裂缝之间的主拉力，加强了斜裂缝两侧混凝土块体之间的共同工作，提高了受剪承载力。此外，弯起钢筋虽然受力方向和主拉应力方向相接近，但不便施工，同时箍筋传力比弯起钢筋均匀，因此，宜优先采用箍筋承受剪力。

弯起钢筋不宜放在梁截面宽度的两侧，且不宜使用粗直径的钢筋作为弯起钢筋，弯折半径 r 不应小于 $10d$（d 为弯起钢筋直径）。

弯起钢筋一般是由纵向受力钢筋弯起，亦可单独设置，但应将其布置成图 5-28（a）所示的“鸭筋”形式，不能采用如图 5-28（b）所示的仅在受拉区有一小段水平长度的“浮筋”形式，以防止由于弯起钢筋的锚固不足发生滑动，而降低其抗剪能力。

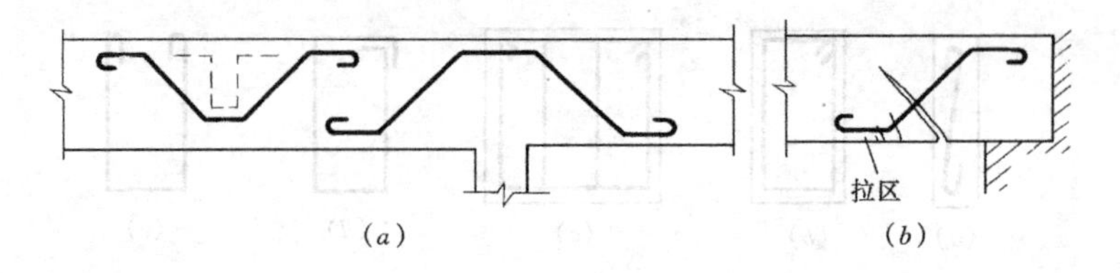

图 5-28　单独设置的弯起钢筋

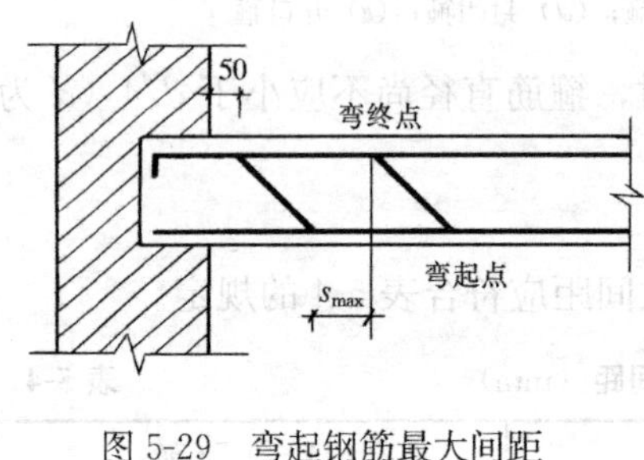

图 5-29　弯起钢筋最大间距

为了防止弯起钢筋间距过大而可能出现不与斜裂缝相交，使弯起钢筋不能发挥作用的情况，《规范》规定：弯起钢筋的最大间距（图 5-29）为前一排（对支座而言）的弯起点至后一排的弯终点的距离，不应大于表 5-4 中 $V>0.7f_tbh_0$ 栏的规定。

弯起钢筋的弯起角宜取 45°或 60°。

§5.7　偏心受力构件受剪承载力

5.7.1　偏心受压构件

一般框架柱中内力有轴向压力、弯矩和剪力。设计时除按偏心受压构件计算其正截面承载力外，当横向剪力较大时，还应计算其斜截面受剪承载力。

试验表明：轴向压力对构件受剪承载力起有利作用，主要在于能阻滞斜裂缝的出现和开展，增强了骨料咬合作用，增大了混凝土剪压区高度，从而提高了混凝土的受剪承载力。

图 5-30 列出了一组构件的试验结果，在轴压比（N/f_cbh）较小时，构件受剪承载力随轴压比的增大而提高，当轴压比 $N/f_cbh=0.4\sim0.5$ 时受剪承载力达到最大值，再增大轴压比将导致受剪承载力极限值的降低。由此可知，轴向压力对构件受剪承载力的有利作用是有一定限度的。故在计算时对轴向压力规定了一个上限值，取用 $N=0.3f_cA$（A 为构件截面面积）。

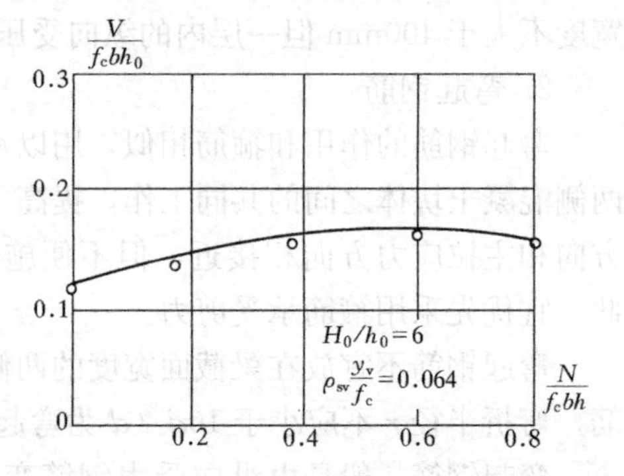

图 5-30　$V/(f_cbh_0)$-$N/(f_cbh)$ 关系曲线

偏心受压构件受剪承载力计算公式，《规范》根据试验研究，是在无轴向压力计算公式的基础上，加上一项轴向压力对受剪承载力影响的提高值。根据试验资料分析，其提高值取 $0.07N$。这样，矩形截面钢筋混凝土偏心受压构件，其斜截面受剪承载力应按下列公式计算：

$$V \leqslant \frac{1.75}{\lambda+1.0} f_{t} b h_{0}+f_{yv} \frac{A_{sv}}{s} h_{0}+0.07 N \tag{5-34}$$

式中 N——与剪力设计值 V 相应的轴向压力设计值，当 $N>0.3f_{c}A$ 时，取 $N=0.3f_{c}A$；

λ——偏心受压构件计算截面的剪跨比，$\lambda=M/(Vh_{0})$。

λ 值按下列规定取用：

(1) 对框架柱，当反弯点在层高范围内时，可取为 $H_{n}/(2h_{0})$。当 $\lambda<1$ 时，取 $\lambda=1$；当 $\lambda>3$ 时，取 $\lambda=3$。

上述的 M 及 V 为计算截面的弯矩及剪力设计值，H_{n} 为柱的净高。

(2) 对其他偏心受压构件，当承受均布荷载时，取 $\lambda=1.5$；当承受集中荷载时（包括作用有多种荷载，且集中荷载对支座截面或节点边缘所产生的剪力值占总剪力值的75%及以上情况），取 $\lambda=a/h_{0}$；当 $\lambda<1.5$ 时，取 $\lambda=1.5$；当 $\lambda>3$ 时，取 $\lambda=3$。此处 a 为集中荷载至支座或节点边缘的距离。

矩形截面的钢筋混凝土偏心受压构件，在受剪承载力计算时，为了防止箍筋的超筋破坏，其受剪截面应符合下列条件：

$$V \leqslant 0.25\beta_{c} f_{c} b h_{0} \tag{5-35}$$

矩形截面的钢筋混凝土偏心受压构件，若符合式（5-36）的要求时，说明不需要配置箍筋，可不进行斜截面受剪承载力计算，而仅需按构造要求配置箍筋。

$$V \leqslant \frac{1.75}{\lambda+1.0} f_{t} b h_{0}+0.07 N \tag{5-36}$$

【例 5-6】 已知一钢筋混凝土框架柱，柱的各部尺寸如图 5-31 所示，混凝土用 C30（$f_{c}=14.3\text{N/mm}^2$，$f_{t}=1.43\text{N/mm}^2$），纵筋用牌号 HRB400（$f_{y}=360\text{N/mm}^2$），箍筋用牌号 HRB400（$f_{yv}=360\text{N/mm}^2$），柱端作用弯矩设计值 $M=200\text{kN}\cdot\text{m}$，轴力设计值 $N=710\text{kN}$，剪力设计值 $V=170\text{kN}$。

求所需箍筋数量。

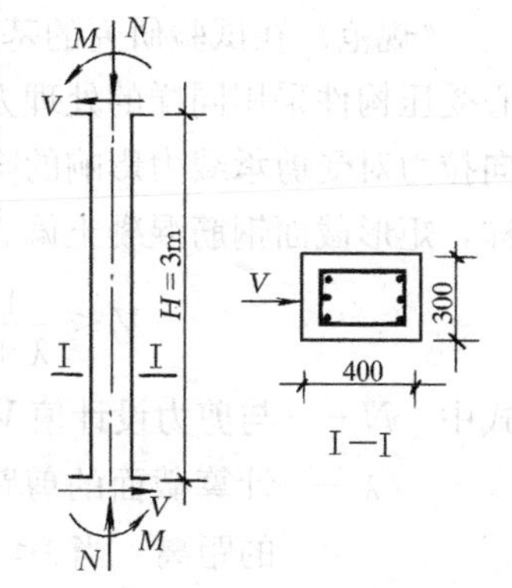

图 5-31

【解】 (1) 验算截面限制条件

$$\begin{aligned}0.25\beta_{c} f_{c} b h_{0} &= 0.25\times1.0\times14.3\times300\times365\\ &= 391.5\text{kN}>170\text{kN}\end{aligned}$$

截面尺寸满足要求。

(2) 箍筋数量的确定

$$\lambda=\frac{H}{2h_0}=\frac{3000}{2\times365}=4.11>3,\text{取}\lambda=3$$

$$\frac{N}{f_cA}=\frac{710000}{14.3\times300\times400}=0.414>0.3$$

取 $$N=0.3f_cA=0.3\times14.3\times300\times400=514.8\text{kN}$$

因

$$\begin{aligned}&\frac{1.75}{\lambda+1.0}f_tbh_0+0.07N\\&=\frac{1.75}{3+1.0}\times1.43\times300\times365+0.07\times514800\\&=104.5\text{kN}<170\text{kN}\end{aligned}$$

故需要按计算配置箍筋。

$$\frac{nA_{sv1}}{s}=\frac{V-\left(\frac{1.75}{\lambda+1.0}f_tbh_0+0.07N\right)}{f_{yv}h_0}=\frac{170000-104500}{360\times365}=0.498$$

选用双肢箍筋直径Φ8（$A_{sv1}=50.3\text{mm}^2$），则其间距：

$$s=\frac{2\times50.3}{0.498}=202\text{mm}$$

取用 $s=150$mm。

5.7.2 偏心受拉构件

当构件受轴向拉力、弯矩和剪力，且剪力较大时，设计中除按偏心受拉构件计算其正截面的受弯承载力外，还需计算其斜截面受剪承载力。

试验表明：偏心受拉构件在其弯剪区段出现斜裂缝后，其斜裂缝末端混凝土的剪压区高度比无轴向拉力时的受弯构件为小，往往出现无剪压区的情况，产生斜拉破坏。因此，轴向拉力使构件受剪承载力明显降低，其降低幅度随轴向拉力的增大而增大，但对箍筋的受剪承载力几乎没有影响。

《规范》在试验研究的基础上，对偏心受拉构件的受剪承载力计算公式与偏心受压构件采用同样的处理方法，在无轴向拉力计算公式的基础上，减去一项轴向拉力对受剪承载力影响的降低值，根据试验资料，其降低值近似取 $0.2N$。这样，矩形截面钢筋混凝土偏心受拉构件受剪承载力应按下列公式计算：

$$V\leqslant\frac{1.75}{\lambda+1.0}f_tbh_0+f_{yv}\frac{A_{sv}}{s}h_0-0.2N\tag{5-37}$$

式中　N——与剪力设计值 V 相应的轴向拉力设计值；

λ——计算截面的剪跨比，取 $\lambda=a/h_0$，a 为集中荷载至支座或节点边缘的距离。当 $\lambda<1.5$ 时，取 $\lambda=1.5$；当 $\lambda>3$ 时，取 $\lambda=3$。

考虑到构件可能出现裂缝贯通全部截面剪压区完全消失的情况，《规范》规定式（5-37）右边的计算值小于第二项时，取 $V=f_{yv}\frac{A_{sv}}{s}h_0$，且应符合下式要求：

$$f_{yv}\frac{A_{sv}}{s}h_0 \geqslant 0.36 f_t b h_0 \tag{5-38}$$

习　题

5.1　某矩形截面简支梁承受均布荷载，$b\times h=180\text{mm}\times 450\text{mm}$，剪力设计值 $V=88\text{kN}$，混凝土强度等级为 C30，箍筋采用 HPB300 级钢筋。环境类别为一类。求当只配置箍筋时，箍筋的直径和间距。

5.2　图 5-32 所示两端支承在砖墙上的矩形截面简支梁，$b\times h=250\text{mm}\times 550\text{mm}$，混凝土强度等级为 C30，箍筋为 HRB335 级钢筋，承受均布荷载设计值 $q=60\ \text{kN/m}$（包括自重），梁的计算跨度 $l_0=5.74\text{m}$。按正截面受弯承载力计算，已配有 2Φ25+2Φ20 的纵向受拉钢筋。计算所需的弯起钢筋。

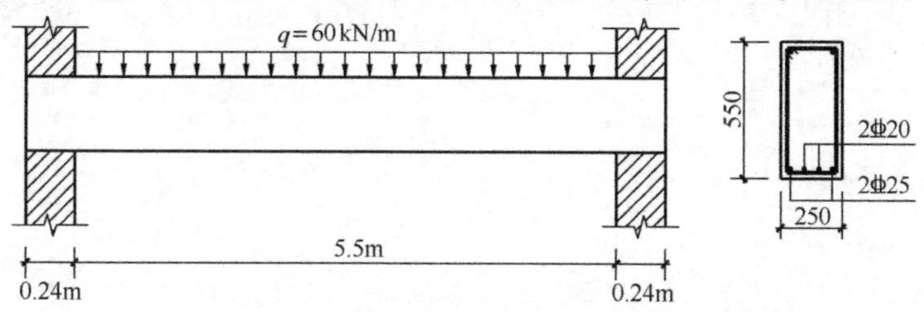

图 5-32　习题 5.2 中的图

5.3　图 5-33 为一矩形截面简支梁，$b\times h=250\text{mm}\times 550\text{mm}$，混凝土强度等级为 C30，箍筋用 HRB335 级钢筋，纵向受拉钢筋及弯起钢筋用 HRB400 级钢筋，梁上集中荷载设计值 $P=110\text{kN}$，均布荷载设计值 $q=10\ \text{kN/m}$（包括梁自重）。试按以下两种情况分别进行斜截面受剪承载力计算：（1）仅配置箍筋，要求选择箍筋的直径和间距；（2）箍筋按双肢Φ 6@200 配置，试选择弯起钢筋，并绘制梁的配筋草图（提示：因为纵向受拉钢筋是未知的，所以在选择弯起钢筋时要同时考虑正截面受弯承载力所要求的纵向受拉钢筋）。

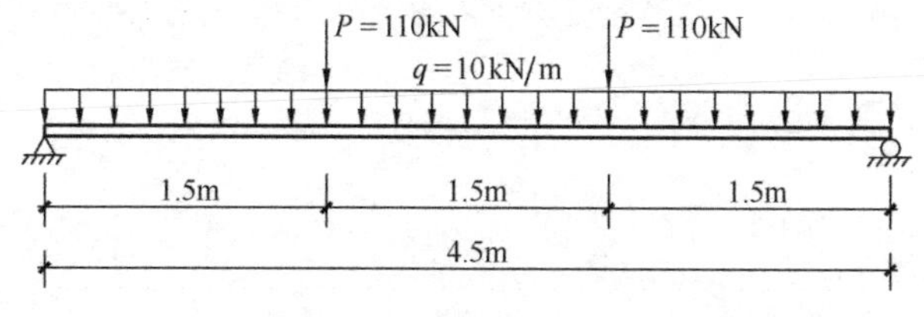

图 5-33　习题 5.3 中的图

5.4　某承受均布荷载的矩形截面简支梁，计算跨度 $l_0=4.8\text{m}$，$b\times h=200\text{mm}\times 500\text{mm}$，混凝土强度等级为 C30，箍筋采用双肢Φ 8@150（HRB400

级)。求:(1) 梁的斜截面受剪承载力 V_u;(2) 根据斜截面受剪承载力 V_u 计算梁所承受的扣除梁自重后的均布荷载的标准值。

5.5　图 5-34 为一矩形等截面外伸梁, $b\times h=250\text{mm}\times700\text{mm}$,混凝土强度等级为 C30,纵向受拉钢筋及腹筋均采用 HRB400 级钢筋。求:(1) 由正截面受弯承载力计算,选择纵向受拉钢筋;(2) 由斜截面受剪承载力计算,选择腹筋;(3) 绘制抵抗弯矩图。

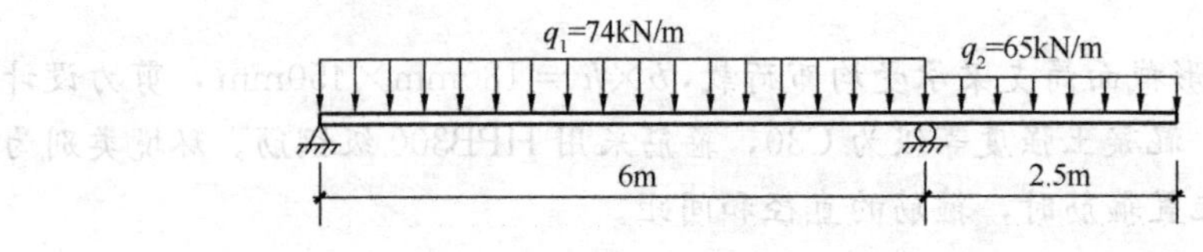

图 5-34　习题 5.5 中的图

第6章　受扭构件扭曲截面承载力

§6.1　概　　述

扭转是结构构件基本受力形态之一。在钢筋混凝土结构中，构件受纯扭的情况较少，通常都是在弯矩、剪力和扭矩共同作用下的受力状态。例如钢筋混凝土雨篷梁、框架边梁、曲梁、吊车梁、螺旋形楼梯等，均属于受弯剪扭构件（图6-1）。

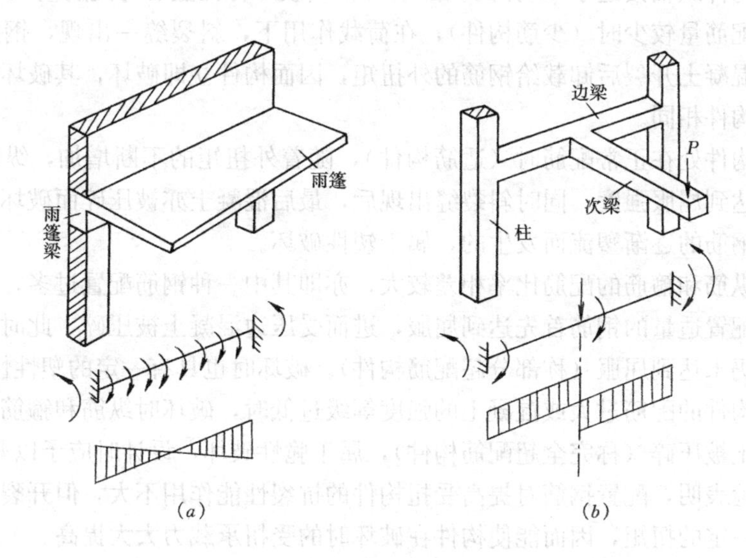

图6-1　受扭构件实例

(a) 雨篷梁；(b) 框架边梁

§6.2　试验研究分析

由材料力学公式可知，受弯构件垂直截面在正应力 σ 和剪应力 τ 的作用下，相应地产生主拉应力 σ_{tp} 和主压应力 σ_{cp}：

$$\begin{matrix}\sigma_{tp}\\ \sigma_{cp}\end{matrix} = \frac{\sigma}{2} \pm \sqrt{\frac{\sigma^2}{4} + \tau^2} \tag{6-1}$$

对于纯扭构件，$\sigma=0$，则由于垂直截面上扭转剪应力 τ 的作用，使其在与构件纵轴成45°方向上产生主拉应力，其值为：

$$\sigma_{tp} = -\sigma_{cp} = \tau \tag{6-2}$$

上式中σ_{tp}与σ_{cp}方向互成90°角。由试验可知，由于混凝土的抗拉强度低于其抗剪强度，当主拉应力达到混凝土的抗拉强度后，构件就会在垂直主拉应力作用的平面内产生斜裂缝。

试验表明，无筋矩形截面混凝土构件在扭矩作用下，首先在其长边中点最薄弱处，产生一条斜裂缝，并很快向相邻两边延伸，形成三面开裂一面受压的一个空间扭曲的歪斜裂缝面，使构件立即破坏。其破坏带有突然性，属于脆性破坏。

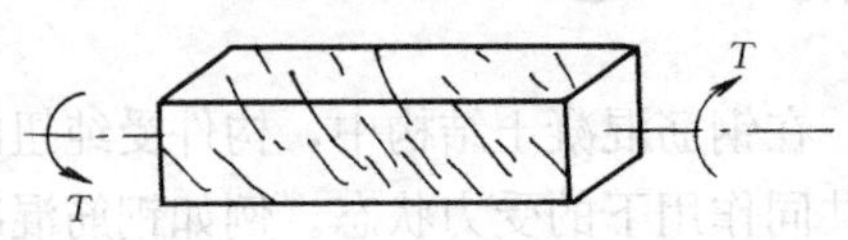

图6-2　钢筋混凝土纯扭构件斜裂缝

钢筋混凝土纯扭构件则不同，在开裂以前钢筋应力很小，当裂缝出现以后，由于截面有钢筋的连系，斜截面拉应力主要由钢筋承受，斜裂缝的倾角与构件纵轴接近于45°方向（图6-2），其破坏特征主要与配筋量大小有关：

当配筋量较少时（少筋构件），在荷载作用下，斜裂缝一出现，钢筋不能承受由于混凝土开裂后卸载给钢筋的外扭矩，因而构件立即破坏，其破坏性质与无筋纯扭构件相同。

当构件处在正常配筋时（适筋构件），随着外扭矩的不断增加，纵筋和箍筋都相继达到屈服强度，同时斜裂缝出现后，最后混凝土亦被压碎而破坏。其破坏是随着钢筋的逐渐塑流而发生的，属于塑性破坏。

当纵筋和箍筋的配筋比率相差较大，亦即其中一种钢筋配置过多，在破坏时另一种配置适量的钢筋首先达到屈服，进而受压边混凝土被压碎，此时配置过多的钢筋仍未达到屈服（称部分超配筋构件）。破坏时也具有一定的塑性性能。

当构件的配筋过大或混凝土的强度等级过低时，破坏时纵筋和箍筋均未屈服而混凝土被压碎（称完全超配筋构件），属于脆性破坏，设计时应予以避免。

试验表明，配置钢筋对提高受扭构件的抗裂性能作用不大，但开裂后钢筋能够承受一定的扭矩，因而能使构件在破坏时的受扭承载力大大提高。

§6.3　矩形截面纯扭构件的承载力

钢筋混凝土构件在扭矩作用下即将开裂时其截面已进入弹塑性阶段，开裂后处于带裂缝工作情况；由于扭矩作用面在四侧引起与斜裂缝垂直的主拉应力方向不同，使破坏扭面处于空间受力状态，破坏形态亦随着纵筋及箍筋配筋量不同而异，因此其内力状态较为复杂。目前国内外现有的理论公式计算值与试验结果相比仍有差距，因而有待进一步研究。

我国《规范》通过对钢筋混凝土矩形截面纯扭构件的试验研究和统计分析，在满足可靠度要求的前提下，提出如下半经验半理论的纯扭构件承载力计算公式（图6-3）：

$$T \leqslant 0.35 f_t W_t + 1.2\sqrt{\zeta} f_{yv} \frac{A_{st1} A_{cor}}{s} \tag{6-3}$$

式中　T——扭矩设计值；

A_{cor}——截面核心部分的面积，$A_{cor}=b_{cor}h_{cor}$，b_{cor}、h_{cor}为从箍筋内表面计算的截面核心部分的短边和长边尺寸；

A_{st1}——箍筋的单肢截面面积；

f_{yv}——箍筋的抗拉强度设计值；

s——箍筋的间距；

ζ——纵筋与箍筋的配筋强度比，由式（6-5）确定；

f_t——混凝土的抗拉强度设计值；

W_t——截面受扭塑性抵抗矩，由式（6-4）确定。

式（6-3）中第一项表示开裂后混凝土所能承受的扭矩。试验研究表明，钢筋混凝土构件在扭矩作用下，其开裂后的斜裂缝仅在表面某个深度处形成，不会贯穿整个截面，而且形成许多相互平行、断断续续、前后交错的斜裂缝，分布在四个侧面上（图6-2），最终并不成为连续的通长螺旋形裂缝，因此混凝土本身并没有分割成可动机构，还可以承担一定的扭矩。另一方面，构件受扭时由于有钢筋的连系，使其裂缝开展受到一定的限制，并增加了由于扭转的相对剪切变形在斜裂缝处形成的摩擦力，即所谓骨料的咬合力，因而形成一定的抗扭能力。对W_t的取值，认为在构件即将破坏时，混凝土已进入全塑性状态，故用式（6-4）的表达式。式（6-3）中，第一项中的系数取0.35，是考虑混凝土开裂的影响，由试验分析确定的。

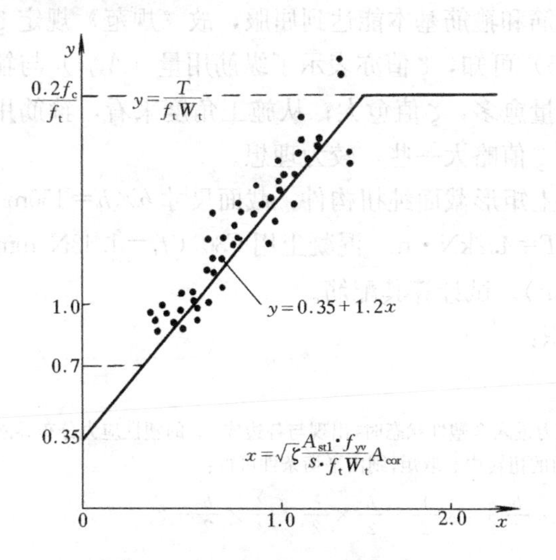

图6-3　矩形截面钢筋混凝土纯扭构件计算曲线

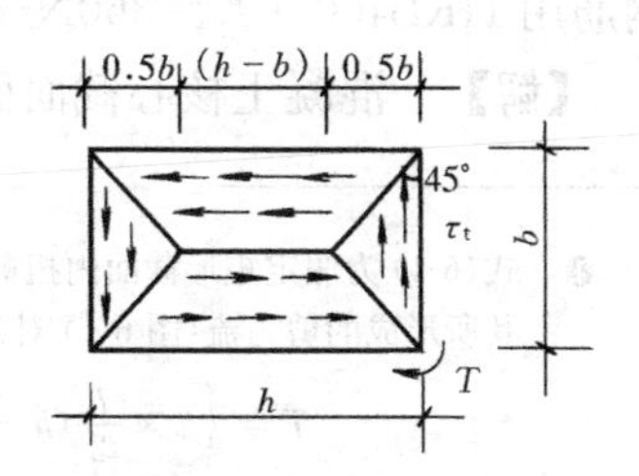

图6-4　矩形截面扭剪应力全塑性状态时假定的应力分布

$$W_t = \frac{b^2}{6}(3h-b)\text{❶} \tag{6-4}$$

式中　b——矩形截面的宽度，在受扭构件中，应取矩形截面的短边尺寸；

h——矩形截面的高度，在受扭构件中，应取矩形截面的长边尺寸。

式（6-3）中第二项为钢筋所能承受的扭矩；其中$\sqrt{\zeta}$是考虑纵筋与箍筋不同配筋和不同强度比对受扭承载力的影响，ζ值按下式确定：

$$\zeta = \frac{f_y A_{stl} s}{f_{yv} A_{st1} u_{cor}} \tag{6-5}$$

式中　A_{stl}——对称布置的全部纵向钢筋截面面积；

f_y——纵向钢筋抗拉强度设计值；

u_{cor}——截面核心部分的周长，$u_{cor}=2(b_{cor}+h_{cor})$。

由式（6-5），ζ值也可以理解为沿截面核心周长单位长度内的受扭纵筋承载力（即$f_y A_{stl}/u_{cor}$）与沿构件长度方向单位长度内的单侧受扭箍筋承载力（即$f_{yv}A_{st1}/s$）之比值。这样，式（6-3）中，第二项采用$1.2\sqrt{\zeta}\frac{f_{yv}A_{st1}}{s}A_{cor}$这一模式来表达受扭纵筋及箍筋与受扭承载力的相互关系，符合目前纯扭理论公式所表达的惯用桁架模式。同时，当采用系数1.2以后，由式（6-3）求得的计算值与相应的试验值符合程度较好，称之为半经验半理论计算公式。

钢筋混凝土矩形截面纯扭构件的配筋方法：计算时先假定ζ值，然后按式（6-3）及式（6-5）分别求得箍筋及纵筋用量。对ζ的取值问题，由试验可知，当$0.6<\zeta\leqslant 1.7$时，所配置的纵筋和箍筋基本能达到屈服，故《规范》规定ζ的取值应符合上述条件。由式（6-5）可知，ζ值亦表示了纵筋用量（$A_{stl}s$）与箍筋用量（$A_{st1}u_{cor}$）的比值，纵筋用量愈多，ζ值愈大；从施工角度来看，箍筋用量愈少，施工愈简单，故设计时取ζ值略大一些，较为理想。

【例6-1】　已知一钢筋混凝土矩形截面纯扭构件，截面尺寸$b\times h=150\text{mm}\times 300\text{mm}$，作用其上的扭矩设计值$T=4.2\text{kN}\cdot\text{m}$，混凝土用C30（$f_t=1.43\text{N/mm}^2$），钢筋用HRB400（$f_y=360\text{N/mm}^2$）。试计算其配筋。

【解】　混凝土核心截面面积：

---

❶ 式(6-4)为假定矩形截面内扭剪应力进入全塑性状态时，出现与各边成45°的塑性应力分布界限线，其所形成的剪力流(图6-4)对截面的扭转中心取矩，则由平衡条件可得：

$$T=\left\{2\times\frac{b}{2}(h-b)\times\frac{b}{4}+4\times\frac{1}{2}\times\frac{b}{2}\times\frac{b}{2}\times\frac{2}{3}\times\frac{b}{2}+2\times\frac{b}{2}\times\frac{b}{2}\left[\frac{2}{3}\times\frac{b}{2}+\frac{1}{2}(h-b)\right]\right\}\tau_t=\frac{b^2}{6}(3h-b)\tau_t$$

$$W_t=\frac{b^2}{6}(3h-b)$$

$$A_{cor}=b_{cor}\times h_{cor}=100\times250=25000\text{mm}^2$$

构件截面受扭塑性抵抗矩：

$$W_t=\frac{b^2}{6}(3h-b)=\frac{150^2}{6}(3\times300-150)=28.1\times10^5\text{mm}^3$$

当混凝土取用C30时，$f_t=1.43\text{N/mm}^2$。取$\zeta=1.2$，则由式（6-3）可得：

$$\frac{A_{st1}}{s}=\frac{T-0.35f_tW_t}{1.2\sqrt{\zeta}f_{yv}A_{cor}}=\frac{42\times10^5-0.35\times1.43\times28.1\times10^5}{1.2\sqrt{1.2}\times360\times0.25\times10^5}=0.236$$

取用箍筋为Φ 8，则 $A_{st1}=50.3\text{mm}^2$，$s=50.3/0.236=213\text{mm}$，取用$s=200\text{mm}$。

由式（6-5）可得纵筋截面面积：

$$A_{stl}=\zeta\frac{f_{yv}A_{st1}u_{cor}}{f_ys}=1.2\times\frac{360\times50.3\times2(100+250)}{360\times200}=211\text{mm}^2$$

选用纵筋为Φ 10，则纵筋所需根数为211/78.5=2.7根，取4根，对称布置。

§6.4 矩形截面弯剪扭构件的承载力

钢筋混凝土构件在弯矩、剪力和扭矩共同作用下的受力性能，属于空间受力状态问题，计算比较复杂。《规范》在试验研究的基础上，采用如下的简化方法。

对弯矩，按受弯构件正截面受弯承载力公式，单独计算所需纵筋。

对剪力和扭矩，当构件在剪扭共同作用下，在截面某一受压区域内，将同时承受剪切和扭转剪应力的双重作用，致使混凝土承载力降低。在计算时为了与受剪及受扭计算相协调，仍采用受弯构件的受剪承载力及纯扭构件承载力的计算公式，但二者的混凝土承载力项，应考虑剪扭双重作用的影响，取用分别乘以混凝土承载力降低系数后的承载力值。具体介绍如下。

6.4.1 构件剪扭计算公式的建立

钢筋混凝土构件在剪力和扭矩的共同作用下，其受剪及受扭承载力计算公式仍采用与受弯构件的受剪承载力及纯扭构件承载力计算公式相协调的表达式，即：

$$V_0=V_{c0}+V_s \tag{6-6}$$

$$T_0=T_{c0}+T_s \tag{6-7}$$

$$V=V_c+V_s \tag{6-8}$$

$$T=T_c+T_s \tag{6-9}$$

式中 V_0——受弯构件的受剪承载力；

T_0——纯扭构件的受扭承载力；

V_{c0}——受弯构件受剪承载力公式中混凝土的受剪承载力；

T_{c0}——纯扭构件承载力公式中混凝土的受扭承载力；

V_s、T_s——钢筋承受的受剪及受扭承载力；

V、T——剪扭构件的剪力设计值及扭矩设计值；

V_c、T_c——剪扭构件承载力公式中混凝土的受剪及受扭承载力。

式（6-6）即式（5-12）当 $V=V_0$ 时的表达式；式（6-7）即式（6-3）当 $T=T_0$ 时的表达式。

式（6-8）及式（6-9）中的 V_c 和 T_c 值，由于混凝土既要承受剪力的作用，又要承受扭矩的作用，因此，剪扭构件混凝土的受剪承载力 V_c 及受扭承载力 T_c 相互之间存在着一定的影响，通常称为相关关系，计算时采用如图 6-5 的无量纲坐标来表示。

剪扭构件在荷载作用下其混凝土和钢筋共同工作，在试验过程中很难分出各自的承载力。一般可认为配有箍筋的剪扭构件中混凝土的受剪及受扭承载力，与未配箍筋即无腹筋剪扭构件的受剪及受扭承载力相关关系大体相当。这样，就可按无腹筋构件的受剪及受扭承载力来确定钢筋混凝土剪扭构件中混凝土的受剪及受扭承载力。

对于无腹筋剪扭构件，试验时采用相同的宽高比（b/h），同时为了不受剪跨比的影响，而采用了较大的剪跨比［$M/(Vh_0)$］，然后按不同扭剪比［$T/(Vb)$］进行加载，则其剪扭试验值的无量纲坐标（T_c/T_{c0}、V_c/V_{c0}）相关曲线如图 6-5 所示。

由该图可以看出，V_c 值是随着 T_c 值的增加而降低的；同样，T_c 值亦是随着 V_c 值的增加而降低的。其相关曲线接近四分之一圆的规律性。这样，式(6-8)及式（6-9）中二者的混凝土承载力项 V_c 和 T_c 值，就可按图 6-5 相关曲线的规律性确定，而二者钢筋的承载力 V_s 和 T_s 值，则认为和弯剪及纯扭构件承载力公式中的 V_s 和 T_s 值相同，采用简单的叠加方法。这样，式（6-8）及式(6-9)的计算模式就可以确定。

6.4.2　《规范》对构件剪扭承载力简化计算

1. 对 V_c 和 T_c 的简化计算

在图 6-5 中，曲线方程为 $\left(\frac{V_c}{V_{c0}}\right)^2+\left(\frac{T_c}{T_{c0}}\right)^2=1$，对 V_{c0}、T_{c0} 值可由弯剪及纯扭承载力公式计算得出，当构件的扭剪比 $n[n=T/(Vb)]$ 为已知时，则 V_c 及 T_c 值就可以求出。为了简化计算，《规范》规定其圆弧曲线 EF 可用如图 6-6 所示的三折线 EG、GH 及 HF 来代替。试验分析表明，在作直线 CD 时，为了简化方便，取 $CE=DF=0.5$ 得出的公式计算值与相应试验值符合程度最好。这样，在图 6-6 中，B 点表示任意扭剪比 $[T/(Vb)]$ 时，用无量纲坐标表示构件剪扭承载力的计算点，其中 OA 区段表示混凝土的承载力，AB 区段表示相应钢筋的承载力。若取 $AI=DI=\beta_t$，则得：

$$\frac{V_c}{V_{c0}}=1.5-\beta_t$$

$$V_c=(1.5-\beta_t)V_{c0} \tag{6-10}$$

$$\frac{T_c}{T_{c0}}=\beta_t, \quad 或\ T_c=\beta_t T_{c0} \tag{6-11}$$

式中　β_t——剪扭构件混凝土承载力降低系数。

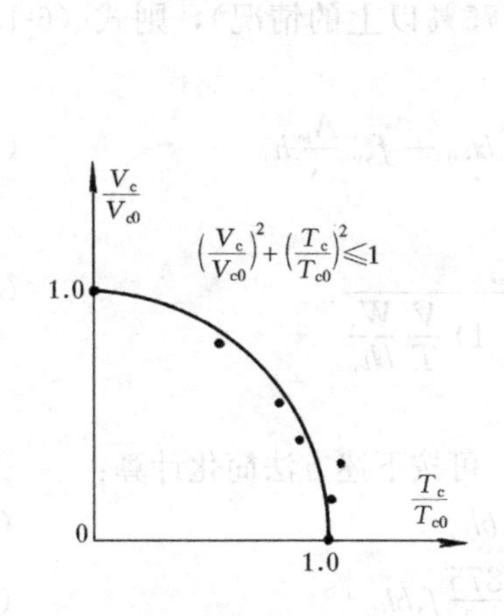

图 6-5　无腹筋剪扭构件相关试验曲线

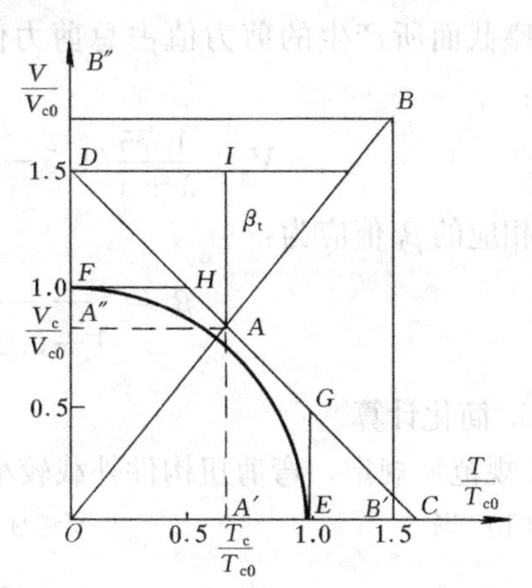

图 6-6　$\frac{V}{V_{c0}}$-$\frac{T}{T_{c0}}$曲线简化计算

对 β_t 值，由图 6-6，$\Delta OAA''\approx\Delta OBB''$，可得：

$$\frac{\beta_t}{\frac{V_c}{V_{c0}}}=\frac{\frac{T}{T_{c0}}}{\frac{V}{V_{c0}}}$$

则

$$\beta_t=\frac{T}{V}\frac{V_c}{T_{c0}}=(1.5-\beta_t)\frac{T}{V}\frac{V_{c0}}{T_{c0}}$$

解之得

$$\beta_t=\frac{1.5}{1+\frac{V}{T}\frac{T_{c0}}{V_{c0}}}$$

对于矩形截面，可取 $V_{c0}=0.7f_tbh_0$，$T_{c0}=0.35f_tW_t$，则得：

$$\beta_t=\frac{1.5}{1+0.5\frac{V}{T}\frac{W_t}{bh_0}} \tag{6-12}$$

由图 6-6 可知，β_t 值只适用于 GH 范围，故必须符合 $0.5\leqslant\beta_t\leqslant1.0$。当 $\beta_t<0.5$ 时，取 $\beta_t=0.5$；当 $\beta_t>1.0$ 时，取 $\beta_t=1.0$。β_t 为水平线 DI 到斜线 GH 上任

一点的垂直距离。

2. 构件剪扭承载力计算

矩形截面弯剪扭构件的受剪及受扭承载力，可表达为：

$$V \leqslant 0.7(1.5-\beta_t) f_t b h_0 + f_{yv} \frac{A_{sv}}{s} h_0 \tag{6-13}$$

$$T \leqslant 0.35\beta_t f_t W_t + 1.2\sqrt{\zeta} f_{yv} \frac{A_{st1} A_{cor}}{s} \tag{6-14}$$

上式中 β_t 值按式（6-12）确定；ζ 值按式（6-5）确定。

对集中荷载作用下的矩形截面独立梁（包括作用多种荷载，且其中集中荷载对支座截面所产生的剪力值占总剪力值的75%以上的情况），则式（6-13）应改为：

$$V \leqslant \frac{1.75}{\lambda+1}(1.5-\beta_t) f_t b h_0 + f_{yv} \frac{A_{sv}}{s} h_0 \tag{6-15}$$

相应的 β_t 值应为：

$$\beta_t = \frac{1.5}{1+0.2(\lambda+1)\dfrac{V}{T}\dfrac{W_t}{bh_0}} \tag{6-16}$$

3. 简化计算

《规范》规定，弯剪扭构件外载较小时，可按下述方法简化计算：

（1）当 $$V \leqslant 0.35 f_t b h_0 \tag{6-17}$$

或 $$V \leqslant \frac{0.875}{\lambda+1} f_t b h_0 \tag{6-18}$$

可忽略剪力的影响，仅按受弯构件的正截面受弯承载力和纯扭构件承载力分别进行计算。

（2）当 $$T \leqslant 0.175 f_t W_t \tag{6-19}$$

可忽略扭矩的影响，仅按受弯构件的正截面受弯承载力和斜截面受剪承载力分别进行计算。

式（6-17）～式（6-19）符号右面表示构件混凝土开裂后受剪及受扭极限承载力值，要比相应的混凝土开裂时荷载产生的内力大得多，因此，可不考虑其构造配筋的影响，使设计方法简化。

§6.5 T形和工字形截面弯剪扭构件的承载力

6.5.1 试验分析

试验表明：T形和工字形截面的纯扭构件，破坏时第一条斜裂缝出现在腹板侧面的中部，其破坏形态和规律性与矩形截面纯扭构件相似。

如图6-7所示，当T形截面腹板宽度大于翼缘厚度时，如果将其悬挑翼缘部分去掉，则可看出其腹板侧面斜裂缝与其顶面裂缝基本相连，形成了断断续续相互贯通的螺旋形斜裂缝。亦即其斜裂缝是随较宽的腹板而独立形成，不受悬挑翼缘存在的影响。说明其受扭承载力以满足较宽矩形的完整性为原则，这为划分数个矩形分别进行计算的合理性提供了依据。亦即对常用的T形及工字形截面划分数个矩形时，需以满足腹板的完整性为原则。

试验表明：对于配有封闭箍筋的翼缘（图6-8），其截面受扭承载力随着翼缘的悬挑宽度的增加而提高。但当悬挑宽度过小（一般小于其翼缘的厚度），其提高效果不显著。反之，悬挑宽度过大，翼缘与腹板连接处整体刚度相对减弱，翼缘弯曲变形后易于断裂，不能承受扭矩作用。《规范》规定，取用悬挑宽度不得超过其厚度的3倍。

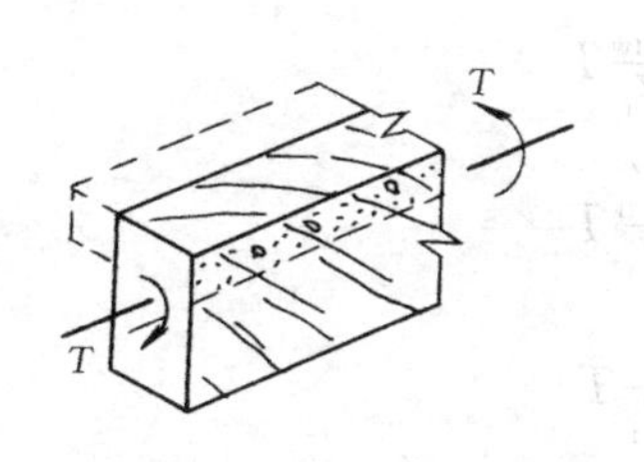

图6-7 T形截面纯扭构件裂缝图

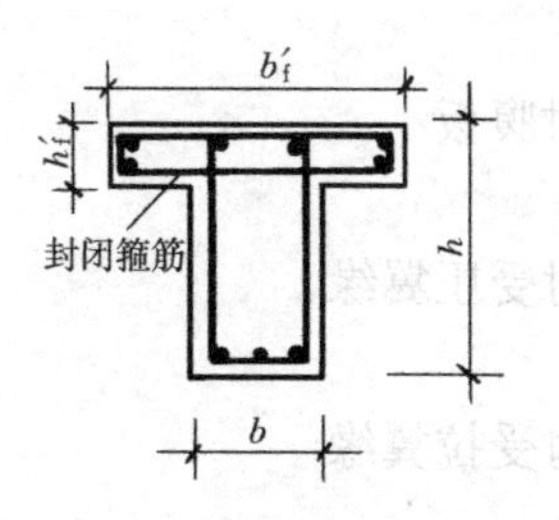

图6-8 T形截面翼缘的封闭箍筋

试验表明：当T形和工字形截面构件的扭剪比较大时 $[T/(Vb)\geqslant 0.4]$，斜裂缝呈扭转的螺旋形开展，其破坏形态呈扭型破坏；当扭剪比较小时 $[T/(Vb)<0.4]$，构件两侧腹板均呈同向倾斜的剪切斜裂缝，其破坏形态呈剪型破坏。对于剪型破坏的一类构件，由于扭矩较小，翼缘处于构件截面受压区，因此翼缘中纵筋和箍筋的抗扭作用不大，设计时翼缘可按构造要求配置受扭纵筋和箍筋。

6.5.2 承载力计算

对T形和工字形截面弯剪扭构件，除弯矩按受弯构件承载力公式单独计算其纵筋以外，其剪扭承载力按下列方法确定：

(1) 将T形或工字形截面划分为数个矩形截面。其划分的方法为，首先满足腹板矩形截面的完整性，按图6-9所示的方法进行划分。

(2) 所划分的各个矩形截面受扭塑性抵抗矩，按表6-1规定的近似值取用。

T形及工字形截面受扭塑性抵抗矩 **表6-1**

截　面	W_t　值
全截面	$W_t=W_{tw}+W'_{tf}+W_{tf}$
腹　板	$W_{tw}=\dfrac{b^2}{6}(3h-b)$
受压及受拉翼缘	$W'_{tf}=\dfrac{h_f'^2}{2}(b'_f-b)$； $W_{tf}=\dfrac{h_f^2}{2}(b_f-b)$

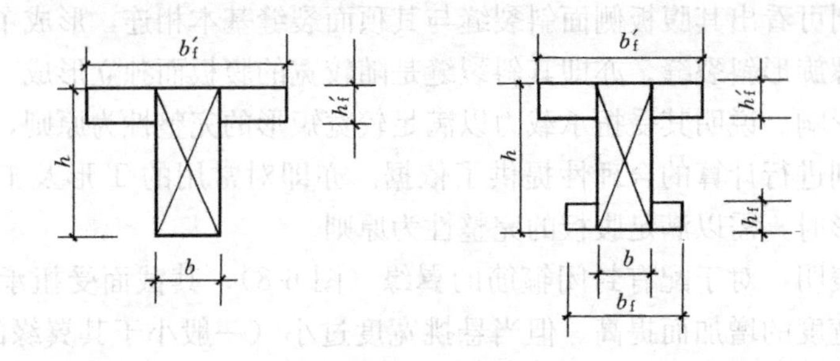

图 6-9　T形及工字形截面划分矩形截面的方法

（3）扭矩分配。对所划分的每个矩形截面所承受的扭矩设计值，按下列规定计算。

对腹板
$$T_w = \frac{W_{tw}}{W_t} T \tag{6-20}$$

对受压翼缘
$$T'_f = \frac{W'_{tf}}{W_t} T \tag{6-21}$$

对受拉翼缘
$$T_f = \frac{W_{tf}}{W_t} T \tag{6-22}$$

式中　T_w、T'_f、T_f——腹板、受压翼缘及受拉翼缘的扭矩设计值。

（4）配筋计算。

对腹板：考虑其同时承受剪力和扭矩，按 V 及 T_w 由式（6-13）及式（6-14）进行配筋计算。

对受压及受拉翼缘：不考虑翼缘承受剪力，按 T'_f 及 T_f 由纯扭式（6-3）分别进行配筋计算。

最后将计算所得的纵筋及箍筋截面面积分别合理地叠加。

§6.6　受扭构件的构造要求

1. 截面限制条件

在受扭构件设计时，为了保证构件截面尺寸不致过小，使其在破坏时混凝土不首先被压碎，在试验的基础上，《规范》规定：在弯、剪、扭共同作用下的矩形、T形、工字形截面混凝土构件，应符合如下的截面限制条件(图 6-10)。

当 $h_w/b \leqslant 4$ 时

$$\frac{V}{bh_0} + \frac{T}{0.8W_t} \leqslant 0.25\beta_c f_c \tag{6-23}$$

当 $h_w/b = 6$ 时

$$\frac{V}{bh_0} + \frac{T}{0.8W_t} \leqslant 0.2\beta_c f_c \tag{6-23a}$$

当 $4<h_{\mathrm{w}}/b<6$ 时，接线性插入法确定。

计算时如不满足上述要求，则需加大构件截面尺寸，或提高混凝土强度等级。

2. 构造配筋

(1) 构造配筋界限

钢筋混凝土构件所能承受的剪力及扭矩，相当于混凝土构件即将开裂时剪力及扭矩值的界限状态，称为构造配筋界限（图 6-11）。从理论上来说，构件处于这一状态，由于混凝土未开裂，混凝土能够承受外载而不需要设置受剪及受扭钢筋；但在设计时为了安全可靠，防止构件内混凝土偶然开裂而失去承载力，在构造上还应设置符合最小配筋率要求的钢筋，《规范》规定：对弯、剪、扭共同作用下的混凝土构件，当符合下列条件时，可不进行构件受剪扭承载力计算，而按构造要求配置钢筋。

$$\frac{V}{bh_0}+\frac{T}{W_{\mathrm{t}}}\leqslant 0.7f_{\mathrm{t}} \tag{6-24}$$

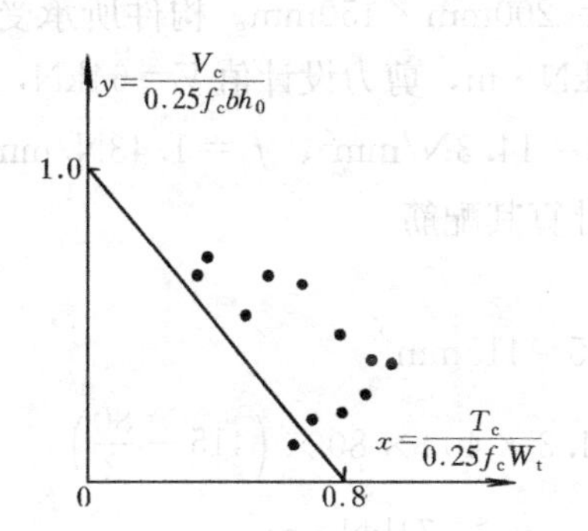

图 6-10 剪扭构件完全超配筋试验相关曲线

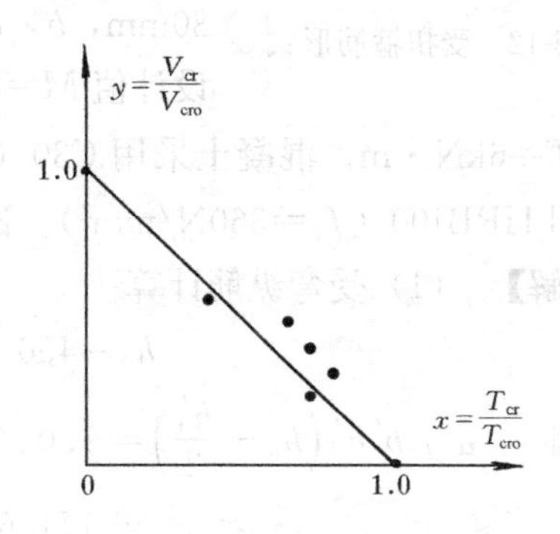

图 6-11 剪扭构件开裂时承载力试验相关曲线

(2) 受扭构件最小配筋率

钢筋混凝土受扭构件能够承受相当于素混凝土受扭构件所能承受的极限承载力时相应的配筋率，称为受扭构件钢筋的最小配筋率。

受扭构件钢筋的最小配筋率，应包括构件箍筋最小配筋率及纵筋最小配筋率两个含义。

在工程结构设计中，大多数构件属于弯剪扭共同作用下的构件，受纯扭的情况极少。《规范》在试验分析的基础上规定：构件在剪扭共同作用下，其受剪及受扭箍筋之和最小面积配筋率（沿截面周边布置）为：

$$\rho_{\mathrm{sv,min}}=\frac{A_{\mathrm{sv,min}}}{bs}=0.28\frac{f_{\mathrm{t}}}{f_{\mathrm{yv}}} \tag{6-25}$$

构件在剪扭共同作用下，受扭纵筋的最小面积配筋率为：

$$\rho_{tl,\min}=\frac{A_{stl,\min}}{bh}=0.6\sqrt{\frac{T}{Vb}}\frac{f_t}{f_y} \quad (6\text{-}26)$$

其中，当$\frac{T}{Vb}>2$时，取$\frac{T}{Vb}=2$。

设计时，构件计算的受扭纵筋最小配筋截面面积应沿截面周边对称布置；在弯曲受拉边则取弯曲受拉纵筋最小配筋截面面积与受扭纵筋最小配筋分配到弯曲受拉边的截面面积相叠加而配置。

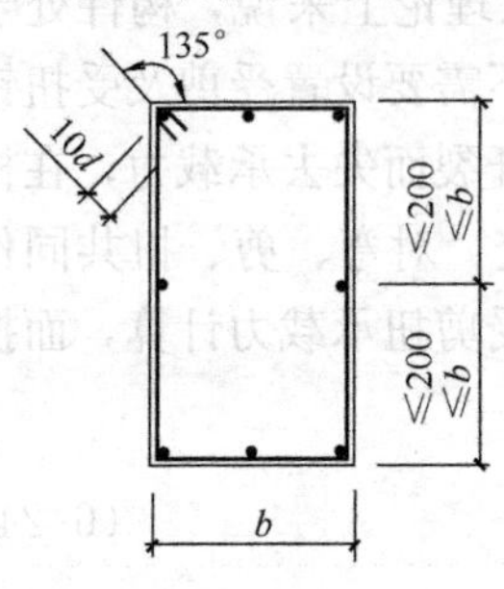

图 6-12　受扭箍筋形式

受扭所需的箍筋应做成封闭式，且应沿截面周边布置；当采用复合箍筋时，位于截面内部的箍筋不应计入受扭所需的箍筋截面面积；受扭所需箍筋的末端应做成135°弯钩，弯钩端头平直段长度不应小于10d（d为箍筋直径）。如图6-12所示。

【例6-2】 已知一均布荷载作用下钢筋混凝土T形截面弯剪扭构件，截面尺寸$b'_f=400$mm，$h'_f=80$mm，$b\times h=200\text{mm}\times450\text{mm}$。构件所承受的弯矩设计值$M=74\text{kN}\cdot\text{m}$，剪力设计值$V=64$kN，扭矩设计值$T=6\text{kN}\cdot\text{m}$。混凝土采用C30（$f_c=14.3\text{N/mm}^2$、$f_t=1.43\text{N/mm}^2$），钢筋采用HRB400（$f_y=360\text{N/mm}^2$）。试计算其配筋。

【解】（1）受弯纵筋计算

$$h_0=450-35=415\text{mm}$$

因

$$\alpha_1 f_c b'_f h'_f\left(h_0-\frac{h'_f}{2}\right)=1.0\times14.3\times400\times80\times\left(415-\frac{80}{2}\right)$$

$$=171.6\text{kN}\cdot\text{m}>74\text{kN}\cdot\text{m}$$

故属于第一类T形截面。

$$M=\alpha_1 f_c b'_f x\left(h_0-\frac{x}{2}\right)$$

$$x=h_0-\sqrt{h_0^2-\frac{2M}{\alpha_1 f_c b'_f}}=415-\sqrt{415^2-\frac{2\times7.4\times10^7}{1.0\times14.3\times400}}=32.4\text{mm}$$

$$A_s=\frac{\alpha_1 f_c b'_f x}{f_y}=\frac{1.0\times14.3\times400\times32.4}{360}=514.8\text{mm}^2$$

（2）受剪及受扭钢筋计算

1）截面限制条件验算

$$W_{tw}=\frac{200^2}{6}\times(3\times450-200)=76.7\times10^5\text{mm}^3$$

$$W'_{tf}=\frac{80^2}{2}\times(400-200)=6.4\times10^5\text{mm}^3$$

$$W_t=(76.7+6.4)\times10^5=83.1\times10^5\text{mm}^3$$

当混凝土强度等级小于 C50 时，$\beta_c=1.0$

因 $h_w/b=(415-80)/200=1.68<4$

$$\frac{V}{bh_0}+\frac{T}{0.8W_t}=\frac{6.4\times10^4}{200\times415}+\frac{0.6\times10^7}{0.8\times83.1\times10^5}$$

$$=1.674\text{N/mm}^2<0.25\times1.0\times14.3=3.58\text{N/mm}^2$$

故截面尺寸符合要求。

又 $$\frac{V}{bh_0}+\frac{T}{W_t}=1.493\text{N/mm}^2>0.7\times1.43=1.00\text{N/mm}^2$$

故需按计算配置受扭钢筋。

2）扭矩分配

对腹板：$$T_w=\frac{W_{tw}}{W_t}T=\frac{76.7\times10^5}{83.1\times10^5}\times6.0=5.54\text{kN}\cdot\text{m}$$

对弯曲受压翼缘：$$T'_f=\frac{W'_{tf}}{W_t}T=\frac{6.4\times10^5}{83.1\times10^5}\times6.0=0.46\text{kN}\cdot\text{m}$$

3）腹板配筋

近似取箍筋内表面至截面边缘的距离为 $c+d_{sv}=25\text{mm}$（d_{sv}为箍筋直径）：

$$A_{cor}=b_{cor}\times h_{cor}=150\times400=0.6\times10^5\text{mm}^2$$

$$u_{cor}=2(b_{cor}+h_{cor})=2\times(150+400)=1100\text{mm}$$

受扭箍筋，由式（6-12）得：

$$\beta_t=\frac{1.5}{1+0.5\dfrac{V}{T}\dfrac{W_t}{bh_0}}=\frac{1.5}{1+0.5\times\dfrac{6.4\times10^4\times76.7\times10^5}{5.54\times10^6\times200\times415}}=0.978$$

取 $\zeta=1.3$，由式（6-14）得：

$$\frac{A_{st1}}{s}=\frac{5.54\times10^6-0.35\times0.978\times1.43\times76.7\times10^5}{1.2\sqrt{1.3}\times360\times0.6\times10^5}=0.06$$

受剪箍筋：

$$\frac{A_{sv}}{s}=\frac{64000-0.7\times(1.5-0.978)\times200\times415\times1.43}{360\times415}=0.138$$

故得腹板单肢箍筋单位间距所需总面积为：

$$\frac{A_{st1}}{s}=0.06+\frac{0.138}{2}=0.129$$

取箍筋为Φ8（$A_{st1}=50.3\text{mm}^2$），则得箍筋间距为：

$$s=\frac{A_{st1}}{\dfrac{A_{st1}}{s}}=\frac{50.3}{0.129}=390\text{mm},\text{取用 } s=200\text{mm}$$

受扭纵筋，由式（6-5）得：

$$A_{stl}=1.3\times\frac{360\times50.3\times1100}{360\times200}=360\text{mm}^2$$

故得腹板所需纵筋：

弯曲受压区所需纵筋总面积为

$$A'_s=\frac{360}{2}=180\text{mm}^2$$

选用2Φ12（A'_s=226mm²）。

弯曲受拉区所需纵筋总面积为

$$A_s=514.8+\frac{360}{2}=694.8\text{mm}^2$$

选用2Φ18＋1Φ16($A_s=710\text{mm}^2$)。

4）弯曲受压翼缘配筋，按纯扭构件计算

$$A_{cor}=b_{cor}\times h_{cor}=150\times 30=4500\text{mm}^2$$
$$u_{cor}=2(b_{cor}+h_{cor})=2\times(150+30)=360\text{mm}$$

取ζ=1.5，由式（6-3）得：

$$\frac{A_{st1}}{s}=\frac{4.6\times 10^5-0.35\times 1.43\times 6.4\times 10^5}{1.2\sqrt{1.5}\times 360\times 4500}=0.059$$

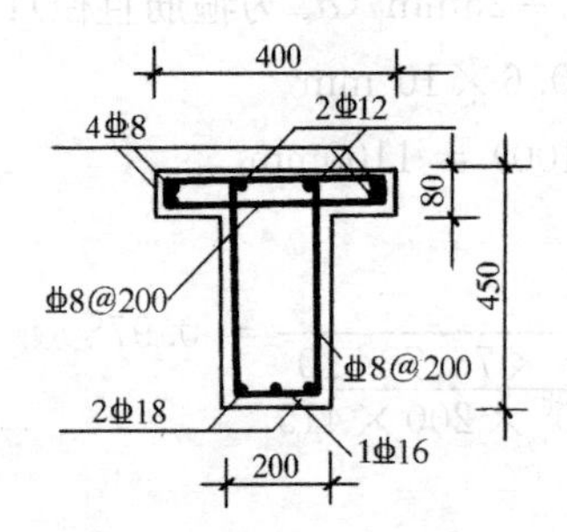

图6-13　T形截面钢筋布置

取箍筋为Φ8（A_{st1}=50.3mm²），则得箍筋间距：

$$s=\frac{50.3}{0.059}=853\text{mm},选用\ s=200\text{mm}$$

纵筋截面面积：

$$A_{stl}=1.5\times\frac{360\times 50.3\times 360}{360\times 200}=135.8\text{mm}^2$$

翼缘纵筋按构造要求配置，选用4Φ8。

$$A_{stl}=4\times 50.3=201.2\text{mm}^2>135.8\text{mm}^2$$

构件截面钢筋布置如图6-13所示。

§6.7　框架边梁协调扭转的设计*

6.7.1　结构的扭转类型

钢筋混凝土结构的扭转根据扭矩形成的原因，可以分为以下两种类型：

1. 平衡扭转

在结构中，由平衡条件引起的扭转称为平衡扭转。例如图6-1所示的支承雨篷板的雨篷梁，在雨篷板荷载产生的外扭矩作用下，雨篷梁内不会发生内力重分布，因此在设计中必须用雨篷梁的全部抗扭能力来平衡外扭矩，雨篷梁的设计扭矩不能减小，亦如图6-14（a）所示。

2. 协调扭转

在超静定结构中，由于相邻构件（如与框架边梁相交的次梁）的弯曲转动，从而在支承构件（如框架边梁）引起的扭转称为协调扭转。但该扭矩因该梁是超静定结构开裂后会产生内力重分布而减小。

6.7.2 框架边梁协调扭转简化计算方法

在超静定结构中，框架边梁开裂后，其两端截面的抗扭刚度随着作用在相邻次梁上的荷载增加而降低，其内力分析比较复杂，《规范》没有规定其设计方法。但是由于国内大量高层结构的增多，对框架边梁的设计又是常遇的问题，下面根据国内外的试验研究和设计应用，简要介绍其设计要点，供有关人员作参考。

1. 理论计算法

如图 6-14（*b*）所示，*AB* 可取为两端固定的框架边梁，*CD* 为与边梁相邻的楼盖次梁，次梁的 *C* 端与边梁弹性整体连接；*D* 端可以是铰支座，也可以是作用有负弯矩 M_D 的铰支座。在楼盖的多跨连续梁中，一般可取 $M_D=\frac{1}{16}ql_1^2$，这样，就可求得相应 *C* 支座的固端弯矩 $M_C=-\frac{1}{16}ql_1^2$，此处 l_1 为次梁的计算跨度。

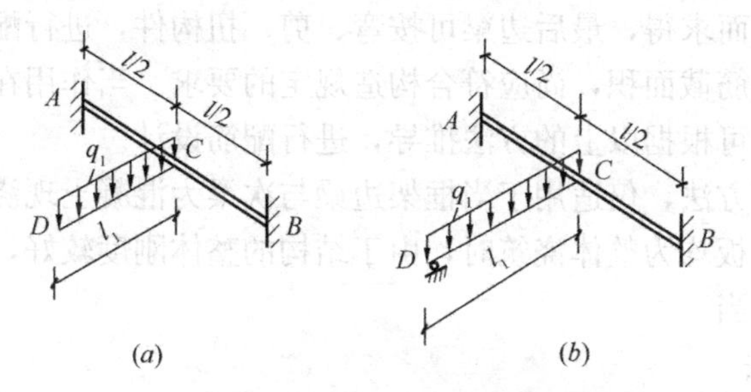

图 6-14 结构构件扭转类型计算简图

（*a*）平衡扭转；（*b*）协调扭转

对框架边梁的设计：例如仅有一根次梁作用在框架边梁上时，其 *A*、*B* 两端的扭矩设计值，$T_A=T_B=\frac{1}{2}T_C$（T_C 为边梁在 *C* 点的扭矩设计值），则由力学计算公式：

$$T_C=2T_A=2k_s\varphi/l_s \tag{6-27}$$

$$k_s=GJ$$

式中 k_s——边梁的弹性抗扭刚度；

G——混凝土剪变模量，可取 $G=0.4E_c$；

J——截面的极惯性矩，由材料力学中查得；

l_s——边梁的 *AC* 及 *BC* 长度（$l_s=\frac{1}{2}l$，l 为边梁跨度）；

φ——边梁 *C* 点的扭转角。

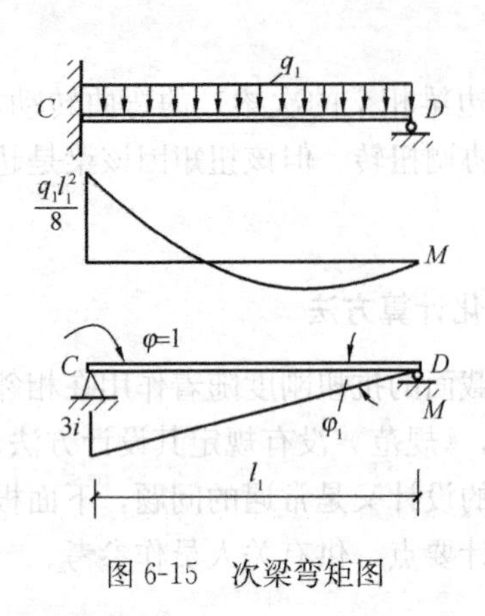

图 6-15　次梁弯矩图

又由图 6-15 可知，次梁 C 点，在转角 φ 作用下的杆端弯矩为 $3i\varphi$（$i=E_cI_c/l_1$）。

在 C 点次梁的固端负弯矩为 $\frac{1}{16}ql_1^2$，则 C 点发生转角 φ_1 后的弹性负弯矩为：

$$M_C=\frac{1}{16}ql_1^2-3i\varphi_1$$

又在 C 点，因 $T_C=M_C$，$\varphi_1=2\varphi$，则可求得：

$$\varphi=\frac{1}{16}ql_1^2/\left(\frac{2k_s}{l_s}+6i\right)\tag{6-28}$$

当求得 φ 值后，则 $T_C=M_C$ 即可求得，亦即框架边梁的弹性扭矩设计值为已知，在构件的承载力计算时，为了配筋经济合理，可根据实际配筋情况，对扭矩考虑其内力重分布进行调幅，即可取 A 点及 C 点扭矩设计值为 $(1-a)T_A$ 及 $(1-a)T_C$，其中 a 为调幅系数，根据试验，其最大值可取 $a=0.4$。

当求得调幅后的扭矩设计值后，边梁的弯矩 M 和剪力 V 值，可由作用在边梁上的竖向荷载而求得，最后边梁可按弯、剪、扭构件，进行配筋的计算，计算所需的箍筋和纵筋截面积，尚应符合构造规定的要求。当作用在边梁上的次梁有两个及以上时，可根据以上的方法推导，进行配筋设计。

上述的设计方法，仅适用于当框架边梁与次梁为混凝土现浇，而楼板为预制的结构；当梁、板均为整体浇筑时，由于结构的整体刚度较好，对扭矩设计值的取值，亦大致相当。

2. 零刚度法

根据试验分析和参考国外有关规范设计条文内容：可假定边梁两端的扭矩设计值为零（即扭转刚度为零），在边梁内仅需配置构造所需的受扭钢筋，即取：

对剪扭所需的箍筋，可按式（6-25）得出：

$$\frac{A_{st1}}{s}=\frac{1}{2}\times\frac{A_{sv}}{s}=\frac{1}{2}\times0.28\frac{f_t}{f_{yv}}b$$

计算时，若按受剪计算所需的箍筋，即按式（5-12）或式（5-16）计算所需的箍筋多于按式（6-25）的计算值时，则按受剪公式的计算值进行配筋，不考虑式（6-25）计算的影响。

对纵筋，受扭纵筋可按式（6-26）得出：

$$\frac{A_{stl,\min}}{bh}=0.6\sqrt{\frac{T}{Vb}}\frac{f_t}{f_y}$$

其中可取 $\frac{T}{Vb}=2$，则得：

$$A_{stl,\min} = 0.6\sqrt{2}\frac{f_t}{f_y}bh$$

构造设计时，受扭纵筋应沿截面周边均匀对称布置，但在弯曲受拉边，应将弯曲受拉所需的纵筋与所分配的受扭所需的纵筋截面面积相叠加后，再确定纵筋的直径和根数，这样就满足设计要求了。

在构造配筋设计时，考虑协调扭转而配置的箍筋，其间距不宜大于 $0.75b$（b 为受协调扭转梁的宽度），这对防止出现过宽的裂缝，是极为重要的措施。

要注意到，按照上述两种方法的设计，都是容许构件出现带裂缝的工作状态，其斜裂缝宽度一般不会超过设计规定的限值。但按零刚度法设计是属于少筋受扭构件，其实际出现的斜裂缝宽度离散性稍大。因此，对出现斜裂缝宽度有较严格要求的构件，宜慎重使用。

§6.8 受扭构件计算的几个问题*

6.8.1 无腹筋受扭构件的承载力

在工程中，仅配置纵筋而无箍筋的构件，称无腹筋构件。试验表明，无腹筋受扭构件在裂缝出现以前，纵筋对构件开裂时的受扭承载力提高很少，一般约提高10%～15%。当裂缝出现以后，构件的受扭承载力不像素混凝土构件一样立即达到破坏，这主要是纵筋的销栓作用和混凝土骨料的咬合作用的效果。所谓纵筋的销栓作用，实际上是指构件在外扭矩作用下在纵筋横截面上产生了剪力，该剪力所形成的内力偶矩能承受一部分外扭矩。销栓作用在构件裂缝出现以前就已存在，当裂缝出现以后，这种作用还有一定程度的增加。混凝土骨料咬合作用是构件出现裂缝以后，裂缝两侧的混凝土在有纵筋连系的情况下，相互之间产生剪切移动而引起的。目前对混凝土骨料咬合作用是否存在，还有不同看法，有待进一步研究。

6.8.2 有腹筋纯扭构件承载力（桁架比拟法）

钢筋混凝土有腹筋纯扭构件的承载力，在计算理论上虽有不同的解释，但较为普遍的是变角空间桁架模型。具体内容如下。

1. 薄管理论

由薄壁管构件受纯扭荷载作用下截面计算图形（图6-16），可得：

$$T = \oint rq\,ds = 2q\oint \frac{r ds}{2} = 2qA_0 \qquad (6\text{-}29)$$

式中 T——外扭矩；

q——横截面管壁上单位长度的剪力值，称为剪力流（N/mm）；

r——自扭心至管壁中心线的距离；

A_0——剪力流作用管壁中心轴线所包围的横截面面积。

式（6-29）为计算纯扭构件的理论基础。

2. 变角空间桁架模型

钢筋混凝土纯扭构件计算时不考虑核心混凝土的作用，构件出现裂缝以后的破坏图形可比拟为一个空间桁架。即纵筋可视为桁架的弦杆，箍筋可视为桁架的竖杆，斜裂缝间的混凝土条带可视为桁架的斜压腹杆，组成空间桁架的受力状态(图6-17)。

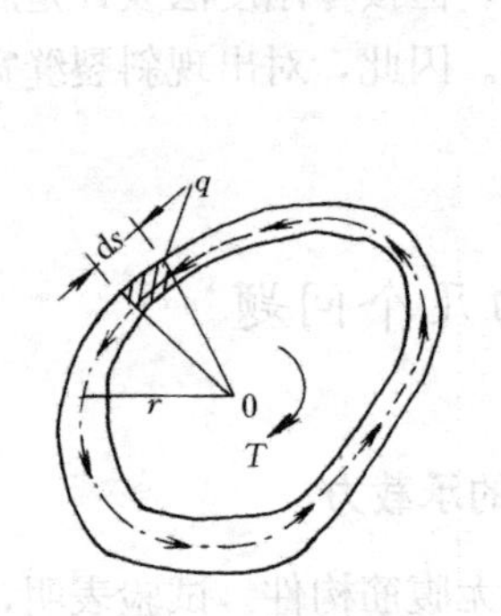

图6-16　受纯扭薄壁管构件

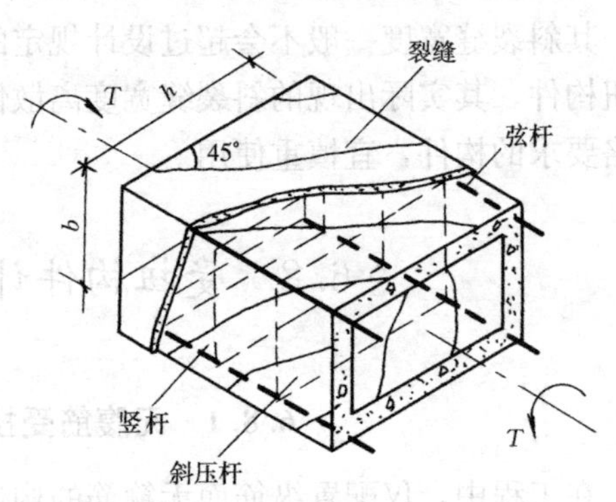

图6-17　纯扭构件破坏时工作图形

由图6-18取空间桁架模型中一侧壁为分离体，如图6-16。设P为桁架分离体中纵筋的总拉力，D为混凝土条带斜压力，q为剪力流强度，α为斜裂缝与纵轴倾角，则得：

$$P=\frac{f_y A_{stl} h_{cor}}{u_{cor}} \tag{A}$$

由图6-18（c）得：

$$h_{cor} q=\frac{f_{yv} A_{st1}}{s} h_{cor} \cot\alpha$$

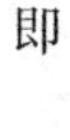

即

$$q=\frac{f_{yv} A_{st1}}{s} \cot\alpha \tag{B}$$

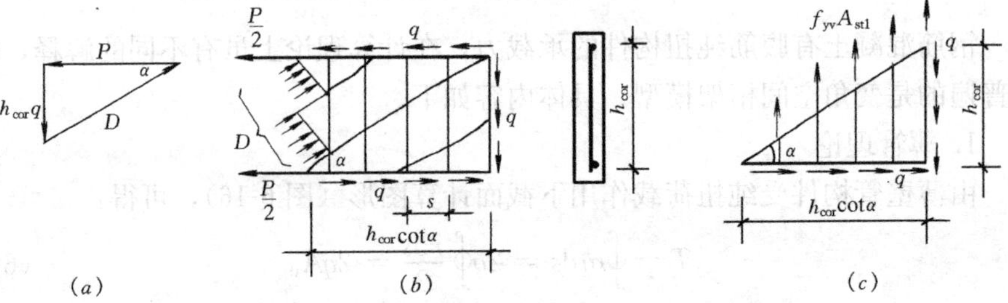

图6-18　变角桁架模型分离体图

（a）力的平衡图；（b）变角桁架模型分离体图；（c）分离体图

由图 6-18 (a) 得：

$$\cot\alpha=\frac{P}{h_{\mathrm{cor}}q}=\frac{f_{\mathrm{y}}A_{\mathrm{st}l}}{u_{\mathrm{cor}}}\frac{1}{q}=\frac{f_{\mathrm{y}}A_{\mathrm{st}l}}{u_{\mathrm{cor}}}\frac{s}{f_{\mathrm{yv}}A_{\mathrm{st1}}}\frac{1}{\cot\alpha}$$

故

$$\cot\alpha=\sqrt{\frac{f_{\mathrm{y}}A_{\mathrm{st}l}s}{f_{\mathrm{yv}}A_{\mathrm{st1}}u_{\mathrm{cor}}}}=\sqrt{\zeta} \tag{C}$$

将 (C) 式代入 (B) 式得：

$$q=\sqrt{\zeta}\frac{f_{\mathrm{yv}}A_{\mathrm{st1}}}{s} \tag{D}$$

若近似取 $A_0=A_{\mathrm{cor}}$，将 (D) 式代入式 (6-29)，则得变角空间桁架模型的理论计算公式为：

$$T=2\sqrt{\zeta}\frac{f_{\mathrm{yv}}A_{\mathrm{st1}}}{s}A_{\mathrm{cor}} \tag{6-30}$$

式中 ζ——受扭纵筋和箍筋的配筋强度比，按式 (6-5) 计算。

在式 (6-30) 中，由于斜裂缝倾角 α 值随 ζ 值而异，即随纵筋的配筋强度 ($f_{\mathrm{y}}A_{\mathrm{st}l}s$) 与箍筋的配筋强度 ($f_{\mathrm{yv}}A_{\mathrm{st1}}u_{\mathrm{cor}}$) 的比值而异，$\alpha$ 值是可变的，故称变角空间桁架模型。当 $\zeta=1.0$ 时，即 $\cot\alpha=1$，$\alpha=45°$，称为古典空间桁架模型。

6.8.3 有腹筋弯剪扭构件承载力计算简介

弯扭或弯剪扭共同作用下钢筋混凝土矩形截面构件，随着弯剪扭比值和钢筋布置不同，有三种破坏类型。

第Ⅰ类型——构件在弯扭共同作用下，当弯矩较大扭矩较小时，扭矩产生的拉应力减少了截面上部的弯压区的钢筋压应力而处于有利的受压状态（图 6-19a），破坏自截面下部弯拉区受拉纵筋首先屈服开始，通常称为“弯型”破坏。

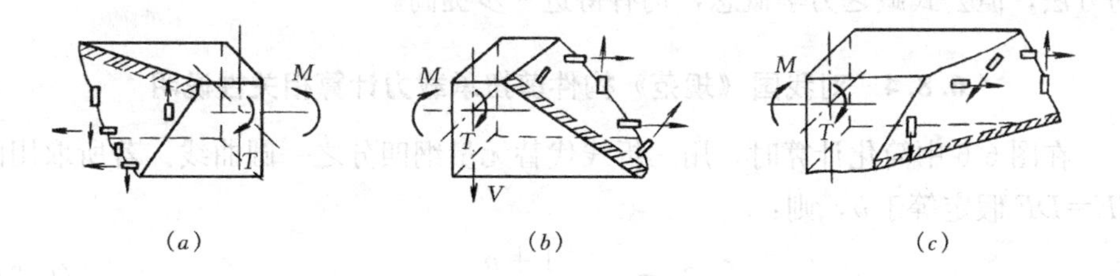

图 6-19 弯扭或弯剪扭共同作用下构件的破坏类型

(a) 第Ⅰ类型；(b) 第Ⅱ类型；(c) 第Ⅲ类型

第Ⅱ类型——构件在弯剪扭共同作用下，当纵筋在截面的顶部及底部配置较多，两侧面较少，而截面宽高比 (b/h) 较小，或作用的剪力和扭矩较大时，破坏自剪力和扭矩所产生主拉应力相叠加一侧面开始，其另一侧面处于受压状态（图 6-19b），通常称为“剪扭型”破坏。

第Ⅲ类型——构件在弯扭共同作用下，当扭矩较大弯矩较小时，截面上部弯压区在较大的扭矩作用下，由受压转变为受拉状态，弯曲压应力减少了扭转拉应力，相对地提高受扭承载力。破坏自纵筋面积较小的顶部开始，受压区在截面底部（图6-19*c*），通常称为“扭型”破坏。

弯剪扭构件承载力计算方法，目前主要有：

1. 极限平衡法

1959年由苏联学者 Н. Н. ПессиГ 首先提出，其破坏图形如图6-19（*a*）及（*b*）所示。以后加拿大学者 Collins 又提出如图6-19（*c*）的破坏图形。计算时取斜裂缝间扭曲截面为分离体，假定纵筋和箍筋均能达到屈服，按内外力矩平衡和内外力平衡建立计算公式，并根据当构件承载力最小时发生最不利破坏斜裂缝的理论以确定破坏斜裂缝的倾角。此法计算理论较为完善，弯剪扭之间相互关系协调，其中纯扭可视为当弯矩及剪力为零时的一个特例。但计算烦琐，不便于应用。此外，假定纵筋与箍筋同时屈服，与实际不符，故有待进一步改进。

2. 桁架比拟法

第6.8节中6.8.2介绍的为纯扭构件变角空间桁架模型计算理论。对弯剪扭共同作用下的构件同样可按桁架分离体图平衡条件，建立计算公式，是目前较有前途的一种计算理论。

3. 按经验公式计算法

此法是利用大量的试验数据，以无量纲相对承载力为坐标，拟合出相关曲线和相应的经验公式进行计算。例如我国《规范》中的纯扭承载力计算公式（6-3），剪扭承载力计算公式（6-13）、（6-14），以及美国规范（ACI318—95）中的受剪和受扭公式，都是利用这一方法确定的。

此法的计算值与试验值符合程度较好，计算简便，是目前各国规范多数采用的方法，但公式缺乏力学概念，仍有待进一步提高。

6.8.4　对我国《规范》构件剪扭承载力计算相关性说明

在图6-6中简化计算时，用三折线代替无量纲四分之一圆曲线。若所取用的 $CE=DF$ 假定等于 b，则：

$$\beta_t=\frac{1+b}{1+0.5\dfrac{V}{T}\dfrac{W_t}{bh_0}} \tag{6-31}$$

此处 b 是待定数值，b 值大小不同，则 β_t 值不同。亦即剪扭相关计算公式与试验曲线符合程度不同。因此，b 的取值问题很重要。我国《规范》是用下述方法确定的。

（1）对有腹筋构件剪扭承载力试验研究

试验时，为了使构件不首先发生受弯破坏，取用配有足够数量的纵筋及适量箍筋的构件，采用与无腹筋构件试验相同的方法进行剪扭试验。但取无量纲坐标为$\left(\frac{T}{T_0},\frac{V}{V_0}\right)$，则得剪扭构件相关曲线亦为符合四分之一圆的规律性（图 6-20）。

（2）剪扭计算公式相关性校核

计算时，式（6-31）中可假定取用一个 b 值，则可根据相应的 V/T 的比值确定β_t 值，进而可根据式（6-14）与式（6-3）以及式（6-13）与式（6-15）中箍筋截面面积的相关关系，得出其相关曲线。但在绘制 $\frac{V}{V_0}$-$\frac{T}{T_0}$ 相关曲线时，由于V_0 及 T_0 值与纵筋及箍筋配筋率有关，因此，应根据不同的配筋率作出相应计算曲线所形成的包络图，当该包络图与剪扭相关试验曲线符合程度最好时，其相应的 b 值即为所求的数值，否则应重新假定 b 值再进行计算，直到满足要求为止。《规范》根据这一方法最后确定取 $b=0.5$。

在绘制计算曲线包络图时，按剪扭全相关曲线$\left(\frac{V}{V_0}\right)^2+\left(\frac{T}{T_0}\right)^2=1$进行。其中$V_0$、$T_0$ 值可分为四种最不利情况的组合，由此确定包络图（图 6-21）。

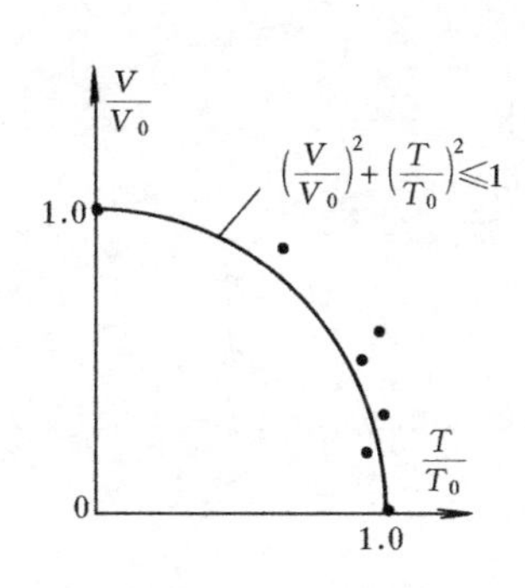

图 6-20 有腹筋剪扭构件相关试验曲线

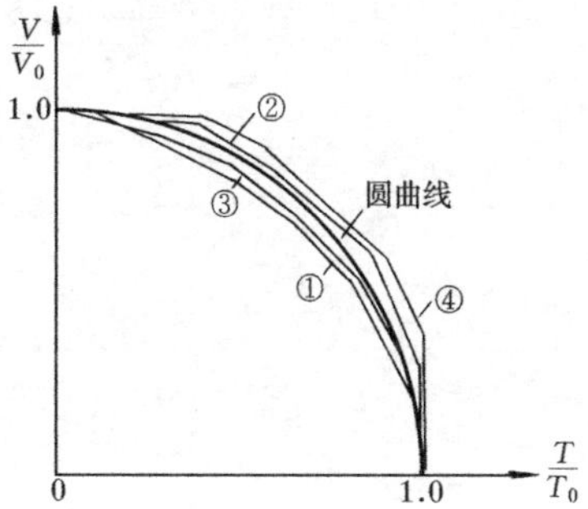

图 6-21 有腹筋剪扭构件计算曲线包络图

① V_{0max}相应的 T_{0max}；② V_{0max}相应的 T_{0min}；③ V_{0min}相应的 T_{0max}；④ V_{0min}相应的 T_{0min}

这样，我国《规范》的剪扭承载力计算公式，在形式上是采用混凝土项相关，钢筋项则为简单的叠加，实质上是符合混凝土和钢筋全相关的表达式。

习　题

6.1　某矩形截面纯扭构件，$b\times h=250\text{mm}\times500\text{mm}$，承受扭矩设计值 $T=24\text{kN}\cdot\text{m}$，混凝土强度等级为 C30，纵向钢筋和箍筋都采用 HRB400 级钢筋。环境类别为一类。求纵向钢筋和箍筋，并画出截面配筋图。

6.2　已知条件与习题 6.1 相同，但却是弯扭构件，承受有弯矩设计值 $M=60\text{kN}\cdot\text{m}$，$h_0=460\text{mm}$。求纵向钢筋和箍筋，并画出截面配筋图。

6.3 均布荷载作用下的钢筋混凝土矩形截面弯剪扭构件，其截面尺寸$b \times h = 300\text{mm} \times 600\text{mm}$，弯矩设计值$M = 120.6\text{kN} \cdot \text{m}$，剪力设计值$V = 112.6\text{kN}$，扭矩设计值$T = 28.9\text{kN} \cdot \text{m}$，混凝土强度等级为C30，钢筋采用HRB400级。试计算构件的配筋。

第7章 受压构件正截面承载力

§7.1 概 述

钢筋混凝土受压构件的截面上一般作用有轴力、弯矩和剪力，柱子是其代表形式（图7-1）。其中弯矩和轴力的共同作用，可看成具有偏心距 $e_0=M/N$ 的轴向压力的作用，或可看成当轴向压力作用线与构件截面形心轴线不重合时，同时形成力偶 $M=Ne_0$ 时的偏心受压构件（图7-2）；当轴向压力作用线与截面形心轴线重合，即当 $e_0=0$ 时，则称为轴心受压构件。

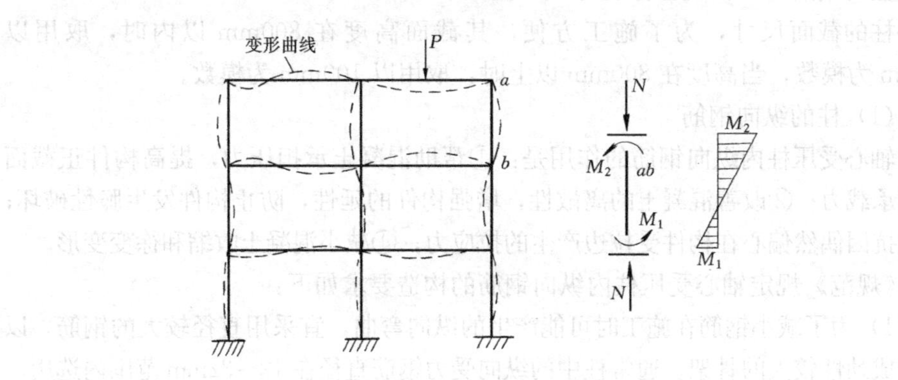

图7-1 钢筋混凝土结构构件内力

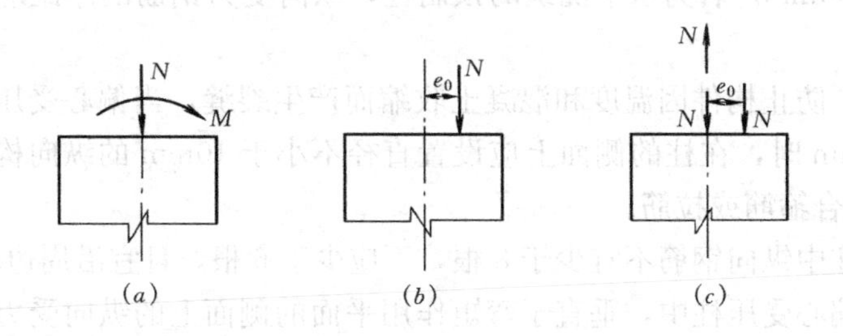

图7-2 轴力和弯矩作用的3种表示

在实际工程中，理想的轴心受压构件是不存在的，这是由于在施工中很难使轴向压力恰好作用在柱截面的形心上，以及尺寸偏差造成误差；此外，混凝土材料的不均匀性，钢筋位置的偏差，使得压力即使作用于截面的几何中心上，亦难保证几何中心和物理中心重合，从而造成轴向压力的偏心。所以，在设计时要考

虑一个附加偏心距 e_a。《规范》规定对 e_a 值应取不小于 20mm 和偏心方向截面尺寸的 1/30 两者中的较大值。但是在设计中，对以恒载为主的多层房屋内柱、屋架的斜压腹杆以及压杆在验算垂直于弯矩作用平面的受压承载力时，往往因弯矩很小而略去不计，同时也不考虑附加偏心距 e_a 的影响，可近似简化为轴心受压构件来计算。否则，均按偏心受压构件计算。

§7.2　受压构件的构造要求

钢筋混凝土柱截面的形状，考虑到模板制作的方便，多数采用方形或矩形，亦有采用圆形或多边形的。柱的截面尺寸不宜太小，以免其长细比过大，一般宜控制在 $l_0/b \leqslant 30$ 或 $l_0/d \leqslant 25$（b 为矩形截面短边，d 为圆形截面直径）。

钢筋混凝土结构的混凝土强度等级不应低于 C20；当采用强度为 400N/mm^2 及以上的钢筋时，混凝土强度等级不应低于 C25。

柱的截面尺寸，为了施工方便，其截面高度在 800mm 以内时，取用以 50mm 为模数，当高度在 800mm 以上时，取用以 100mm 为模数。

（1）柱的纵向钢筋

轴心受压柱内纵向钢筋的作用是：①帮助混凝土承担压力，提高构件正截面受压承载力；②改善混凝土的离散性，增强构件的延性，防止构件发生脆性破坏；③抵抗因偶然偏心在构件受拉边产生的拉应力；④减小混凝土收缩和徐变变形。

《规范》规定轴心受压柱内纵向钢筋的构造要求如下：

1）为了减小钢筋在施工时可能产生的纵向弯曲，宜采用直径较大的钢筋，以便形成劲性较大的骨架。通常柱中的纵向受力钢筋直径在 12～32mm 范围内选用。

2）为了保证现浇柱的浇筑质量，纵向受力钢筋的净距不应小于 50mm，且不宜大于 300mm。若为水平浇筑的预制柱，纵向受力钢筋的净距应符合梁的相关要求。

3）为了防止构件因温度和混凝土收缩而产生裂缝，当偏心受压柱的截面高度 $h \geqslant 600$mm 时，在柱的侧面上应设置直径不小于 10mm 的纵向构造钢筋，并相应设置复合箍筋或拉筋。

4）圆柱中纵向钢筋不宜少于 8 根，不应少于 6 根，且宜沿周边均匀布置。

5）在偏心受压柱中，垂直于弯矩作用平面的侧面上的纵向受力钢筋以及轴心受压柱中各边的纵向受力钢筋，其中距不宜大于 300mm。

6）柱的纵向受力钢筋配筋百分率 $\rho = \dfrac{A_s}{bh} \times 100\%$。

试验表明：纵筋配筋率过小，对提高柱的承载力作用不大，《规范》规定的最小配筋百分率，见附表 7。

柱子在荷载长期持续作用下，使混凝土发生徐变而引起应力重分布。此时，如果构件在持续荷载过程中突然卸载，则混凝土只能恢复其全部压缩变形中的弹性变形部分，其徐变变形大部分不能恢复，而钢筋将能恢复其全部压缩变形，这就引起二者之间变形的差异。当构件中纵向钢筋的配筋率愈高，混凝土的徐变较大时，二者变形的差异也愈大。此时由于钢筋的弹性恢复，有可能使混凝土内的应力达到抗拉强度而立即断裂，产生脆性破坏。因此在设计中，对承受可变荷载较大的构件，其纵筋配筋率应加以控制。《规范》规定柱的全部纵向受压钢筋配筋百分率不宜大于5.0%，常用范围为0.5%～2.0%。

(2) 柱的箍筋设置

箍筋的主要作用是：①防止纵向钢筋压曲；②固定纵向钢筋位置；③与纵向钢筋组成钢筋骨架；④约束核心区混凝土，改善混凝土的受力性能和变形性能（螺旋筋约束核心混凝土效果更明显）。

《规范》规定轴心受压柱内箍筋的构造要求如下：

1）为了防止纵向钢筋压曲，受压构件周边的箍筋应做成封闭式。对圆柱中的箍筋，搭接长度不应小于受拉锚固长度 l_a，且末端应做成135°弯钩，弯钩末端平直段长度不应小于箍筋直径的5倍。

2）箍筋的直径不应小于 $d/4$，且不小于6mm，d 为纵向钢筋最大直径。

3）箍筋间距不应大于400mm及构件截面的短边尺寸，且不应大于 $15d$，d 为纵向受力钢筋的最小直径。

4）当柱子截面短边尺寸大于400mm，且各边纵向钢筋多于3根时，或当柱子截面短边尺寸不大于400mm，但各边纵向钢筋多于4根时，应设置复合箍筋，如图7-3（*a*）、（*b*）所示。

5）当柱中全部纵向受力钢筋的配筋率大于3%时，箍筋直径不应小于8mm，间距不应大于纵向受力钢筋最小直径的10倍，且不应大于200mm；箍筋末端应做成135°弯钩，且弯钩末端平直段长度不应小于箍筋直径的10倍。箍筋也可以焊成封闭环式。

6）在配有螺旋式或焊接环式箍筋的柱中，如在正截面受压承载力计算中考虑间接钢筋的作用时，箍筋间距不应大于80mm及 $d_{cor}/5$，且不宜小于40mm，d_{cor} 为按箍筋内表面确定的核心截面直径。

此外，对于截面形状较复杂的柱，不应采用内折角箍筋，以免产生向外的拉力，使折角处混凝土保护层崩脱，如图7-3（*c*）所示。

在多层房屋建筑中，一般在楼板顶面处设置施工缝，上下柱要做成接头。通常是将下层柱的纵筋伸出楼面一段距离，与上层柱纵筋相搭接，其搭接长度不应小于按式（5-33）确定的纵向受拉钢筋搭接长度 l_l 的0.7，且在任何情况下不应小于200mm。当上下层柱的截面尺寸不同时，可在梁高范围内将下层柱的纵筋弯折一倾角，其倾斜度不应大于1/6，然后伸入上层柱（图7-4）。

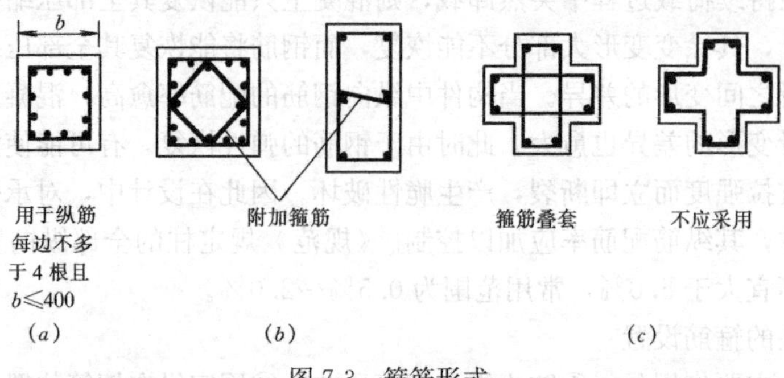

图 7-3　箍筋形式

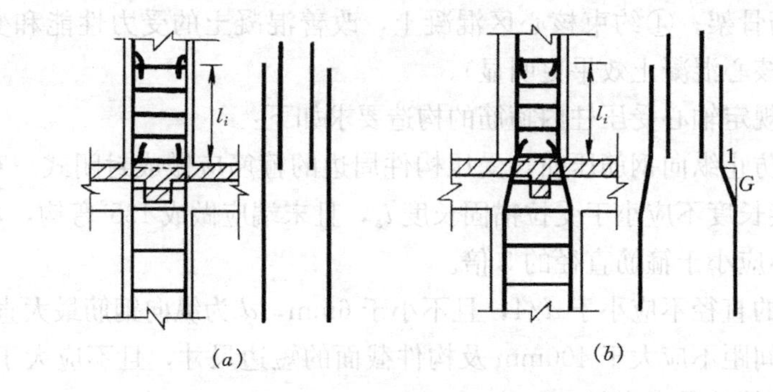

图 7-4　绑扎纵向钢筋的接头

(*a*) 上下层相互搭接；(*b*) 下层钢筋弯折后伸入上层

§7.3　轴心受压构件正截面的承载力计算

钢筋混凝土轴心受压柱按照其箍筋的作用和配置方式的不同可分为两类，即：配有纵向钢筋和普通箍筋柱及配有纵筋和螺旋式箍筋或焊接环式箍筋（或称为螺旋式或焊接环式间接钢筋）柱两种（图 7-5）。

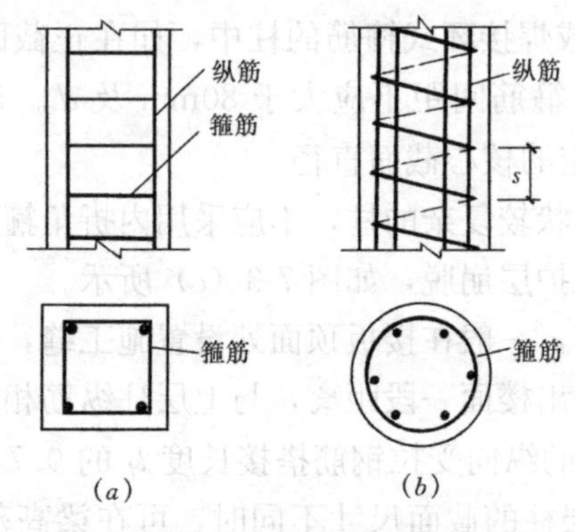

图 7-5　柱的类型

(*a*) 配有箍筋柱；(*b*) 配有螺旋箍筋柱

7.3.1　配有纵筋和普通箍筋柱正截面的受压承载力

在实际工程中，最常见的轴心受压柱是配有纵向钢筋和普通箍筋的柱。

1. 试验研究分析

（1）对配有纵筋及箍筋短柱的试验研究表明，在轴心荷载作用下，构件截面中钢筋和混凝土同时受压，其压应变基本上是均匀分布的。如果钢筋和混凝土之间粘结力得到保证，则在各级荷载作用下，其受压钢筋的压应变ε'_s与混凝土的压应变ε_c相等，即：

$$\varepsilon'_s = \varepsilon_c \tag{7-1}$$

试验表明，钢筋混凝土短柱中混凝土破坏时，其压应变值大致与混凝土棱柱体受压破坏时相同，可取$\varepsilon_0=0.002$。这样，其相应的纵向钢筋应力值为$\sigma'_s=E_s\varepsilon_0=2.0\times10^5\times0.002=400\text{N/mm}^2$。若考虑箍筋对核心混凝土能起到一定的约束作用，则混凝土破坏时的压应变还会略有提高。因此《规范》规定，对于普通钢筋（包括 HPB300、HRB335、HRB400 等），其钢筋抗拉强度设计值f_y小于400N/mm^2，则取$f'_y=f_y$；而对于抗拉强度大于400N/mm^2的普通钢筋或预应力筋（钢绞线除外），其抗压强度设计值取$f'_y=410\text{N/mm}^2$。

（2）对于钢筋混凝土轴心受压长柱，常常由于其长细比的增大以及一些随机因素引起附加偏心距的存在，使构件产生附加挠度，并随着附加挠度的增大而发生纵向弯曲的失稳破坏，受压长柱的承载力N_u^l低于短柱的承载力N_u^s。

若以稳定系数φ代表长柱和短柱承载力之比，则得：

$$\varphi = \frac{N_u^l}{N_u^s} \tag{7-2}$$

稳定系数φ主要与柱子的长细比l_0/b有关，b为矩形截面的短边尺寸。图7-6所示为试验所得的φ-l_0/b关系曲线，其曲线方程式对矩形截面近似地可写成：

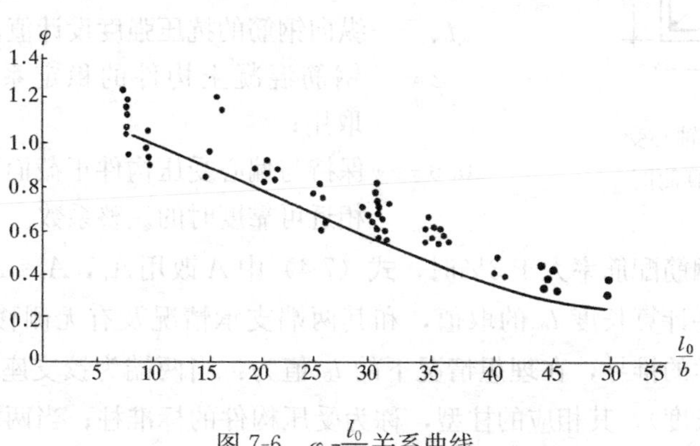

图 7-6　φ-$\frac{l_0}{b}$关系曲线

$$\varphi=\left[1+0.002\left(\frac{l_0}{b}-8\right)^2\right]^{-1} \tag{7-3}$$

由图可见，当 $l_0/b\leqslant 8$ 时，$\varphi=1.0$；当 $l_0/b>8$ 时，φ 值随 l_0/b 的增大而减小。考虑到荷载的初始偏心和长期荷载的不利影响，《规范》规定的稳定系数 φ 的取值比试验值要低一些，具体见表 7-1；对 φ 值也可按式（7-3）计算，其计算数值与按表查得的数值略有偏差，当 l_0/b 不超过 40 时，其误差不超过 3.5%。对任意截面形式可取 $b=\sqrt{12}i$，i 为截面回转半径。

钢筋混凝土轴心受压构件的稳定系数 φ　　表 7-1

l_0/b	≤8	10	12	14	16	18	20	22	24	26	28
l_0/d	≤7	8.5	10.5	12	14	15.5	17	19	21	22.5	24
l_0/i	≤28	35	42	48	55	62	69	76	83	90	97
φ	1.0	0.98	0.95	0.92	0.87	0.81	0.75	0.70	0.65	0.60	0.56
l_0/b	30	32	34	36	38	40	42	44	46	48	50
l_0/d	26	28	29.5	31	33	34.5	36.5	38	40	41.5	43
l_0/i	104	111	118	125	132	139	146	153	160	167	174
φ	0.52	0.48	0.44	0.40	0.36	0.32	0.29	0.26	0.23	0.21	0.19

注：b—矩形截面的短边尺寸；d—圆形截面的直径；i—截面最小回转半径；l_0—构件的计算长度。

2. 正截面受压承载力计算

根据以上分析，可得轴心受压构件承载力计算公式（图 7-7）：

$$N\leqslant 0.9\varphi(f_cA+f'_yA'_s) \tag{7-4}$$

式中　N——轴向压力设计值；

A——构件截面面积；

A'_s——全部纵向受压钢筋截面面积；

f_c——混凝土的轴心抗压强度设计值；

f'_y——纵向钢筋的抗压强度设计值；

φ——钢筋混凝土构件的稳定系数，按表 7-1 取用；

0.9——保持与偏心受压构件正截面承载力计算有相近可靠度时的调整系数。

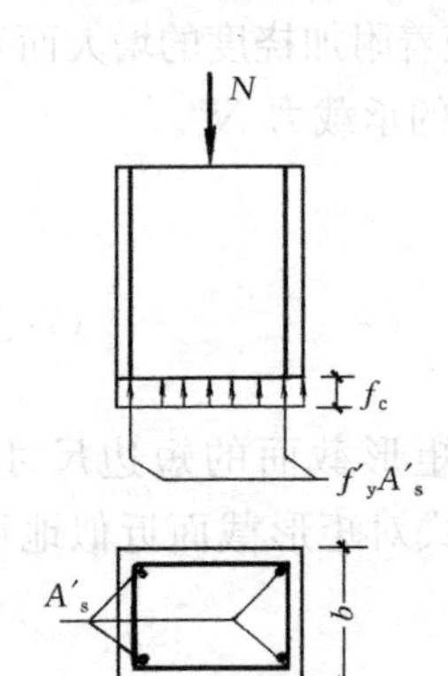

图 7-7　轴心受压柱计算简图

当纵向钢筋配筋率大于 3%时，式（7-4）中 A 改用 A_c，$A_c=A-A'_s$。

受压构件计算长度 l_0 的取值，和其两端支承情况及有无侧移等因素有关。按照材料力学的推导，在理想情况下的 l_0 值为：当两端为铰支座时取 $l_0=l$（l 为构件实际长度），其相应的柱型，称为受压构件的标准柱；当两端固定时取 $l_0=0.5l$；当一端固定，一端铰支时取 $l_0=0.7l$。

在实际工程中，支承情况不是理想的完全固定或是完全不动铰支承，同时有侧移框架柱要比无侧移框架柱的计算长度大一些。设计时，对有、无侧移结构类型的区分较为复杂，无侧移的框架如图7-8所示。因此《规范》通过分析研究，对各种结构构件的计算长度作了如下的简化规定。

一般多层房屋的钢筋混凝土框架结构各层柱的计算长度取值为：

当为现浇楼盖时，底层柱 $l_0=1.0H$；

其余各层柱 $l_0=1.25H$。

当为装配式楼盖时，底层柱 $l_0=1.25H$；

其余各层柱 $l_0=1.5H$。

上述的 H 值：对底层柱，H 为基础顶面到一层楼盖顶面之间的距离；对其余各层，H 取为上、下两层楼盖顶面之间的距离。

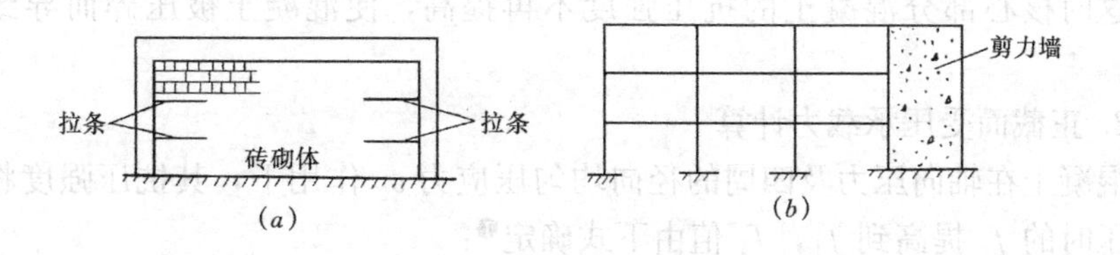

图7-8 无侧移的框架

(a) 有横向砖墙填充；(b) 框架和剪力墙连接无侧移框架

【例7-1】 已知某多层现浇框架结构标准层中柱，轴向压力设计值 $N=2000\text{kN}$，楼层高 $H=5.60\text{m}$，混凝土用C30（$f_c=14.3\text{N/mm}^2$），钢筋用牌号HRB400（$f'_y=360\text{N/mm}^2$）。

求该柱截面尺寸及纵筋面积。

【解】 初步确定柱截面 $b=h=400\text{mm}$，取 $l_0=1.25H$，则得：

$$\frac{l_0}{b}=\frac{1.25\times 5600}{400}=17.5$$

查表7-1，$\varphi=0.825$，故得：

$$A'_s=\frac{\dfrac{N}{0.9\varphi}-f_cA}{f'_y}=\frac{\dfrac{2000000}{0.9\times 0.825}-14.3\times 400\times 400}{360}=1127\text{mm}^2$$

按构造要求，查附表7，全部受压钢筋配筋百分率不宜小于0.55%，则得：

$$A'_s=\frac{0.55}{100}\times 400\times 400=880\text{mm}^2<1127\text{mm}^2$$

故满足最小配筋率的要求。

选用4Φ20（$A'_s=1256\text{mm}^2$）。

7.3.2 配有纵筋和螺旋式或焊接环式箍筋柱正截面的受压承载力

当柱承受的轴向荷载设计值较大，同时其截面尺寸由于建筑上及使用上的要求而受到限制，若按配有纵筋和普通箍筋的柱来计算，即使是提高混凝土强度等级和增加纵筋用量仍不能满足计算要求时，要考虑采用配有间接钢筋（螺旋式或焊接环式箍筋）柱，以提高构件的承载能力。但由于这种柱施工比较复杂，用钢量较多，造价较高，因此不宜普遍采用。

1. 试验研究分析

混凝土柱在轴向压力作用下，产生与轴力平行的垂直裂缝最后导致破坏。破坏是其横向变形使混凝土拉坏而引起的。对于配有间接钢筋柱，间接钢筋所包围的核心部分混凝土，相当于受到一个套箍的作用，有效地限制了核心混凝土的横向变形，使核心混凝土在三向压应力作用下工作，从而提高了柱的承载能力。此时，间接钢筋中产生了拉应力。随着荷载的加大，间接钢筋中的拉应力不断加大，直到间接钢筋屈服，不再能起到进一步增大约束核心混凝土横向变形的作用，这时核心部分混凝土的抗压强度不再提高，使混凝土被压碎而导致构件破坏。

2. 正截面受压承载力计算

混凝土在轴向压力及四周的径向均匀压应力 σ_2 作用下，其抗压强度将由单轴受压时的 f_c 提高到 f_1，f_1 值由下式确定[1]：

$$f_1 = f_c + \alpha_r \sigma_2 \tag{7-5}$$

式中　f_1——被约束混凝土的轴心抗压强度设计值；

σ_2——间接钢筋应力达到屈服强度时，受压构件核心混凝土的径向压力值；

α_r——间接钢筋对核心混凝土的径向压应力系数。

对 σ_2 值可按图 7-9 所示具体推导如下：

$$2f_{yv}A_{ss1} = 2\sigma_2 s\int_0^{\frac{\pi}{2}} r\sin\theta \mathrm{d}\theta = \sigma_2 s d_{cor}$$

故

$$\sigma_2 = \frac{2f_{yv}A_{ss1}}{sd_{cor}} = \frac{2f_{yv}A_{ss1}\pi d_{cor}}{4\dfrac{\pi}{4}d_{cor}^2 s} = \frac{f_{yv}A_{ss0}}{2A_{cor}} \tag{7-6}$$

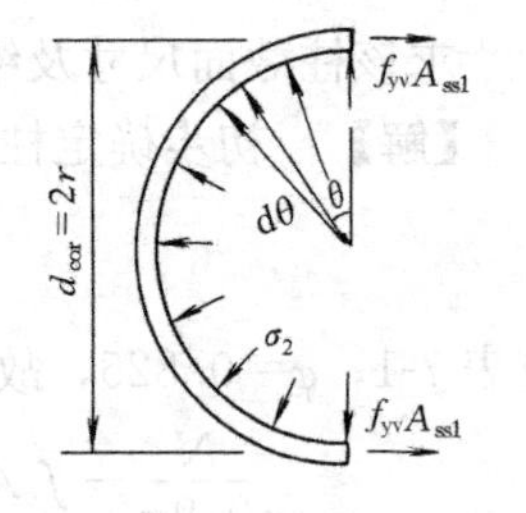

图 7-9　混凝土径向压应力

式中　f_{yv}——间接钢筋的抗拉强度设计值；

d_{cor}——核心截面的直径；

A_{cor}——核心截面面积；

s——沿构件轴线方向间接钢筋的间距；

A_{ss1}——单根间接钢筋的截面面积；

A_{ss0}——间接钢筋的换算截面面积。

---

[1] 参看第 2.2 节中 2.2.1。

$$A_{ss0}=\frac{\pi d_{cor}A_{ss1}}{s} \tag{7-7}$$

配有间接钢筋柱的承载力，可按纵向内外力平衡的条件，推导出其计算公式为：

$$\begin{aligned}N &\leqslant f_1A_{cor}+f'_yA'_s=(f_c+\alpha_r\sigma_2)A_{cor}+f'_yA'_s\\&=f_cA_{cor}+f'_yA'_s+\frac{\alpha_r}{2}f_{yv}A_{ss0}\end{aligned} \tag{7-8}$$

《规范》同时考虑了可靠度的调整系数 0.9 及高强混凝土的特性，规定采用如下的表达式：

$$N\leqslant 0.9(f_cA_{cor}+f'_yA'_s+2\alpha f_{yv}A_{ss0}) \tag{7-9}$$

式中 α——间接钢筋对承载力的影响系数，对于 C50 及以下混凝土，取 $\alpha=1.0$；对 C80 混凝土，取 $\alpha=0.85$；其间按线性内插法确定。

上述公式说明配有间接钢筋柱的承载力由三部分组成：第一项 f_cA_{cor} 为核心混凝土的承载能力；第二项 $f'_yA'_s$ 为纵向受压钢筋的承载能力；第三项 $2\alpha f_{yv}A_{ss0}$ 为间接钢筋所增加的承载能力。由此可见其承载力要比配有纵筋和箍筋柱的承载力高。

在配有间接钢筋柱内，保护层在柱破坏前就剥落。为了保证在使用荷载下保护层不致剥落，《规范》规定：

(1) 按式 (7-9) 算得的构件受压承载力设计值，不应大于按式 (7-4) 算得的构件受压承载力设计值的 1.5 倍。

(2) 当遇到下列任意一种情况时，不考虑间接钢筋的影响，而按式 (7-4) 进行计算。

1) 当 $l_0/d>12$ 时，有可能因长细比较大，柱子失稳而破坏，使间接钢筋不能充分起作用；

2) 当按式 (7-9) 算得的承载力小于按式 (7-4) 算得的承载力时；

3) 当间接钢筋的换算截面面积 A_{ss0} 小于纵向钢筋全部截面面积的 25%时，可以认为间接钢筋配置得太少，约束作用不明显。

对配有间接钢筋的柱，如在计算中考虑间接钢筋的作用，则间接钢筋的间距不应大于 80mm 及 $d_{cor}/5$，以便形成较为均匀的约束压力；同时不应小于 40mm，以便保证混凝土的浇筑质量。间接钢筋的直径按箍筋有关规定采用。

【例 7-2】 已知某公共建筑门厅内底层现浇钢筋混凝土框架柱，承受轴向压力 $N=2850$kN，从基础顶面到二层楼面的高度为 4.0m。混凝土选用 C35（$f_c=16.7\text{N/mm}^2$），纵筋用 HRB400（$f'_y=360\text{N/mm}^2$），箍筋用 HRB400（$f_{yv}=360\text{N/mm}^2$）。按建筑设计要求柱截面采用圆形，其直径不大于 350mm。试进行该柱配筋计算。环境类别为一类。

【解】 (1) 先按配有纵筋和普通箍筋柱计算

柱子计算长度按《规范》规定取 $1.0H$，则：

$$l_0=1.0H=1.0\times4.0=4.0\text{m}$$

计算稳定系数 φ 值，因：

$$l_0/d=4000/350=11.43$$

查表 7-1 得 $\varphi=0.931$。

圆形柱混凝土截面面积为：

$$A=\frac{\pi d^2}{4}=\frac{3.14\times350^2}{4}=96210\text{mm}^2$$

由式（7-4）求得：

$$A'_s=\frac{\dfrac{N}{0.9\varphi}-f_cA}{f'_y}=\frac{\dfrac{2850000}{0.9\times0.931}-16.7\times96210}{360}=4985\text{mm}^2$$

求配筋率：

$$\rho'=\frac{A'_s}{A}=\frac{4985}{96210}=5.2\%>\rho'_{max}=5\%$$

配筋率太高。因 $l_0/d<12$，若混凝土强度等级不再提高，则可采用螺旋箍筋，以提高柱的承载能力。具体计算如下。

(2) 按配有纵筋和螺旋箍筋柱计算

假定纵筋配筋率按 $\rho'=0.03$ 计算，则：

$$A'_s=0.03A=0.03\times96210=2886\text{mm}^2$$

选用 10 Φ 20，相应的 $A'_s=3142\text{mm}^2$。混凝土的核心截面面积为：

$$d_{cor}=350-60=290\text{mm}$$

$$A_{cor}=\frac{\pi d_{cor}^2}{4}=\frac{3.14\times290^2}{4}=66019\text{mm}^2$$

按式（7-9）：

$$A_{ss0}=\frac{\dfrac{N}{0.9}-(f_cA_{cor}+f'_yA'_s)}{2f_{yv}}$$

$$=\frac{3166666.67-(16.7\times66019+360\times3142)}{2\times360}=1296\text{mm}^2$$

$A_{ss0}>0.25A'_s=0.25\times3142=786\text{mm}^2$，满足构造要求。

假定螺旋箍筋直径为 10mm，则单肢箍筋截面面积 $A_{ss1}=78.5\text{mm}^2$。螺旋箍筋间距：

$$s=\frac{\pi d_{cor}A_{ss1}}{A_{ss0}}=\frac{3.14\times290\times78.5}{1296}=55.2\text{mm}$$

取用 $s=55\text{mm}$，满足大于 40mm 及小于 80mm，同时小于 $d_{cor}/5=290/5=58\text{mm}$ 的要求。

柱的承载力验算。

当按以上配置纵筋和螺旋箍筋后，按式（7-7）、式（7-9）计算柱的承载力为：

$$A_{ss0}=\frac{\pi d_{cor}A_{ss1}}{s}=\frac{3.14\times290\times78.5}{55}=1299.7\text{mm}^2$$

$$N_u^{螺}=0.9(f_cA_{cor}+f'_yA'_s+2\alpha f_{yv}A_{ss0})$$

$$=0.9\times(16.7\times66019+360\times3142+2\times1.0\times360\times1299.7)$$

$$=2852500\text{N}$$

按式（7-4）计算：

$$N_u^{普}=0.9\varphi(f_cA+f'_yA'_s)$$

$$=0.9\times0.931\times(16.7\times96210+360\times3142)$$

$$=2294025\text{N}$$

因 $1.5\times2294025=3441038\text{N}>2852500\text{N}$，故该柱 $N_u=2852.5\text{kN}$，满足设计要求。

§7.4 偏心受压构件正截面的承载力计算

7.4.1 偏心受压构件的破坏形态

钢筋混凝土偏心受压构件在轴向压力作用下产生纵向均匀压缩变形；在弯矩作用下则在中和轴一侧受压，另一侧受拉，产生呈三角形分布的不均匀变形。当构件在轴向压力和弯矩共同作用下，则在截面弯拉的一侧其变形为上述两种变形相叠减，而在弯压的一侧其变形则为上述两种变形相叠加，形成呈三角形或梯形分布的变形规律（图 7-10），从而截面上出现不均匀的正应力。随着弯矩和轴力的比值不同，将形成不同的受压区高度。由于截面相对受压区高度不同，构件将出现不同的破坏形态。

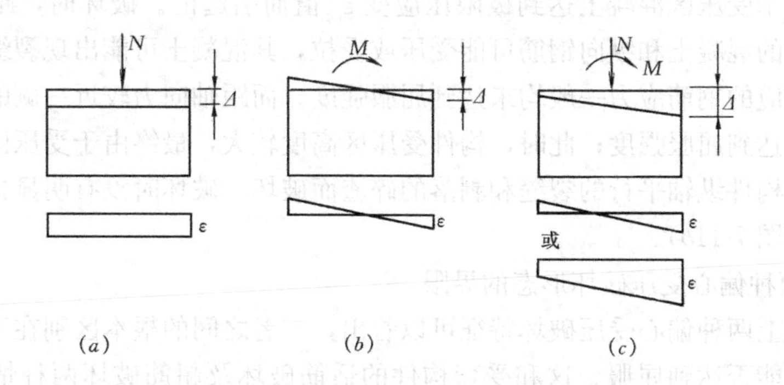

图 7-10 轴力和弯矩产生的应变

(a) 轴力作用；(b) 弯矩作用；(c) 轴力和弯矩共同作用

1. 大偏心受压（受拉破坏）

当构件的偏心距较大而受拉纵筋配置适量时，构件由于受拉纵筋首先达到屈服强度，此后变形及裂缝不断发展，截面受压区高度逐渐在减小，最后受压区混凝土被压碎而导致构件的破坏。这种破坏形态在破坏前有明显的预兆，属于塑性破坏（图 7-11*a*）。

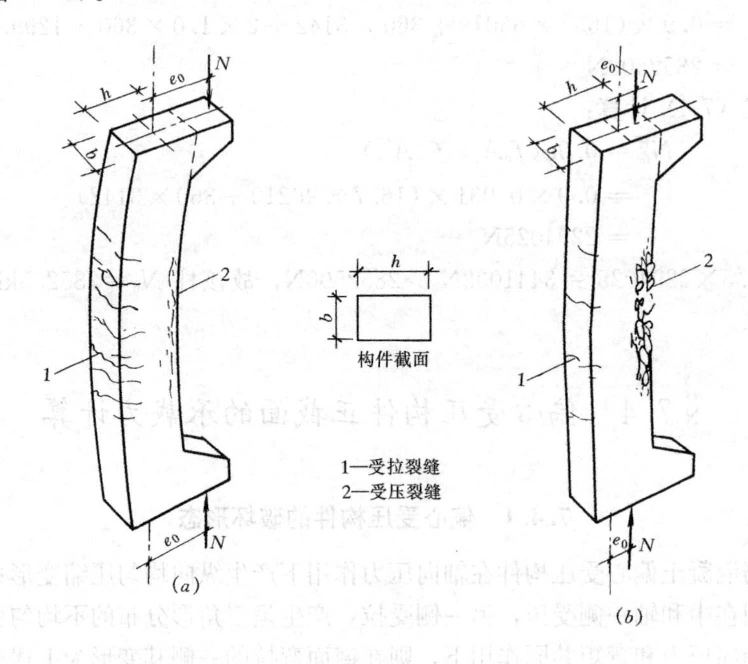

图 7-11　偏心受压构件破坏形态
(*a*) 大偏心受压破坏；(*b*) 小偏心受压破坏

2. 小偏心受压（受压破坏）

当构件偏心距较小，或虽偏心距较大，但受拉钢筋配置数量较多时，构件的破坏是由于受压区混凝土达到极限压应变 ε_{cu} 值而引起的。破坏时，距轴向压力较远一侧的混凝土和纵向钢筋可能受压或受拉，其混凝土可能出现裂缝或不出现裂缝，相应的钢筋应力一般均未达到屈服强度。而距轴向力较近一侧的纵向受压钢筋应力达到屈服强度；此时，构件受压区高度较大，最终由于受压区混凝土出现大致与构件纵轴平行的裂缝和剥落的碎渣而破坏。破坏时没有明显预兆，属脆性破坏（图 7-11*b*）。

3. 两种偏心受压破坏形态的界限

从以上两种偏心受压破坏特征可以看出，二者之间的根本区别在于受拉钢筋在破坏时能否达到屈服。这和受弯构件的适筋破坏及超筋破坏两种情况完全一致。因此，两种偏心受压破坏形态的界限与上述两种受弯构件破坏的界限也必然相同，即在破坏时纵向钢筋应力达到屈服强度，同时受压区混凝土亦达到极限压应变 ε_{cu} 值，此时其相对受压区高度称为界限相对受压区高度 ξ_b（ξ_b 值按表 4-4 取用）。

故当：$\xi \leqslant \xi_b$ 时，属于大偏心受压破坏；

$\xi > \xi_b$ 时，属于小偏心受压破坏。

7.4.2 柱的分类及其考虑二阶效应内力分析法

1. 柱的分类

钢筋混凝土柱在竖向偏心压力作用下，由于柱的纵向弯曲将产生附加挠度 v，当该柱无侧向位移，或是侧向位移很小，可以忽略不计时（例如混合结构房屋内框架柱），则柱中部截面承受的最大弯矩将由两部分组成：

$$M = Ne_0 + Nv \tag{7-10}$$

式中 N——纵向压力；

e_0——纵向压力对截面重心轴的偏心距，$e_0 = \dfrac{M}{N}$，使用时以 e_i 代替 e_0；

e_i——初始偏心距，$e_i = e_0 + e_a$；

e_a——附加偏心距，见第 7.1 节；

v——附加挠度。

上式中弯矩 Ne_0 值随着 N 值的增大而成线性关系，称一阶弯矩或初始弯矩；而由附加挠度产生的弯矩 Nv 值，是随着 N 及 v 值的增大而增大，故称二阶弯矩（图 7-12），在力学上称之为 p-δ 效应（其中 p 即为 N，δ 即为 v）。

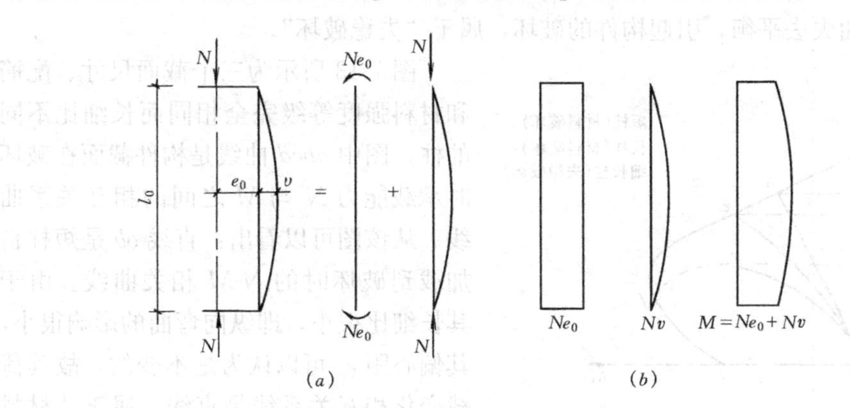

图 7-12 初始弯矩和二阶弯矩

(a) 荷载图；(b) 弯矩图

钢筋混凝土柱的长细比 l_0/h 对二阶弯矩影响很大，其中，l_0 为柱两端铰接时理论计算长度（l_0 实际取值见第 7.3 节中 7.3.1 及 §12.4 节中 12.4.2），h 为截面高度。根据长细比不同，柱可分为以下三类：

短柱：$l_0/h \leqslant 8$，这时二阶弯矩和初始弯矩 Ne_0 相比很小，可以忽略。因此，构件各个截面中的弯矩可以认为均等于 Ne_0，即弯矩与轴向压力成比例增长，为 $\dfrac{dM}{dN}$＝常数，Ne_0 的图形为矩形。

长柱 $l_0/h=8\sim30$，这时侧向附加挠度 v 与偏心距 e_0 相比已不能忽略，特别是在偏心距较小的构件中，其二阶弯矩在总弯矩中占有相当大的比重。随着轴向压力 N 的增加，相应的二阶弯矩 Nv 值增加得较快，即 $\frac{\mathrm{d}M}{\mathrm{d}N}\neq$ 常数，Nv 的图形为曲线形，因此在计算时需考虑二阶弯矩的影响。

细长柱 $l_0/h>30$，构件由于长细比很大，它在较低的荷载下，其受力性能与长柱相似。但当荷载超过其临界荷载值后，虽然其截面中应力比材料强度值低得多，但构件将发生失稳而破坏。在荷载达到最大值后，如能控制荷载逐渐降低以保持构件的继续变形，则随着 v 值的增大直至某一定值时，在其相应截面中应力也可达到材料强度而破坏，但此时的荷载已小于失稳时的破坏荷载。因此在设计中采用这一类型的构件是不经济的，应尽量避免其出现。

由上述可知，偏心受压构件在纵向弯曲的影响下，其破坏特征有两种类型：

对于长细比较小的短柱，其纵向弯曲的影响也很小，构件是由于材料的受压强度（小偏心）或受拉强度（大偏心）不足而破坏，属于“材料破坏”。对于长细比在一定范围的长柱，随轴力的加大其二阶弯矩也随之增长，纵向弯曲也略有影响，柱的承载能力比相同截面的短柱有所减小，但就其破坏特征来说，和短柱的破坏特征相同，属于“材料破坏”。

对于长细比很大的细长柱，构件截面内的应力虽远小于其材料强度，但由于纵向弯曲失去平衡，引起构件的破坏，属于“失稳破坏”。

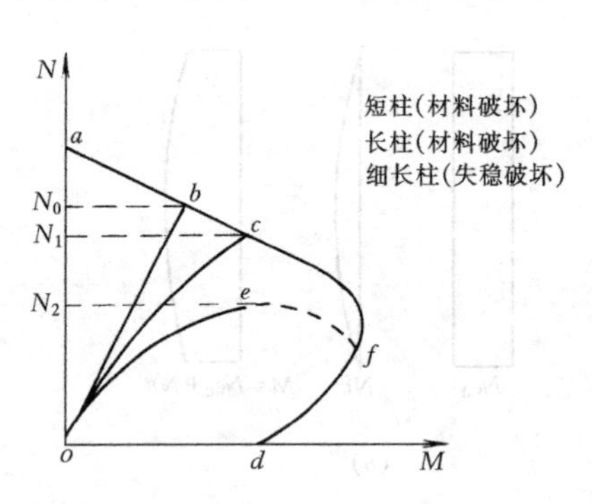

图 7-13 偏心受压构件 N-M 曲线及其破坏性质

图 7-13 所示为三个截面尺寸、配筋和材料强度等级完全相同而长细比不同的柱。图中 $abcd$ 曲线是构件截面在破坏时承载能力 N 与 M 之间的相互关系曲线。从该图可以看出：直线 ob 是短柱自加载到破坏时的 N-M 相关曲线。由于其长细比很小，即纵向弯曲的影响很小，其偏心距 e_0 可以认为是不变的，故其荷载变化相互关系线是直线，属于“材料破坏”类型。

图中曲线 oc 是长柱自加载到破坏时的 N-M 相关曲线。由于其长细比略大，对其纵向弯曲也有影响，构件的承载能力随着二阶弯矩的增加而有所降低，荷载变化相互关系线 oc 呈曲线形状，但就其破坏性质来说，仍属于“材料破坏”类型。

图中 oe 线是细长柱自加载到破坏的 N-M 相关曲线。由于该柱的长细比很大，在接近临界荷载时，虽然其钢筋并未屈服，混凝土应力也未达到其抗压强度极限值，同时曲线 oe 与构件的 N-M 材料破坏相关曲线 $abcfd$ 没有相交，构件将由于微小纵向力的增加引起不收敛弯矩的增加而导致破坏，即所谓“失稳破坏”。

由该图可知，三个柱的纵向承载能力各不相同，若其值分别为 N_0、N_1、N_2，则 $N_0>N_1>N_2$，即由于长细比的增加降低了构件的承载能力。

2. 柱在内力分析中有关二阶效应的概念

结构中的二阶效应指作用在结构上的重力或构件中的轴压力在变形后的结构或构件中引起的附加内力和附加变形。当结构的二阶效应可能使作用效应显著增大时，在结构分析中应考虑二阶效应的不利影响。结构中的二阶效应可以分为重力二阶效应和受压构件的挠曲效应，即 P-Δ 效应和 P-δ 效应。

对于无侧移的柱，在轴压力 N 作用下所产生的二阶弯矩，已在式（7-10）说明中作了介绍。

对于有侧移的柱，如图 7-14 所示的框架柱，其顶端在竖向压力 N 和水平力 H 共同作用下，其中除仅由竖向压力 N 所引起的 P-δ 效应外，还有由水平力 H 所引起的水平位移 Δ，则柱的底部将产生由水平力 H 引起的一阶弯矩 Hh（图 7-14b）和竖向压力 N 在水平位移 Δ 作用下引起的二阶弯矩 $N\Delta$（图 7-14c），即 P-Δ 效应。

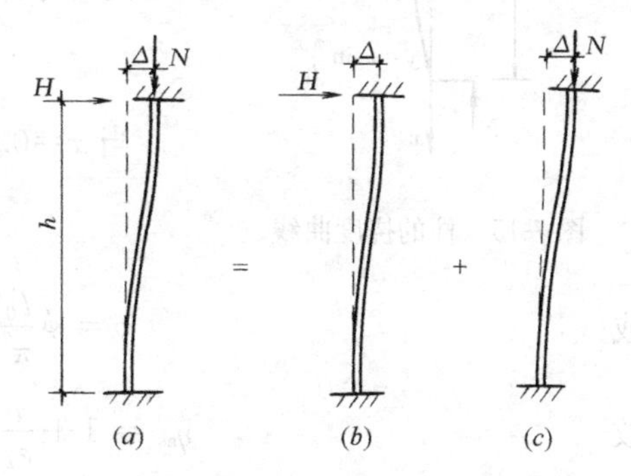

图 7-14　有侧移框架柱的 P-Δ 图

(a) 在 H 与 N 共同作用下弯矩；

(b) 在 H 作用下一阶弯矩 Hh；

(c) 在 N 作用下二阶弯矩 $N\Delta$。

这样，柱在内力分析中所考虑的二阶效应，对无侧移的柱，二阶效应中不存在 P-Δ 效应，不会增大柱端控制截面的弯矩，而有可能增大柱段中部的弯矩。而对有侧移的柱，P-Δ 效应将增大柱端控制截面的弯矩，而一般不增大柱段中部的弯矩（底层框架柱除外）。P-Δ效应计算属于结构整体层面的问题，一般在结构整体分析中考虑。P-δ 效应计算属于构件层面的问题，一般在构件设计中考虑。

3. 钢筋混凝土偏心受压构件的内力分析法

在对各类钢筋混凝土结构偏心受压构件进行内力分析时，均应考虑结构侧移和构件挠曲引起的二阶效应的影响。但由于特别是对 P-δ 二阶效应的分析计算比较烦琐，为此《规范》规定考虑二阶效应对内力影响的近似分析法，称之为 C_m-η_{ns}法。

（1）弯矩增大系数 η_{ns}值

如图 7-12a 所示，柱子在竖向荷载 N 作用下的一阶弯矩和二阶弯矩之和（即总弯矩）的最大值，产生在柱子杆件的中部，其值可通过对一阶弯矩 Ne_i 乘以弯矩增大系数的方法来解决。如图 7-15，取：

$$Ne_i + Nv = Ne_i\left(1+\frac{v}{e_i}\right) = \eta_{ns} Ne_i$$

式中　η_{ns}——弯矩增大系数，$\eta_{ns}=1+\frac{v}{e_i}$，当 v 值确定后，η_{ns} 值即可求得。

对附加挠度 v 值的确定，如图 7-15 所示，试验表明，柱的挠度曲线基本上可采用正弦曲线作为其拟合曲线，其表达式为：

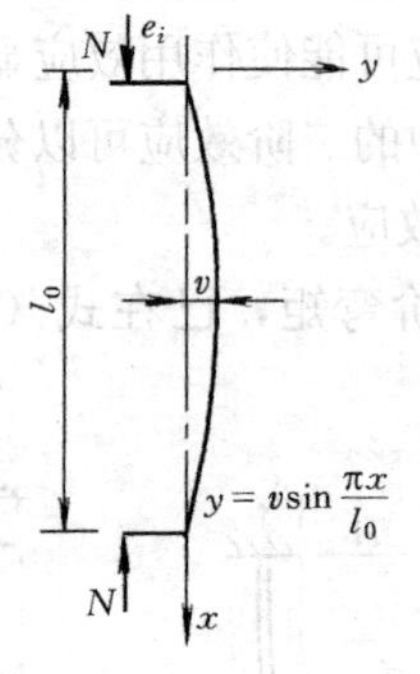

图 7-15　柱的挠度曲线

$$y = v\sin\frac{\pi x}{l_0}$$

截面的曲率：　$\phi=\frac{M}{EI}\approx\frac{d^2y}{dx^2}$

对 y 求二次导数得：

$$\phi = \frac{d^2y}{dx^2} = v\frac{\pi^2}{l_0^2}\sin\frac{\pi x}{l_0}$$

当 $x=0.5l_0$ 时，代入上式可得：

$$\phi = v\frac{\pi^2}{l_0^2}$$

或

$$v = \phi\frac{l_0^2}{\pi^2} \approx \phi\frac{l_0^2}{10}$$

故

$$\eta_{ns} = 1+\frac{v}{e_i} = 1+\frac{\phi l_0^2}{10e_i}$$

当为界限破坏时，钢筋进入屈服阶段，混凝土被压碎，此时相应于界限状态时的曲率 ϕ_b 值为：

$$\phi_b = \frac{\varepsilon_{cu}+\varepsilon_y}{h_0}$$

上式中，ε_{cu}为构件达到最大承载能力时截面受压区边缘混凝土极限压应变值；而 ε_y为在界限状态下受拉钢筋达到屈服时的应变值。为了简化计算，界限破坏时统一取 $\varepsilon_{cu}=0.0033$、$\varepsilon_y=0.002$ 作为确定 ϕ_b 值的基点。同时还考虑混凝土在长期荷载作用下将产生徐变，并根据实测结果将 ε_{cu}值再乘以一个徐变影响系数 1.25，这样可得：

$$\phi_b = \frac{1.25\times0.0033+400/(2\times10^5)}{h_0} = \frac{1}{163h_0} \tag{7-11}$$

考虑到偏心受压构件实际破坏形态与界限破坏有一定的差异，《规范》对界限破坏时的曲率 ϕ_b 进行修正，即：

$$\phi = \phi_b\zeta_c = \frac{1}{163h_0}\zeta_c$$

式中　ζ_c——小偏心受压构件截面曲率修正系数。

分析研究表明：对于大偏心受压构件，破坏时混凝土压应变达到极限压应变 ε_{cu}值，钢筋的拉应变 ε_s达到屈服时的拉应变 ε_y值，相应的曲率接近于 ϕ_b，所以大偏心受压时可近似取 $\zeta_c=1.0$。

对小偏心受压构件，破坏时钢筋的拉应变 ε_s 达不到 ε_y，亦可能是压应变，混凝土的极限压应变 ε_{cu} 值亦随偏心距的减小而减小，当为轴心受压时，其极限应变 ε_{cu} 值由 0.0033 降至 0.002。为此，《规范》在试验分析的基础上，对修正系数 ζ_c 值取用如下的经验表达式，对截面曲率进行修正：

$$\zeta_c=\frac{0.5f_cA}{N} \tag{7-12}$$

式中 A——构件的截面面积。

则得：

$$\eta_{ns}=1+\frac{\phi l_0^2}{10e_i}=1+\frac{1}{1630e_i/h_0}\left(\frac{l_0}{h_0}\right)^2\zeta_c \tag{7-13}$$

（2）《规范》对 C_m-η_{ns} 法的设计规定

1）不考虑 p-δ 效应的条件

对弯矩作用平面内截面对称的偏心受压构件，当同一主轴方向的杆端弯矩比 M_1/M_2 不大于 0.9，且轴压比 $\frac{N}{f_cA}$ 不大于 0.9 时，若构件的长细比满足式(7-14) 或式（7-15）的要求时，可不考虑轴向压力在该方向产生附加弯矩的影响；否则应按截面的两个主轴方向，按规定分别考虑所产生附加弯矩影响的承载力计算。对构件长细比的要求：

对任意截面：$l_c/i\leqslant 34-12\ (M_1/M_2)$ (7-14)

对矩形截面：$l_c/h\leqslant 9.8-3.5\ (M_1/M_2)$ (7-15)

式中 M_2、M_1——已考虑侧移影响的偏心受压构件两端截面按结构弹性分析确定的对同一主轴的组合弯矩设计值，绝对值较大端为 M_2，绝对值较小端为 M_1，当构件按单曲率弯曲时（即 M_2 与 M_1 反向时）取正值，否则取负值；

l_c——柱的计算长度，可近似取柱的相应主轴方向上、下支撑点之间的距离；

i——偏心受压方向截面回转半径，$i=\sqrt{\frac{I}{A}}$，I、A 为偏心方向的截面惯性矩及截面面积。

2）控制截面的弯矩设计值

在实际设计应用时，偏心受压构件控制截面的弯矩取值，考虑其二阶效应的受力情况与图 7-15 并不完全相符，它还与所作用的荷载性质和房屋的结构构造形式等因素有关。对框架结构，房屋的整体刚度较好，所作用的轴向永久荷载在柱端一般不产生二阶效应，而仅有可变荷载才引发二阶效应，对框架柱应取仅在柱端的可变荷载引起的弯矩设计值乘以增大系数 η_{ns} 值，而不是永久荷载与可变荷载所产生的总弯矩乘以增大系数 η_{ns} 值，如果采用这样的计算结果，对弯矩设计值的取值偏大。

其次，在框架的同一层间内，各柱子的计算高度均相等，在偏心荷载作用下，柱的控制截面往往不在柱高的中点而是在柱端，另外在柱端与梁端交接处，一般为刚性连接，产生柱端同向弯矩，这与图7-15中的计算图形两端产生反向弯矩的计算结果相比，其弯矩设计值亦会偏大。

为此《规范》对控制截面弯矩设计值的取值作了如下的规定：

除排架结构柱外，其他偏心受压构件考虑轴向压力在挠曲杆件中产生的二阶效应后，控制截面的弯矩设计值，应按下列公式计算：

$$M = C_m \eta_{ns} M_2 \tag{7-16}$$

$$C_m = 0.7 + 0.3\frac{M_1}{M_2} \tag{7-17}$$

式中　C_m——构件端截面偏心距调节系数，当小于0.7时，取0.7；

　　　η_{ns}——弯矩增大系数。

取$\frac{h}{h_0}=1.1$，$l_0=l_c$，并考虑$e_i=\frac{M_2}{N}+e_a$，则式（7-13）可改写为如下表达式：

$$\eta_{ns}=1+\frac{1}{1300(M_2/N+e_a)/h_0}\left(\frac{l_c}{h}\right)^2\zeta_c \tag{7-18}$$

式中　N——与弯矩设计值M_2相对应的轴向压力设计值；

　　　e_a——附加偏心距；

　　　h——截面高度，对环形截面取外直径，对圆形截面取直径；

　　　h_0——截面有效高度，对环形截面，取$h_0=r_2+r_s$，对圆形截面，取$h_0=r+r_s$；此处r、r_2为圆形和环形截面外半径，r_s为纵向钢筋重心所在的半径。

《规范》规定：当$C_m\eta_{ns}<1.0$时，取$C_m\eta_{ns}=1.0$。计算剪力墙及核心筒墙，可取$C_m\eta_{ns}=1.0$。

【例7-3】　已知某偏心受压柱，截面尺寸$b\times h=200\text{mm}\times400\text{mm}$，轴心压力设计值$N=900\text{kN}$，柱端最大弯矩设计值$M_2=18\text{kN}\cdot\text{m}$，最小弯矩$M_1=0$，$l_c/h=12$，混凝土强度等级用C30，钢筋用HRB400（$f_y=360\text{N/mm}^2$）。环境类别为一类。求柱的弯矩增大系数$\eta_{ns}$值。

【解】（1）求e_a值

取$a_s=35\text{mm}$，$h_0=400-35=365\text{mm}$

$e_a=h/30=400/30=13.3\text{mm}<20\text{mm}$，故取$e_a=20\text{mm}$

（2）求ζ_c值

按式（7-12）

$$\zeta_c=\frac{0.5f_cA}{N}=\frac{0.5\times14.3\times200\times400}{900\times1000}=0.636$$

(3) 求 η_{ns} 值

按式（7-18）

$$\eta_{ns}=1+\frac{1}{1300(M_2/N+e_a)/h_0}\left(\frac{l_c}{h}\right)^2\zeta_c$$

$$=1+\frac{1}{1300[18\times10^6/(900\times10^3)+20]/365}\times12^2\times0.636$$

$$=1.643$$

7.4.3 矩形截面偏心受压构件正截面的承载力

1. 基本假定

钢筋混凝土偏心受压构件正截面承载力的计算和受弯构件相同，采用下列基本假定：

(1) 平截面假定：即构件正截面弯曲变形以后仍保持一平面。

(2) 不考虑混凝土抗拉强度。

(3) 截面受压区混凝土的应力图形采用等效矩形应力图形，其抗压强度取为轴心抗压强度设计值 $\alpha_1 f_c$，受压区边缘混凝土应变取 $\varepsilon_c=\varepsilon_{cu}=0.0033$。

(4) 当截面受压区高度满足 $x\geqslant 2a'_s$ 要求时，受压钢筋能够达到抗压强度设计值。

(5) 受拉钢筋应力 σ_s 取等于钢筋应变 ε_s 与其弹性模量 E_s 的乘积，但不得大于其强度设计值 f_y。纵向受拉钢筋的极限拉应变取为 0.01。

2. 钢筋应力 σ_s 值

在偏心受压构件承载力计算时，必须确定受拉钢筋或受压应力较小边的钢筋应力 σ_s 值：

(1) 用平截面假定条件确定 σ_s 值

由图 7-16 可知：

$$\frac{\varepsilon_c}{\varepsilon_c+\varepsilon_s}=\frac{x_0}{h_0}$$

故
$$\varepsilon_s=\varepsilon_c\left(\frac{h_0}{x_0}-1\right)$$

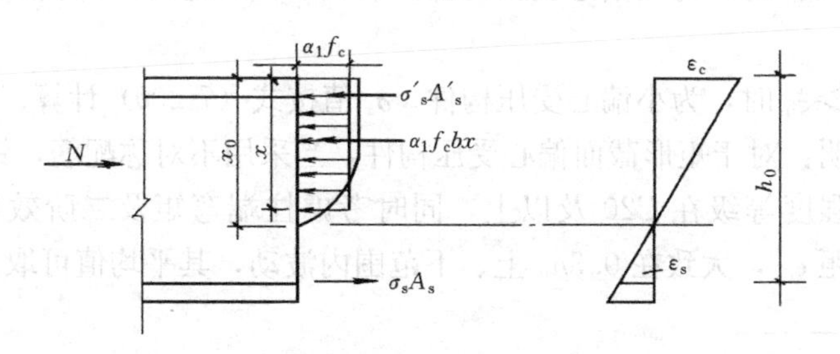

图 7-16 偏心受压构件应力应变分布图

$$\sigma_s = E_s\varepsilon_s = \varepsilon_c\left(\frac{h_0}{x_0}-1\right)E_s$$

根据基本假定，对普通混凝土取 $x=0.8x_0$，当构件破坏时取 $\varepsilon_c=\varepsilon_{cu}=0.0033$，同时取 $\xi=x/h_0=0.8x_0/h_0$，则得：

$$\sigma_s = 0.0033\left(\frac{0.8}{\xi}-1\right)E_s \tag{7-19}$$

当 $\sigma_s>0$ 时，受拉；反之，当 $\sigma_s<0$ 时，受压。

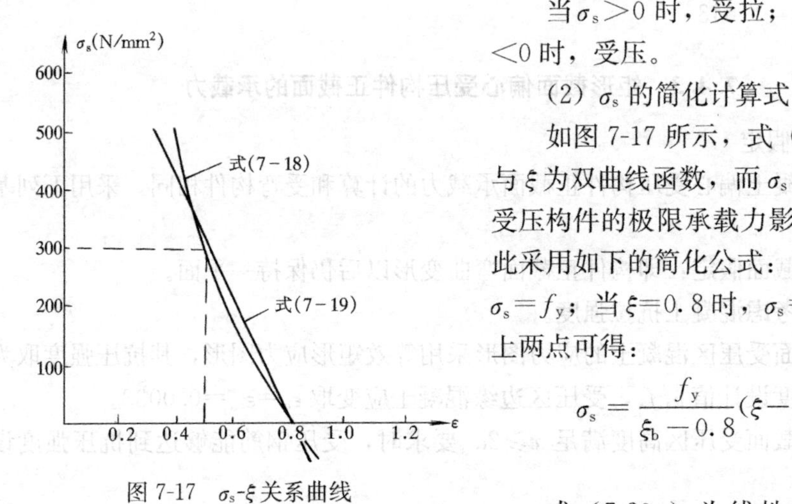

图 7-17　σ_s-ξ 关系曲线

(2) σ_s 的简化计算式

如图 7-17 所示，式（7-19）中 σ_s 与 ξ 为双曲线函数，而 σ_s 值对小偏心受压构件的极限承载力影响很小，因此采用如下的简化公式：当 $\xi=\xi_b$ 时，$\sigma_s=f_y$；当 $\xi=0.8$ 时，$\sigma_s=0$。通过以上两点可得：

$$\sigma_s = \frac{f_y}{\xi_b-0.8}(\xi-0.8) \tag{7-20a}$$

式（7-20a）为线性方程，与式（7-19）相比，计算 σ_s 值的误差不大，但降低了方程式的次数，使计算简化。

对于高强混凝土，通过试验分析，式（7-20a）取用如下表达式：

$$\sigma_s = \frac{f_y}{\xi_b-\beta_1}(\xi-\beta_1) \tag{7-20b}$$

上式中 β_1 值取值见第 4.8 节。

3. 矩形截面偏心受压构件不对称配筋计算

(1) 构件大小偏心的判别

《规范》规定：不对称配筋的偏心受压构件，可根据钢筋应力 σ_s 的大小，确定偏心的类型。

1）当 $\xi\leqslant\xi_b$ 时，为大偏心受压构件，取 $\sigma_s=f_y$；此处，ξ 为相对受压区高度 $\xi=x/h_0$。

2）当 $\xi>\xi_b$ 时，为小偏心受压构件，σ_s 值按式（7-20b）计算。

分析表明：对于矩形截面偏心受压构件，当采用不对称配筋，钢筋为普通钢筋，混凝土强度等级在 C20 及以上，同时考虑柱端弯矩及二阶效应的影响时，其界限偏心距 e_{0b}，大致在 $0.3h_0$ 上、下范围内波动，其平均值可取 $0.3h_0$[1]。

---

[1] 参见第 7.4.4 节。

这样对判定大小偏心的方法可取：

当 $e_i < 0.3h_0$ 时，按小偏心受压构件计算；

$e_i \geqslant 0.3h_0$ 时，按大偏心受压构件计算。

在设计时，有时当 $e_i \geqslant 0.3h_0$，符合大偏心受压的条件，但实际所配置的受拉纵筋比所需要的受拉纵筋大得多时，此时，应按小偏心受压公式，重新验算。

（2）矩形截面大偏心受压构件计算（$x \leqslant \xi_b h_0$）

1）基本计算公式

根据以上分析，大偏心受压构件破坏时和适筋梁的情况相同，其受拉及受压纵向钢筋均能达到屈服强度，受压区混凝土应力为抛物线形分布（图 7-18a）。为简化计算，同样可以用矩形应力分布图形来代替实际的应力分布图（图 7-18b），压应力取为 $\alpha_1 f_c$，受压区高度取 x，则得平衡方程式为：

$$\Sigma N = 0 \quad N \leqslant \alpha_1 f_c bx + f'_y A'_s - f_y A_s \tag{7-21}$$

$$\Sigma M = 0 \quad Ne \leqslant \alpha_1 f_c bx \left(h_0 - \frac{x}{2}\right) + f'_y A'_s (h_0 - a'_s) \tag{7-22}$$

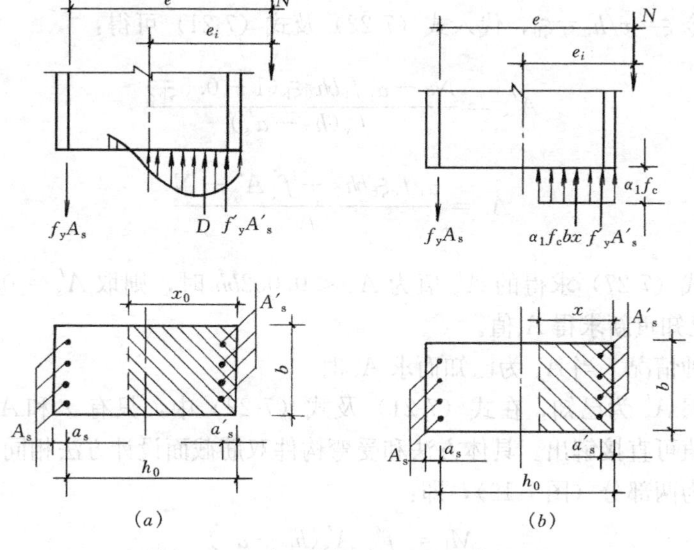

图 7-18 大偏心构件受压应力计算图形

（a）实际应力分布图；（b）计算图形

$$e = e_i + \frac{h}{2} - a_s \tag{7-23}$$

式中 α_1——系数，见式（4-9）；

e_i——初始偏心距，见第 7.4.2 节。

2）适用条件

为了保证受拉钢筋达到屈服，则应满足：

$$x \leqslant \xi_b h_0 \tag{7-24}$$

为了保证构件破坏时受压钢筋达到抗压强度设计值，则应满足：

$$x \geqslant 2a'_s \tag{7-25}$$

或

$$z \leqslant h_0 - a'_s \tag{7-26}$$

式中　z——受压区混凝土合力与受拉钢筋合力之间的内力偶臂。

3）截面选择

对偏心受压构件，其截面尺寸是预先估算确定的，因此，截面选择一般是指配筋的计算。但在配筋计算以前，首先需要判别偏心受压的类型。从式（7-21）及式（7-22）可以看出，当A_s及A'_s没有确定以前，x值是无法确定的，亦即无法用ξ及ξ_b来判别构件受力后是属于大偏心受压或是小偏心受压的情况。这时可按偏心距来判别偏心受压的类型，即当$e_i \geqslant 0.3h_0$时，按大偏心受压计算。

第一种情况　当A_s和A'_s均为未知时

由基本计算公式可知未知数有三个，即A_s、A'_s及x，而平衡方程式只有两个，所以必须补充一个条件才能求解。与受弯构件双筋截面设计方法相同，为了节约钢材，应充分利用混凝土受压承载力，使（$A_s + A'_s$）总用钢量最省为补充条件，即令$\xi = x/h_0 = \xi_b$，代入式（7-22）及式（7-21）可得：

$$A'_s = \frac{Ne - \alpha_1 f_c b h_0^2 \xi_b (1 - 0.5\xi_b)}{f'_y (h_0 - a'_s)} \tag{7-27}$$

$$A_s = \frac{\alpha_1 f_c \xi_b b h_0 + f'_y A'_s - N}{f_y} \tag{7-28}$$

当按式（7-27）求得的A'_s值为$A'_s < 0.002bh$时，则取$A'_s = 0.002bh$，并按A'_s为已知重新求得A_s值。

第二种情况　当A'_s为已知而求A_s时

此时因A'_s为已知，在式（7-21）及式（7-22）中，只有x和A_s两个未知数，故其值可直接解出。具体方法和受弯构件双筋截面设计方法相同，可将其内力矩分解为两部分（图7-19），即：

$$M_1 = f'_y A'_s (h_0 - a'_s)$$

$$M_2 = Ne - M_1$$

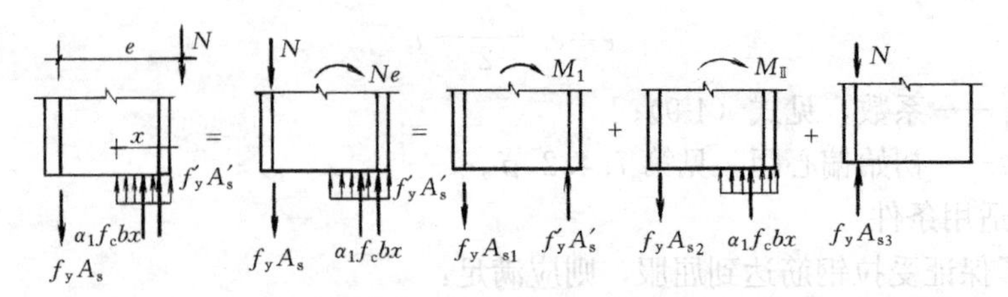

图7-19　当A'_s为已知时受力情况

$\alpha_{s2} = \dfrac{M_2}{\alpha_1 f_c b h_0^2}$，由 α_{s2} 查附表 8 得 γ_{s2}，

$$A_{s2} = \frac{M_2}{\gamma_{s2} h_0 f_y}$$

$$A_{s1} = \frac{f'_y}{f_y} A'_s, \quad A_{s3} = \frac{N}{f_y}$$

故
$$A_s = A_{s1} + A_{s2} - A_{s3} \tag{7-29}$$

当 $A_s < \rho_{min} bh$ 时，则取 $A_s = \rho_{min} bh$。

特例：

当 $\alpha_{s2} > \alpha_{s,max}$ 时，表明 A'_s 值取值太小，此时应再按 A'_s 及 A_s 均为未知的情况求得 A_s 及 A'_s 值。

当 $x < 2a'_s$，或 $\gamma_{s2} h_0 > h_0 - a'_s$ 时，表明受压钢筋达不到抗压强度设计值 f'_y，则可取 $x = 2a'_s$ 或 $A'_s = 0$，分别计算 A_s 值，然后取两者中的较大值。具体计算为：

当 $x = 2a'_s$ 时，由图 7-20 得：

$$A_s = \frac{Ne'}{f_y(h_0 - a'_s)} \tag{7-30a}$$

$$e' = e_i - \frac{h}{2} + a'_s \tag{7-31}$$

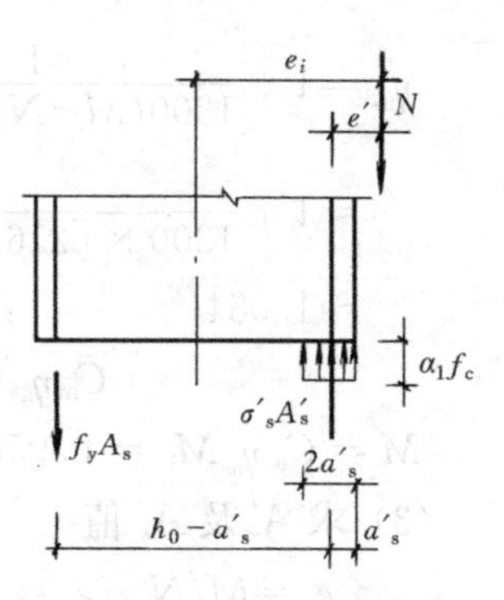

图 7-20 当 $x = 2a'_s$ 时的受力情况

当 $A'_s = 0$ 时，由式 (7-22) 可得：

$\alpha_s = \dfrac{Ne}{\alpha_1 f_c b h_0^2}$，由 α_s 查得 ξ，

则得：

$$A_s = \xi b h_0 \frac{\alpha_1 f_c}{f_y} - \frac{N}{f_y} \tag{7-30b}$$

按式 (7-30a) 或式 (7-30b) 求得的 A_s 值，当 $A_s < \rho_{min} bh$ 时，取 $A_s = \rho_{min} bh$。

【例 7-4】 已知某柱截面尺寸 $b \times h = 300\text{mm} \times 500\text{mm}$。弯矩作用平面内柱的计算长度 $l_c = 4.0\text{m}$，弯矩作用平面外柱的计算长度为 $l_0 = 4.0\text{m}$，在荷载设计值作用下，纵向压力设计值 $N = 860\text{kN}$，长边方向作用的端部弯矩设计值 $M_2 = 216\text{kN}\cdot\text{m}$，$M_1/M_2 = 0.86$，混凝土用 C30（$f_c = 14.3\text{N/mm}^2$），纵向钢筋用 HRB400（$f_y = f'_y = 360\text{N/mm}^2$）。环境类别为一类。

求钢筋截面面积 A'_s 及 A_s 值。

【解】 (1) 二阶效应的考虑

$M_1/M_2 = 0.86 < 0.9$，轴压比为 $\dfrac{N}{f_c A} = \dfrac{860 \times 10^3}{14.3 \times 300 \times 500} = 0.4 < 0.9$

$l_c/h = 4.0/0.5 = 8.0 > 9.8 - 3.5(M_1/M_2) = 6.8$

应考虑二阶效应的影响。

(2) 求 C_m 及 η_{ns} 值

$$a_s = a'_s = 35\text{mm},\ h_0 = 465\text{mm}$$

$$C_m = 0.7 + 0.3(M_1/M_2) = 0.7 + 0.3 \times 0.86 = 0.958$$

$$e_a = \frac{1}{30}h = \frac{1}{30} \times 500 = 16.7\text{mm},故取\ e_a = 20\text{mm}$$

由式 (7-18) 及式 (7-12) 得：

$$\zeta_c = \frac{0.5f_cA}{N} = \frac{0.5 \times 14.3 \times 300 \times 500}{860 \times 10^3} = 1.247$$

取 $\zeta_c = 1.0$

$$\eta_{ns} = 1 + \frac{1}{1300(M_2/N + e_a)/h_0}\left(\frac{l_c}{h}\right)^2\zeta_c$$

$$= 1 + \frac{1}{1300 \times [216 \times 10^6/(860 \times 10^3) + 20]/465} \times \left(\frac{4000}{500}\right)^2 \times 1.0$$

$$= 1.084$$

$$C_m\eta_{ns} = 0.958 \times 1.084 = 1.038 > 1$$

$$M = C_m\eta_{ns}M_2 = 0.958 \times 1.084 \times 216 = 1.038 \times 216 = 224.2\text{kN}\cdot\text{m}$$

(3) 求 A'_s 及 A_s 值

$$e_i = M/N + e_a = 224.2 \times 10^6/(860 \times 10^3) + 20 = 280.7\text{mm}$$

因　$e_i = 280.7\text{mm} > 0.3h_0 = 0.3 \times 465 = 139.5\text{mm}$

故属于大偏心受压构件。

$$e = e_i + \frac{h}{2} - a_s = 280.7 + \frac{500}{2} - 35 = 495.7\text{mm}$$

由式 (7-27) 得：

$$A'_s = \frac{Ne - \alpha_1 f_c bh_0^2\xi_b(1 - 0.5\xi_b)}{f'_y(h_0 - a'_s)}$$

$$= \frac{860 \times 10^3 \times 495.7 - 1 \times 14.3 \times 300 \times 465^2 \times 0.518 \times (1 - 0.5 \times 0.518)}{360 \times (465 - 35)}$$

$$= 453.8\text{mm}^2$$

$$A'_{s,\min} = \frac{0.2}{100}bh = \frac{0.2}{100} \times 300 \times 500 = 300\text{mm}^2 < A'_s = 453.8\text{mm}^2$$

选用2Φ18 ($A'_s = 509\text{mm}^2$)。

受拉钢筋 A_s 值，由式 (7-28) 得：

$$A_s=\frac{\alpha_1 f_c b h_0 \xi_b + f'_y A'_s - N}{f_y}$$

$$=\frac{1\times 14.3\times 300\times 465\times 0.518+360\times 453.8-860\times 10^3}{360}$$

$$=935.3\text{mm}^2$$

$$A_{s,\min}=\frac{0.2}{100}bh=\frac{0.2}{100}\times 300\times 500=300\text{mm}^2<A_s=935.3\text{mm}^2$$

选用 4 Φ 18（A_s=1017mm²）。

截面总配筋率为：$\rho=\frac{A_s+A'_s}{bh}=\frac{509+1017}{300\times 500}=1.02\%>0.55\%$

（4）验算垂直于弯矩作用平面的受压承载力

$\frac{l_0}{b}=\frac{4000}{300}=13.3$，查表 7-1 得 φ=0.93，由式（7-4）得：

$$N_u=0.9\varphi(f_c A+f'_y A'_s)$$
$$=0.9\times 0.93\times[14.3\times 300\times 500+360\times(509+1017)]$$
$$=2255.2\text{kN}>860\text{kN}$$

满足要求。

【例 7-5】 已知条件同［例 7-4］，并已知 A'_s=942mm²（3 Φ 20）。求受拉钢筋截面面积 A_s。

【解】 $Ne=M_1+M_2$

$$M_1=f'_y A'_s(h_0-a'_s)=360\times 942\times(465-35)$$
$$=145.8\times 10^6\text{N}\cdot\text{mm}$$

$$M_2=Ne-M_1=860\times 10^3\times 495.7-145.8\times 10^6=280.5\times 10^6\text{N}\cdot\text{mm}$$

$$\alpha_{s2}=\frac{M_2}{\alpha_1 f_c b h_0^2}=\frac{280.5\times 10^6}{1.0\times 14.3\times 300\times 465^2}=0.302$$

$$\xi=1-\sqrt{1-2\alpha_{s2}}=1-\sqrt{1-2\times 0.302}=0.371<\xi_b=0.518$$

$x=\xi h_0=0.371\times 465=172.5\text{mm}>2a'_s=70\text{mm}$，满足要求。

查附表 8 得 γ_{s2}=0.814，则得：

$$A_{s2}=\frac{M_2}{\gamma_{s2} h_0 f_y}=\frac{280.5\times 10^6}{0.814\times 465\times 360}=2059\text{mm}^2$$

$$A_s=A_{s1}+A_{s2}-\frac{N}{f_y}=942+2059-\frac{860\times 10^3}{360}=612\text{mm}^2$$

又 $$A_{s,\min}=\frac{0.2}{100}bh=\frac{0.2}{100}\times 300\times 500=300\text{mm}^2$$

故取 A_s=612mm²，选用 2 Φ 20（A_s=628mm²）。

从［例7-4］及［例7-5］可以看出：［例7-4］取用$\xi=\xi_b$时，总用钢量$A'_s+A_s=453.8+935.3=1389.1\text{mm}^2$，而［例7-5］则为$A'_s+A_s=942+612=1554\text{mm}^2$，可见当取$\xi=\xi_b$时，所计算的总用钢量要省一些。

【例7-6】 已知某偏心受压柱，弯矩作用平面内柱的计算长度$l_c=4.0\text{m}$，弯矩作用平面外柱的计算长度$l_0=4.0\text{m}$，截面尺寸$b\times h=300\text{mm}\times 500\text{mm}$，柱的纵向压力设计值$N=600\text{kN}$，相应的长边方向端部弯矩设计值$M_2=180\text{kN}\cdot\text{m}$，$M_1/M_2=0.78$，混凝土用C30（$f_c=14.3\text{N/mm}^2$），钢筋牌号用HRB400（$f_y=f'_y=360\text{N/mm}^2$）。环境类别为一类。

求钢筋的截面面积A'_s及A_s值。

【解】 （1）二阶效应的考虑

柱的轴压比$\dfrac{N}{f_cA}=\dfrac{600\times10^3}{14.3\times300\times500}=0.28<0.9$

柱端弯矩比$M_1/M_2=0.78<0.9$

柱的长细比$l_c/h=4.0/0.5=8.0>9.8-3.5(M_1/M_2)=9.8-3.5\times0.78=7.1$

应考虑二阶效应的影响。

（2）求C_m及η_{ns}值

$$a_s=a'_s=35\text{mm},h_0=465\text{mm}$$

$$C_m=0.7+0.3(M_1/M_2)=0.7+0.3\times0.78=0.934$$

$$e_a=\frac{1}{30}h=\frac{1}{30}\times500=16.7\text{mm},\text{故取}\ e_a=20\text{mm}$$

由式（7-18）及式（7-12）：

$$\zeta_c=\frac{0.5f_cA}{N}=\frac{0.5\times14.3\times300\times500}{600\times10^3}=1.788>1.0$$

取$\zeta_c=1.0$

$$\eta_{ns}=1+\frac{1}{1300(M_2/N+e_a)/h_0}\left(\frac{l_c}{h}\right)^2\zeta_c$$

$$=1+\frac{1}{1300\times[180\times10^6/(600\times10^3)+20]/465}\times\left(\frac{4000}{500}\right)^2\times1.0$$

$$=1.072$$

$$C_m\eta_{ns}=0.934\times1.072=1.001>1$$

$$M=C_m\eta_{ns}M_2=0.934\times1.072\times180=1.001\times180=180.2\text{kN}\cdot\text{m}$$

（3）求A'_s及A_s值

$$e_i=M/N+e_a=180.2\times10^6/(600\times10^3)+20=320.3\text{mm}$$

$e_i=320.3\text{mm}>0.3h_0=0.3\times465=139.5\text{mm}$，属大偏心受压构件

$$e=e_i+\frac{h}{2}-a_s=320.3+\frac{500}{2}-35=535.3\text{mm}$$

由式（7-27）得：

$$A'_s=\frac{Ne+\alpha_1 f_c bh_0^2\xi_b(1-0.5\xi_b)}{f'_y(h_0-a'_s)}$$

$$=\frac{600\times10^3\times535.3-1.0\times14.3\times300\times465^2\times0.518\times(1-0.5\times0.518)}{360\times(465-35)}$$

$$<0$$

因 $A'_{s,\min}=\frac{0.2}{100}bh=\frac{0.2}{100}\times300\times500=300\text{mm}^2$

故取 $A'_s=300\text{mm}^2$，选用 2Φ16（$A'_s=402\text{mm}^2$）。

此时，本题变成已知 A'_s 值求 A_s 值，计算方法同［例 7-5］，此处从略。

（3）矩形截面小偏心受压构件计算（$x>\xi_b h_0$）

1）基本计算公式

对于小偏心受压构件破坏的应力分布图形，可能是全截面受压或截面部分受压、部分受拉。与偏心压力距离较近一侧的纵向受压钢筋，一般都能达到抗压设计强度；而远离偏心压力一侧的纵向钢筋，可能受拉亦可能受压，其应力 σ_s 往往未达到相应的设计强度（图 7-21）。设计时可取图 7-22 所示计算图形，此时 σ_s 值可按式（7-20*b*）计算，用 $\xi=\frac{x}{h_0}$ 代入，即：

$$\sigma_s=\frac{f_y}{\xi_b-\beta_1}\left(\frac{x}{h_0}-\beta_1\right)$$

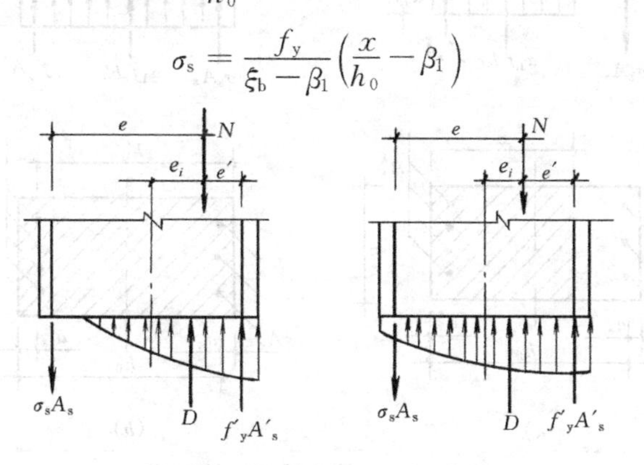

图 7-21 小偏心受压实际应力分布图

这样可得其平衡方程式为：

$$N\leqslant\alpha_1 f_c bx+f'_y A'_s-f_y A_s\frac{x/h_0-\beta_1}{\xi_b-\beta_1}\tag{7-32}$$

$$Ne\leqslant\alpha_1 f_c bx\left(h_0-\frac{x}{2}\right)+f'_y A'_s(h_0-a'_s)\tag{7-33}$$

$$e=e_i+\frac{h}{2}-a_s\tag{7-34}$$

$$e_i=M/N+e_a$$

2）截面选择

式（7-32）及式（7-33）中，共有三个未知数 A_s、A'_s 及 x，需要补充一个条件才能求解。具体可按下列步骤进行：

①对 A_s 值的确定。由试验研究可知，小偏心受压构件破坏时，远离偏心压力一侧的纵向钢筋在一般情况下其应力较小，可能受压，亦可能受拉，且达不到相应的设计强度 f_y。设计时可先按受拉的最小配筋率进行计算，即可取 $A_s=0.002bh$，初步确定 A_s 值。

②对 A'_s 值的确定。当取 $A_s=0.002bh$ 值后，则在式（7-32）及式（7-33）中，只剩下 A'_s 及 x 两个未知数，联立解方程式可得 x 值；或对受压钢筋重心取矩（图 7-22a），同样可得出 x 值。即：

$$Ne'\leqslant\alpha_1 f_c bx\left(\frac{x}{2}-a'_s\right)-\sigma_s A_s\ (h_0-a'_s) \tag{7-35}$$

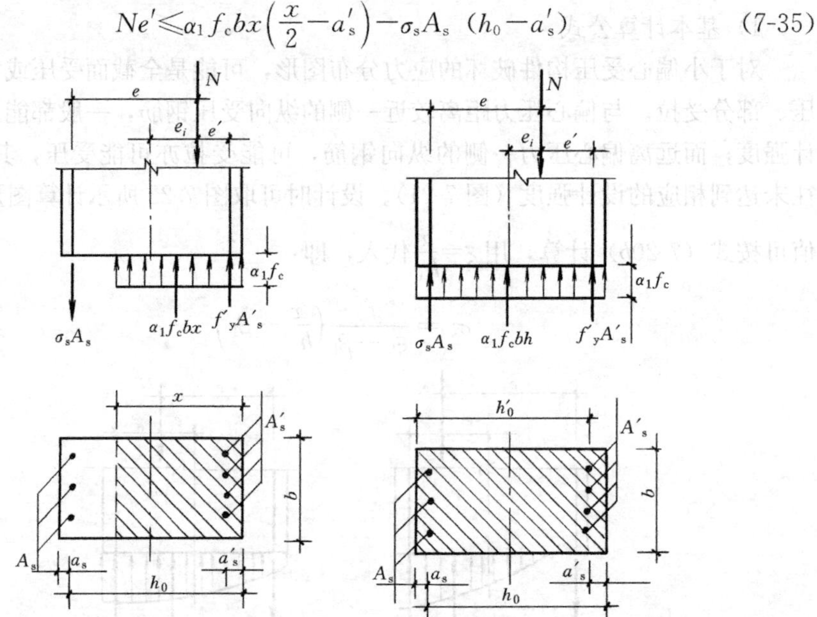

图 7-22 小偏心受压计算图形

(a) 受拉；(b) 受压

此时

$$e'=\frac{h}{2}-a'_s-e_i \tag{7-36}$$

上式中对 e_i 取值与式（7-23）中的 e_i 值相同。这样，将式（7-20a）代入式（7-35）得：

$$Ne'\leqslant\alpha_1 f_c bx\left(\frac{x}{2}-a'_s\right)+f_y A_s\frac{x/h_0-0.8}{\xi_b-0.8}(h_0-a'_s)$$

经整理后得出：

$$x^2-\left[2a'_s-\frac{2f_y A_s(h_0-a'_s)}{\alpha_1 f_c bh_0(0.8-\xi_b)}\right]x-\left[\frac{2Ne'}{\alpha_1 f_c b}+\frac{1.6f_y A_s}{\alpha_1 f_c b(0.8-\xi_b)}(h_0-a'_s)\right]=0 \tag{7-37}$$

对高强混凝土，上式中的 0.8 应用 β_1 值代替。

由上式可解得受压区高度 x 值。此时应根据下列不同情况确定 A'_s值：

A. 若 $\xi_b h_0 < x < h$ 时，此时说明小偏心受压构件截面的纵向钢筋基本处于受拉状态（图 7-22a），则将由式（7-37）解得的 x 值代入式（7-33），可得：

$$A'_s = \frac{Ne - \alpha_1 f_c bx(h_0 - 0.5x)}{f'_y(h_0 - a'_s)} \tag{7-38}$$

B. 若 $x \geqslant h$ 时，此时说明小偏心受压构件全截面受压（图 7-22b），故取 $x = h$，代入式（7-38），可得：

$$A'_s = \frac{Ne - \alpha_1 f_c bh(h_0 - 0.5h)}{f'_y(h_0 - a'_s)} \tag{7-39}$$

按上述方法确定 A'_s值后，当 $A'_s < A'_{s,min}$时，则取 $A'_s = A'_{s,min} = 0.002bh$ 进行配筋。

3）对 A_s 的校核

对小偏心受压构件，当偏心距很小，轴向压力 N 又很大时，其远离偏心力一侧钢筋由受拉转为受压状态，A_s 按最小配筋率配置时可能过少，其应力可能达到 f'_y而被压坏，为保证构件在出现这一情况时安全，《规范》规定：对矩形截面采用非对称配筋的小偏心受压构件，当 $N > f_c A$ 时，尚应按下列公式验算（图 7-22b）：

$$Ne' \leqslant f_c bh\left(h'_0 - \frac{h}{2}\right) + f'_y A_s(h'_0 - a_s)$$

则可求得：

$$A_s = \frac{Ne' - f_c bh\left(h'_0 - \frac{h}{2}\right)}{f'_y(h'_0 - a_s)} \tag{7-40}$$

此时可取附加偏心距 e_a 与 e_0 反向：

$$e' = \frac{h}{2} - a'_s - (e_0 - e_a) \tag{7-41}$$

上式中构件截面已进入全受压状态，为简化计算，混凝土等效压应力不考虑 α_1 的影响而取用 f_c。

【例 7-7】 已知一偏心受压柱，$b \times h = 200\text{mm} \times 500\text{mm}$，弯矩作用平面内柱的计算长度 $l_c = 4.0\text{m}$，弯矩作用平面外柱的计算长度 $l_0 = 4.0\text{m}$，作用在柱上的竖向荷载设计值所产生的内力 $N = 1060\text{kN}$，柱端弯矩 $M_2 = 94\text{kN} \cdot \text{m}$，$M_1/M_2 = 0.86$，混凝土用 C30（$f_c = 14.3\text{N/mm}^2$），钢筋用 HRB400（$f_y = f'_y = 360\text{N/mm}^2$）。环境类别为一类。

求钢筋截面面积 A_s 及 A'_s。

【解】 （1）二阶效应的考虑

柱的轴压比 $\dfrac{N}{f_c A} = \dfrac{1060 \times 10^3}{14.3 \times 200 \times 500} = 0.741 < 0.9$

柱端弯矩比 $M_1/M_2=0.86<0.9$

柱的长细比 $l_c/h=4.0/0.5=8.0>9.8-3.5(M_1/M_2)=9.8-3.5\times0.86=6.8$

应考虑二阶效应的影响。

(2) 求 C_m 及 η_{ns} 值

$$a_s=a'_s=35\text{mm},h_0=465\text{mm}$$

$$C_m=0.7+0.3(M_1/M_2)=0.7+0.3\times0.86=0.958$$

$$e_a=\frac{1}{30}h=\frac{1}{30}\times500=16.7\text{mm},\text{故取 } e_a=20\text{mm}$$

由式 (7-18) 及式 (7-12) 得:

$$\zeta_c=\frac{0.5f_cA}{N}=\frac{0.5\times14.3\times200\times500}{1060\times10^3}=0.675$$

$$\eta_{ns}=1+\frac{1}{1300(M_2/N+e_a)/h_0}\left(\frac{l_c}{h}\right)^2\zeta_c$$

$$=1+\frac{1}{1300\times[94\times10^6/(1060\times10^3)+20]/465}\times\left(\frac{4000}{500}\right)^2\times0.675$$

$$=1.142$$

$$C_m\eta_{ns}=0.958\times1.142=1.094>1$$

$$M=C_m\eta_{ns}M_2=0.958\times1.142\times94=1.094\times94=102.8\text{kN}\cdot\text{m}$$

(3) 求 A'_s 及 A_s 值

$$e_i=M/N+e_a=102.8\times10^6/(1060\times10^3)+20=117.0\text{mm}$$

因 $e_i=117.0\text{mm}<0.3h_0=0.3\times465=139.5\text{mm}$

故属小偏心受压构件。

$$e=e_i+\frac{h}{2}-a_s=117.0+\frac{500}{2}-35=332.0\text{mm}$$

$$e'=\frac{h}{2}-a'_s-e_i=\frac{500}{2}-35-117.0=98.0\text{mm}$$

取 $A_s=A_{s,\min}=\frac{0.2}{100}bh=\frac{0.2}{100}\times200\times500=200\text{mm}^2$

$f_cbh=14.3\times200\times500=1430\text{kN}>N=1060\text{kN}$，可不进行反向受压破坏验算。

将 A_s 值代入式 (7-37):

$$x^2-\left[2a'_s-\frac{2f_yA_s(h_0-a'_s)}{\alpha_1f_cbh_0(0.8-\xi_b)}\right]x-\left[\frac{2Ne'}{\alpha_1f_cb}+\frac{1.6f_yA_s}{\alpha_1f_cb(0.8-\xi_b)}(h_0-a'_s)\right]=0$$

即

$$x^2-\left[2\times35-\frac{2\times360\times200\times(465-35)}{1\times14.3\times200\times465\times(0.8-0.518)}\right]x$$

$$-\left[\frac{2\times1060\times10^3\times98.0}{1\times14.3\times200}+\frac{1.6\times360\times200\times(465-35)}{1\times14.3\times200\times(0.8-0.518)}\right]=0$$

$$x^2 + 95.1x - 134062.8 = 0$$

$$x = 321.7\text{mm} < h = 500\text{mm}$$

将 x 值代入式（7-38）得：

$$A'_s = \frac{Ne - \alpha_1 f_c bx(h_0 - 0.5x)}{f'_y(h_0 - a'_s)}$$

$$= \frac{1060 \times 10^3 \times 332.0 - 1 \times 14.3 \times 200 \times 321.7 \times (465 - 0.5 \times 321.7)}{360 \times (465 - 35)}$$

$$= 465.7\text{mm}^2$$

$$A'_{s,\min} = \frac{0.2}{100} bh = \frac{0.2}{100} \times 200 \times 500 = 200\text{mm}^2$$

（4）对 A_s 的校核

取

$$A_s = \frac{N\left(\frac{h}{2} - e' - a'_s\right) - \alpha_1 f_c bx\left(\frac{x}{2} - a'_s\right)}{f_y(h_0 - a_s)}$$

$$= \frac{1060 \times 10^3 \times \left(\frac{500}{2} - 98.0 - 35\right) - 1 \times 14.3 \times 200 \times 321.7 \times \left(\frac{1}{2} \times 321.7 - 35\right)}{360 \times (465 - 35)}$$

$= 53.2\text{mm}^2 < 200\text{mm}^2$，选用 2Φ12（$A_s = 226\text{mm}^2$）

故取 $A'_s = 465.7\text{mm}^2$，选用 2Φ18（$A'_s = 509\text{mm}^2$）。

截面总配筋率为：$\rho = \frac{A_s + A'_s}{bh} = \frac{226 + 509}{200 \times 500} = 0.74\% > 0.55\%$

（5）验算垂直于弯矩作用平面的受压承载力

$\frac{l_0}{b} = \frac{4000}{200} = 20$，查表 7-1 得 $\varphi = 0.75$，由式（7-4）得：

$$N_u = 0.9\varphi(f_c A + f'_y A'_s)$$

$$= 0.9 \times 0.75 \times [14.3 \times 200 \times 500 + 360 \times (226 + 509)]$$

$$= 1143.9\text{kN} > 1060\text{kN}$$

满足要求。

4. 矩形截面偏心受压构件对称配筋的计算

在实际工程中，偏心受压构件在不同的荷载及不同时间内的荷载作用下，在同一截面内可能分别承受正负的弯矩，亦即截面中的受拉钢筋在反向弯矩作用下变为受压，而受压钢筋则变为受拉。因此，当其所产生的正负弯矩值相差不大时，或者其正负弯矩相差较大，但按对称配筋计算时其纵筋总的用量与按不对称配筋计算时纵向钢筋总的用量相差不多时，均宜采用对称配筋。

对称配筋的偏心受压构件，其受力性能与非对称配筋基本相同，但由于其钢筋截面面积 $A_s = A'_s$，故其具体计算方法略有差异，现分述如下。

(1) 构件大小偏心的判别

在计算时虽然 A_s 和 A'_s 是未知的，但因对称配筋 $A_s=A'_s$，并可取 $f_y=f'_y$，则由式（7-21）可得：

$$N=\alpha_1 f_c b h_0 \xi+f'_y A'_s-f_y A_s$$

即
$$N=\alpha_1 f_c b h_0 \xi$$

对称配筋界限状态时，$N_b=\alpha_1 f_c b h_0 \xi_b$，则其判别条件为：

$N>N_b$（或 $\xi>\xi_b$）时，为小偏心受压（受压破坏）；

$N\leqslant N_b$（或 $\xi\leqslant\xi_b$）时，为大偏心受压（受拉破坏）。

(2) 大偏心受压构件计算

由基本公式 $N=\alpha_1 f_c b h_0 \xi$，得：

$$\xi=\frac{N}{\alpha_1 f_c b h_0} \tag{7-42}$$

$$Ne\leqslant\alpha_1 f_c b h_0^2 \xi(1-0.5\xi)+f'_y A'_s(h_0-a'_s) \tag{7-43}$$

故得
$$A_s=A'_s=\frac{Ne-\alpha_1 f_c b h_0^2 \xi(1-0.5\xi)}{f'_y(h_0-a'_s)} \tag{7-44}$$

式中　e 值由式（7-23）确定。

(3) 小偏心受压构件计算

1) 简化方法之一——《规范》规定的方法

由基本公式

$$N\leqslant\alpha_1 f_c b h_0 \xi+f'_y A'_s-f_y A_s\frac{\xi-\beta_1}{\xi_b-\beta_1}$$

$$=\alpha_1 f_c b h_0 \xi+f'_y A'_s\left(\frac{\xi_b-\xi}{\xi_b-\beta_1}\right)$$

故得
$$f'_y A'_s=(N-\alpha_1 f_c b h_0 \xi)\frac{\xi_b-\beta_1}{\xi_b-\xi}$$

又由力矩平衡方程式得：

$$Ne=\alpha_1 f_c b h_0^2 \xi(1-0.5\xi)+f'_y A'_s(h_0-a'_s)$$

$$=\alpha_1 f_c b h_0^2 \xi(1-0.5\xi)+(N-\alpha_1 f_c b h_0 \xi)\frac{\xi_b-\beta_1}{\xi_b-\xi}(h_0-a'_s)$$

即
$$Ne\frac{\xi_b-\xi}{\xi_b-\beta_1}=\alpha_1 f_c b h_0^2 \xi(1-0.5\xi)\frac{\xi_b-\xi}{\xi_b-\beta_1}+(N-\alpha_1 f_c b h_0 \xi)(h_0-a'_s)$$

上式为 ξ 的三次方程式，很难求解，计算时同时考虑高强混凝土在内，近似取：

$$\xi\ (1-0.5\xi)\frac{\xi_b-\xi}{\xi_b-\beta_1}\approx 0.43\frac{\xi_b-\xi}{\xi_b-\beta_1}$$

则在 $\xi=0.5\sim0.8$ 常用范围内带来的误差是可接受的。这样，上式可写成：

$$Ne\frac{\xi_b-\xi}{\xi_b-\beta_1}=\alpha_1 f_c b h_0^2\times0.43\frac{\xi_b-\xi}{\xi_b-\beta_1}+\ (N-\alpha_1 f_c b h_0 \xi)\ (h_0-a'_s)$$

由上式解得ξ值，经整理后得：

$$\xi=\frac{N-\xi_b\alpha_1 f_c bh_0}{\dfrac{Ne-0.43\alpha_1 f_c bh_0^2}{(\beta_1-\xi_b)(h_0-a'_s)}+\alpha_1 f_c bh_0}+\xi_b \tag{7-45}$$

当求得ξ值后，则钢筋截面面积为：

$$A_s=A'_s=\frac{Ne-\alpha_1 f_c bh_0^2\xi(1-0.5\xi)}{f'_y(h_0-a'_s)} \tag{7-46}$$

式中 e值由式（7-23）确定。

计算时，同时要满足$A_s=A'_s\geqslant 0.002bh$的要求。

【例7-8】 一偏心受压柱，已知$b\times h=300\text{mm}\times 500\text{mm}$，在荷载设计值作用下纵向压力$N=1200\text{kN}$，端部弯矩$M_2=172.8\text{kN}\cdot\text{m}$，$M_1/M_2=0.74$，混凝土用C30（$f_c=14.3\text{N/mm}^2$），钢筋牌号用HRB400（$f_y=f'_y=360\text{N/mm}^2$），弯矩作用平面内柱的计算长度$l_c=4.0\text{m}$，弯矩作用平面外柱的计算长度$l_0=4.0\text{m}$，采用对称配筋。环境类别为一类。

求钢筋截面面积$A_s=A'_s$值。

【解】（1）二阶效应的考虑

轴压比$\dfrac{N}{f_c A}=\dfrac{1200\times 10^3}{14.3\times 300\times 500}=0.56<0.9$

柱端弯矩比$M_1/M_2=0.74<0.9$

柱的长细比$l_c/h=4.0/0.5=8.0>9.8-3.5(M_1/M_2)=9.8-3.5\times 0.74=7.21$

应考虑二阶效应的影响。

（2）求C_m及η_{ns}值

$$a_s=a'_s=35\text{mm}, h_0=465\text{mm}$$

$$C_m=0.7+0.3(M_1/M_2)=0.7+0.3\times 0.74=0.922$$

$$e_a=\frac{1}{30}h=\frac{1}{30}\times 500=16.7\text{mm},\text{故取}\ e_a=20\text{mm}$$

又

$$\zeta_c=\frac{0.5f_c A}{N}=\frac{0.5\times 14.3\times 300\times 500}{1200\times 10^3}=0.894$$

$$\eta_{ns}=1+\frac{1}{1300(M_2/N+e_a)/h_0}\left(\frac{l_c}{h}\right)^2\zeta_c$$

$$=1+\frac{1}{1300\times[172.8\times 10^6/(1200\times 10^3)+20]/465}\times\left(\frac{4000}{500}\right)^2\times 0.894$$

$$=1.125$$

$$C_m\eta_{ns}=0.922\times 1.125=1.037>1$$

$$M=C_m\eta_{ns}M_2=0.922\times 1.125\times 172.8=1.037\times 172.8=179.2\text{kN}\cdot\text{m}$$

（3）判断偏心受压类型

$$\xi=\frac{N}{\alpha_1 f_c b h_0}=\frac{1200\times10^3}{1.0\times14.3\times300\times465}=0.602>\xi_b=0.518$$

判定为小偏心受压。

(4) 求 A'_s 及 A_s 值

$$e_i=M/N+e_a=179.2\times10^6/(1200\times10^3)+20=169.3\text{mm}$$

$$e=e_i+\frac{h}{2}-a_s=169.3+\frac{500}{2}-35=384.3\text{mm}$$

取 $\beta_1=0.8$；$\xi_b=0.518$

$$\xi=\frac{N-\xi_b\alpha_1 f_c b h_0}{\dfrac{Ne-0.43\alpha_1 f_c b h_0^2}{(\beta_1-\xi_b)(h_0-a'_s)}+\alpha_1 f_c b h_0}+\xi_b$$

$$=\frac{1200000-0.518\times1.0\times14.3\times300\times465}{\dfrac{1200000\times384.3-0.43\times1.0\times14.3\times300\times465^2}{(0.8-0.518)\times(465-35)}+1.0\times14.3\times300\times465}$$

$$+0.518$$

$$=0.584$$

$$A_s=A'_s=\frac{Ne-\alpha_1 f_c b h_0^2\xi(1-0.5\xi)}{f'_y(h_0-a'_s)}$$

$$=\frac{1200000\times384.3-1.0\times14.3\times300\times465^2\times0.584\times(1-0.5\times0.584)}{360\times(465-35)}$$

$$=501.4\text{mm}^2$$

选用2Φ18（$A_s=A'_s=509\text{mm}^2$）。

$$A_{s,\min}=0.002bh=0.002\times300\times500=300\text{mm}^2<A_s$$

截面总配筋率为：$\rho=\dfrac{A_s+A'_s}{bh}=\dfrac{509+509}{300\times500}=0.68\%>0.55\%$

(5) 验算垂直于弯矩作用平面的受压承载力

$\dfrac{l_0}{b}=\dfrac{4000}{300}=13.3$，查表7-1得 $\varphi=0.93$，由式（7-4）得：

$$N_u=0.9\varphi(f_c A+f'_y A'_s)$$
$$=0.9\times0.93\times[14.3\times300\times500+360\times(509+509)]$$
$$=2102.1\text{kN}>1200\text{kN}$$

满足要求。

2) 简化方法之二——用迭代法求解

对于对称配筋的小偏心受压构件，从式（7-32）及式（7-33）可知，当截面、材料、荷载为一定的情况下，两个未知数 x 和 A'_s 本可以按两个方程式直接求解，但由于求解过程的复杂性而采用迭代法变为更简捷的条件，同时由于从大小偏心界限到接近轴压的整个小偏心受压区段的力矩变化幅度不大，这样就为采用迭代法求解易于收敛提供了有利条件。一般只需经过少数几次运算即可求得达到一定精度要求的解答。其具体计算步骤如下：

①用式（7-42）求得 x 值（或 ξh_0），判别大小偏心；若 $x>x_b$ 时，即按小偏心受压计算。

②令 $x_1=(x+\xi_b h_0)/2$，以 x_1 代入式（7-44）中的 $\xi_1=\frac{x_1}{h_0}$ 值，求解得 A'_{s1} 值。

③以 A'_{s1} 值代入式（7-32），求得 x_2 值，并以 x_2 值再代入式（7-44）中的 $\xi_2=\frac{x_2}{h_0}$ 值，求解得 A'_{s2}。

④两次所得的 A'_s 值，一般相差在5%以内，认为合格，计算结束。否则再次以 A_{s2} 代入求得 A'_{si} 值，直到精度达到满足为止。

【例 7-9】 已知条件同［例 7-8］，试用迭代法，求钢筋截面面积 $A_s=A'_s$ 值。

【解】 因 $C_m\eta_{ns}=1.037$；$e_i=169.3\text{mm}$；$\xi_b=0.518$

$$e=e_i+\frac{h}{2}-a_s=169.3+\frac{500}{2}-35=384.3\text{mm}$$

$$e'=\frac{h}{2}-e_i-a'_s=250-169.3-35=45.7\text{mm}$$

由式（7-42）得：

$$x=\frac{N}{\alpha_1 f_c b}=\frac{1200000}{1\times 14.3\times 300}=279.7\text{mm}>\xi_b h_0=0.518\times 465=240.9\text{mm}$$

故为小偏心受压构件。

取

$$x_1=\frac{x+\xi_b h_0}{2}=\frac{279.7+0.518\times 465}{2}=260.3\text{mm}$$

$$\xi_1=\frac{x_1}{h_0}=\frac{260.3}{465}=0.560$$

代入式（7-44）可求得 $A'_{s1}=A_{s1}$ 值：

$$A'_{s1}=A_{s1}=\frac{Ne-\alpha_1 f_c bh_0^2\xi_1(1-0.5\xi_1)}{f'_y(h_0-a'_s)}$$

$$=\frac{1200\times 10^3\times 384.3-1\times 14.3\times 300\times 465^2\times 0.560\times(1-0.5\times 0.560)}{360\times(465-35)}$$

$$=563.0\text{mm}^2$$

代入式（7-32）得（取 $\beta_1=0.8$）：

$$\xi_2=\frac{x_2}{h_0}=\frac{N-f'_y A'_{s1}\left(1-\frac{0.8}{0.8-\xi_b}\right)}{\alpha_1 f_c bh_0+\frac{f'_y A'_{s1}}{0.8-\xi_b}}$$

$$=\frac{1200\times10^3-360\times563.0\times\left(1-\dfrac{0.8}{0.8-0.518}\right)}{1\times14.3\times300\times465+\dfrac{360\times563.0}{0.8-0.518}}=0.579$$

代入式（7-44）可得 $A'_{s2}=A_{s2}$ 值：

$$A'_{s2}=A_{s2}=\frac{1200\times10^3\times384.3-1\times14.3\times300\times465^2\times0.579\times(1-0.5\times0.579)}{360\times(465-35)}$$

$$=514.0\text{mm}^2$$

以上计算结果与［例 7-8］计算结果相比，误差为$\dfrac{514.0-501.4}{501.4}=2.5\%$。

7.4.4 矩形截面偏心受压构件界限偏心距*

1. 界限偏心距计算

在进行偏心受压构件设计时，首先要判定是属于大偏心受压（受拉破坏）还是小偏心受压（受压破坏），以便采用不同的方法进行配筋计算。

图 7-23 所示为刚好处于大小偏心受压界限状态下矩形截面应力分布的情况。此时，混凝土在界限状态下受压区相对高度为 ξ_b，受拉钢筋应力已经达到屈服强度，即 $\sigma_s=f_y$，则由平衡条件可得：

$$N_b=\alpha_1 f_c bh_0\xi_b+f'_yA'_s-f_yA_s \tag{7-47}$$

$$Ne_{0b}=\alpha_1 f_c bh_0\xi_b\left(\frac{h}{2}-\frac{\xi_b h_0}{2}\right)+f'_yA'_s\left(\frac{h}{2}-a'_s\right)+f_yA_s\left(\frac{h}{2}-a_s\right) \tag{7-48}$$

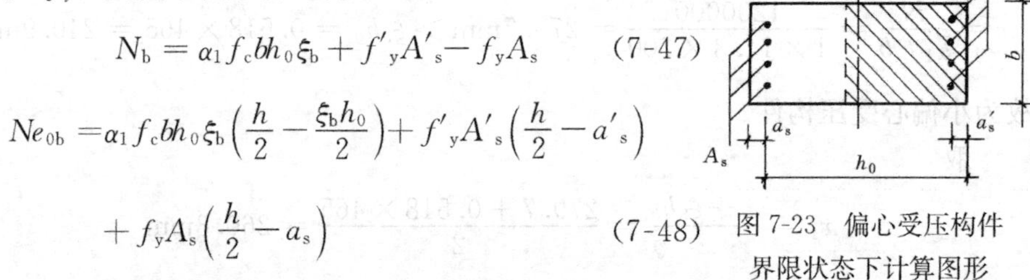

图 7-23 偏心受压构件界限状态下计算图形

式中 e_{0b}——界限偏心距。

$$e_{0b}=\frac{M_b}{N_b}=\frac{\alpha_1 f_c bh_0\xi_b\left(\dfrac{h}{2}-\dfrac{\xi_b h_0}{2}\right)+f'_yA'_s\left(\dfrac{h}{2}-a'_s\right)+f_yA_s\left(\dfrac{h}{2}-a_s\right)}{\alpha_1 f_c bh_0\xi_b+f'_yA'_s-f_yA_s} \tag{7-49}$$

上式可写成：

$$\frac{e_{0b}}{h_0}=\frac{\alpha_1 f_c\xi_b\left(\dfrac{h}{h_0}-\xi_b\right)+(\rho'f'_y+\rho f_y)\left(\dfrac{h}{h_0}-\dfrac{2a_s}{h_0}\right)}{2(\alpha_1 f_c\xi_b+\rho'f'_y-\rho f_y)} \tag{7-50}$$

式中 ρ—— 受拉区钢筋配筋率，$\rho=A_s/bh_0$；

ρ'—— 受压区钢筋配筋率，$\rho'=A'_s/bh_0$。

式（7-50）可用于偏心受压构件截面承载力的校核。一般根据构件的已知截面尺寸、钢筋的截面面积 A_s 及 A'_s、材料强度等级，按式（7-49）求出 e_{0b} 值；同时根据构件的长细比以及其内力设计值 N 和 M，求出 e_0 值，按 $e_i=e_0+e_a$ 来判定其偏心受压类型。

当 $e_i<e_{0b}$ 时，为小偏心受压；

$e_i\geqslant e_{0b}$ 时，为大偏心受压。

对小偏心受压构件，取 $\sigma_s=f_y\dfrac{\xi-\beta_1}{\xi_b-\beta_1}$，然后根据式（7-32），求出截面承载力。

对大偏心受压构件，取 $\sigma_s=f_y$，根据式（7-21），求出截面承载力。

【例 7-10】 已知某柱子截面尺寸 $b\times h=200\text{mm}\times400\text{mm}$，混凝土用 C30（$f_c=14.3\text{N/mm}^2$），钢筋用牌号为 HRB400（$f_y=f'_y=360\text{N/mm}^2$），钢筋截面面积 $A_s=A'_s=226\text{mm}^2$，柱子计算长度 $l_0=3.6\text{m}$，偏心距 $e_0=100\text{mm}$。环境类别为一类。

求构件截面的承载力设计值 N_u。

【解】 （1）求界限偏心距 e_{0b} 值

$$a_s=a'_s=35\text{mm},h_0=365\text{mm}$$

按式（7-50）得：

$$\rho=\rho'=\frac{A_s}{bh_0}=\frac{226}{200\times365}=0.003096=0.3096\%$$

$$\frac{e_{0b}}{h_0}=\frac{\alpha_1 f_c\xi_b\left(\dfrac{h}{h_0}-\xi_b\right)+(\rho'f'_y+\rho f_y)\left(\dfrac{h}{h_0}-\dfrac{2a_s}{h_0}\right)}{2(\alpha_1 f_c\xi_b+\rho'f'_y-\rho f_y)}$$

$$=\frac{1.0\times14.3\times0.518\times\left(\dfrac{400}{365}-0.518\right)+2\times0.003096\times360\times\left(\dfrac{400}{365}-\dfrac{2\times35}{365}\right)}{2\times1.0\times14.3\times0.518}$$

$$=0.425$$

故　$e_{0b}=0.425h_0=0.425\times365=155.1\text{mm}$

（2）判别偏心受压类型

$e_a=\dfrac{1}{30}h=\dfrac{1}{30}\times400=13.3\text{mm}$，故取 $e_a=20\text{mm}$

$$e_i=e_0+e_a=100+20=120\text{mm}$$

因

$$e_i=120\text{mm}<e_{0b}=0.425\times365=155.1\text{mm}$$

故属于小偏心受压构件。

$$e=e_i+\frac{h}{2}-a_s=120+\frac{400}{2}-35=285\text{mm}$$

（3）求截面承载力设计值 N_u

由式（7-32）得：

$$N_u=\alpha_1 f_c bx+f'_yA'_s-f_yA_s\frac{x/h_0-0.8}{\xi_b-0.8}$$

$$=1.0\times14.3\times200x+360\times226-360\times226\times\frac{x/365-0.8}{0.518-0.8}$$

$$=3650x-149488 \tag{A}$$

又由式（7-33）得：

$$N_{u}e=\alpha_{1}f_{c}bx\ (h_{0}-0.5x)\ +f'_{y}A'_{s}(h_{0}-a'_{s})$$

$$285N_{u}=1.0\times14.3\times200x\times\ (365-0.5x)\ +360\times226\times\ (365-35)$$

$$N_{u}=3662.8x-5x^{2}+94206.3 \tag{B}$$

联立解（A）、（B）两式得：$x=222\text{mm}<h=400\text{mm}$，代入（A）式得：

$$N_{u}=660.9\text{kN}$$

2. 构件设计时大小偏心判别

式（7-50）只是在纵向钢筋配筋率 ρ 及 ρ' 已知条件下可以求出 e_{0b} 值，因此，它只能用于截面承载力的校核，不能直接用于设计。为了便于构件的配筋计算，通过分析研究，提出根据界限偏心距 e_{0b} 的特性，来区分大小偏心受压的类型，具体介绍如下：

由式（7-50），现取 $\alpha_{1}f_{c}=1.0\times14.3=14.3\text{N/mm}^{2}$，$f_{y}=f'_{y}=300\text{N/mm}^{2}$，$\xi_{b}=0.550$，$h/h_{0}=1.05$，$2a_{s}/h_{0}=0.1$ 的情况，对不同 ρ 及 ρ' 值与界限偏心距 e_{0b}/h_{0} 的相关关系列于图 7-24 及图 7-25 中。

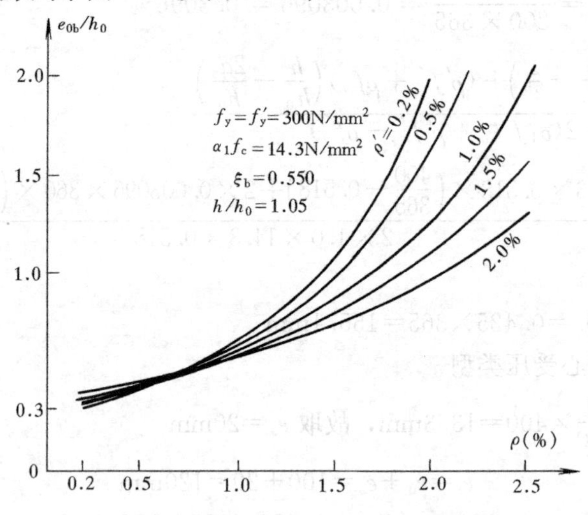

图 7-24　e_{0b}/h_{0}-ρ 相关曲线

在图 7-24 中可以看出，随着 ρ 值的降低，e_{0b}/h_{0} 值在减小。当配筋率达到最小配筋率 $\rho=\rho_{\min}\dfrac{h}{h_{0}}=0.002\dfrac{h}{h_{0}}$时，相应的界限偏心距 e_{0b}/h_{0} 值为最小。

在图 7-25 中可以看出，当 ρ 值接近 $\rho_{\min}\dfrac{h}{h_{0}}$时，随着 ρ' 值的降低，e_{0b}/h_{0} 值略有减小。当 $\rho'=\rho'_{\min}\dfrac{h}{h_{0}}=0.002\dfrac{h}{h_{0}}$时，相应的界限偏心距 e_{0b}/h_{0} 值为最小。

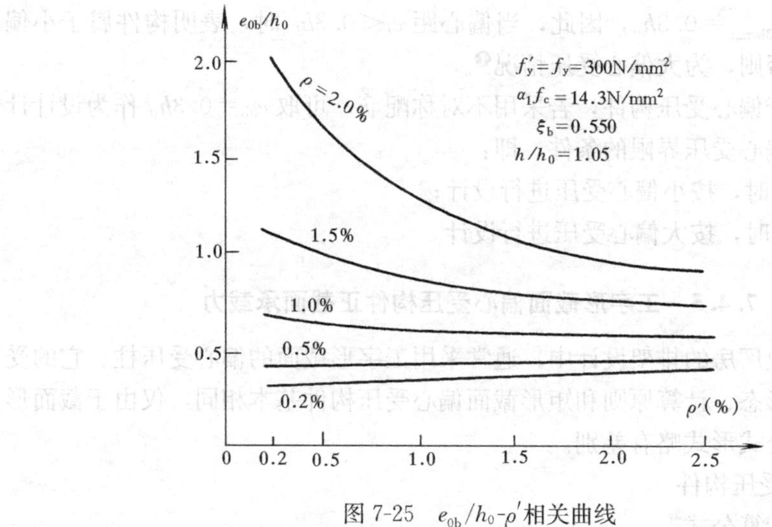

图 7-25 e_{0b}/h_0-ρ'相关曲线

从以上两图可知，当柱截面内两侧的纵向钢筋配筋率均为最小配筋率时，其界限偏心距为最小。因而，当实际的偏心距 $e_i \leqslant e_{0b,min}$时，则表明构件属于小偏心受压情况。

当 $e_i > e_{0b,min}$时，则构件可能为小偏心受压破坏，亦可能为大偏心受压破坏。设计时，若采用对称配筋，则可按 7.4 节中 7.4.3 第 4 条的方法计算；若采用不对称配筋，为了节约钢材，充分发挥受压混凝土的作用，通常总是取 $x=\xi_b h_0$ 进行计算，使 $A_s+A'_s$的用量为最小，故一般不会出现 A_s 配置过多的现象，构件破坏时受拉区（相当于压应力较小边）钢筋会首先屈服，属于大偏心受压的情况；否则，当截面上压应力较小边的钢筋 A_s 值含量过多时，则 A_s 值不能首先屈服，发生小偏心受压的情况。

在图 7-26 中列出不同钢材品种和不同混凝土强度等级，当为最小配筋率 ρ_{min}和 ρ'_{min}时的界限偏心距 e_{0b}/h_0 值。由图中可以看出，e_{0b}/h_0 值在 0.3 上、下波动，

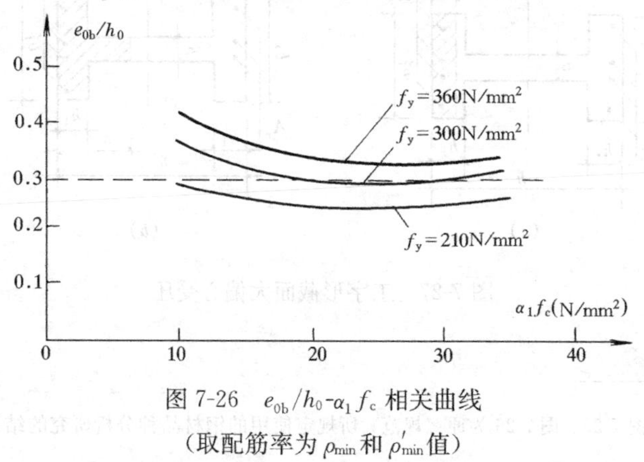

图 7-26 e_{0b}/h_0-$\alpha_1 f_c$ 相关曲线

（取配筋率为 ρ_{min}和 ρ'_{min}值）

其平均值可取 $e_{0b,min}=0.3h_0$，因此，当偏心距 $e_i<0.3h_0$ 时，表明构件属于小偏心受压情况。否则，为大偏心受压情况[1]。

这样，对于偏心受压构件，若采用不对称配筋，可取 $e_{0b}=0.3h_0$ 作为设计计算时判别大小偏心受压界限的条件，即：

$e_{0b}<0.3h_0$ 时，按小偏心受压进行设计；

$e_{0b}\geqslant 0.3h_0$ 时，按大偏心受压进行设计。

7.4.5　工字形截面偏心受压构件正截面承载力

在单层工业厂房的排架设计中，通常采用工字形截面的偏心受压柱。它的受力特点、破坏形态、计算原则和矩形截面偏心受压构件基本相同，仅由于截面形状不同而计算公式形式略有差别。

1. 大偏心受压构件

（1）基本计算公式

由于轴向压力和弯矩组成情况的不同，中和轴可能在腹板内，亦可能在翼缘内。

1）当中和轴在翼缘内，即 $x\leqslant h'_f$（图 7-27a）。此时的受力情况和宽度为 b'_f 的矩形截面构件相同，其基本计算公式为：

$$N\leqslant \alpha_1 f_c b'_f x+f'_y A'_s-f_y A_s \tag{7-51}$$

$$Ne\leqslant \alpha_1 f_c b'_f x\left(h_0-\frac{x}{2}\right)+f'_y A'_s(h_0-a'_s) \tag{7-52}$$

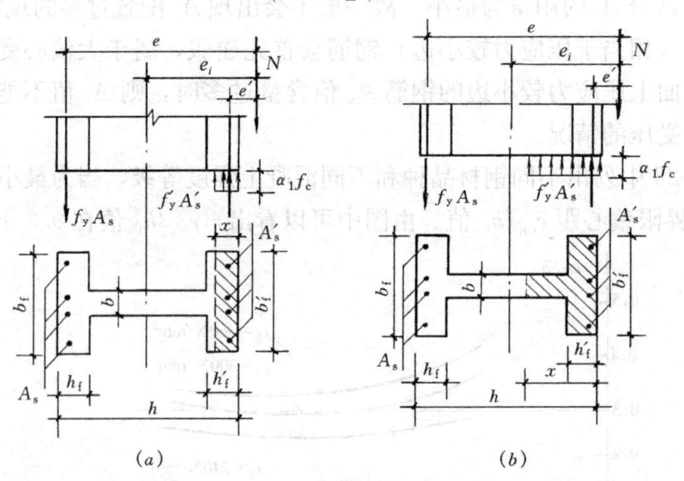

图 7-27　工字形截面大偏心受压

[1] 图 7-24、图 7-25、图 7-26 为原《规范》所规定使用的钢材品种分析研究的结果，这对现行《规范》仍然有效。

2）当中和轴在腹板内，即 $x>h'_f$(图 7-27b)。这时混凝土的受压区为 T 形，其基本计算公式为：

$$N \leqslant \alpha_1 f_c bx + \alpha_1 f_c (b'_f - b)h'_f + f'_y A'_s - f_y A_s \tag{7-53}$$

$$Ne \leqslant \alpha_1 f_c bx\left(h_0 - \frac{x}{2}\right) + \alpha_1 f_c (b'_f - b)h'_f\left(h_0 - \frac{h'_f}{2}\right) + f'_y A'_s (h_0 - a'_s) \tag{7-54}$$

从以上基本计算公式可以看出：

①当 $x \leqslant h'_f$时，工字形柱和宽度为 b'_f 的矩形柱的基本计算公式完全相同；

②当 $x>h'_f$时，工字形柱的基本计算公式需要考虑受压区为 T 形这个特点。

下面仅讨论当 $x>h'_f$时的计算方法。

(2) 不对称配筋的计算方法

和矩形截面柱一样，当 $x=\xi_b h_0$ 时用钢量最少，根据基本公式得：

$$A'_s = \frac{Ne - \alpha_1 f_c b h_0^2 \xi_b (1-0.5\xi_b) - \alpha_1 f_c (b'_f - b)h'_f\left(h_0 - \frac{h'_f}{2}\right)}{f'_y (h_0 - a'_s)} \tag{7-55}$$

$$A_s = \frac{\alpha_1 f_c b h_0 \xi_b + \alpha_1 f_c (b'_f - b)h'_f + f'_y A'_s - N}{f_y} \tag{7-56}$$

(3) 对称配筋的计算方法

由于 $f_y A_s = f'_y A'_s$，故：

$$N \leqslant \alpha_1 f_c bx + \alpha_1 f_c (b'_f - b)h'_f$$

故

$$x = \frac{N - \alpha_1 f_c (b'_f - b)h'_f}{\alpha_1 f_c b}$$

$$A_s = A'_s = \frac{Ne - \alpha_1 f_c bx\left(h_0 - \frac{x}{2}\right) - \alpha_1 f_c (b'_f - b)h'_f\left(h_0 - \frac{h'_f}{2}\right)}{f'_y (h_0 - a'_s)} \tag{7-57}$$

2. 小偏心受压构件

(1) 基本计算公式

由于偏心距的大小和钢筋配置数量的不同，中和轴可能位于腹板内，或位于受压应力较小一侧的翼缘内，故其计算公式不同。

1）中和轴在腹板内（图 7-28a），这时的基本公式为：

$$N \leqslant \alpha_1 f_c bx + \alpha_1 f_c (b'_f - b)h'_f + f'_y A'_s - \sigma_s A_s \tag{7-58}$$

$$Ne \leqslant \alpha_1 f_c bx\left(h_0 - \frac{x}{2}\right) + \alpha_1 f_c (b'_f - b)h'_f\left(h_0 - \frac{h'_f}{2}\right) + f'_y A'_s (h_0 - a'_s) \tag{7-59}$$

式中 σ_s 由式（7-20a）或式（7-20b）计算。

2）中和轴在受拉翼缘内，这时受压应力较小一侧的翼缘内（图 7-28b），有一个翼缘厚度为 $h_f + x - h$ 的区域亦受压，其基本公式为：

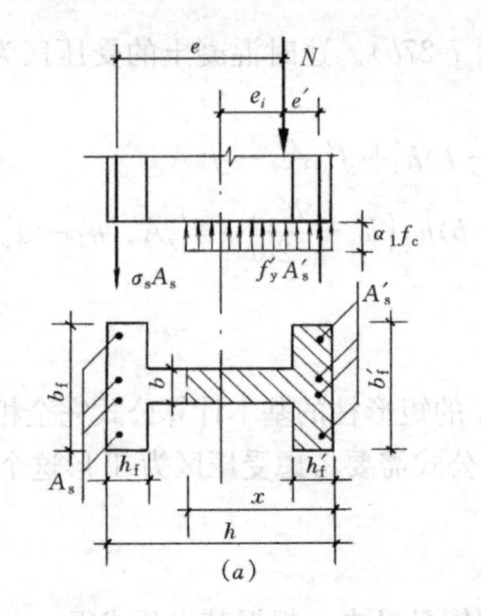

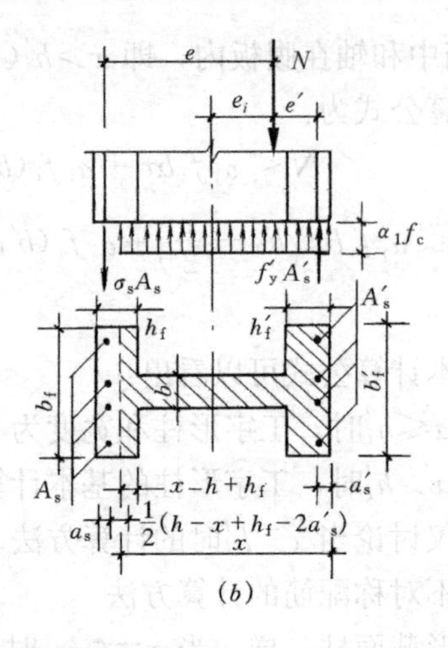

图 7-28　工字形截面小偏心受压

$$N \leqslant \alpha_1 f_c bx + \alpha_1 f_c (b'_f - b) h'_f + \alpha_1 f_c (b_f - b)(h_f + x - h) + f'_y A'_s - \sigma_s A_s \tag{7-60}$$

$$Ne \leqslant \alpha_1 f_c bx \left(h_0 - \frac{x}{2}\right) + \alpha_1 f_c (b'_f - b) h'_f \left(h_0 - \frac{h'_f}{2}\right) + \alpha_1 f_c (b_f - b)(h_f + x - h)\left(\frac{h_f + h - x}{2} - a_s\right) + f'_y A'_s (h_0 - a'_s) \tag{7-61}$$

上式中 σ_s 值仍按式（7-20a）或式（7-20b）计算。当 $x>h$ 时，对 x 的取值为：在计算 σ_s 时，取计算所得的 x 值；而在计算承载力 N 值时，取 $x=h$。

为防止受拉翼缘全截面受压时破坏，《规范》规定，对采用非对称配筋工字形截面小偏心受压构件，当 $N>f_c A$ 时，尚应按下列公式进行验算：

$$Ne' \leqslant \alpha_1 f_c \left[bh\left(h'_0 - \frac{h}{2}\right) + (b_f - b) h_f \left(h'_0 - \frac{h_f}{2}\right) + (b'_f - b) h'_f \left(\frac{h'_f}{2} - a'_s\right)\right] + f'_y A_s (h_0 - a'_s) \tag{7-62}$$

式中 e' 按式（7-41）计算。

（2）对称配筋时的计算方法

将 $N - \alpha_1 f_c (b'_f - b) h'_f$ 看作是作用于截面上的轴向压力设计值 N，将 $Ne - \alpha_1 f_c (b'_f - b) h'_f \left(h_0 - \frac{h'_f}{2}\right)$ 看作是轴向压力设计值 N 对于 A_s 合力点的矩，则可仿照式（7-45）写出对称配筋 I 形截面小偏心受压构件 ξ 的近似计算公式，即：

$$\xi = \frac{N - \alpha_1 f_c (b'_f - b) h'_f - \alpha_1 f_c \xi_b b h_0}{\dfrac{Ne - \alpha_1 f_c (b'_f - b) h'_f (h_0 - h'_f/2) - 0.43 \alpha_1 f_c b h_0^2}{(\beta_1 - \xi_b)(h_0 - a'_s)} + \alpha_1 f_c b h_0} + \xi_b \tag{7-63}$$

求得 ξ 后，参照式（7-46），得钢筋截面面积为：

$$A_s = A'_s = \frac{Ne - \alpha_1 f_c (b'_f - b) h'_f (h_0 - h'_f/2) - \alpha_1 f_c b h_0^2 \xi (1 - \xi/2)}{f'_y (h_0 - a'_s)} \tag{7-64}$$

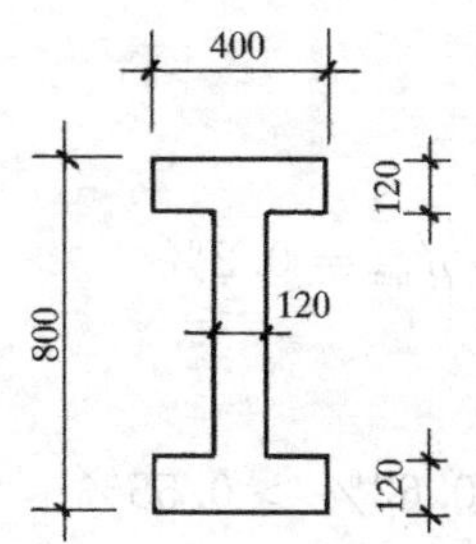

图7-29 工字形截面尺寸图

【例 7-11】 一钢筋混凝土柱，其截面形状为工字形，具体尺寸见图 7-29，混凝土采用 C30（$f_c = 14.3\text{N/mm}^2$），钢筋用 HRB400 级（$f_y = f'_y = 360\text{N/mm}^2$），承受轴向压力设计值 $N = 1000\text{kN}$，考虑二阶效应的弯矩设计值 $M = 400\text{kN} \cdot \text{m}$，弯矩作用平面外柱的计算长度为 4.0m，采用对称配筋。环境类别为一类。

求所需钢筋截面面积 A_s 和 A'_s。

【解】 取 $a_s = a'_s = 35\text{mm}$

（1）判别大小偏心受压

先按矩形截面计算受压区高度 x：

$$x = \frac{N}{\alpha_1 f_c b'_f} = \frac{1000000}{1.0 \times 14.3 \times 400} = 174.8\text{mm} > h'_f = 120\text{mm}$$

说明中和轴进入腹板，改按受压区为 T 形截面公式计算：

$$x = \frac{N - \alpha_1 f_c (b'_f - b) h'_f}{\alpha_1 f_c b} = \frac{1000000 - 1.0 \times 14.3 \times (400 - 120) \times 120}{1.0 \times 14.3 \times 120}$$

$$= 302.8\text{mm} < \xi_b h_0 = 0.518 \times (800 - 35) = 396.3\text{mm}, x > 2a'_s = 70\text{mm}$$

属于大偏心受压。

（2）计算初始偏心距

$$e_0 = \frac{M}{N} = \frac{400}{1000} = 400\text{mm}$$

$$e_a = h/30 = 800/30 = 26.7\text{mm}$$

$$e_i = e_0 + e_a = 400 + 26.7 = 426.7\text{mm}$$

（3）计算纵向钢筋截面面积 A_s 和 A'_s

$$e = e_i + \frac{h}{2} - a_s = 426.7 + \frac{800}{2} - 35 = 791.7\text{mm}$$

$$A_s = A'_s = \frac{Ne - \alpha_1 f_c b x \left(h_0 - \frac{x}{2}\right) - \alpha_1 f_c (b'_f - b) h'_f \left(h_0 - \frac{h'_f}{2}\right)}{f'_y (h_0 - a'_s)}$$

$$= \frac{1000 \times 10^3 \times 791.7 - 1.0 \times 14.3 \times 120 \times 302.8 \times \left(765 - \frac{302.8}{2}\right)}{360 \times (765 - 35)}$$

$$- \frac{1.0 \times 14.3 \times (400 - 120) \times 120 \times \left(765 - \frac{120}{2}\right)}{360 \times (765 - 35)}$$

$$= 510.4\text{mm}^2$$

选用 2Φ18（$A_s = A'_s = 509\text{mm}^2$）。

(4) 最小配筋率验算

受拉和受压钢筋配筋率：

$$\rho = \rho' = \frac{A'_s}{bh + (b_f - b)h_f + (b'_f - b)h'_f}$$

$$= \frac{509}{120 \times 800 + 2 \times (400 - 120) \times 120} = 0.31\% > \rho'_{min} = 0.2\%$$

截面总配筋率为：

$$\rho = \frac{A_s + A'_s}{A} = \frac{509 + 509}{120 \times 800 + 2 \times (400 - 120) \times 120} = 0.62\% > 0.55\%$$

故符合要求。

(5) 验算垂直于弯矩作用平面的受压承载力

$$I_{垂直} = \frac{1}{12}(h - h_f - h'_f)b^3 + \frac{1}{12}h_f b_f^3 + \frac{1}{12}h'_f b'^3_f$$

$$= \frac{1}{12} \times (800 - 2 \times 120) \times 120^3 + 2 \times \frac{1}{12} \times 120 \times 400^3$$

$$= 13.6 \times 10^8 mm^4$$

$$A = bh + (b_f - b)h_f + (b'_f - b)h'_f = 120 \times 800 + (400 - 120) \times 120 \times 2$$

$$= 16.3 \times 10^4 mm^2$$

$$i_{垂直} = \sqrt{\frac{I_{垂直}}{A}} = \sqrt{\frac{13.6 \times 10^8}{16.3 \times 10^4}} = 91.3mm$$

$\frac{l_0}{i_{垂直}} = \frac{4000}{91.3} = 43.8$，查表7-1得 $\varphi = 0.94$，由式(7-4)得：

$$N_u = 0.9\varphi(f_c A + f'_y A'_s)$$

$$= 0.9 \times 0.94 \times [14.3 \times 16.3 \times 10^4 + 360 \times (509 + 509)]$$

$$= 2282.0kN > 1000kN$$

满足要求。

【例7-12】 工字形截面柱，其条件和上例相同，承受轴向压力设计值 N=1500kN，考虑二阶效应的弯矩设计值 M=390kN·m，弯矩作用平面外柱的计算长度为4.0m，对称配筋。

求 A_s 及 A'_s 值。

【解】 (1) 判别大小偏心受压

先按矩形截面计算受压区高度 x：

$$x = \frac{N}{\alpha_1 f_c b'_f} = \frac{1500000}{1.0 \times 14.3 \times 400} = 262.2mm > h'_f = 120mm$$

说明中和轴进入腹板，改按受压区为T形截面公式计算：

$$x = \frac{N - \alpha_1 f_c (b'_f - b) h'_f}{\alpha_1 f_c b} = \frac{1500000 - 1.0 \times 14.3 \times (400 - 120) \times 120}{1.0 \times 14.3 \times 120}$$

$$= 594mm > \xi_b h_0 = 0.518 \times 765 = 396.3mm$$

属于小偏心受压。

(2) 计算初始偏心距

$$e_0=\frac{M}{N}=\frac{390}{1500}=260\text{mm}$$

$$e_a=h/30=800/30=26.7\text{mm}$$

$$e_i=e_0+e_a=260+26.7=286.7\text{mm}$$

(3) 计算纵向钢筋截面面积 A_s 和 A'_s

$$e=e_i+\frac{h}{2}-a_s=286.7+\frac{800}{2}-35=651.7\text{mm}$$

根据式 (7-63)：

$$\xi=\frac{N-\alpha_1 f_c(b'_f-b)h'_f-\alpha_1 f_c\xi_b bh_0}{\dfrac{Ne-\alpha_1 f_c(b'_f-b)h'_f(h_0-h'_f/2)-0.43\alpha_1 f_c bh_0^2}{(\beta_1-\xi_b)(h_0-a'_s)}+\alpha_1 f_c bh_0}+\xi_b$$

$$=[1500000-1.0\times14.3\times(400-120)\times120-1.0\times14.3\times0.518\times120\times765]\div$$

$$\left[\frac{1500000\times651.7-1.0\times14.3\times(400-120)\times120\times(765-120/2)}{(0.8-0.518)\times(765-35)}-\frac{0.43\times1.0\times14.3\times120\times765^2}{(0.8-0.518)\times(765-35)}+1.0\times14.3\times120\times765\right]+0.518$$

$$=0.665$$

代入式 (7-64)：

$$A_s=A'_s=\frac{Ne-\alpha_1 f_c(b'_f-b)h'_f(h_0-h'_f/2)-\alpha_1 f_c bh_0^2\xi(1-\xi/2)}{f'_y(h_0-a'_s)}$$

$$=\frac{1500000\times651.7-1.0\times14.3\times(400-120)\times120\times(765-120/2)}{360\times(765-35)}$$

$$-\frac{1.0\times14.3\times120\times765^2\times0.665\times(1-0.665/2)}{360\times(765-35)}$$

$$=735\text{mm}^2$$

选用 3Φ18 ($A_s=A'_s=763\text{mm}^2$)。

(4) 最小配筋率验算

受拉和受压钢筋配筋率：

$$\rho=\rho'=\frac{A'_s}{bh+(b_f-b)h_f+(b'_f-b)h'_f}$$

$$=\frac{763}{120\times800+2\times(400-120)\times120}=0.47\%>\rho'_{min}=0.2\%$$

截面总配筋率为：

$$\rho=\frac{A_s+A'_s}{A}=\frac{763+763}{120\times800+2\times(400-120)\times120}=0.94\%>0.55\%$$

故符合要求。

(5) 验算垂直于弯矩作用平面的受压承载力

由式(7-4)得：

$$\begin{aligned}N_u&=0.9\varphi(f_cA+f'_yA'_s)\\&=0.9\times0.94\times[14.3\times16.3\times10^4+360\times(763+763)]\\&=2436.7\text{kN}>1500\text{kN}\end{aligned}$$

满足要求。

§7.5 双向偏心受压构件正截面的承载力计算

1. 构件双向偏心受压的成因

在实际工程中，引起结构构件双向偏心受压的成因，有不同的情况：首先是有时作用在柱上的纵向压力同时沿截面的两个主轴方向偏离中心。例如多层框架房屋的角柱；又如斜向作用于框架上的水平风荷载，当框架的横向和纵向的柱列接近相等时，较严重地形成荷载对截面的双向偏心受压状态。

其次是由于可变荷载的不对称作用，使柱端产生二阶效应，引起双向内力的增加。

2. 双向偏心受压构件正截面承载力的验算

双向偏心受压构件其正截面承载力的验算，一般可采用《规范》附录E的方法计算，但由于计算较为复杂，《规范》介绍可采用下列的近似法进行验算，即(图7-30)：

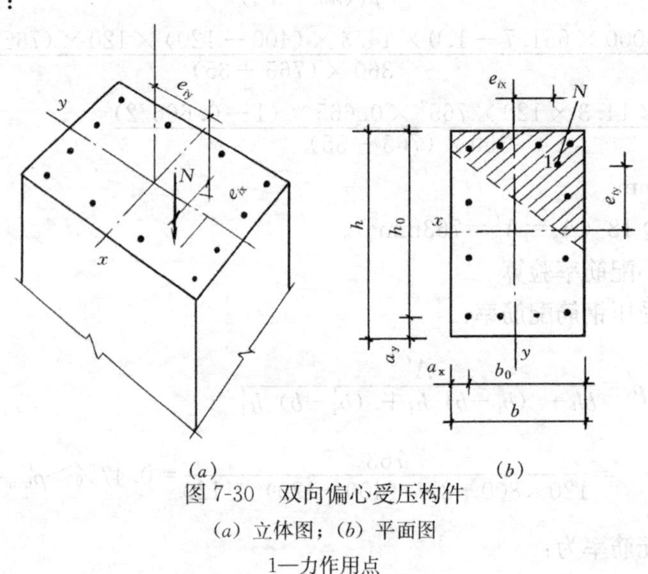

图7-30 双向偏心受压构件

(a) 立体图；(b) 平面图

1—力作用点

$$N \leqslant \frac{1}{\dfrac{1}{N_{ux}} + \dfrac{1}{N_{uy}} - \dfrac{1}{N_{u0}}} \tag{7-65}$$

式中　N_{u0}——构件的截面轴心受压承载力设计值；

N_{ux}——轴向力作用于 x 轴，并考虑相应的计算偏心距 e_{ix} 后，按全部纵向钢筋计算的构件偏心受压承载力设计值；此处，η_{nsx} 应按式（7-18）计算；

N_{uy}——轴向力作用于 y 轴，并考虑相应的计算偏心距 e_{iy} 后，按全部纵向钢筋计算的构件偏心受压承载力设计值；此处，η_{nsy} 应按式（7-18）计算。

在计算时，上述的构件截面轴心受压承载力设计值 N_{u0} 可按式（7-4）计算，但应取等号，将 N 用 N_{u0} 代替，且不考虑稳定系数 φ，也不乘系数 0.9。

构件的偏心受压承载力设计值 N_{ux}，可按下列情况计算：

（1）当纵向钢筋为上下两边配置时，N_{ux} 值可按第 7.4 节中 7.4.3、7.4.4、7.4.5 的大偏心或小偏心基本公式进行计算，但应取等号，将 N 用 N_{ux} 代替。

（2）当纵向钢筋沿截面腹部均匀配置时，应按《规范》规定的沿截面腹部均匀配置纵向钢筋的矩形、T 形、工字形截面钢筋混凝土偏心受压构件正截面承载力公式计算，亦即在上述偏心受压构件的轴力平衡方程式中，等号后边应增加一项腹筋承担的轴力 N_{sw} 值；同时在弯矩平衡方程式中，等号后边应增加一项腹筋承担的弯矩 M_{sw} 值，对 N_{sw} 及 M_{sw} 值可按下列公式确定［见《规范》公式(6.2.19-3)、(6.2.19-4)］：

$$N_{sw} = \left(1 + \frac{\xi - \beta_1}{0.5\beta_1\omega}\right) f_{yw} A_{sw} \tag{7-66}$$

$$M_{sw} = \left[0.5 - \left(\frac{\xi - \beta_1}{\beta_1\omega}\right)^2\right] f_{yw} A_{sw} h_{sw} \tag{7-67}$$

式中　A_{sw}——沿截面腹部均匀配置的全部纵向钢筋截面面积，亦即当计算对 x 轴由腹筋承担的轴力和弯矩时，除在截面上下最外边的一排纵向钢筋 A_s 和 A'_s 以外，其余的全部纵向钢筋截面面积，即为 A_{sw} 值，同理亦可求得对 y 轴由腹筋承担的轴力和弯矩时的 A_{sw} 值；

f_{yw}——沿截面腹部均匀配置的纵向钢筋强度设计值；

N_{sw}——沿截面腹部均匀配置的纵向钢筋所承担的轴向压力，当 ξ 大于 β_1 时，取为 β_1 进行计算；

M_{sw}——沿截面腹部均匀配置的纵向钢筋的内力对受拉钢筋截面 A_s 重心的力矩，当 ξ 大于 β_1 时，取为 β_1 进行计算；

ω——均匀配置纵向钢筋区段的高度 h_{sw} 与截面有效高度 h_0 的比值，$\omega = h_{sw}/h_0$，并可取 $h_{sw} = h_0 - a'_s$。

构件的偏心受压承载力设计值 N_{uy} 可采用与 N_{ux} 相同的方法计算。

上述的计算方法，仅适用于均匀配置的纵向钢筋数量每个侧边不少于4根的矩形、T形和工字形截面，而且仅用于截面承载力的验算，不能用于进行直接配筋设计。

3. 偏心受压构件的二阶效应

偏心受压构件的二阶效应，已在7.4.2节中作了介绍，下面进一步加以说明。《规范》规定：

对于排架柱，其考虑二阶效应的弯矩设计值，可按下列公式计算：

$$M = \eta_s M_0 \tag{7-68}$$

$$\eta_s = 1 + \frac{1}{1500 e_i / h_0} \left(\frac{l_0}{h}\right)^2 \zeta_c \tag{7-69}$$

式中 M_0——一阶弹性分析柱端弯矩设计值。

上式中，ζ_c 仍按式（7-12）计算。η_s 值应用的特点为：适用于柱的上端为铰接的等高或不等高的排架柱，对排架柱的计算长度 l_0 的确定，将在第12章的单层工业厂房中加以说明。

4. 双向偏心受压构件正截面承载力设计计算

双向偏心受压构件，由于受力的复杂性，对其承载力的直接计算法，除按《规范》附录E上的方法，用计算机求解外，至今尚无更简便的方法，一般是采用根据设计经验，较合理地取用钢筋的 A'_s 及 A_s 值，按式（7-65）验算，并作多次修正和多次验证，直至满足要求为止的近似计算法。

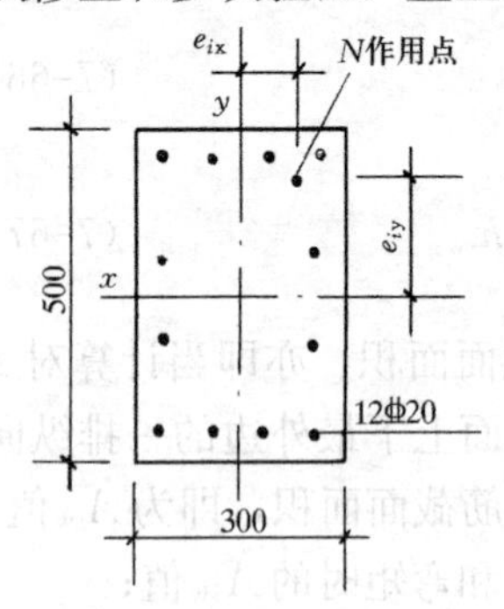

图7-31 双向偏心受压构件示意图

【例7-13】 已知一双向偏心受压构件，$l_0 = 3.0$m，$b \times h = 300\text{mm} \times 500\text{mm}$，作用其上的纵向压力计算值 $N = 1060$kN，柱端弯矩 $M_{x2} = 54.3\text{kN} \cdot \text{m}$，$M_{x1}/M_{x2} = 0.92$，$M_{y2} = 107.6\text{kN} \cdot \text{m}$，$M_{y1}/M_{y2} = 0.94$，混凝土用C30（$f_c = 14.3\text{N/mm}^2$），纵向钢筋用HRB400（$f_y = f'_y = 360\text{N/mm}^2$），沿截面四侧周边布置12Φ20纵向钢筋，如图7-31所示。

试验算该构件正截面承载力。

【解】 按式（7-65）分别求 N_{u0}、N_{ux}、N_{uy} 值

（1）求 N_{u0} 值

按式（7-4）：

$$N_{u0} = f_c A + f'_y A'_s = 14.3 \times 300 \times 500 + 360 \times 12 \times 314.2 = 3502.3\text{kN}$$

（2）求 N_{ux} 值

可按式（7-70a）、式（7-70b）计算：

$$N_{ux} = \alpha_1 f_c h b_0 \xi + f'_y A'_s - \sigma_s A_s + N_{sw} \tag{7-70a}$$

$$N_{ux}e_x = \alpha_1 f_c h b_0^2 \xi(1-0.5\xi) + f'_y A'_s(b_0 - a'_s) + M_{sw} \quad (7\text{-}70b)$$

其中：
$$N_{sw} = \left(1+\frac{\xi-\beta_1}{0.5\beta_1\omega}\right)f_{yw}A_{sw}$$

$$M_{sw} = \left[0.5-\left(\frac{\xi-\beta_1}{\beta_1\omega}\right)^2\right]f_{yw}A_{sw}h_{sw}$$

求 η_{nsx} 值：

$$\zeta_c = \frac{0.5f_cA}{N} = \frac{0.5\times14.3\times500\times300}{1060\times10^3} = 1.012$$

取
$$\zeta_c = 1.0$$

$$e_a = \frac{1}{30}b = \frac{1}{30}\times300 = 10\text{mm}，故取\ e_a = 20\text{mm}$$

故
$$\eta_{nsx} = 1+\frac{1}{1300(M_{x2}/N+e_a)/b_0}\left(\frac{l_c}{b}\right)^2\zeta_c$$

$$= 1+\frac{1}{1300\times[54.3\times10^6/(1060\times10^3)+20]/265}\times\left(\frac{3000}{300}\right)^2\times1.0$$

$$= 1.286$$

$$C_{mx} = 0.7+0.3(M_{x1}/M_{x2}) = 0.7+0.3\times0.92 = 0.976$$

$$C_{mx}\eta_{nsx} = 0.976\times1.286 = 1.255 > 1.0$$

$$M_x = C_{mx}\eta_{nsx}M_{x2} = 0.976\times1.286\times54.3 = 68.2\text{kN}\cdot\text{m}$$

$$e_{ix} = M_x/N+e_a = 68.2\times10^6/(1060\times10^3)+20 = 84.3\text{mm}$$

$$e_x = e_{ix}+\frac{b}{2}-a_s = 84.3+\frac{300}{2}-35 = 199.3\text{mm} > 0.3b_0 = 79.5\text{mm}$$

假设大偏心受压情况，

由式（7-70*a*）、式（7-70*b*）可得：

$$N_{ux} = \alpha_1 f_c h b_0\xi + f'_y A'_s - f_y A_s + \left(1+\frac{\xi-\beta_1}{0.5\beta_1\omega}\right)f_{yw}A_{sw}$$

$$= 1.0\times14.3\times500\times265\times\xi+\left(1+\frac{\xi-0.8}{0.5\times0.8\times230/265}\right)$$

$$\times360\times4\times314.2$$

$$N_{ux}e_x = \alpha_1 f_c h b_0^2\xi(1-0.5\xi) + f'_y A'_s(b_0-a'_s) + M_{sw}$$

$$N_{ux}\times199.3 = 1.0\times14.3\times500\times265^2\times\xi\times(1-0.5\xi)$$

$$+360\times4\times314.2\times(265-35)$$

$$+\left[0.5-\left(\frac{\xi-0.8}{0.8\times230/265}\right)^2\right]\times360\times4\times314.2\times230$$

解得：

$$\xi = 0.81 > \xi_b = 0.518$$

按小偏心受压计算，可得：

$$N_{ux}=\alpha_1 f_c hb_0\xi+f'_yA'_s-\sigma_sA_s+\left(1+\frac{\xi-\beta_1}{0.5\beta_1\omega}\right)f_{yw}A_{sw}$$

$$=1.0\times14.3\times500\times265\times\xi+360\times4\times314.2-\frac{360}{0.518-0.8}$$

$$(\xi-0.8)\times4\times314.2+\left(1+\frac{\xi-0.8}{0.5\times0.8\times230/265}\right)$$

$$\times360\times4\times314.2$$

$$N_{ux}e_x=\alpha_1 f_c hb_0^2\xi(1-0.5\xi)+f'_yA'_s(b_0-a'_s)+M_{sw}$$

$$N_{ux}\times199.3=1.0\times14.3\times500\times265^2\times\xi\times(1-0.5\xi)$$

$$+360\times4\times314.2\times(265-35)$$

$$+\left[0.5-\left(\frac{\xi-0.8}{0.8\times230/265}\right)^2\right]\times360\times4\times314.2\times230$$

解得：

$$\xi=0.69>\xi_b=0.518$$

$$N_{ux}=1913.1\text{kN}$$

（3）求 N_{uy} 值

求 η_{nsy} 值：

对 ζ_c 与 e_a 的取值，与求 N_{ux} 的情况相同。

即取 $\zeta_c=1.0$，$e_a=20$mm

$$\text{故}\eta_{nsy}=1+\frac{1}{1300(M_{y2}/N+e_a)/h_0}\left(\frac{l_c}{h}\right)^2\zeta_c$$

$$=1+\frac{1}{1300\times[107.6\times10^6/(1060\times10^3)+20]/465}\times\left(\frac{3000}{500}\right)^2\times1.0$$

$$=1.106$$

$$C_{my}=0.7+0.3(M_{y1}/M_{y2})=0.7+0.3\times0.94=0.982$$

$$C_{my}\eta_{nsy}=0.982\times1.106=1.086>1.0$$

$$M_y=C_{my}\eta_{nsy}M_{y2}=0.982\times1.106\times107.6=116.9\text{kN}\cdot\text{m}$$

$$e_{iy}=M_y/N+e_a=116.9\times10^6/(1060\times10^3)+20=130.3\text{mm}$$

$$e_y=e_{iy}+\frac{h}{2}-a_s$$

$$=130.3+\frac{500}{2}-35=345.3\text{mm}>0.3h_0=139.5\text{mm}$$

假设大偏心受压情况，

由式（7-70*a*）、式（7-70*b*）可得：

$$N_{uy}=\alpha_1 f_c bh_0\xi+f'_yA'_s-f_yA_s+\left(1+\frac{\xi-\beta_1}{0.5\beta_1\omega}\right)f_{yw}A_{sw}$$

$$=1.0\times 14.3\times 300\times 465\times \xi+\left(1+\frac{\xi-0.8}{0.5\times 0.8\times 430/465}\right)\times 360\times 4\times 314.2$$

$$N_{uy}e_y=\alpha_1 f_c bh_0^2\xi(1-0.5\xi)+f'_y A'_s(h_0-a'_s)+M_{sw}$$

$$N_{uy}\times 345.3=1.0\times 14.3\times 300\times 465^2\times \xi\times(1-0.5\xi)+360\times 4\times 314.2\times(465-35)+\left[0.5-\left(\frac{\xi-0.8}{0.8\times 430/465}\right)^2\right]\times 360\times 4\times 314.2\times 430$$

解得：
$$\xi=0.83>\xi_b=0.518$$

按小偏心受压计算，可得：

$$N_{uy}=\alpha_1 f_c bh_0\xi+f'_y A'_s-\sigma_s A_s+\left(1+\frac{\xi-\beta_1}{0.5\beta_1\omega}\right)f_{yw}A_{sw}$$

$$=1.0\times 14.3\times 300\times 465\times \xi+360\times 4\times 314.2-\frac{360}{0.518-0.8}(\xi-0.8)\times 4\times 314.2+\left(1+\frac{\xi-0.8}{0.5\times 0.8\times 430/465}\right)\times 360\times 4\times 314.2$$

$$N_{uy}e_y=\alpha_1 f_c bh_0^2\xi(1-0.5\xi)+f'_y A'_s(h_0-a'_s)+M_{sw}$$

$$N_{uy}\times 345.3=1.0\times 14.3\times 300\times 465^2\times \xi\times(1-0.5\xi)+360\times 4\times 314.2\times(465-35)+\left[0.5-\left(\frac{\xi-0.8}{0.8\times 430/465}\right)^2\right]\times 360\times 4\times 314.2\times 430$$

解得：
$$\xi=0.71>\xi_b=0.518$$
$$N_{uy}=2067.1\text{kN}$$

(4) 构件承载力验算

由式 (7-65) 得：

$$\frac{1}{\frac{1}{N_{ux}}+\frac{1}{N_{uy}}-\frac{1}{N_{u0}}}=\frac{1}{\frac{1}{1913.1}+\frac{1}{2067.1}-\frac{1}{3502.3}}=1387.0\text{kN}>N=1060\text{kN}，满足要求。$$

【例 7-14】 已知条件同［例 7-13］，但纵向钢筋的截面面积为未知。求纵筋的 $A'_s=A_s$ 值。

【解】 (1) 先估算所需的纵筋 $A'_s=A_s$ 值

由单向偏心受压构件对称配筋的计算公式，在弯矩作用的 y 方向，可得：

$$\Sigma N=0\quad N=\alpha_1 f_c bh_0\xi\quad \xi=\frac{N}{\alpha_1 f_c bh_0}$$

$$\Sigma M=0\quad N_y e_y=\alpha_1 f_c bh_0^2\xi(1-0.5\xi)+f'_y A'_s(h_0-a'_s)$$

上式中，N_y 为不包括腹筋影响的 y 方向纵向受拉钢筋的承载力。计算时，只要纵筋的截面面积 $A'_s=A_s$ 值确定后，则 N_y 值就可以确定。

设计时，由于双向偏心受力性能的复杂性，一般是通过设计经验，对 $A'_s=A_s$ 值进行估算，再进行多次修正和重复验算等确定的。具体方法为：

对 $A'_s=A_s$ 值，先按最小配筋计算，并考虑双向偏心的影响，乘以一定数值的提高系数而得出。计算表明，该提高系数是随着偏心弯矩的增大而提高的，根据设计经验，在常用情况下，可在3～7范围内选取。本题暂时取用为4。

这样，本题在截面的长边两端最外边缘截面处，初步估算各需配置：

$$A'_s=A_s=4\times0.002bh=0.008\times300\times500=1200\text{mm}^2$$

实际配筋时，取用4Φ20（$A'_s=A_s=4\times314.2\text{mm}^2$）。若纵筋的间距过大，还需考虑配置纵向构造纵筋。

同样，在 x 方向截面两端，初步估算亦各配4Φ20的纵筋，则全截面共需配置12Φ20的纵筋。

(2) 构件承载力的验算

本题初步估算所需全部纵筋的数量恰好与［例7-13］完全相同，因此，其计算过程和计算结果也必然相同。即采用12Φ20的配筋设计是满足要求的（具体验算，此处从略）。

在实际设计时，如果估算的纵筋数量和材质与［例7-13］不同时，则可按其验算方法作重新验算，直至满足要求为止。

§7.6 偏心受压构件考虑水平荷载二阶效应时内力分析的概念

水平荷载产生的二阶效应，亦称为 P-Δ 效应。为了增加其内力分析方法的概念，下面介绍在力学中对其较简单的分析方法。

1. 材料力学方法

如图7-32（a）所示的悬臂梁，顶端作用有单一的竖向荷载 P 和水平荷载 H，由材料力学的纵横弯曲理论，取 $P_{cr}=\pi^2EI/(2h)^2=2.467EI/h^2$，则可求得梁顶端的最大挠度 Δ_s 和底部最大弯矩 M_A 为：

$$\Delta_s=\frac{Hh^3}{3EI(1-P/P_{cr})}=\frac{Hh^3}{3EI(1-Ph^2/2.467EI)} \tag{7-71}$$

$$M_A=Hh+\Delta_sP=\frac{Hh(1-0.18P/P_{cr})}{1-P/P_{cr}} \tag{7-72}$$

$$=\frac{Hh(1-Ph/13.706EI)}{1-Ph^2/2.467EI}$$

上式中，当 I 为构件截面最小惯性矩时，P_{cr} 即为该梁的临界压力。

2. 一阶分析计算法

下面仍采用图 7-32 所示的悬臂梁，用一阶分析的方法确定构件产生二阶效应后的最大挠度和最大弯矩。

在图 7-32 中，将图 7-32（a）的受力图形分解成图 7-32（b）和图 7-32（c）两种情况，而图 7-32（c）在产生位移 Δ_0 后，成为偏心受压构件，与图 7-32（d）等效，即在图 7-32（d）中作用有轴向压力 P 和弯矩 $M=P\Delta_0$。

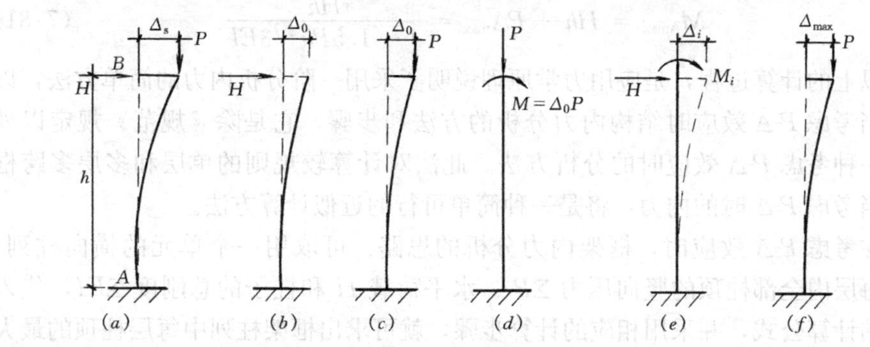

图 7-32 悬臂梁的 P-Δ 效应

（1）由图 7-32（b）所示，仅在水平荷载 H 的作用下，梁顶的挠度为：

$$\Delta_0 = Hh^3/3EI = \delta H \tag{7-73}$$

式中 δ——单位水平力作用下梁端的挠度。

$$\delta = h^3/3EI \tag{7-74}$$

在初次考虑 P-Δ 效应时，按图 7-32（d）的计算简图，计算出由二阶弯矩 $M_1=\Delta_0 P$ 所产生的梁顶挠度 Δ_{M1}：

$$\Delta_{M1} = \frac{M_1 h^2}{2EI} = \frac{\Delta_0 Ph^2}{2EI} = \frac{\delta HPh^2}{2EI} = 1.5\delta^2 HP/h \tag{7-75}$$

则梁顶在水平外力 H 和二阶弯矩 M_1 作用下，如图 7-32（e）所示，得到新的挠度 Δ_1：

$$\Delta_1 = \Delta_0 + \Delta_{M1} = \delta H + 1.5\delta^2 HP/h = \delta H(1+1.5\delta P/h) \tag{7-76}$$

（2）根据 Δ_1 第二次求出梁顶二阶弯矩 M_2：

$$M_2 = \Delta_1 P = \delta H(1+1.5\delta P/h)P \tag{7-77}$$

梁顶在 M_2 作用下，所产生的挠度 Δ_{M2}：

$$\begin{aligned}\Delta_{M2} &= \frac{M_2 h^2}{2EI} = \delta H(1+1.5\delta P/h)Ph^2/2EI \\ &= \delta H(1+1.5\delta P/h)1.5\delta P/h\end{aligned} \tag{7-78}$$

则梁顶在 H 和 M_2 共同作用下，所产生的挠度 Δ_2：

$$\Delta_2 = \Delta_0 + \Delta_{M2} = \delta H[1+1.5\delta P/h + (1.5\delta P/h)^2] \tag{7-79}$$

（3）如此经过几次重复计算后，可以得到如图 7-32（f）所示的梁顶最大挠度 Δ_{max}。当 $1.5\delta P/h<1.0$ 时：

$$\Delta_{\max} = \delta H[1 + 1.5\delta P/h + (1.5\delta P/h)^2 + \cdots + (1.5\delta P/h)^n]$$

$$= \frac{\delta H}{1 - 1.5\delta P/h} = \frac{Hh^3}{3EI(1 - 1.23P/P_{cr})} \tag{7-80}$$

上式中，$\frac{1}{1-1.23P/P_{cr}}$实际上是考虑轴向压力后挠度的放大系数，与式(7-71)比较，它比Δ_s值稍大，由此可得柱底最大弯矩$M_{A\max}$：

$$M_{A\max} = Hh + P\Delta_{\max} = \frac{Hh}{1 - 1.5Ph^2/3EI} \tag{7-81}$$

以上的计算过程，是应用力学原理说明了采用一阶分析内力的简单方法，以计算当考虑P-Δ效应时结构内力分析的方法和步骤，它是除《规范》规定以外的另一种考虑P-Δ效应时的分析方法。此法对计算较规则的单层和多层多跨框架，当考虑P-Δ时的内力，将是一种简单可行的近似计算方法。

在考虑P-Δ效应时，框架内力分析的思路：可取用一个单元的横向柱列，算出每层内全部柱顶的竖向压力ΣP_i、水平荷载H和柱子的总刚度ΣEI，代入以上的计算公式，并采用相应的计算步骤，就可求出框架柱列中每层柱顶的最大总挠度，进而就可求得每根柱子顶部的最大挠度和各截面的相应弯矩。具体计算时，可参照有关文献结合钢筋混凝土内力状态的特点进行分析，这里不作细述。

习　题

7.1　某框架中柱，截面尺寸400mm×400mm，$l_0=6.4$m，截面承受轴心压力设计值$N=2350$kN，混凝土强度等级为C35，采用HRB400级钢筋。环境类别为一类。要求配置纵向钢筋和箍筋。

7.2　某圆形截面轴心受压柱，直径$d=500$mm，$l_0=6.0$m，截面轴向压力设计值$N=6000$kN，混凝土强度等级为C40，纵向钢筋及螺旋筋均采用HRB400级钢筋。环境类别为一类。求柱的截面配筋。

7.3　某框架结构柱，截面尺寸$b\times h=300$mm×500mm，层高$H=4.5$m，柱上、下端绕截面短轴的弯矩设计值分别为$M_1=200$kN·m，$M_2=300$kN·m，相应的轴向压力设计值$N=1500$kN。采用C30级混凝土，纵筋采用HRB400级钢筋。求所需配置的A_s'和A_s。环境类别为一类。

7.4　某矩形截面钢筋混凝土柱，环境类别为一类。$b\times h=400$mm×600mm，柱的计算长度$l_0=6.9$m。承受轴向压力设计值$N=1000$kN，柱两端弯矩设计值分别为$M_1=-125$kN·m，$M_2=450$kN·m。该柱采用HRB400级钢筋，混凝土强度等级C30。若采用非对称配筋，试设计该截面。

7.5　某矩形截面偏心受压柱，$b\times h=300$mm×500mm，$l_0=4.5$m，荷载产生轴向压力设计值$N=130$kN，两端弯矩设计值为$M_1=M_2=210$kN·m，混凝土强度等级为C40，纵向钢筋采用HRB400级钢筋，环境类别为一类。试按对称

配筋 $A_s = A'_s$ 配置截面的纵向受力钢筋和箍筋。

7.6　对称配筋矩形截面偏心受压柱，$b \times h = 400\text{mm} \times 600\text{mm}$，$l_0 = 6.0\text{m}$，荷载产生轴向压力设计值 $N = 4000\text{kN}$，两端弯矩设计值为 $M_1 = M_2 = 200\text{kN} \cdot \text{m}$，混凝土强度等级为C40，纵向钢筋采用HRB400级钢筋，环境类别为一类。试按对称配筋 $A_s = A'_s$ 配置截面的纵向受力钢筋和箍筋。

7.7　对称配筋矩形截面偏心受压柱，$b \times h = 400\text{mm} \times 600\text{mm}$，截面作用轴向压力设计值 $N = 475\text{kN}$，其偏心距 $e_0 = 500\text{mm}$。混凝土强度等级为C40，采用HRB400级钢筋，环境类别为一类。试按对称配筋 $A_s = A'_s$ 分别配置截面的纵向受力钢筋。

7.8　对称配筋矩形截面偏心受压柱，$b \times h = 300\text{mm} \times 500\text{mm}$，$a_s = a'_s = 40\text{mm}$，混凝土强度等级为C40，采用HRB400级钢筋，$A_s = A'_s = 509\text{mm}^2$，轴向压力设计值 $N = 1160\text{kN}$，$e_0 = 195\text{mm}$。试复核此截面。

第8章 受拉构件正截面承载力

§8.1 概 述

钢筋混凝土构件的截面上一般作用有轴力、弯矩和剪力，当轴力为拉力时即为偏心受拉构件。工程中常用的偏心受拉构件多为矩形截面，本章仅讨论矩形截面偏心受拉构件。

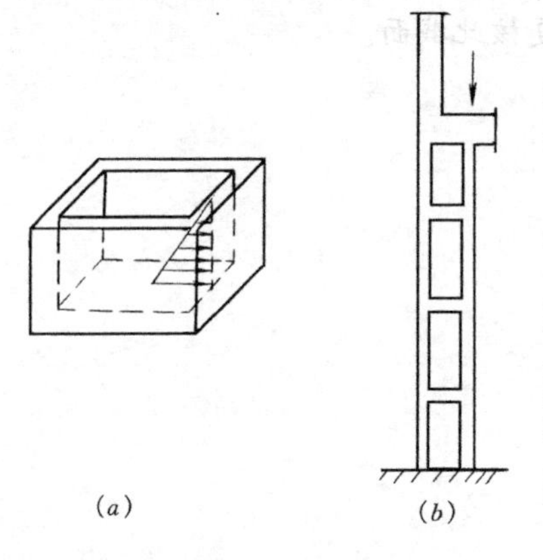

图 8-1 偏心受拉构件实例
(*a*) 矩形水池；(*b*) 双肢柱

工程中通常依照偏心受拉构件计算的有矩形水池的池壁、工业厂房中双肢柱的肢杆等（图 8-1）。

当构件在拉力和弯矩的共同作用下，则可以用偏心距 $e_0=M/N$ 和轴向拉力 N 来表示其受力状态。受拉构件根据其偏心距 e_0 的大小，并以轴向拉力 N 的作用点在截面两侧纵向钢筋之间或在纵向钢筋之外作为区分界限，可分为两类：

当轴向拉力 N 作用在纵向钢筋 A_s 合力点及 A'_s 合力点范围以外时称为大偏心受拉构件；当轴向拉力 N 作用在纵向钢筋 A_s 合力点及 A'_s 合力点范围以内时称为小偏心受拉构件。当偏心距 $e_0=0$ 时为轴心受拉构件。

受拉构件的受力钢筋接头必须采用焊接，在构件端部，受力钢筋必须有可靠的锚固。

§8.2 大偏心受拉构件正截面的承载力计算

大偏心受拉构件的受力特点是：随着轴向拉力 N 的增加，破坏时在截面拉应力较大的一侧混凝土首先开裂，但裂缝并不贯穿整个截面，其破坏形态和大偏心受压构件相似，这是由于受拉钢筋首先屈服，随后受压区混凝土被压碎。计算时所采用的应力图形计算公式及计算步骤均与大偏心受压构件相似，只是轴向力 N 的方向和大偏心受压构件相反。

图 8-2 所示为矩形截面大偏心受拉构件的受力情况。构件破坏时钢筋 A_s 及

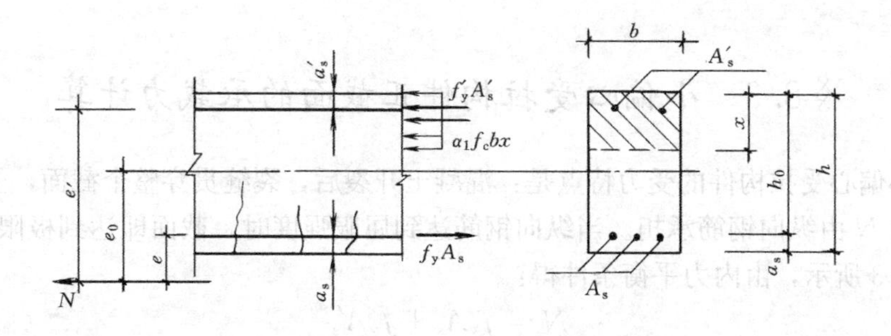

图 8-2 大偏心受拉构件承载力计算图

A'_s应力都达到屈服强度，受压区混凝土应力取轴心抗压强度 f_c，应力分布按矩形图计算，则由内力平衡条件得：

$$N \leqslant f_y A_s - f'_y A'_s - \alpha_1 f_c bx \tag{8-1}$$

$$Ne \leqslant \alpha_1 f_c bx \left(h_0 - \frac{x}{2}\right) + f'_y A'_s (h_0 - a'_s) \tag{8-2}$$

$$e = e_0 - \frac{h}{2} + a_s \tag{8-3}$$

上述公式应符合 $x \leqslant \xi_b h_0$ 及 $x \geqslant 2a'_s$ 的适用条件。

在设计时为了使钢筋总用量（$A_s + A'_s$）最少，与偏心受压构件一样，应取受压区高度 $x = \xi_b h_0$，代入式（8-2）及式（8-1）可得：

$$A'_s = \frac{Ne - \alpha_1 f_c bh_0^2 \xi_b (1 - 0.5\xi_b)}{f'_y (h_0 - a'_s)} \tag{8-4}$$

$$A_s = \frac{\alpha_1 f_c bh_0 \xi_b + f'_y A'_s + N}{f_y} \tag{8-5}$$

若按式（8-4）求得 A'_s 为负值，说明此时所需受压区高度 $x < \xi_b h_0$，则可先按构造要求或最小配筋率配置 A'_s，并在 A'_s 已知情况下，由式（8-2）求得 x 值，代入式（8-5）以 $\xi = \frac{x}{h_0}$ 代替 ξ_b 值，求出 A_s。

当 $x \leqslant 2a'_s$ 时，可以近似地假定受压区混凝土承担的压力与受压钢筋承担的压力重合。则对受压钢筋形心取矩得：

$$Ne' \leqslant f_y A_s (h_0 - a'_s) \tag{8-6}$$

$$e' = e_0 + \frac{h}{2} - a'_s \tag{8-7}$$

式中 e'——轴向拉力 N 作用点到受压钢筋的距离。

由式（8-6）可求得 A_s 值：

$$A_s = \frac{Ne'}{f_y (h_0 - a'_s)} \tag{8-8}$$

当构件的截面尺寸、材料和纵向钢筋均为已知，要复核截面的承载力时，可联立解式（8-1）、式（8-2），直接求出截面所能承担的轴力设计值 N。

§8.3　小偏心受拉构件正截面的承载力计算

小偏心受拉构件的受力特点是：混凝土开裂后，裂缝贯穿整个截面，全部轴向拉力 N 由纵向钢筋承担。当纵向钢筋达到屈服强度时，截面即达到极限状态。如图 8-3 所示，由内力平衡条件得：

$$N = f_y A_s + f_y A'_s \tag{8-9}$$

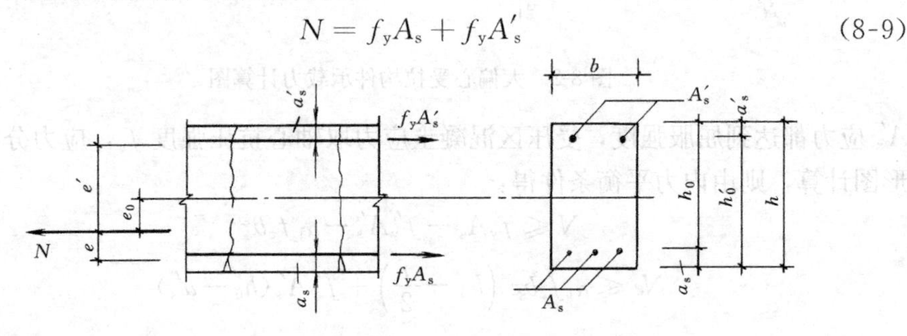

图 8-3　小偏心受拉构件承载力计算图

分别对受拉及受压钢筋的合力点取矩得：

$$Ne' = f_y A_s (h'_0 - a_s) \tag{8-10}$$

$$Ne = f_y A'_s (h_0 - a'_s) \tag{8-11}$$

其中

$$e' = \frac{h}{2} - a'_s + e_0 \tag{8-12}$$

$$e = \frac{h}{2} - a_s - e_0 \tag{8-13}$$

则可得：

$$A_s = \frac{Ne'}{f_y (h'_0 - a_s)} \tag{8-14}$$

$$A'_s = \frac{Ne}{f_y (h_0 - a'_s)} \tag{8-15}$$

若将 e 和 e' 值代入以上两式，并取 $M = Ne_0$，则得：

$$A_s = \frac{N(h - 2a'_s)}{2f_y (h'_0 - a_s)} + \frac{M}{f_y (h'_0 - a_s)} \tag{8-16}$$

$$A'_s = \frac{N(h - 2a_s)}{2f_y (h_0 - a'_s)} - \frac{M}{f_y (h_0 - a'_s)} \tag{8-17}$$

上式第一项代表承担轴向力 N 所需的配筋，第二项代表弯矩 M 的影响。M 增加了 A_s 的用量而降低了 A'_s 的用量。因此设计中同时有几组不同的荷载组合（N，M）时，应按最大 N 和最大 M 的荷载组合计算 A_s 值，而按最大 N 和最小 M 的荷载组合计算 A'_s 值。

当为对称配筋时，不论大、小偏心，在设计时钢筋截面面积均按式（8-14）

计算，即：

$$A_s = A'_s = \frac{Ne'}{f_y(h'_0 - a_s)}$$

其中

$$e' = \frac{h}{2} - a'_s + e_0$$

对轴心受拉构件的承载力，即取偏心距为零的情况，可得出其承载力计算公式为：

$$N \leqslant f_y A_s \tag{8-18}$$

【例 8-1】　一钢筋混凝土偏心受拉构件，截面为矩形 $b \times h = 200\text{mm} \times 400\text{mm}$，$a_s = a'_s = 35\text{mm}$，需承受轴向拉力设计值 $N = 450\text{kN}$，弯矩设计值 $M = 100\text{kN} \cdot \text{m}$，混凝土强度 C30（$f_c = 14.3\text{N/mm}^2$），钢筋牌号用 HRB400（$f_y = f'_y = 360\text{N/mm}^2$），环境类别为一类。

求纵向钢筋截面面积 A_s 及 A'_s。

【解】　(1) 判别大小偏心情况

$$a_s = 35\text{mm}, e_0 = \frac{M}{N} = \frac{100000000}{450000} = 222\text{mm} > \frac{h}{2} - a_s = 165\text{mm}$$

属于大偏心受拉构件。

(2) 求 A'_s

取

$$x = \xi_b h_0 = 0.550 \times 365 = 201\text{mm}$$

$$e = e_0 - \frac{h}{2} + a_s = 222 - \frac{400}{2} + 35 = 57\text{mm}$$

$$A'_s = \frac{Ne - \alpha_1 f_c bx(h_0 - x/2)}{f'_y(h_0 - a'_s)}$$

$$= \frac{450000 \times 57 - 1.0 \times 14.3 \times 200 \times 201 \times (365 - 201/2)}{360 \times (365 - 35)} < 0$$

受压钢筋按最小配筋率配置，取：

$$A'_s = \rho_{\min} bh = 0.002 \times 200 \times 400 = 160\text{mm}^2$$

选用 2 Φ 10（$A'_s = 157\text{mm}^2$）。

(3) 求 A_s

将以上确定的 A'_s 值代入式 (8-2) 得：

$$450000 \times 57 = 1.0 \times 14.3 \times 200x(365 - x/2) + 157 \times 360 \times (365 - 35)$$

得

$$x = 6.8\text{mm} < 2a'_s = 2 \times 35 = 70\text{mm}$$

$$e' = e_0 + \frac{h}{2} - a'_s = 222 + \frac{400}{2} - 35 = 387\text{mm}$$

$$A_s = \frac{Ne'}{f_y(h_0 - a'_s)} = \frac{450000 \times 387}{360 \times (365 - 35)} = 1466\text{mm}^2$$

$$A_{s,\min} = 0.002bh = 0.002 \times 200 \times 400 = 160\text{mm}^2 < A_s = 1466\text{mm}^2$$

选用 4 Φ 22（$A_s = 1520\text{mm}^2$）。

【例8-2】 若构件截面尺寸、材料和上例相同，而承受轴向拉力设计值 $N=450\text{kN}$，弯矩设计值 $M=60\text{kN}\cdot\text{m}$。

求纵向钢筋截面面积 A_s 及 A'_s。

【解】 （1）判别大小偏心情况

$$e_0=\frac{M}{N}=\frac{60000000}{450000}=133\text{mm}<\frac{h}{2}-a_s=165\text{mm}$$

属于小偏心受拉构件。

（2）求 A_s 及 A'_s

$$e'=\frac{h}{2}-a'_s+e_0=\frac{400}{2}-35+133=298\text{mm}$$

$$e=\frac{h}{2}-a_s-e_0=\frac{400}{2}-35-133=32\text{mm}$$

$$A_s=\frac{Ne'}{f_y(h'_0-a_s)}=\frac{450000\times298}{360\times(365-35)}=1129\text{mm}^2$$

$$A_{s,\min}=0.002bh=160\text{mm}^2<A_s=1129\text{mm}^2$$

选用3Φ22（$A_s=1140\text{mm}^2$）。

$$A'_s=\frac{Ne}{f_y(h_0-a'_s)}=\frac{450000\times32}{360\times(365-35)}=121\text{mm}^2$$

$$A'_{s,\min}=0.002bh=160\text{mm}^2>A'_s=121\text{mm}^2$$

选用2Φ10（$A'_s=157\text{mm}^2$）。

上式中对偏心受拉构件受拉钢筋最小配筋率的规定与偏心受压构件相同。

习　题

8.1　某双肢柱受拉肢杆，截面为矩形，$b\times h=300\text{mm}\times400\text{mm}$，承受轴向拉力设计值 $N=810\text{kN}$，$M=105\text{kN}\cdot\text{m}$。混凝土强度等级C30，采用HRB400级钢筋，环境类别为一类。求纵向钢筋截面面积 A'_s 和 A_s。

8.2　已知条件同习题8.1，但双肢柱受拉肢杆承受轴向拉力设计值 $N=95\text{kN}$，$M=80\text{kN}\cdot\text{m}$。求纵向钢筋截面面积 A'_s 和 A_s。

第9章　钢筋混凝土构件裂缝及变形的验算

§9.1　概　述

钢筋混凝土构件的裂缝及变形控制，是关系到各种结构物能否满足正常使用及耐久性要求的重要问题。根据钢筋混凝土结构物的某些工作条件及使用要求，在钢筋混凝土结构设计中，除需进行承载能力极限状态计算外，尚应进行正常使用极限状态（即裂缝与变形）的验算。

产生裂缝的原因较多，有荷载作用、施工养护不善、温度变化、基础不均匀沉降以及钢筋锈蚀等。例如，在大块体混凝土凝结和硬化过程中所产生的水化热将导致混凝土块体内部的温度升高，而当块体内外部温差很大而形成较大的温度应力时，就会产生裂缝。又如，混凝土烟囱、核反应堆容器等内部承受高温的结构物当外界突然降温，内部的高温受外部约束而形成较大的温度应力时，都可能产生裂缝。这类裂缝主要是由于混凝土的收缩、温度变化所产生的体积变化引起的。本章中主要讨论由于荷载所产生裂缝的控制问题。混凝土的抗拉强度较抗压强度低得多，在使用阶段，钢筋混凝土构件往往是带裂缝工作的，特别是随着高强度钢筋的使用，钢筋的工作应力有较大的提高，裂缝宽度也随之按比例增大，对裂缝控制问题更应给予重视。

裂缝所带来的危害程度，因结构物使用功能及所处环境的不同而异，当裂缝情况比较严重时，将因混凝土碳化作用[1]的加剧，氧、水分及侵蚀性介质的侵入，使钢筋的锈蚀过程加速而降低结构物的耐久性。特别是对处于侵蚀性环境中的钢筋混凝土结构物，如化工厂的车间、与海水接触的建筑物等，裂缝宽度较大时，对耐久性的影响更大。有些结构物，如水池、贮液罐及筒仓等，一旦产生较宽的贯穿性裂缝，将导致渗漏现象而影响正常使用。裂缝过宽，还有碍于建筑物的观瞻。因此，需根据不同情况，防止或减轻裂缝所造成的危害。

对由于混凝土体积变化而引起的裂缝，主要用控制混凝土浇筑质量，改善水泥性能，选择骨料成分，改进结构形式，设置温度-收缩构造缝等措施来解决。对由于荷载而引起的裂缝，则应在设计计算中加以控制。

对于裂缝控制，各国混凝土结构设计规范按不同的标准，或控制不出裂缝（抗裂），或限制裂缝宽度使之不超过容许极限值。

---

[1] 碳化的概念见3.6节。

我国《规范》将裂缝控制等级划分为三级：

一级——严格要求不出现裂缝的构件。按荷载标准组合计算时，构件受拉边缘混凝土不应产生拉应力。

二级——一般要求不出现裂缝的构件。按荷载标准组合计算时，构件受拉边缘混凝土拉应力不应大于混凝土轴心抗拉强度标准值。

三级——允许出现裂缝的构件。钢筋混凝土构件的最大裂缝宽度可按荷载准永久组合并考虑长期作用影响的效应计算，预应力混凝土构件的最大裂缝宽度可按荷载标准组合并考虑长期作用影响的效应计算。构件的最大裂缝宽度不应超过其最大裂缝宽度限值，亦即应符合下列规定：

$$w_{max} \leqslant w_{lim}$$

式中 w_{max}——按荷载标准组合或准永久组合并考虑长期作用影响进行计算的最大裂缝宽度；

w_{lim}——最大裂缝宽度限值，按附表12取用。

结构构件在荷载标准组合作用下，如符合裂缝控制等级的一级及二级的规定时，则该构件可不进行最大裂缝宽度的验算；同时，钢筋混凝土构件的抗裂性一般是难以得到保证的，因此，《规范》中对于钢筋混凝土构件没有提出抗裂度的要求。

混凝土构件在使用中不允许产生过大的变形，如吊车梁挠度过大，将使吊车轨道歪斜而影响吊车正常运行；楼盖中梁、板挠度过大，将使粉刷层剥落；对于放置精密仪器的楼盖，过大变形还会影响仪器的使用性能；屋面檩条或屋面板挠度过大，会造成屋面凹凸不平而导致漏水。此外，对变形的控制，尚需考虑感觉上的可接受程度，如在风荷载作用下引起高耸结构的振动是否能为人们的视觉或感觉所接受等。

随着高强度混凝土及高强度钢筋（丝）的应用，构件截面尺寸进一步减小，故对控制钢筋混凝土构件变形的必要性增大。各国规范对于变形的控制方式，一般分为两类：

第一类，规定出计算跨度 l_0 与梁高 h 比值的最大限值，即：

$$l_0/h \leqslant [l_0/h]$$

第二类，规定最大挠度限值为跨长的函数。

我国《规范》采用第二类控制方式，要求钢筋混凝土受弯构件按荷载准永久组合或预应力混凝土受弯构件按荷载标准组合，并考虑长期作用的影响计算的最大挠度 f_{max} 不应超过附表11的挠度限值，即应符合下列规定：

$$f_{max} \leqslant f_{lim}$$

确定受弯构件的挠度限值时，应考虑结构的使用要求对结构构件和非结构构件的影响以及感受的可接受程度等方面的问题。

本章将以介绍钢筋混凝土构件裂缝及变形验算为主。

§9.2 裂缝宽度的验算

9.2.1 概　　述

当前，国内外对裂缝宽度的计算方法广泛开展了试验研究工作。影响裂缝宽度的因素很多，对荷载裂缝的机理，不少学者具有不同的观点，但基本上可归纳为两种类型。

1. 半理论半经验公式

分析裂缝开展的机理，从某一力学模型出发推导出理论计算公式，再用试验资料来确定公式中的某些系数。

目前采用的理论，又可概括为三类：第一类是20世纪50年代出现的粘结-滑移理论，它是以靠近裂缝区段钢筋与其周围混凝土之间产生粘结滑移作为分析裂缝的机理；第二类是60年代中最初由Brom和Base所提出的无滑移理论，它假定在使用阶段范围内，裂缝开展后，钢筋与其周围混凝土之间粘结强度并未破坏，相对滑动很小可忽略不计，故假定钢筋表面处裂缝宽度为零并随着接近于混凝土表面而增大，即以裂缝截面钢筋至构件表面出平面的应变梯度作为分析裂缝的机理；第三类是将前两种裂缝理论相结合而建立的综合理论，目前，这一理论已被一些国家的规范所采用。

2. 数理统计的经验公式

当前，国内外采用此类公式已渐趋增多，其基本特点为，通过对大量试验资料的分析，筛选出影响裂缝宽度的主要参数（略去次要因素）进行数理统计后得出。

我国各类钢筋混凝土结构设计规范对裂缝宽度的计算公式，过去较多采用建立在粘结滑移理论基础上的半理论半经验公式，例如原《混凝土结构设计规范》(GBJ 10—89）属这种类型。我国《规范》是在原《规范》裂缝宽度验算公式的基础上，考虑当前的实际情况，建立起来的裂缝宽度验算公式，具体介绍如下文。

9.2.2 受弯构件裂缝宽度的验算

1. 裂缝开展过程中钢筋及混凝土应变及应力变化状态的分析

以钢筋混凝土受弯构件为例，在混凝土未开裂前，受拉区钢筋与混凝土共同受力，沿构件长度方向，钢筋应力及混凝土应力各自大致保持相等。

当荷载增加时，由于混凝土材料的非均质性，在抗拉能力最薄弱截面上首先出现第一批裂缝（一条或几条）。裂缝截面上开裂的混凝土脱离了工作，原来承受的拉力转由钢筋承担。因此，裂缝截面处钢筋的应变及应力突然增高（图

9-1)。由于靠近裂缝区段钢筋与混凝土产生相对滑移现象，裂缝两边原来受拉而张紧的混凝土回缩，使裂缝一出现即有一定的宽度。

随着裂缝截面钢筋应力的增大，裂缝两侧钢筋与混凝土之间产生粘结应力，使混凝土不能回缩到完全放松的无应力状态。这种粘结应力将钢筋应力向混凝土传递，使混凝土参与受拉工作。距裂缝截面越远，累计粘结力越大，混凝土拉应力越大，钢筋应力越小。当达到一定距离 $l_{cr,min}$ 后，钢筋与其周围混凝土间具有相同的应变，粘结应力消失。当混凝土中的应力达到抗拉极限强度时，此截面即出现第二批新的裂缝。

新的裂缝出现后，该截面裂开的混凝土又脱离工作，不再承受拉应力，钢筋应力突增。沿构件长度方向两裂缝之间，钢筋与混凝土应力随着离开裂缝截面的距离而变化，距离越远，混凝土应力越大，钢筋应力越小（图 9-2），中和轴的位置也沿纵向呈波浪形变化。

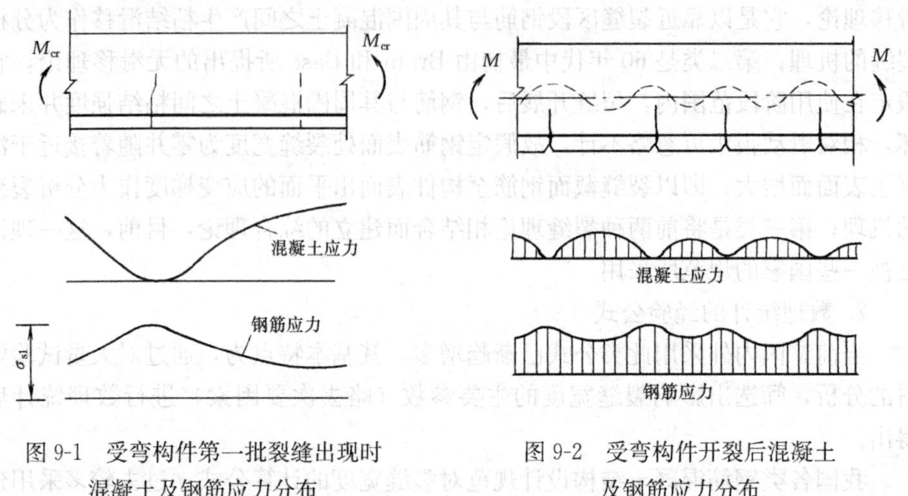

图 9-1　受弯构件第一批裂缝出现时混凝土及钢筋应力分布

图 9-2　受弯构件开裂后混凝土及钢筋应力分布

试验还表明，由于混凝土质量的不均匀性，裂缝间距也疏密不等，存在着较大的离散性。在同一纯弯区段内，最大裂缝间距可为平均裂缝间距的1.3～2.0倍。但在原有两裂缝间 $l_{cr,min}$ 的范围内，或当已有裂缝间距小于 $2l_{cr,min}$ 时，其间不可能出现新的裂缝。因为这时通过累计粘结力传递给混凝土的拉力不足以使混凝土开裂。我国一些试验指出，一般在荷载超过抗裂荷载的50%以上时，裂缝间距渐趋稳定。此后，再增加荷载，裂缝宽度不断增大，并继续延伸，但构件中不出现新的裂缝。当钢筋应力接近屈服时，粘结应力几乎完全消失，钢筋与混凝土之间产生较大滑动，裂缝间混凝土基本退出工作，钢筋应力渐趋相等。

2. 受弯构件平均裂缝宽度的验算公式

(1) 平均裂缝间距

如图 9-3 所示，取 ab 段（设平均裂缝间距为 l_{cr}）的钢筋为脱离体，第一条

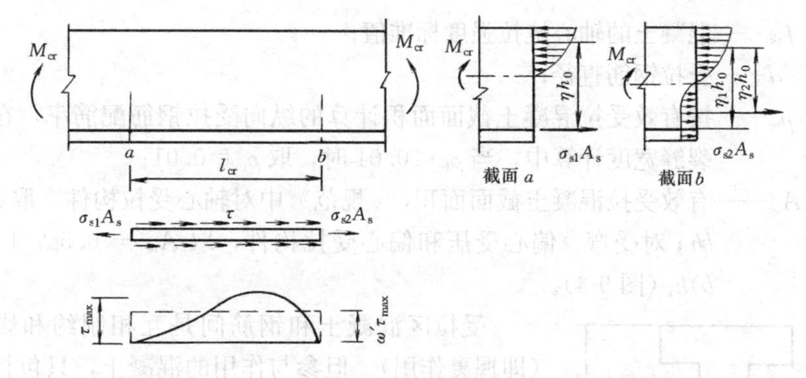

图 9-3　受弯构件即将出现第二条裂缝时钢筋、混凝土及其粘结应力图

裂缝截面 a 处钢筋应力为 σ_{s1}，即将出现第二条裂缝截面 b 处钢筋应力为 σ_{s2}，两端的不平衡力 $\Delta\sigma_s A_s$ 将由粘结力来平衡。这样可得：

$$\Delta\sigma_s A_s = \sigma_{s1}A_s - \sigma_{s2}A_s = \omega'\tau_{max}ul_{cr} \tag{9-1}$$

式中　τ_{max}——钢筋与混凝土间粘结应力的最大值；

ω'——钢筋与混凝土间粘结应力图形丰满系数；

u——受拉钢筋截面周长总和。

截面 a 及 b 承担的弯矩均为 M_{cr}。在截面 a 中，钢筋的应力为：

$$\sigma_{s1} = \frac{M_{cr}}{A_s\eta h_0}$$

式中　η——内力臂系数。

在截面 b，M_{cr} 可视为由两部分组成：一部分是由混凝土承担的 M_c，另一部分是由钢筋承担的 M_s，即 $M_{cr}=M_c+M_s$，故钢筋的应力为：

$$\sigma_{s2} = \frac{M_s}{A_s\eta_1 h_0} = \frac{M_{cr}-M_c}{A_s\eta_1 h_0}$$

忽略截面 a 与截面 b 上钢筋所承担内力力臂的差异，取内力臂系数 $\eta=\eta_1$，并将 σ_{s1} 及 σ_{s2} 代入式（9-1）后可得：

$$\frac{M_c}{\eta h_0} = \omega'\tau_{max}ul_{cr}$$

即

$$l_{cr} = \frac{M_c}{\omega'\tau_{max}u\eta h_0} \tag{9-2}$$

M_c 可近似按下述公式计算：

$$M_c = [0.5bh + (b_f - b)h_f]\eta_2 h f_{tk} \tag{9-3}$$

将式（9-3）代入式（9-2）后可得：

$$l_{cr} = \frac{\eta_2 h}{4\eta h_0}\cdot\frac{f_{tk}}{\omega'\tau_{max}}\cdot\frac{d}{\rho_{te}} \tag{9-4}$$

$$\rho_{te} = \frac{A_s}{A_{te}} \tag{9-4a}$$

式中　f_{tk}——混凝土的轴心抗拉强度标准值；

d——受拉钢筋直径；

ρ_{te}——按有效受拉混凝土截面面积计算的纵向受拉钢筋配筋率，在最大裂缝宽度计算中，当 $\rho_{te}<0.01$ 时，取 $\rho_{te}=0.01$；

A_{te}——有效受拉混凝土截面面积，《规范》中对轴心受拉构件，取 $A_{te}=bh$；对受弯、偏心受压和偏心受拉构件，取 $A_{te}=0.5bh+(b_f-b)h_f$（图 9-4）。

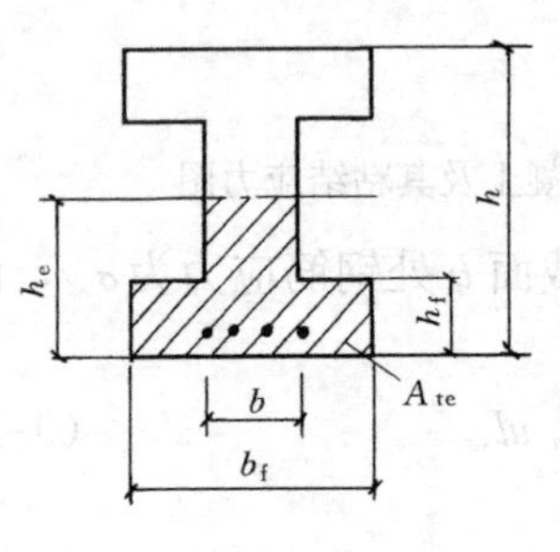

图 9-4　受拉混凝土有效截面面积

受拉区混凝土和钢筋间是互相制约和影响的（即握裹作用）。但参与作用的混凝土，只包括在钢筋周围一定距离范围内受拉区混凝土的有效面积，而对那些离钢筋较远的受拉区混凝土则可认为与钢筋相互间基本上不起影响作用。显然，受拉混凝土有效面积越大，所需传递粘结力的长度越长，即裂缝间距越大。对于 A_{te}，各国取法不尽一致。

试验表明，混凝土和钢筋的粘结强度大致与混凝土抗拉强度成正比，因此，可将 $\frac{\omega'\tau_{max}}{f_{tk}}$ 取为常数。同时，也可近似取 $\frac{\eta_2 h}{\eta h_0}$ 为常数，并考虑钢筋表面粗糙度对粘结力的影响，由此可得：

$$l_{cr}=k_1\frac{d}{\nu\rho_{te}} \tag{9-5}$$

式中　k_1——经验系数（常数）；

ν——纵向受拉钢筋相对粘结特性系数。

系数 ν 值，是考虑混凝土与不同钢筋种类之间不同粘结性能的影响，由试验确定的经验系数。式（9-5）中的 d，是指用带肋钢筋试验时的钢筋直径，此时 ν 值等于 1.0；若采用表面较为光滑的钢筋时，钢筋与混凝土之间的粘结性能差，则 ν 值是对裂缝宽度起放大作用的系数。各种钢筋的相对粘结特性系数 ν 值见表 9-1。

钢筋的相对粘结特性系数 ν　　**表 9-1**

钢筋类别	钢筋		先张法预应力筋			后张法预应力筋		
	光圆钢筋	带肋钢筋	带肋钢筋	螺旋钢筋	钢绞线	带肋钢筋	钢绞线	光面钢丝
ν值	0.7	1.0	1.0	0.8	0.6	0.8	0.5	0.4

式（9-5）表明，l_{cr} 与 $d/\nu\rho_{te}$ 成正比，但这一关系与试验并不能很好地符合。当 ρ_{te} 很大时，实际的裂缝间距并不趋近于零，而是具有一定数值，故应对其进行修正。

一些研究者指出，混凝土保护层厚度除对混凝土表面裂缝宽度有较大影响外，对裂缝间距也有一定影响。试验表明，当保护层厚度从 30mm 降至 15mm 时，平均裂缝间距减小 30%（钢筋重心处平均裂缝宽度亦随之减小），故在式 (9-5) 中引入 k_2c_s 以考虑混凝土保护层厚度的影响。这样，平均裂缝间距 l_{cr} 可按下面关系求得：

$$l_{cr}=k_2c_s+k_1\frac{d}{\nu\rho_{te}} \tag{9-6}$$

式中 c_s——最外层纵向受拉钢筋外边缘至受拉区底边的距离（mm），当 $c_s<20$ 时，取 $c_s=20$；当 $c_s>65$ 时，取 $c_s=65$；

k_2——经验系数（常数）。

根据国内试验资料的分析结果，可取 $k_1=0.08$，$k_2=1.9$，并在式 (9-6) 中，将$\frac{d}{\nu}$值以纵向受拉钢筋的等效直径 d_{eq} 代入，则得：

$$l_{cr}=\beta\left(1.9c_s+0.08\frac{d_{eq}}{\rho_{te}}\right) \tag{9-7}$$

式中 β——考虑混凝土受拉面积 A_{te} 值占混凝土总面积的影响系数。

《规范》规定，对轴心受拉构件，取 $\beta=1.1$；对其他受力构件，取 $\beta=1.0$。

式 (9-7) 中包含了粘结滑移理论中的重要变量 d_{eq}/ρ_{te} 及无滑移理论中的重要变量 c_s 的影响，故它实质上是把两种理论结合起来按综合理论计算裂缝间距的公式。

对钢筋等效直径的确定。在式 (9-6) 中，$\frac{d}{\nu}$值实际上可用$\frac{4A_s}{\nu u}$来表达，u 为钢筋截面的周长，则得：

当采用 n 根相同钢种和相同直径的钢筋时

$$\frac{4A_s}{\nu u}=\frac{4n\frac{1}{4}\pi d^2}{\nu n\pi d}=\frac{d}{\nu} \tag{A}$$

当采用多根不同钢种和不同直径的钢筋时

$$\frac{4A_s}{\nu u}=\frac{4\times\Sigma n_i\times\frac{1}{4}\pi d_i^2}{\Sigma n_i\nu_i\times\pi d_i}=\frac{\Sigma n_id_i^2}{\Sigma n_i\nu_id_i} \tag{B}$$

在以上 (B) 式中，若取

$$d_{eq}=\frac{\Sigma n_id_i^2}{\Sigma n_i\nu_id_i} \tag{9-7a}$$

式中 n_i——受拉区第 i 种纵向钢筋根数；

d_i——受拉区第 i 种纵向钢筋的公称直径；

ν_i——受拉区第 i 种纵向钢筋的相对粘结特性系数，按表 9-1 确定。

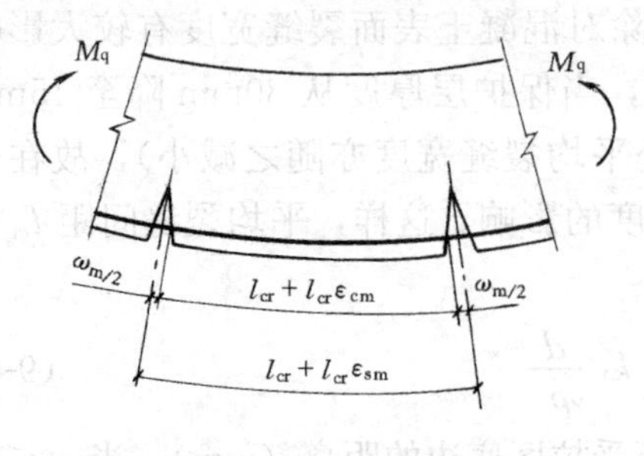

图 9-5　受弯构件开裂后的裂缝宽度

则式（9-6）中的$\frac{d}{\nu}$值与式（9-7）中的d_{eq}是完全等效的。

（2）平均裂缝宽度

裂缝开展后，在纵向受拉钢筋重心处的平均裂缝宽度w_m可由两条相邻裂缝之间（计算中取平均裂缝间距l_{cr}）钢筋的平均伸长$\varepsilon_{sm}l_{cr}$与同一水平的受拉混凝土的平均伸长$\varepsilon_{cm}l_{cr}$的差值（图 9-5）求得，则：

$$w_m=\varepsilon_{sm}l_{cr}-\varepsilon_{cm}l_{cr}$$

式中　ε_{sm}——纵向受拉钢筋的平均拉应变；

ε_{cm}——与纵向受拉钢筋同一水平处混凝土的平均拉应变。

由前式得：

$$w_m=\varepsilon_{sm}l_{cr}\left(1-\frac{\varepsilon_{cm}}{\varepsilon_{sm}}\right) \tag{9-8}$$

又

$$\varepsilon_{sm}=\psi\frac{\sigma_{sq}}{E_s}$$

式中　ψ——裂缝间纵向受拉钢筋应变（或应力）不均匀系数；

σ_{sq}——按荷载准永久组合计算的钢筋混凝土构件，纵向受拉普通钢筋的应力。

将ε_{sm}代入上式，并令$1-\frac{\varepsilon_{cm}}{\varepsilon_{sm}}=\alpha_c$（$\alpha_c$为考虑裂缝间混凝土自身伸长对裂缝宽度的影响系数），则得平均裂缝宽度为：

$$w_m=\alpha_c\psi\frac{\sigma_{sq}}{E_s}l_{cr} \tag{9-8a}$$

试验表明，在纯弯区段，钢筋应力分布也是不均匀的，裂缝截面的钢筋应力相对较大，由于相邻裂缝间的混凝土仍然参加工作，故其钢筋应力较相邻裂缝处为小。ψ值与混凝土强度、配筋率、钢筋与混凝土的粘结强度及裂缝截面钢筋应力诸因素有关。根据国内几批矩形、T形、倒T形和环形及偏心受压柱的试验资料进行分析得出：

$$\psi=1.1\left(1-\frac{0.8M_c}{M_q}\right) \tag{9-9}$$

式中　M_c——混凝土截面的抗裂弯矩，按式（9-3）计算，为考虑混凝土收缩影响，乘以0.8的降低系数；

M_q——按荷载准永久组合计算的弯矩值。

1.1——与钢筋和混凝土间粘结强度有关的系数。对于光圆钢筋接近于1.2，而对于带肋钢筋，接近于1.1。为了与轴心受拉构件的计算相协调，统一取为1.1。

式（9-9）中，M_q 可按下面关系代入（图9-6）：

$$M_q = A_s\sigma_{sq} \cdot \eta h_0 \tag{9-10}$$

$$\sigma_{sq} = \frac{M_q}{\eta A_s h_0} \tag{9-11}$$

$$\eta = 1 - \frac{0.4\sqrt{\alpha_E \rho}}{1+\gamma'} \tag{9-11a}$$

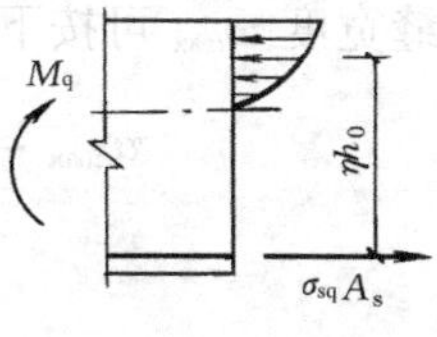

图9-6 受力简图

式中 η——相应于弯矩 M_q 作用时的内力臂系数，可近似取 η 为0.87；

当考虑配筋系数 $\alpha_E\rho$ 的影响时可按（9-11a）计算。

将式（9-3）及式（9-10）代入式（9-9）中，取 $\eta_2/\eta=0.67$，$h/h_0=1.1$，得出计算 ψ 的公式为：

$$\psi = 1.1 - 0.65\frac{f_{tk}}{\rho_{te}\sigma_{sq}} \tag{9-12}$$

式（9-8a）中的 α_c 值与配筋率、截面形状及净保护层厚度有关，但其变化幅度较小。

由式（9-8a）可得：

$$\alpha_c = \frac{w_m E_s}{\psi\sigma_{sq} \cdot l_{cr}} \tag{9-13}$$

当 l_{cr}、σ_{sq} 及 ψ 分别按式（9-7）、式（9-11）及式（9-12）确定时，可由实测的平均裂缝宽度 w_m 通过式（9-13）求得 α_c 的试验值。对国内的试验资料分析表明，对受弯构件及偏心受压构件，可取 $\alpha_c=0.77$；对其他构件，可取 $\alpha_c=0.85$。

这样，平均裂缝宽度即可由式（9-8a）求出。

（3）最大裂缝宽度

在荷载准永久组合作用下，并考虑裂缝宽度的不均匀性和荷载长期作用影响的最大裂缝宽度可由平均裂缝宽度 w_m 乘以扩大系数 τ 及荷载长期作用的影响系数 τ_l 求得，即：

$$w_{max} = \tau_l \tau w_m \tag{9-14}$$

由于材料的不均匀性，裂缝的出现是随机的，裂缝宽度的离散性较大。因此，在计算中需要考虑反映裂缝宽度不均匀性的扩大系数 τ，τ 值可由试验资料按统计方法求出，其值为1.66。

在荷载长期作用下，由于受拉区混凝土的应力松弛及其和钢筋间的滑移徐变，裂缝间受拉混凝土将不断退出工作，因而使裂缝宽度加大。其次，由于混凝土的收缩，也会使裂缝宽度随时间的增长而增大。根据试验观测结果，τ_l 的平均值可取为1.66。考虑到在一般情况下，仅有部分荷载为长期作用，取荷载组合系数为0.9，则 $\tau_l=0.9\times1.66=1.49$，故取 τ_l 的计算值为1.5。

综合以上分析，《规范》规定在矩形、T形、倒T形和工字形截面的钢筋混凝土受弯构件中，考虑裂缝宽度分布的不均匀性和荷载长期作用的影响，其最大裂缝宽度 w_{max} 可按下列公式计算：

$$w_{max}=1.5\times1.66\times0.77\psi\frac{\sigma_{sq}}{E_s}\left(1.9c_s+0.08\frac{d_{eq}}{\rho_{te}}\right)$$

即
$$w_{max}=1.9\psi\frac{\sigma_{sq}}{E_s}\left(1.9c_s+0.08\frac{d_{eq}}{\rho_{te}}\right)\tag{9-15}$$

式中　1.9——受弯构件受力特征系数，以 α_{cr} 表示；

ψ——裂缝间纵向受拉钢筋应变不均匀系数；当 $\psi<0.2$ 时，取 $\psi=0.2$；当 $\psi>1.0$ 时，取 $\psi=1.0$；对直接承受重复荷载的构件，取 $\psi=1.0$❶。

承受吊车荷载但不需作疲劳验算时的受弯构件主要承受短期荷载，卸荷后裂缝可部分闭合。同时，吊车满载的可能性亦不大，而且最大裂缝宽度又是按 $\psi=1.0$ 计算的，故《规范》规定，对承受吊车荷载但不需作疲劳验算的受弯构件，可将计算求得的最大裂缝宽度乘以系数0.85。

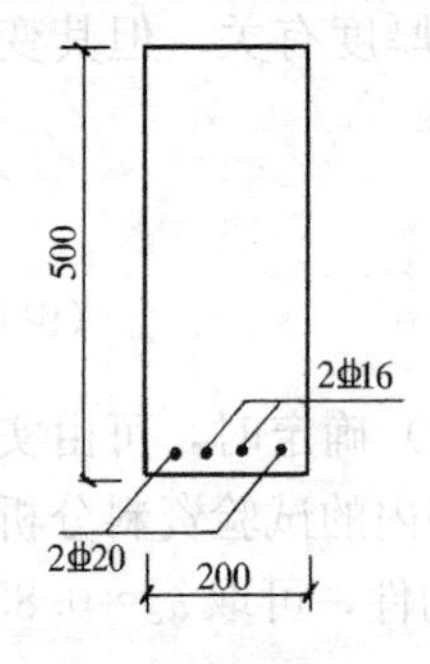

图9-7　配筋图

【例9-1】 一矩形截面钢筋混凝土简支梁，截面尺寸如图9-7所示，作用于截面上按荷载准永久组合计算的弯矩值 $M_q=100\text{kN}\cdot\text{m}$，混凝土强度等级为C30（$f_{tk}=2.01\text{N/mm}^2$），根据正截面受弯承载力的计算，配置钢筋选用HRB400级，共2Φ20＋2Φ16（$A_s=1030\text{mm}^2$）。该梁环境类别为一类，属于允许出现裂缝的构件，裂缝宽度限值 $w_{lim}=0.3\text{mm}$。试验算最大裂缝宽度。

【解】 按式（9-15）计算最大裂缝宽度。

取　$E_s=2.0\times10^5\text{N/mm}^2$

$$\rho_{te}=\frac{A_s}{0.5bh}=\frac{1030}{0.5\times200\times500}=0.0206$$

由式（9-11）得：

$$\sigma_{sq}=\frac{M_q}{0.87A_sh_0}=\frac{100\times10^6}{0.87\times1030\times460}=243\text{N/mm}^2$$

由式（9-12）得：

$$\psi=1.1-\frac{0.65f_{tk}}{\rho_{te}\sigma_{sq}}=1.1-\frac{0.65\times2.01}{0.0206\times243}=0.839$$

钢筋的等效直径为：

❶　对直接承受有重复荷载的构件，考虑钢筋应力不断变化，钢筋直径亦随之变化，这将不断破坏混凝土和钢筋之间的粘结强度，即裂缝间混凝土不断脱离工作，因此，《规范》规定应取 $\psi=1.0$。

$$d_{eq}=\frac{\Sigma n_i d_i^2}{\Sigma n_i \nu_i d_i}=\frac{2\times 20^2+2\times 16^2}{2\times 1\times 20+2\times 1\times 16}=18.2\text{mm}$$

由式（9-15）得：

$$\begin{aligned}w_{max}&=1.9\psi\frac{\sigma_{sq}}{E_s}\left(1.9c_s+0.08\frac{d_{eq}}{\rho_{te}}\right)\\&=1.9\times 0.839\times\frac{243}{2.0\times 10^5}\left(1.9\times 30+0.08\times\frac{18.2}{0.0206}\right)\\&=0.247\text{mm}<0.3\text{mm},\text{故满足要求。}\end{aligned}$$

9.2.3 轴心受拉构件裂缝宽度的验算

轴心受拉构件的裂缝机理与受弯构件基本相同。根据试验资料，对裂缝间距 l_{cr} 可用式（9-7）计算，但式中，$\rho_{te}=A_s/A_{te}$；此处，A_s 为全部纵向受拉钢筋截面面积，A_{te} 为构件截面面积。

当 $\rho_{te}<0.01$ 时，取 $\rho_{te}=0.01$。

在荷载准永久组合下的轴心受拉构件的平均裂缝宽度亦可用式（9-8a），即 $w_m=\alpha_c\psi\frac{\sigma_{sq}}{E_s}l_{cr}$ 计算。但其中取 $\alpha_c=0.85$，以及在准永久组合计算的轴向拉力 N_q 值的作用下，裂缝截面处的钢筋应力应为：

$$\sigma_{sq}=\frac{N_q}{A_s}\tag{9-16}$$

此外根据试验资料，对轴心受拉构件考虑裂缝宽度分布不均匀性的扩大系数 τ 值可取为 1.9，而荷载长期作用的影响系数 τ_l 值仍可取为 1.5。

综合以上分析，《规范》规定，在钢筋混凝土轴心受拉构件中，考虑裂缝宽度分布的不均匀性和荷载长期作用的影响，其最大裂缝宽度（mm）可按下列公式计算：

$$w_{max}=1.5\times 1.9\times 0.85\times 1.1\psi\frac{\sigma_{sq}}{E_s}\left(1.9c_s+0.08\frac{d_{eq}}{\rho_{te}}\right)$$

即

$$w_{max}=2.7\psi\frac{\sigma_{sq}}{E_s}\left(1.9c_s+0.08\frac{d_{eq}}{\rho_{te}}\right)\tag{9-17}$$

式中 2.7——轴心受拉构件的受力特征系数；

c_s、d_{eq} 的意义及取法均与受弯构件相同。

9.2.4 偏心受力构件裂缝宽度的验算*

按照受弯构件平均裂缝间距推导的原则和方法，可得出与受弯构件相同的偏心受力构件平均裂缝间距 l_{cr} 的计算公式：

$$l_{cr}=1.9c_s+0.08\frac{d_{eq}}{\rho_{te}}$$

在荷载准永久组合作用下，偏心受力构件平均裂缝宽度仍可按式（9-8a），

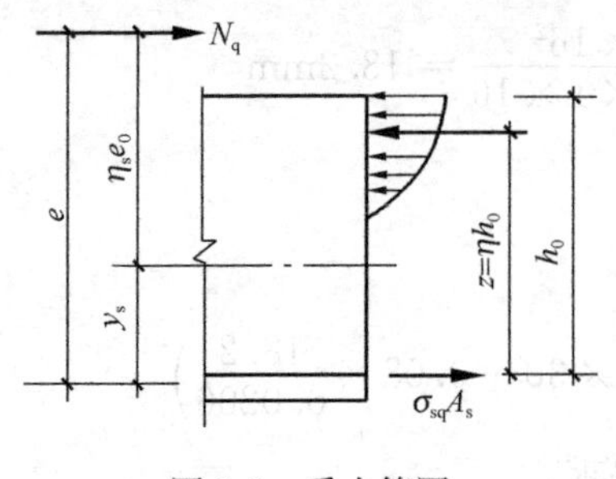

图 9-8　受力简图

即 $w_m=0.77\psi\frac{\sigma_{sq}}{E_s}l_{cr}$ 计算，其中系数 ψ 及 α_c 的求法与受弯构件相同，但偏心受力构件在准永久轴向压（拉）力作用下裂缝截面的钢筋应力需分别按下列公式计算。

对偏心受压构件，裂缝截面的应力图形如图 9-8 所示。对受压区合力作用点取矩可得：

$$\sigma_{sq}=\frac{N_q(e-z)}{A_s z} \tag{9-18}$$

$$e=\eta_s e_0+y_s \tag{9-18a}$$

$$\eta_s=1+\frac{1}{4000e_0/h_0}\left(\frac{l_0}{h}\right)^2 \tag{9-18b}$$

式中　N_q——按荷载准永久组合计算的轴向压力值；

e——轴向压力 N_q 作用点至纵向受拉钢筋合力点的距离；

y_s——截面重心至纵向受拉钢筋合力点的距离；

η_s——使用阶段的轴向压力偏心距增大系数，当 $\frac{l_0}{h}\leqslant 14$ 时，取 $\eta_s=1.0$❶；

e_0——轴向压力 N_q 作用点至截面重心的距离；

z——纵向受拉钢筋合力点至受压区合力点之间的距离，$z=\eta h_0\leqslant 0.87h_0$，$\eta$ 为内力臂系数。

欲求出 σ_{sq}，先需求解内力臂系数 η 值，而对于偏心受压构件，按弹性理论求解裂缝截面的 η 值需解三次方程式，计算很复杂。因此，根据电算分析结果，适当考虑了受压区混凝土塑性的影响，并和计算部分预应力混凝土构件裂缝宽度时求解内力臂的公式相协调，计算 η 及 z 的公式分别为：

$$\eta=0.87-0.12(1-\gamma'_f)(h_0/e)^2 \tag{9-19}$$

及

$$z=\eta h_0=[0.87-0.12(1-\gamma'_f)(h_0/e)^2]h_0 \tag{9-19a}$$

上式中，$\gamma'_f=\frac{(b'_f-b)\ h'_f}{bh_0}$，在计算 γ'_f 时，如 $h'_f>0.2h_0$，按 $h'_f=0.2h_0$ 计算。

对于 $\xi>\xi_b$ 的小偏心受压构件，在使用荷载作用下可能不裂或裂缝宽度较小，可不验算裂缝宽度。

对于偏心受拉构件，裂缝截面应力图形如图 9-9 所示。当按荷载准永久组合计算的轴向拉力 N_q 作用在纵向钢筋 A_s 及 A'_s 之间时，对 A'_s 合力点取矩可得：

❶　当 $l_0/h>14$ 时，应考虑挠曲对轴向 y_s 对偏心的影响，近似取按承载力计算偏心距增大系数（不考虑附加偏心距 e_0）而得出的公式。

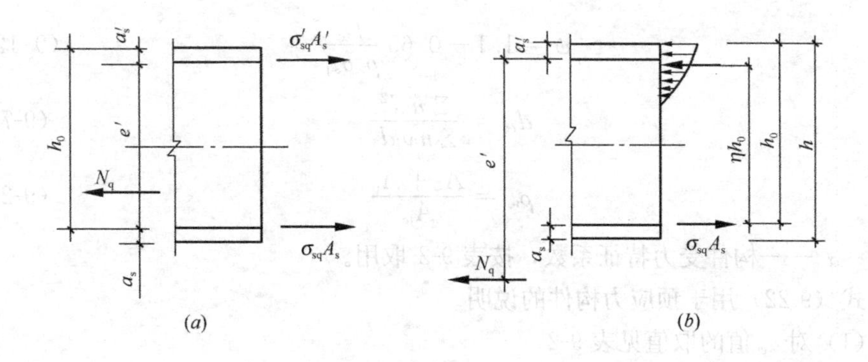

图 9-9 偏心受拉构件裂缝截面处应力图形

(a) N_q 作用在钢筋 A_s 及 A'_s 之间；(b) N_q 作用在钢筋 A_s 及 A'_s 之外

$$\sigma_{sq}=\frac{N_q e'}{A_s(h_0-a'_s)} \tag{9-20}$$

式中 e'——轴向拉力 N_q 作用点至受压纵向钢筋 A'_s 合力点的距离。

根据对试验资料的统计分析，偏心受力构件的 τ_l 值均可取为 1.5。

综合以上分析，《规范》规定，在矩形、T 形、倒 T 形和工字形截面偏心受力构件中，考虑裂缝宽度分布的不均匀性和荷载长期作用的影响，其最大裂缝宽度 w_{max}(mm) 可分别按下列公式计算：

偏心受压构件

$$\begin{aligned} w_{max} &= 1.5\times 1.66\times 0.77\psi\frac{\sigma_{sq}}{E_s}\left(1.9c_s+0.08\frac{d_{eq}}{\rho_{te}}\right) \\ &= 2.1\psi\frac{\sigma_{sq}}{E_s}\left(1.9c_s+0.08\frac{d_{eq}}{\rho_{te}}\right) \end{aligned} \tag{9-21}$$

偏心受拉构件

$$\begin{aligned} w_{max} &= 1.5\times 1.9\times 0.85\psi\frac{\sigma_{sq}}{E_s}\left(1.9c_s+0.08\frac{d_{eq}}{\rho_{te}}\right) \\ &= 2.4\psi\frac{\sigma_{sq}}{E_s}\left(1.9c_s+0.08\frac{d_{eq}}{\rho_{te}}\right) \end{aligned} \tag{9-21a}$$

公式中 c_s、d_{eq}、ρ_{te} 值的计算方法或取法均与受弯构件相同。

9.2.5 最大裂缝宽度的统一计算公式

《规范》规定，在矩形、T 形、倒 T 形和工字形截面的钢筋混凝土受拉、受弯和偏心受力构件及预应力混凝土轴心受拉和受弯构件中，按荷载准永久组合（钢筋混凝土构件）或标准组合（预应力混凝土构件）并考虑长期作用影响的最大裂缝宽度可按下列统一公式计算：

$$w_{max}=\alpha_{cr}\psi\frac{\sigma_s}{E_s}\left(1.9c_s+0.08\frac{d_{eq}}{\rho_{te}}\right) \tag{9-22}$$

$$\psi = 1.1 - 0.65 \frac{f_{tk}}{\rho_{te}\sigma_{sq}} \tag{9-12}$$

$$d_{eq} = \frac{\sum n_i d_i^2}{\sum n_i \nu_i d_i} \tag{9-7a}$$

$$\rho_{te} = \frac{A_s + A_p}{A_{te}} \tag{9-23}$$

式中　α_{cr}——构件受力特征系数，按表 9-2 取用。

式（9-22）用于预应力构件的说明。

（1）对 α_{cr}值的取值见表 9-2。

构件受力特征系数　　**表 9-2**

类　型	α_{cr}	
	钢筋混凝土构件	预应力混凝土构件
受弯、偏心受压	1.9	1.5
偏心受拉	2.4	—
轴心受拉	2.7	2.2

（2）公式中的 σ_s 值表示：钢筋混凝土构件在荷载准永久组合下的应力 σ_{sq}，预应力混凝土构件在荷载标准组合下的应力 σ_{sk}。

（3）预应力混凝土构件 σ_{sk}的计算公式。

1）轴心受拉构件

$$\sigma_{sk} = \frac{N_k - N_{p0}}{A_p + A_s} \tag{9-24}$$

2）受弯构件

$$\sigma_{sk} = \frac{M_k - N_{p0}(z - e_p)}{(\alpha_1 A_p + A_s)z} \tag{9-25}$$

$$e = e_p + \frac{M_k}{N_{p0}} \tag{9-26}$$

$$e_p = y_{ps} - e_{p0} \tag{9-27}$$

式中　A_p——受拉区纵向预应力筋截面面积，对轴心受拉构件，取全部纵向预应力筋截面面积；对受弯构件，取受拉区纵向预应力筋截面面积；

N_{p0}——计算截面上混凝土法向预应力等于零时的预加应力，按预应力混凝土结构相关规定计算；

N_k、M_k——按荷载标准组合计算的轴向力值、弯矩值；

z——受拉区纵向普通钢筋和预应力筋合力点至截面受压区合力点的距离，按式（9-19a）计算，其中 e 按式（9-26）计算；

e_p——计算截面上混凝土法向预应力等于零时的预加力 N_{p0}的作用点至受拉区纵向预应力筋和普通钢筋合力点的距离；

y_{ps}——受拉区纵向预应力筋和普通钢筋合力点的偏心距；

e_{p0}——计算截面上混凝土法向预应力等于零时的预加力 N_{p0} 作用点的偏心距，按预应力混凝土结构相关规定计算。

9.2.6 影响荷载裂缝宽度的因素及控制荷载裂缝的措施*

由裂缝宽度的计算公式可知，影响荷载裂缝宽度的主要因素是钢筋应力，与裂缝宽度近似成线性关系。其他如钢筋的直径、外形、混凝土保护层厚度以及配筋率等也是比较重要的影响因素。大多数研究者的观点认为，混凝土强度对裂缝宽度并无显著影响。

由于钢筋应力是影响裂缝宽度的主要因素，故为了控制裂缝，在普通钢筋混凝土结构中，不宜采用高强度钢筋。

带肋钢筋的粘结强度较光圆钢筋大得多，故采用带肋钢筋是减小裂缝宽度的一种有利措施。

采用细而密的钢筋，因表面积大而使粘结力增大，可使裂缝间距及裂缝宽度减小（即能将裂缝分散成细而密型的）。因此，只要不给施工造成较大困难，应尽可能选用较细直径的钢筋。这种方法是行之有效而且最为方便的，但对于带肋钢筋而言，因粘结强度很高，d 已不再是影响裂缝宽度的重要因素了。

混凝土保护层越厚，裂缝宽度越大，从维护建筑物外观出发，采用过厚的保护层是不适宜的。但保护层越厚，混凝土越密实，混凝土碳化区扩展到钢筋表面所需的时间就越长，氧气或氯离子等侵蚀性介质扩散到钢筋部位亦较困难。所以，从防止钢筋锈蚀的角度出发，保护层宜适当加厚。而且当保护层加厚时，允许裂缝宽度值理论上亦应随之加大。

还应指出，以上讨论的荷载裂缝均系针对横向裂缝而言。事实上，沿钢筋方向发展的纵向裂缝可加剧钢筋的锈蚀。这种裂缝对耐久性的危害程度较横向裂缝更甚。当混凝土不密实或保护层过薄时，容易使钢筋因在顺筋方向发生锈蚀引起体积膨胀而导致产生这种顺筋纵向裂缝，使锈蚀进一步恶性发展，甚至造成混凝土保护层的剥落。因此，应规定最小保护层厚度，增加混凝土密实性以防止发生这种裂缝。

解决荷载裂缝问题的最有效办法是采用预应力混凝土结构，它能使构件不发生荷载裂缝或减小裂缝宽度，其基本内容将在以后章节中介绍。

§9.3 变形的验算

9.3.1 荷载标准组合及准永久组合作用下受弯构件短期刚度 B_s 的计算

下面讨论在荷载标准组合及准永久组合作用下受弯构件的变形问题。为建立均质弹性体梁的变形计算公式，应用了以下三个关系：①应力与应变成线性关系的虎克定律——物理关系；②平截面假定——几何关系；③静力平衡关系。钢筋混凝土构件中钢筋屈服前变形的计算方法，以上述三个关系为基础，并在物理关系上，考虑σ-ε的非线性关系，在几何关系上考虑某些截面上开裂的影响。

1. 荷载短期作用下梁的挠度试验

钢筋混凝土和预应力混凝土受弯构件在荷载短期作用下的挠度，可根据构件的刚度，用材料力学的方法来计算。对于均质弹性体梁，计算挠度的公式为：

$$f_{\max}=s\frac{Ml_0^2}{B} \tag{9-28}$$

式中　$f_{\max}$——跨中最大挠度；

s——与荷载形式、支承条件有关的系数，例如计算承受均布荷载简支梁的跨中挠度时，$s=5/48$；

M——跨中最大弯矩；

l_0——梁的计算跨度；

B——截面的刚度。

当截面尺寸与材料给定后，截面惯性矩及材料弹性模量为一常数，$f_{\max}$与M成线性正比关系（如图9-10虚线OA所示）。这种关系是否适用于由两种材料组成且非均质的钢筋混凝土梁，需要通过试验对比来判断。

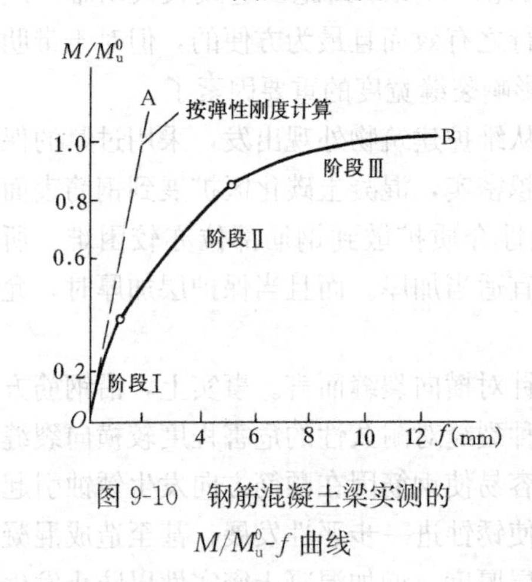

图9-10　钢筋混凝土梁实测的M/M_u^0-f曲线

以钢筋混凝土适筋梁为例，图9-10中的实线为钢筋混凝土适筋梁的实测M/M_u^0-f关系曲线（M_u^0为梁的实测破坏弯矩）。它反映了钢筋混凝土梁从加载至破坏几个不同阶段中，挠度f随弯矩M变化而变化的特征。当荷载较小时（阶段Ⅰ），M与f为直线关系，并与虚线OA比较接近。当接近即将出现裂缝的弯矩M_{cr}时，由于混凝土中开始出现塑性变形，变形模量略有降低，实测f值增长稍快，曲线稍有弯曲。在出现裂缝（$M>M_{cr}$）后（阶段Ⅱ），M/M_u^0-f曲线发生转折，且随着M的增加，因刚度不断降低，越来越偏离虚线。这一方面是由于混凝土中塑性有了一定发展，变形模量降低较大；另外一个原因是受拉区混凝土的开裂，截面有所削弱而导致平均截面惯性矩的降低。当钢筋屈服后，M/M_u^0-f曲线上出现第二个转折点（阶段Ⅲ）。这时，刚度急剧降低，M增加很少而f剧增。上述试验现象说明钢筋混凝土梁的刚度是随着荷载的增加而降低的。因此，钢筋混凝土受弯构件的挠度计算可以归结为在受拉区混凝土内存在裂缝的情况下截面刚度的计算问题。

2. 裂缝出现后刚度的计算公式

由材料力学，对于均质弹性体的梁，根据平截面假定，可得出其变形曲线的曲率公式为：

$$\frac{1}{r_c}=\frac{M}{EI}$$

或
$$EI=\frac{M}{\frac{1}{r_c}} \tag{9-29}$$

式中 r_c——梁的曲率半径；

I——梁的截面惯性矩。

上节中已经介绍，对于开裂后的钢筋混凝土梁来说，沿构件长度方向各截面的应力和应变都是变化的（图 9-11）。裂缝截面钢筋的应力 σ_s 及应变 ε_s 最大。而裂缝之间，由于混凝土参加工作而使钢筋的应力及应变均有不同变化，它们将随离裂缝截面距离的增大而减小。在两条裂缝之间，钢筋应变的平均值为 $\varepsilon_{sm}=\psi\varepsilon_c$。

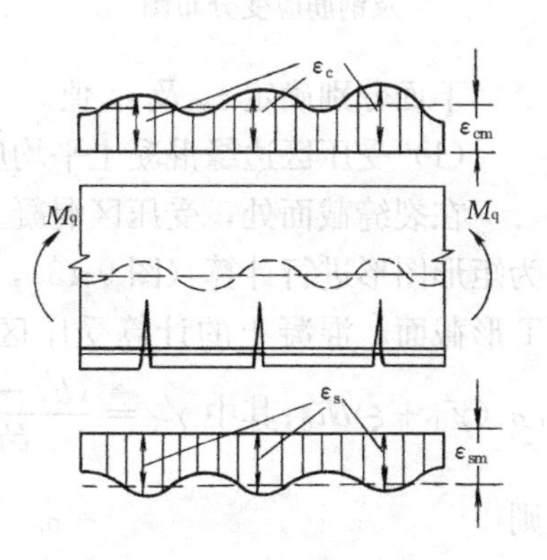

图 9-11 受弯构件裂缝出现后混凝土及钢筋的应变分布图

同时，在裂缝截面，混凝土受压区边缘的应力 σ_c 及应变 ε_c 最大。而在裂缝之间，受压区边缘混凝土的应力及应变也是变化的，可用受压区边缘混凝土应变不均匀系数 ψ_c 来加以反映，即在两条裂缝之间受压区边缘混凝土的平均应变为 $\varepsilon_{cm}=\psi_c\varepsilon_c$。但此时混凝土受压区已出现一定的塑性变形，其变形模量随压应力的增大而减小，因此混凝土压应力的变化与应变并不成正比关系。

如前所述，开裂后纯弯段中和轴位置也是沿着构件纵轴呈波浪起伏变化的。但国内外大量试验资料表明，在钢筋屈服前，沿截面高度量测的平均应变仍然符合平截面假定。因此，对于开裂后的钢筋混凝土构件，仍可采用与式（9-29）相似的公式来计算刚度，即：

$$B_s=\frac{M_q}{\frac{1}{r_m}} \tag{9-30}$$

式中 B_s——在荷载准永久组合作用下受弯构件的短期刚度；

M_q——按荷载准永久组合计算的弯矩值；

r_m——平均中和轴的平均曲率半径。

现用 x_m 代表混凝土受压区平均高度，根据平截面假定，可以得出以下关系

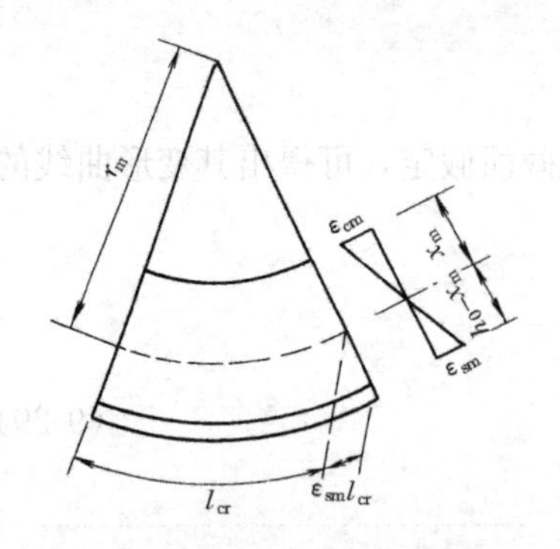

图 9-12　受弯构件截面上混凝土及钢筋应变分布图

式（图 9-12）：

$$\frac{\varepsilon_{cm}}{x_m}=\frac{\varepsilon_{sm}}{h_0-x_m}=\frac{\varepsilon_{sm}+\varepsilon_{cm}}{h_0} \tag{9-31}$$

由图 9-12 所示几何关系可得：

$$\frac{l_{cr}}{r_m}=\frac{l_{cr}\varepsilon_{sm}}{h_0-x_m}=\frac{l_{cr}(\varepsilon_{sm}+\varepsilon_{cm})}{h_0}$$

消去 l_{cr} 得：

$$\frac{1}{r_m}=\frac{\varepsilon_{sm}+\varepsilon_{cm}}{h_0} \tag{9-32}$$

故 $$B_s=\frac{M_q}{\dfrac{1}{r_m}}=\frac{M_q}{\dfrac{\varepsilon_{sm}+\varepsilon_{cm}}{h_0}} \tag{9-33}$$

下面分别确定 ε_{sm} 及 ε_{cm} 值。

(1) 受压区边缘混凝土平均应变 ε_{cm} 的计算

在裂缝截面处，受压区混凝土应力图形为曲线形（边缘应力为 σ_c），可简化为矩形图形进行计算（图 9-13），其折算高度为 ξh_0，应力图形丰满系数为 ω。对 T 形截面，混凝土的计算受压区面积为 $(b'_f-b)h'_f+b\xi h_0$，而受压区合力应为 $\omega\sigma_c(\gamma'_f+\xi)bh_0$；其中 $\gamma'_f=\dfrac{(b'_f-b)h'_f}{bh_0}$。

则 $$\sigma_c=\frac{M_q}{\omega(\gamma'_f+\xi)bh_0\eta h_0}$$

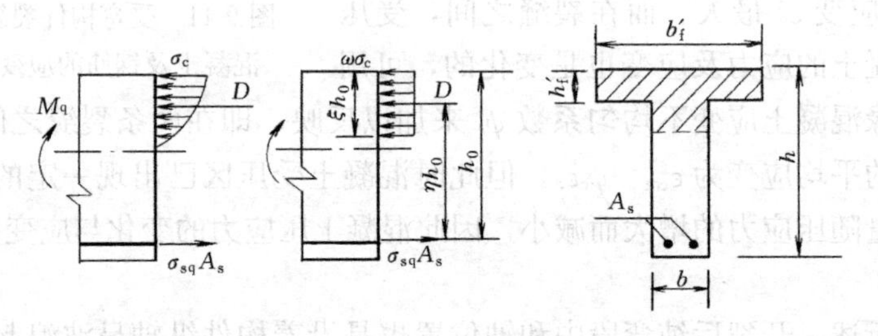

图 9-13　应力变换计算简图

故混凝土受压区边缘平均应变为：

$$\varepsilon_{cm}=\psi_c\varepsilon_c=\psi_c\frac{M_q}{\omega(\gamma'_f+\xi)bh_0\eta h_0\gamma E_c}$$

令 $$\zeta=\frac{\omega\gamma(\gamma'_f+\xi)\eta}{\psi_c}$$

则 $$\varepsilon_{cm}=\frac{M_q}{\zeta bh_0^2E_c} \tag{9-34}$$

式中　ψ_c——受压区边缘混凝土应变不均匀系数；

ζ——受压区边缘混凝土平均应变综合系数；

γ——混凝土弹性系数，$\gamma=\varepsilon_e/\varepsilon_c$。

(2) 受拉区钢筋平均应变 ε_{sm} 的计算

在裂缝截面上

$$\varepsilon_s=\frac{\sigma_{sq}}{E_s}$$

由图 9-13

$$\sigma_{sq}=\frac{M_q}{A_s\eta h_0}$$

故得

$$\varepsilon_{sm}=\psi\varepsilon_s=\psi\frac{M_q}{E_sA_s\eta h_0}\tag{9-35}$$

将式（9-34）及式（9-35）代入式（9-33）并简化后，即得出在荷载准永久组合作用下钢筋混凝土受弯构件短期刚度计算公式的基本形式为：

$$B_s=\frac{E_sA_sh_0^2}{\dfrac{\psi}{\eta}+\dfrac{\alpha_E\rho}{\zeta}}$$

$$\alpha_E=\frac{E_s}{E_c}\tag{9-36}$$

式中 α_E——钢筋弹性模量与混凝土弹性模量之比；

ρ——纵向受拉钢筋配筋率，$\rho=A_s/bh_0$；

η——按图 9-13 计算时裂缝截面上内力臂系数，可近似取 0.87。

为了与裂缝宽度的计算公式相统一，式（9-36）中 ψ 采用计算裂缝宽度时相同的式（9-12）来计算。此外，根据试验资料回归分析，$\dfrac{\alpha_E\rho}{\zeta}$可按下式计算：

$$\frac{\alpha_E\rho}{\zeta}=0.2+\frac{6\alpha_E\rho}{1+3.5\gamma'_f}\tag{9-37}$$

γ'_f 值的计算与前节相同。

这样，可得《规范》中规定的钢筋混凝土受剪构件在荷载准永久组合作用下短期刚度的计算公式为：

$$B_s=\frac{E_sA_sh_0^2}{1.15\psi+0.2+\dfrac{6\alpha_E\rho}{1+3.5\gamma'_f}}\tag{9-38}$$

9.3.2 考虑荷载长期作用影响时受弯构件刚度 *B* 的计算

在荷载长期作用下，受压区混凝土将发生徐变，使受压区混凝土的应力松弛，受拉区混凝土与钢筋间的滑移使受拉区混凝土不断退出工作，因而钢筋的平均应变随时间而增大。此外，由于纵向受拉钢筋周围混凝土的收缩受到钢筋的抑制，当受压区纵向钢筋用量较少时，弯压区混凝土可较自由地产生收缩变形，使梁产生弯曲。这些因素均将导致梁刚度的降低，引起梁的挠度增长。

荷载长期作用下挠度增长的主要原因是混凝土的徐变和收缩。因此，凡是影响混凝土徐变和收缩的因素（如受压钢筋的配筋率、加载龄期、温湿度及养护条件等）都对长期挠度有影响。

试验表明，在加载初期，梁的挠度增长较快，随后，在荷载长期作用下，其增长趋势逐渐减缓，后期挠度虽然仍继续增长，但增值很小。实际应用中，对一般尺寸的构件，可取1000天或3年挠度作为最终值；对于大尺寸的构件，挠度增长可达10年后仍未停止。

计算荷载长期作用对梁挠度影响的方法有多种，第一类方法为用不同方式及在不同程度上考虑混凝土徐变及收缩的影响以计算长期刚度，或直接计算由于荷载长期作用而产生的挠度增长和由收缩而引起的翘曲；第二类方法是用根据试验结果确定的挠度增大系数来计算长期刚度。我国《规范》采用第二类方法。

前已述及，在梁的受压区配置纵向钢筋的多少及构件所处环境的温湿度条件，都会对荷载长期作用下梁的挠度增长产生影响。国内的试验表明，受压钢筋对荷载短期作用下的挠度影响较小，但对荷载长期作用下受压区混凝土的徐变以至梁的挠度增长起着抑制作用。抑制的程度与受压钢筋和受拉钢筋的相对数量有关，和混凝土龄期也有关系，对早龄期的梁，受压钢筋对减小梁的挠度作用大些。

目前，因缺乏部分荷载长期作用对挠度影响的资料，《规范》根据推导，对矩形、T形、倒T形和工字形截面受弯构件考虑荷载长期作用影响的刚度B按下列公式计算。

（1）采用荷载标准组合时：

$$B=\frac{M_{k}}{M_{q}(\theta-1)+M_{k}}B_{s} \tag{9-39}$$

（2）采用荷载准永久组合时：

$$B=\frac{B_{s}}{\theta} \tag{9-40}$$

式中　M_k——按荷载标准组合计算的弯矩值，取计算区段内的最大弯矩值；

M_q——按荷载准永久组合计算的弯矩值，取计算区段内的最大弯矩值；

B_s——按荷载准永久组合计算的钢筋混凝土受弯构件或按标准组合计算的预应力混凝土受弯构件的短期刚度；

θ——考虑荷载长期作用对挠度增大的影响系数。

θ的取值可根据纵向受压钢筋配筋率$\rho'=A'_s/bh_0$与纵向受拉钢筋配筋率$\rho=A_s/bh_0$值的关系确定，对钢筋混凝土受弯构件，《规范》提出按下列规定取用：

$\rho'=0$时，$\theta=2.0$；

$\rho'=\rho$时，$\theta=1.6$；

ρ'为中间值时，θ按直线内插法确定。

对翼缘在受拉区的倒T形截面，θ值应增加20%。但应注意，按这种θ算得的长期挠度如大于相应矩形截面（即不考虑受拉翼缘作用时）的长期挠度时，应按矩形截面的计算结果取值。

对于T形梁，在有的试验中，看不出θ有减小（相对于相应的矩形）的现象，但在另外梁的试验中则出现θ的试验值有随受压翼缘加强系数γ'_f的加大而减小的趋势，但减小得不多。由于试件数量少，为简单及安全起见，θ值仍按矩形截面取用。

当建筑物所处的环境很干燥时，θ应酌情增加15%～20%。

9.3.3 受弯构件挠度的计算

在求得受弯构件的短期刚度B_s或长期刚度B后，挠度值可按一般材料力学公式计算，仅需将上述算得的刚度值代替材料力学公式中的弹性刚度即可。

由于沿构件长度方向的配筋量及弯矩均为变值，因此，沿构件长度方向的刚度也是变化的。例如，在承受对称集中荷载作用的简支梁内，除纯弯区段外，在剪跨段各截面上的弯矩是不相等的，越靠近支座弯矩越小。靠近支座附近截面上的刚度较弯矩大的截面大得多。为简化计算，对等截面构件，可假定同号弯矩的每一区段内各截面的刚度是相等的，并按该区段内最大弯矩处的刚度（最小刚度B_{min}）计算，这就是最小刚度计算原则。例如，对于均布荷载作用下的单跨简支梁的跨中挠度，即按跨中截面最大弯矩M_{max}处的刚度B（$B=B_{min}$）计算而得：

$$f=\frac{5}{48}\frac{M_{max}l_0^2}{B} \tag{9-41}$$

又如对承受均布荷载的单跨外伸梁（图9-14）AE段为正弯矩，EF段为负弯矩，EF段按C截面的刚度B_2取用。

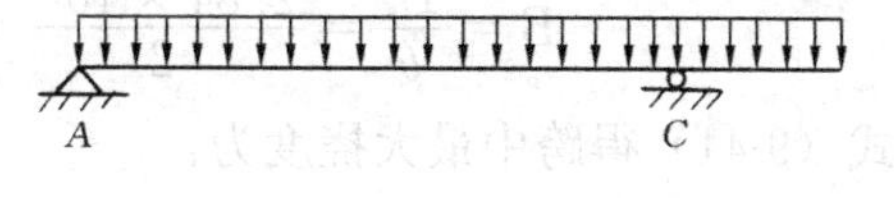

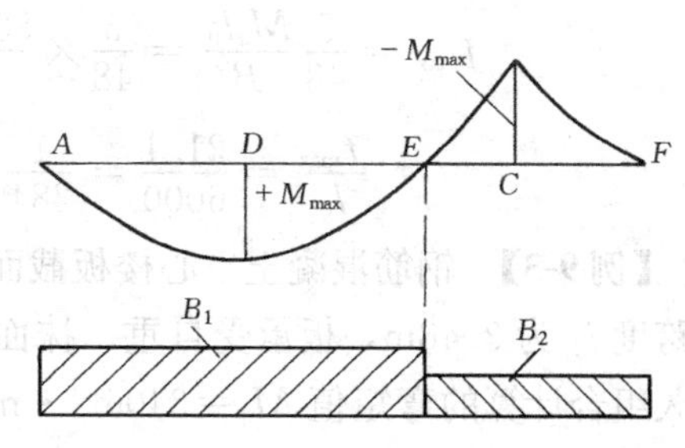

图9-14 均布荷载作用下单跨外伸梁的弯矩图及刚度取值

以上计算公式仅考虑了弯曲变化而未考虑剪切变形的影响。对一般受弯构件而言，剪切变形的影响很小，可忽略不计，但在跨高比l/h较小时有一定影响，1978年《水工钢筋混凝土结构设计规范》规定，当跨高比$l/h<7$时，对在使用阶段允许出现裂缝的构件，应将算出的刚度值降低20%来计算挠度。

【例9-2】 试验算［例9-1］中钢筋混凝土简支梁的挠度，已知梁的计算跨度$l_0=6$m，承受均布荷载，跨中按荷载准永久组合计算的弯矩值占80%，即$M_q=80$kN·m，梁的挠度限值$f_{lim}=\frac{l_0}{200}$。

【解】
$$\alpha_E = \frac{E_s}{E_c} = \frac{2.0\times10^5}{3.0\times10^4} = 6.67$$

$$\rho = \frac{A_s}{bh_0} = \frac{1030}{200\times460} = 0.0112$$

$$\rho_{te} = \frac{A_s}{0.5bh} = \frac{1030}{0.5\times200\times500} = 0.0206$$

$$\sigma_{sq} = \frac{M_q}{0.87h_0A_s} = \frac{80\times10^6}{0.87\times1030\times460} = 194\ \text{N/mm}^2$$

$$\psi = 1.1 - \frac{0.65f_{tk}}{\rho_{te}\sigma_{sq}} = 1.1 - \frac{0.65\times2.01}{0.0206\times194} = 0.773$$

由式（9-38）得荷载准永久组合作用下的短期刚度为：

$$B_s = \frac{E_sA_sh_0^2}{1.15\psi + 0.2 + \dfrac{6\alpha_E\rho}{1+3.5\gamma_f'}}$$
$$= \frac{2.0\times10^5\times1030\times460^2}{1.15\times0.773+0.2+6\times6.67\times0.0112}$$
$$= 2.84\times10^{13}\text{N}\cdot\text{mm}^2$$

又 $\rho'=0$ 时，$\theta=2$

故由式（9-40）得荷载准永久组合作用下并考虑荷载长期作用影响的刚度为：

$$B = \frac{B_s}{\theta} = \frac{2.84\times10^{13}}{2} = 1.42\times10^{13}\text{N}\cdot\text{mm}^2$$

由式（9-41）得跨中最大挠度为：

$$f_{max} = \frac{5}{48}\frac{M_ql_0^2}{B} = \frac{5}{48}\times\frac{80\times10^6\times6000^2}{1.42\times10^{13}} = 21.1\text{mm}$$

$$\frac{f_{max}}{l_0} = \frac{21.1}{6000} = \frac{1}{284} < \frac{1}{200}$$，故满足要求。

【例9-3】 钢筋混凝土空心楼板截面尺寸为120mm×860mm（图9-15a），计算跨度 l_0 为3.48m，板承受自重、抹面重量及楼面均布活荷载，跨中按荷载准永久组合计算的弯矩值 $M_q=3406\text{N}\cdot\text{m}$，混凝土强度等级为C30，钢筋牌号为HRB400，根据正截面承载力的计算，配置9Φ8，$A_s=453\text{mm}^2$，板的允许挠度为 $l_0/200$。试验算该板的挠度。

【解】 先将圆孔按等面积、同形心轴位置和对形心轴惯性矩不变的原则折算成矩形孔（图9-15b），即：

$$\frac{\pi d^2}{4} = b_1h_1, \quad \frac{\pi d^4}{64} = \frac{b_1h_1^3}{12}$$

求得 $b_1=0.91d$，$h_1=0.87d$，折算后的工字形截面尺寸，如图9-15（c）所示。则由式（9-11）得：

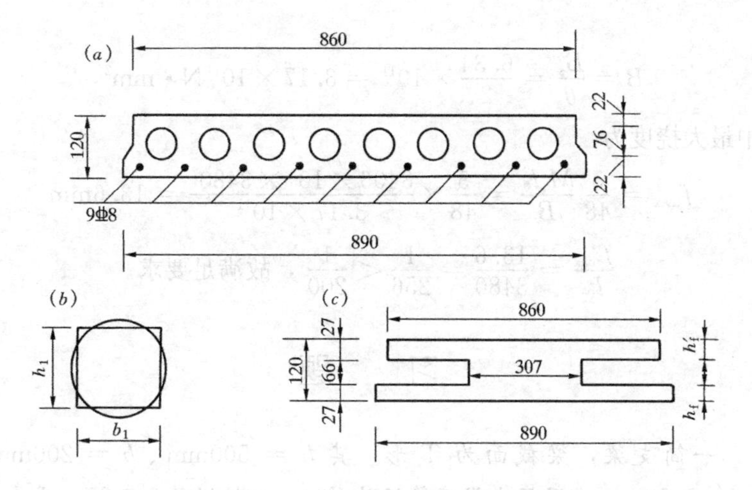

图 9-15 工字形截面尺寸图

$$\sigma_{sq}=\frac{M_q}{0.87A_sh_0}=\frac{3406000}{0.87\times453\times105}=82.3\text{N/mm}^2$$

由式（9-4a）得：

$$\rho_{te}=\frac{A_s}{0.5bh+(b_f-b)h_f}=\frac{453}{0.5\times307\times120+(890-307)\times27}=0.132$$

由式（9-12）得：

$$\psi=1.1-\frac{0.65f_{tk}}{\rho_{te}\sigma_{sq}}=1.1-\frac{0.65\times2.01}{0.132\times82.3}=0.980$$

$$\alpha_E=\frac{E_s}{E_c}=\frac{2.0\times10^5}{3.0\times10^4}=6.67$$

$$\rho=\frac{A_s}{bh_0}=\frac{453}{307\times105}=0.014$$

$$\gamma'_f=\frac{(b'_f-b)h'_f}{bh_0}=\frac{(860-307)\times21}{307\times105}=0.360$$

（因 $h'_f=27\text{mm}>0.2h_0=21\text{mm}$，故取 $h'_f=21\text{mm}$）

由式（9-38）得荷载准永久组合作用下的短期刚度为：

$$B_s=\frac{E_sA_sh_0^2}{1.15\psi+0.2+\frac{6\alpha_E\rho}{1+3.5\gamma'_f}}$$

$$=\frac{2.0\times10^5\times453\times105^2}{1.15\times0.98+0.2+\frac{6\times6.67\times0.014}{1+3.5\times0.360}}$$

$$=6.34\times10^{11}\text{N}\cdot\text{mm}^2$$

因 $\rho'=0$ 时，$\theta=2$

故由式（9-40）得，在荷载准永久组合作用下并考虑荷载长期作用影响的刚度为：

$$B=\frac{B_s}{\theta}=\frac{6.34}{2}\times10^{11}=3.17\times10^{11}\mathrm{N\cdot mm^2}$$

跨中最大挠度为：

$$f_{\max}=\frac{5}{48}\frac{M_q l_0^2}{B}=\frac{5}{48}\times\frac{3406\times10^3\times3480^2}{3.17\times10^{11}}=13.6\mathrm{mm}$$

$$\frac{f_{\max}}{l_0}=\frac{13.6}{3480}=\frac{1}{256}<\frac{1}{200}$$，故满足要求。

习　题

9.1　一简支梁，梁截面为T形。其 $h=500\mathrm{mm}$、$b=200\mathrm{mm}$、$b'_f=600\mathrm{mm}$、$h'_f=60\mathrm{mm}$，混凝土强度等级为C30、受拉纵筋3Φ20。梁承受的弯矩值，按荷载准永久组合计算得 $M_q=82\mathrm{kN\cdot m}$，允许 $w_{\max}=0.2\mathrm{mm}$。环境类别为一类。试验算裂缝宽度能否满足要求。如不满足，应采取什么措施？

9.2　已知一预制钢筋混凝土多孔空心板，截面尺寸如图9-16所示。计算跨度 $l_0=3.9\mathrm{m}$，承受均布活荷载标准值 $2.0\ \mathrm{kN/m^2}$，板面层及自重标准值为 $2.4\ \mathrm{kN/m^2}$，活荷载准永久值系数 $\psi_q=0.4$。混凝土强度等级C25，混凝土保护层厚度 $c=10\mathrm{mm}$，板内配置9Φ8的HPB300级受拉钢筋。试验算该板的挠度。要求 $f\leqslant\frac{l_0}{200}$。

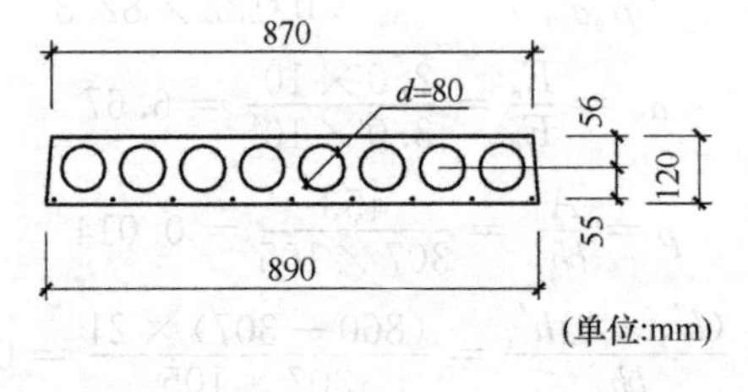

图9-16

提示：本题中圆孔可折算成等效的矩形孔，将空心板按工字形截面计算。折算原则为：①矩形面积与圆形面积相等，$b_1h_1=\frac{\pi d^2}{4}$；②矩形的形心与圆形的形心重合；③矩形截面惯性矩与圆形截面惯性矩相等，$\frac{b_1h_1^3}{12}=\frac{\pi d^4}{64}$。

第10章 钢筋混凝土平面楼盖

§10.1 概　　述

钢筋混凝土平面楼盖是由梁和板（或无梁）组成，荷载直接作用在板上，板再将其传递给梁，由板梁共同承载的一种结构体系。它是工业与民用房屋的屋盖、楼盖广泛采用的一种结构形式。

1. 钢筋混凝土平面楼盖的主要结构形式

钢筋混凝土平面楼盖的主要结构形式有：

（1）肋梁楼盖。由相交的梁和板组成。分为单向板肋梁楼盖和双向板肋梁楼盖，其应用最为广泛（图10-1）。

（2）无梁楼盖。在楼盖中不设梁，而将板直接支承在带有柱帽（或无柱帽）的柱上。这种结构顶棚平整，净空高，通常在仓库、商场等建筑中采用（图10-2）。

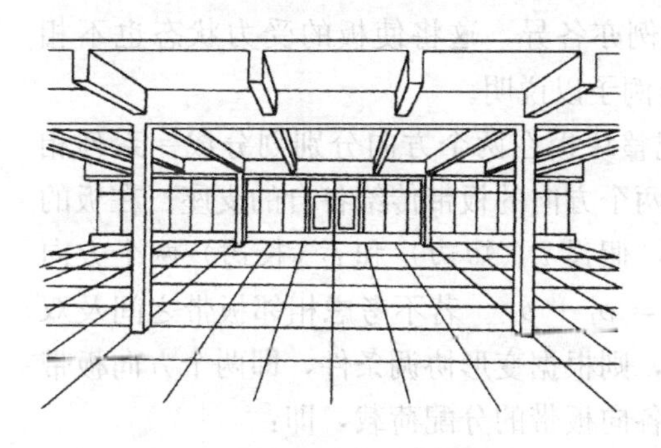

图10-1　钢筋混凝土肋梁楼盖

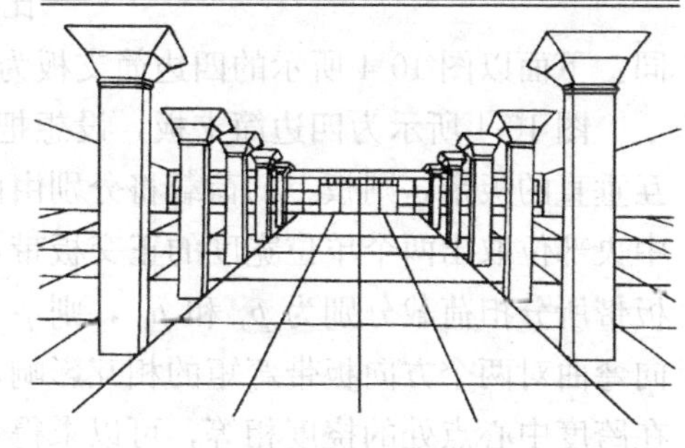

图10-2　钢筋混凝土无梁楼盖

钢筋混凝土平面楼盖按施工方法不同可以分为：

（1）现浇混凝土楼盖。在现场原位支模并整体浇筑而成的混凝土楼盖（也称为整体式楼盖）。因其整体性和抗震性能好，可适应各种特殊的结构布置要求。缺点是模板用量大，工期较长，施工受季节性影响比较大。随着商品混凝土、泵送混凝土以及新的施工方法、工具式模板的广泛采用，现浇混凝土结构（楼盖）的应用日益增多。

（2）装配式混凝土楼盖。由预制混凝土梁、板构件在现场装配、连接而成的混凝土楼盖。因其施工速度快，节省劳动力和材料，可使建筑工业化、设计标准化和施工机械化，因而目前得到广泛应用。但结构的整体性和刚度远不如现浇混凝土楼盖，因此不宜用于对刚度要求较高的结构和高层建筑。

(3) 装配整体式混凝土楼盖。由预制混凝土梁、板构件通过钢筋等加以连接，并现场浇筑混凝土而形成的整体受力混凝土楼盖。它的特点介于前两种楼盖之间，既可以节省大量模板，又可以增强结构的整体性。

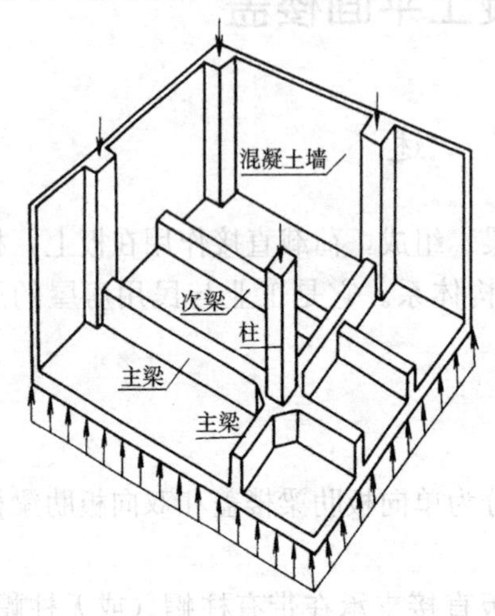

图 10-3　地下室整片式基础（筏式基础）

此外，其他属于梁板结构体系的结构物应用也很广泛，如筏式基础（图 10-3），桥梁的桥面结构，水池的顶盖、池壁、底板，挡土墙等。因此，研究钢筋混凝土平面楼盖的设计原理及构造要求具有普遍意义。

2. 单向板与双向板

在图 10-1 所示的肋梁楼盖中，板被梁划分成许多区格，每一区格形成四边支承板。由于梁的刚度比板的刚度大得多，所以在分析板的受力时，可忽略梁的竖向变形，假设梁为板的不动支承，板上的荷载通过板的弯曲变形传至四边的支承梁上。由于梁格尺寸不同，则各区格板的长短边比例亦各异，这将使板的受力状态也不相同。下面以图 10-4 所示的四边简支板为例予以说明。

图 10-4 所示为四边简支板，设想把整块板在两个方向分别划分成一系列相互垂直的板带，则板上的荷载将分别由两个方向的板带传给各自的支座。在板的中央部位取出两个单位宽度的正交板带，假设 l_1（短边）和 l_2（长边）两个方向板带所分担荷载分别为 p_1 和 p_2，则 $p = p_1 + p_2$。若不考虑相邻板带之间及双向弯曲对两个方向板带弯矩的相互影响，则根据变形协调条件，即两个方向板带在跨度中心点处的挠度相等，可以求得各向板带的分配荷载，即：

$$f_1 = f_2 = \frac{5p_1 l_1^4}{384EI} = \frac{5p_2 l_2^4}{384EI}$$

则
$$\frac{p_1}{p_2} = \left(\frac{l_2}{l_1}\right)^4$$

故
$$p_1 = \frac{l_2^4}{l_1^4 + l_2^4}p\text{；}p_2 = \frac{l_1^4}{l_1^4 + l_2^4}p$$

由此可见，两个方向板带分配的荷载 p_1 和 p_2 仅与 l_2/l_1 有关。表 10-1 列出 l_2/l_1 不同取值所对应的分配荷载 p_1/p、p_2/p。

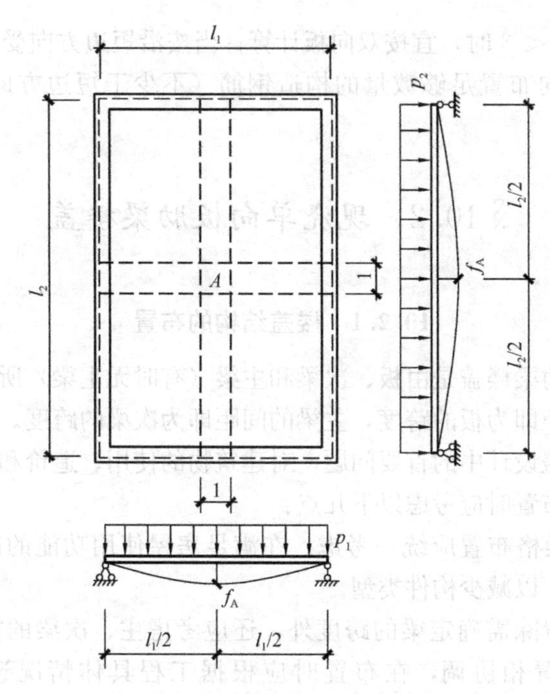

图 10-4 四边支承板的荷载传递

荷载分配表 **表 10-1**

l_2/l_1	1.0	1.5	2.0	2.1	2.5	3.0
p_1/p	0.500	0.835	0.941	0.951	0.975	0.988
p_2/p	0.500	0.165	0.059	0.049	0.025	0.012

结构分析表明，四边支承板的单向板和双向板之间没有明显的界限。但从工程实际出发，当相对误差不大于5%时，通常认为其误差可以忽略。从表10-1可以看出，随着 l_2/l_1 的增大，分配给长边方向的荷载比例 p_2/p 逐渐减小。即：

当 $l_2/l_1=2$ 时，沿长边板带方向传递的荷载 $p_2/p=5.9\%$，已接近5%；

当 $l_2/l_1=2.1$ 时，沿长边板带方向传递的荷载 $p_2/p=4.9\%$，已低于5%；

而当 $l_2/l_1=3$ 时，沿长边板带方向传递的荷载 $p_2/p=1.2\%$，远低于5%，说明长向板带分配的荷载很小，可忽略不计，认为荷载仅沿短边板带方向传递。

这种荷载由短边板带承受的四边支承板称为单向板。反之，若长边板带方向分配的荷载虽小，但不能忽略，如 $l_2/l_1\leqslant 2$ 时，认为荷载由两个方向板带共同承受的四边支承板称为双向板。

为了设计方便，《规范》规定，对于四边支承板：

当 $l_2/l_1\leqslant 2$ 时，应按双向板计算；

当 $l_2/l_1\geqslant 3$ 时，宜按沿短边方向受力的单向板计算，并应沿长边方向布置构造钢筋；

当 $2<l_2/l_1<3$ 时，宜按双向板计算；当按沿短边方向受力的单向板计算时，应沿长边方向布置足够数量的构造钢筋（不少于短边方向25%的受力钢筋）。

§10.2　现浇单向板肋梁楼盖

10.2.1　楼盖结构的布置

现浇单向板肋梁楼盖是由板、次梁和主梁（有时无主梁）所组成，三者整体相连。次梁的间距即为板的跨度，主梁的间距即为次梁的跨度。如何合理地布置柱网和梁格是楼盖设计中的首要问题，对建筑物的使用、造价和美观等都有很大的影响。在结构布置时应考虑以下几点：

（1）柱网与梁格布置应统一考虑。在满足房屋使用功能的前提下，力求简单、规整、统一，以减少构件类型。

（2）梁格布置除需确定梁的跨度外，还应考虑主、次梁的方向和次梁的间距，并与柱网布置相协调，在布置时应根据工程具体情况选用。如图10-5所示。

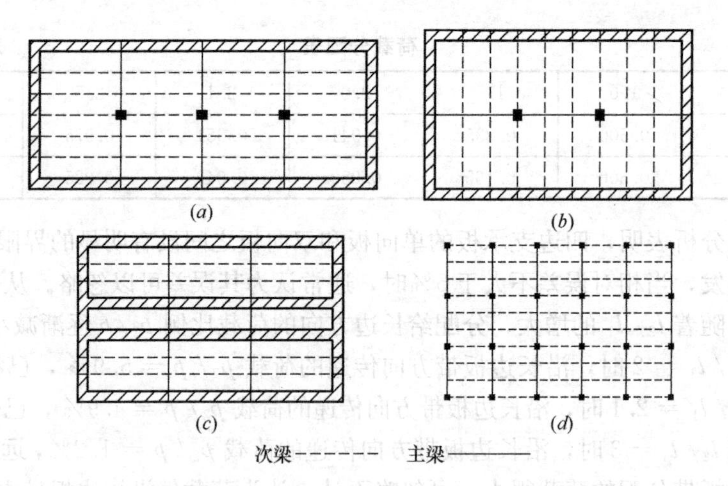

图10-5　单向板肋梁楼盖承重方案

（a）主梁沿横向布置；（b）主梁沿纵向布置；（c）有中间走廊；（d）主梁沿横向布置

主梁沿房屋横向布置。它与柱构成横向刚度较强的框架体系。又由于主梁与外墙面垂直，可开较大的窗洞口，有利于室内采光。

主梁沿房屋纵向布置。它便于通风等管道通过，降低层高。又因次梁垂直侧窗而使顶棚明亮；但相对较弱的次梁与柱构成的框架体系横向刚度较差。

（3）次梁间距决定板的跨度，楼盖中板的混凝土用量占楼盖混凝土总用量的

50%～70%。因此在确定次梁间距时，应尽量使板厚较小为宜。

(4) 为了有利于主梁的受力，使其弯矩变化较为平缓，在主梁跨度内以布置两根及以上次梁为宜。

从经济效果考虑，一般板的跨度为2～3m，次梁跨度为4～7m，主梁跨度为5～8m。

10.2.2 计 算 简 图

在设计时对实际结构的构造形式，通常需忽略一些次要因素，抽象为某一便于力学计算而又不丧失真实性的图形，称为计算简图。

单向板肋梁楼盖的板、次梁、主梁均整浇在一起，形成一个复杂的结构体系。由于板的刚度很小，次梁的刚度又比主梁的刚度小很多，因此可以将板看作被简单支承在次梁上、次梁看做被简单支承在主梁上的结构一部分；则整个楼盖体系可以分解为多跨连续板、多跨连续次梁及主梁几类构件分别单独进行计算。作用在板面上的荷载传递路径为：荷载→板→次梁→主梁→柱（或墙）。这样，使计算过程大为简化。

连续板梁的计算简图，需确定以下几个问题：

1. 支座特点

在肋梁楼盖中，当板或梁支承在砌体上时，由于其对板、梁的嵌固作用较小，可假定为铰支座。

当板的支座是次梁、次梁的支座是主梁，则次梁对板、主梁对次梁将有一定的嵌固作用。为简化计算，通常亦假定为铰支座，由此引起的误差将在内力计算时加以调整。

若主梁的支座是柱，其计算简图应根据梁、柱抗弯线刚度比而定，如果梁与柱的抗弯线刚度比 $i_b/i_c \geqslant 3 \sim 4$，可将梁视为铰支于柱上的连续梁进行计算，否则柱对主梁的转动约束不能忽略，应按框架梁进行设计。

2. 计算跨数

力学分析表明，连续梁（板）任何一个截面的内力值与其跨数、各跨跨度、刚度以及荷载等因素有关。但对某一跨来说，相隔两跨以远的上述因素对该跨内力的影响很小。因此，为了简化计算，对于跨数多于5跨的等跨、等刚度、等荷载的连续梁（板），可近似地按5跨计算。例如，图10-6（*a*）的9跨连续梁（板），可按图10-6（*b*）所示的5跨连续梁（板）计算内力；在配筋计算时，中间各跨（4、5跨）的跨中内力可取与第3跨的内力相同，中间各支座（*D*、*E*）的内力取与*C*支座的内力相同，梁（板）的配筋即按图10-6（*c*）的内力计算。

对于跨数少于5跨的连续梁（板），按实际跨数计算。

3. 计算跨度

梁（板）的计算跨度是指在计算弯矩时所应取用的跨间长度，其值与支座反

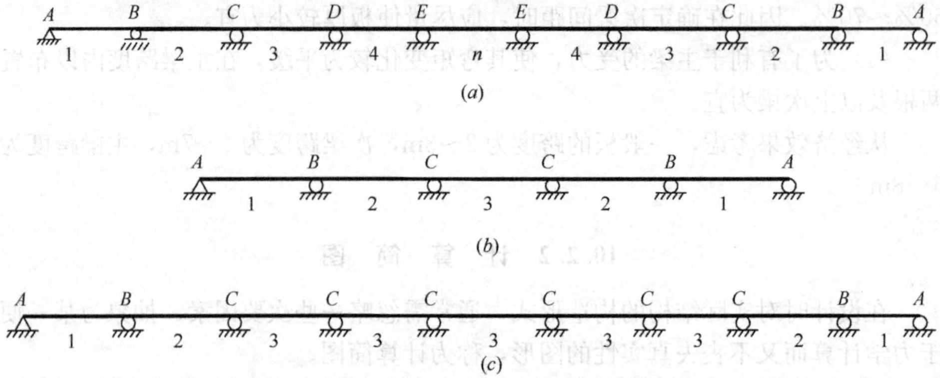

(a)

(b)

(c)

图 10-6　等跨连续板、梁的计算简图

(a) 实际简图；(b) 计算简图；(c) 配筋构造简图

力分布有关，即与构件本身刚度和支承长度有关。当按弹性理论计算时，计算跨度取两支座反力之间的距离；当按塑性理论计算时，计算跨度应由塑性铰（见10.2.5节）位置确定。在设计中，梁（板）计算跨度一般按表 10-2 取用。

梁（板）计算跨度　　**表 10-2**

计算方法	跨数	跨别	支承情况	计算跨度
按弹性理论计算	单跨		两端搁置	$l_0 = l_n + a \leqslant l_n + h$(板) $\leqslant 1.05 l_n$(梁)
			一端搁置、一端与支承构件整浇	$l_0 = l_n + a/2 \leqslant l_n + h/2$(板) $\leqslant 1.025 l_n$(梁)
			两端与支承构件整浇	$l_0 = l_n$
	多跨	边跨	一端搁置、一端与支承构件整浇	$l_{01} = l_{n1} + a/2 + b/2 \leqslant l_{n1} + h/2 + b/2$(板) $\leqslant 1.025 l_{n1} + b/2$(梁)
			两端与支承构件整浇	$l_0 = l_c = l_n + b_{左}/2 + b_{右}/2$
		中间跨		$l_0 = l_c = l_n + b \leqslant 1.1 l_n$(板) $\leqslant 1.05 l_n$(梁)
按塑性理论计算			两端搁置	$l_0 = l_n + a \leqslant l_n + h$(板) $\leqslant 1.05 l_n$(梁)
			一端搁置、一端与支承构件整浇	$l_0 = l_n + a/2 \leqslant l_n + h/2$(板) $\leqslant 1.025 l_n$(梁)
			两端与支承构件整浇	$l_0 = l_n$

注：l_0—梁（板）的计算跨度；l_c—支座中心线间距离；l_n—梁（板）的净跨；a—梁（板）端支承长度；b—支座宽度；h—板的厚度。

10.2.3 荷 载

作用在板和梁上的荷载一般有两种：

永久荷载（如结构自重）和可变荷载（如楼面、人群、设备或家具等可移动荷载）。

对于板、梁等结构自重，计算时其截面尺寸可参考有关资料预先估算确定。若计算所得的截面尺寸与原估算的尺寸相差很大时，需重新估算，最后确定。一般不作挠度验算的板、梁截面参考尺寸，见表10-3。

在设计民用房屋楼盖梁时，应注意楼面活荷载折减问题。当梁的负荷面积较大时，全部满载的可能性较小，所以适当降低其荷载值更能符合实际，具体计算按《建筑结构荷载规范》进行。

一般不作挠度验算的板、梁截面参考尺寸　　表10-3

构件种类		高跨比 (h/l)	附注
单向板	简支	$\frac{1}{35}$	最小板厚： 屋面板 $h \geqslant 60$mm 民用建筑楼板 $h \geqslant 60$mm 工业建筑楼板 $h \geqslant 70$mm
	两端连续	$\frac{1}{40}$	
双向板	四边支承	$\frac{1}{45}$	最小板厚：$h = 80$mm l为短向计算跨度
	四边连续	$\frac{1}{50}$	
多跨连续次梁		$\frac{1}{18} \sim \frac{1}{12}$	最小梁高： 次梁 $h = \frac{l}{25}$
多跨连续主梁		$\frac{1}{14} \sim \frac{1}{8}$	主梁 $h = \frac{l}{15}$ l为梁计算跨度
单跨简支梁		$\frac{1}{14} \sim \frac{1}{8}$	宽高比：$b/h = \frac{1}{3} \sim \frac{1}{2}$ 并以50mm为模数

单向板。承受结构自重、抹灰荷载及板面活荷载。通常取宽为1m的板带作为荷载计算单元，它可以代表板中间大部分区域的受力状态，此时板上单位面积荷载值也就是计算板带上的均布线荷载值。

次梁。承受左右两边板上传来的均布荷载、次梁自重及抹灰荷载。

主梁。承受次梁传来的集中荷载、主梁自重及抹灰荷载。主梁自重较次梁传来的荷载小很多，为简化计算，通常将其折算成集中荷载一并计算。

计算板传给次梁和次梁传给主梁的荷载时，可不考虑结构的连续性。

现浇单向板肋梁楼盖荷载计算单元及板、次梁和主梁计算简图，如图10-7所示。

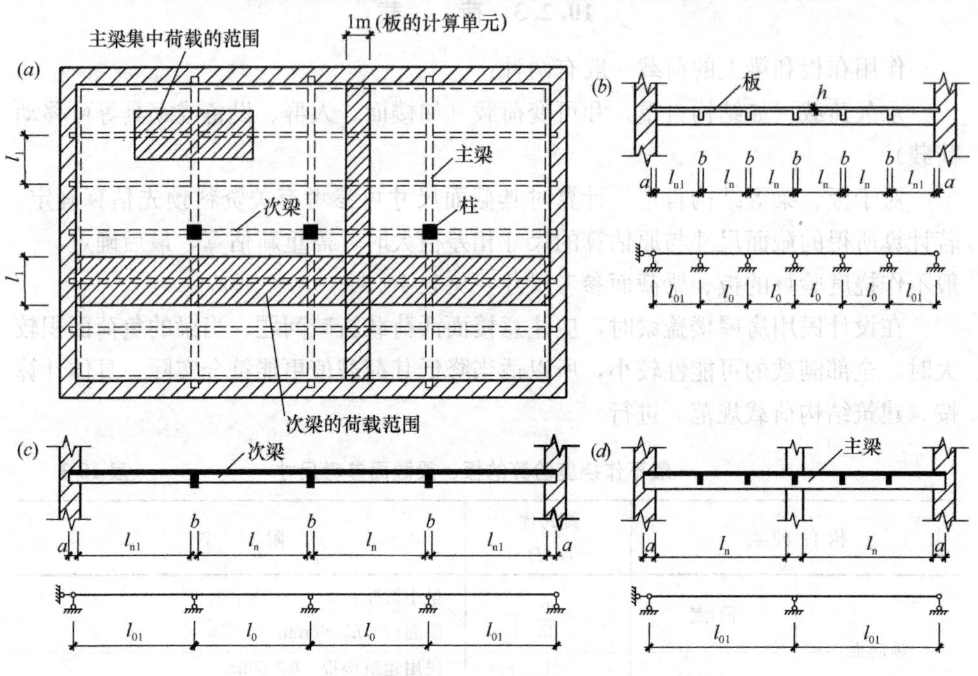

图10-7　板、次梁和主梁计算简图及负荷范围

10.2.4　按弹性理论方法计算内力

钢筋混凝土连续梁（板）的内力按弹性理论方法计算时，是假定梁（板）为理想弹性体系，内力计算可按结构力学的方法进行。对于等截面、等跨的连续梁（板）在常用荷载的作用下，其内力计算可以利用内力系数表进行，见附表13。通过从表中查得的内力系数即可计算各截面的弯矩和剪力值。

在均布及三角形荷载作用下：

$$M = 附表13中系数 \times ql^2 \tag{10-1}$$

$$V = 附表13中系数 \times ql \tag{10-2}$$

在集中荷载作用下：

$$M = 附表13中系数 \times Ql \tag{10-3}$$

$$V = 附表13中系数 \times Q \tag{10-4}$$

式中　q——均布荷载（kN/m）；

　　Q——集中荷载（kN）。

若连续梁（板）的各跨跨度不等但相差不超过10%时，仍可近似地按等跨内力系数表进行计算，当求支座负弯矩时，计算跨度可取相邻两跨的平均值（或取其中较大值）；而求跨中弯矩时，则取相应跨的计算跨度。若各跨板厚或梁截面尺寸不同，但其惯性矩之比不大于1.5，为简化计算，可按等截面考虑。

在内力计算时，应注意以下问题。

1. 荷载的最不利组合

连续梁所受荷载包括恒载和活荷载两部分，其中活荷载的位置是变化的。结构设计时，若要保证构件在各种可能出现的活荷载布置下都能可靠使用，这就要求找出在各截面上可能产生的最大内力。

对于单跨梁，显然是当全部恒载和活荷载同时作用时将产生最大的内力。但对于多跨连续梁某一指定截面而言，往往并不是所有荷载同时布满梁上各跨时引起的内力最大。因此必须研究活荷载如何布置使各截面上的内力为最不利的问题，即活荷载的最不利布置。

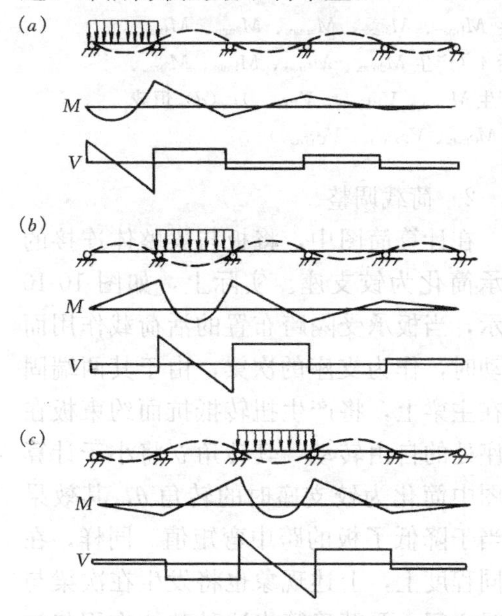

图 10-8 五跨连续梁在不同跨间荷载作用下的内力（对 4、5 跨从略）

图 10-8 所示为五跨连续梁当活荷载布置在不同跨间时梁的弯矩图和剪力图。从图中可以看出其内力图的变化规律，当活荷载作用在某跨时，该跨跨中为正弯矩，邻跨跨中为负弯矩，然后正负弯矩相间。例如，对于 1 跨，本跨有活荷载，当在 3、5 跨同时也有活荷载时，使 1 跨 $+M$ 值增大，而当 2、4 跨同时亦有活荷载时，则在 1 跨引起 $-M$（绝对值）增大，使 1 跨 $+M$ 值减小。因此，欲求 1 跨跨中最大正弯矩时，应在 1、3、5 跨布置活荷载。同理可以类推求得其他截面产生最大弯矩时活荷载的布置原则。

根据上述分析，可以得出确定连续梁活荷载最不利布置的原则具体如下：

(1) 欲求某跨跨内最大正弯矩时，应在该跨布置活荷载，然后隔跨布置。

(2) 欲求某跨跨内最小弯矩时，其活荷载布置与求跨内最大正弯矩时的布置完全相反。

(3) 欲求某支座截面最大负弯矩时，应在该支座相邻两跨布置活荷载，然后向两侧隔跨布置。

(4) 欲求某支座截面最大剪力时，其活荷载布置与求该截面最大负弯矩时的布置相同。

根据以上原则可确定活荷载最不利布置的各种情况，它们分别与恒载（布满各跨）组合在一起，就得到荷载的最不利组合。图 10-9 所示为五跨连续梁最不利荷载的组合。

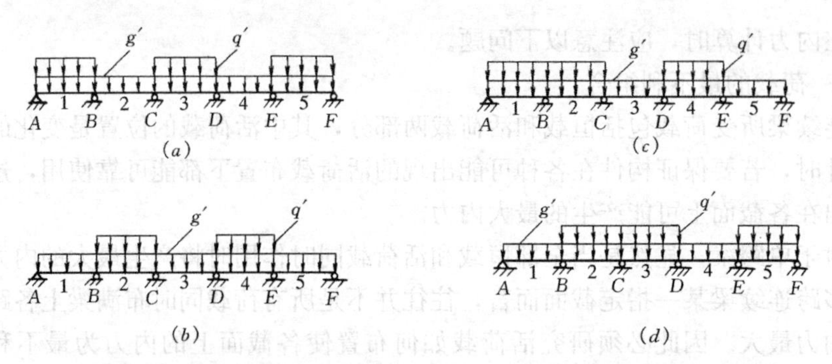

图 10-9　五跨连续梁最不利组合（对支座 D、支座 E 最不利组合从略）

(a) 恒载＋活 1＋活 3＋活 5（产生 $M_{1\max}$、$M_{3\max}$、$M_{5\max}$、$M_{2\min}$、$M_{4\min}$、$V_{A右\max}$、$V_{B左\max}$）；(b) 恒载＋活 2＋活 4（产生 $M_{2\max}$、$M_{4\max}$、$M_{1\min}$、$M_{3\min}$、$M_{5\min}$）；(c) 恒载＋活 1＋活 2＋活 4（产生 $M_{B\max}$、$V_{B左\max}$、$V_{B右\max}$）；(d) 恒载＋活 2＋活 3＋活 5（产生 $M_{C\max}$、$V_{C左\max}$、$V_{C右\max}$）

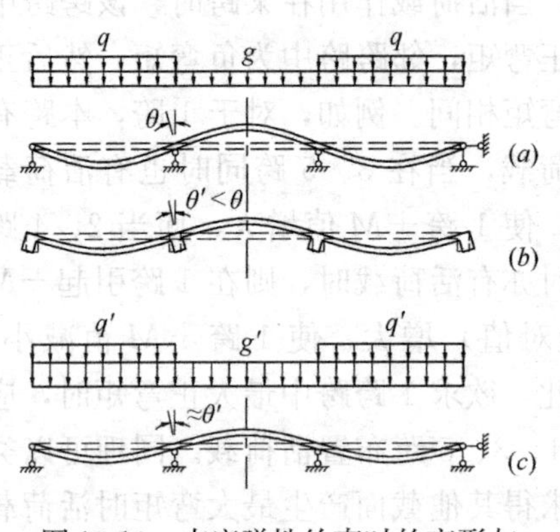

图 10-10　支座弹性约束时的变形与折算荷载时的变形

(a) 理想支座时的变形；(b) 支座弹性约束时的变形；(c) 采用折算荷载时的变形

2. 荷载调整

在计算简图中，将板与梁整体连接的支承简化为铰支座。实际上，如图 10-10 所示，当板承受隔跨布置的活荷载作用而转动时，作为支座的次梁，由于其两端固结在主梁上，将产生扭转抵抗而约束板在支座处的自由转动，其转角 θ' 将小于计算简图中简化为铰支座时的转角 θ，其效果相当于降低了板的跨中弯矩值。同样，在不同程度上，上述现象也将发生在次梁与主梁之间。要精确算出这种整体作用与铰支座间变形的差异，较为复杂。为了减小这一误差，使理论计算时的变形与实际情况较为一致，实用上近似地采取减小活荷载加大恒载的方法，即以折算荷载代替计算荷载。又由于次梁对板的约束作用较主梁对次梁的约束作用大，故对板和次梁采用不同的调整幅度。调整后的折算荷载取为：

板

$$\left.\begin{aligned} g' &= g + \frac{q}{2} \\ q' &= \frac{q}{2} \end{aligned}\right\} \tag{10-5}$$

次梁

$$\left.\begin{aligned} g' &= g + \frac{q}{4} \\ q' &= \frac{3}{4}q \end{aligned}\right\} \tag{10-6}$$

式中 g、q——恒荷载和活荷载设计值；

g'、q'——折算恒荷载和折算活荷载。

当板或梁内跨支承在砖墙上时，上述影响较小，则荷载不得进行折算。当主梁按连续梁计算时，一般柱的刚度较小，柱对梁的约束作用小，故对主梁荷载也不进行折算。

3. 内力包络图

根据各种最不利荷载组合，按一般结构力学方法或利用前述内力系数表格进行计算，即可求出各种荷载组合作用下的内力图（弯矩图和剪力图），把它们叠画在同一坐标图上，其外包线所形成的图形称为内力包络图，它表示连续梁在各种荷载最不利布置下各截面可能产生的最大内力值。

现以图 10-11（a）所示的两跨连续梁为例，跨度 $l_0 = 4\text{m}$，恒荷载 $g = 8\text{kN/m}$，活荷载 $q = 12\,\text{kN/m}$。由附表 13 可以计算出不同荷载作用位置的内力（附表 13 中的跨内最大弯矩位于剪力为零的截面，而不是跨中截面）。图 10-11（b）为恒荷载作用下的 M 及 V 图；图 10-11（c）为求得支座最大负弯矩时活荷载作用下的 M 及 V 图；图 10-11（d）、（e）为求得跨内最大正弯矩时活荷载作用下的 M 及 V 图；最后，将上述所示的四种情况的弯矩图、剪力图分别叠画在同一张坐标图上（图 10-11f），则这一叠加图的最外轮廓线就代表了任意截面在任意活荷载布置下可能出现的最大内力。最外轮廓线所围的内力图称为内力包络图。作包络图的目的是用来进行截面设计及钢筋布置（抵抗弯矩、剪力图）。

10.2.5 按塑性理论方法计算内力

1. 问题的提出

按弹性理论方法计算存在的问题：

(1) 混凝土是一种弹塑性材料，钢筋在达到屈服以后也表现出明显的塑性特征。因此由两种材料所组成的钢筋混凝土不是均质弹性体。如仍按弹性理论计算其内力，则与充分考虑材料塑性的截面设计不协调。

(2) 连续梁（板）中某截面发生塑性变形后，其内力和变形与按弹性理论分析的结果是不一致的，即在结构中将产生内力重分布现象。因此按弹性方法求得的内力不能正确反映结构的实际内力。

(3) 按弹性理论方法计算连续梁，由于根据内力包络图进行配筋时，没有考虑包络图中各种最不利荷载组合并不同时出现的特点，致使当某一截面在荷载的最不利组合作用下达到承载能力极限状态时，相对应的其他截面纵筋的配筋量尚有余量，钢筋不能充分发挥作用。

(4) 按弹性理论方法计算时，往往支座弯矩大于跨中弯矩，导致支座处钢筋用量较多，甚至会造成拥挤现象，不便施工。

为解决上述问题，并充分考虑钢筋混凝土材料的塑性性能，提出了按塑性内

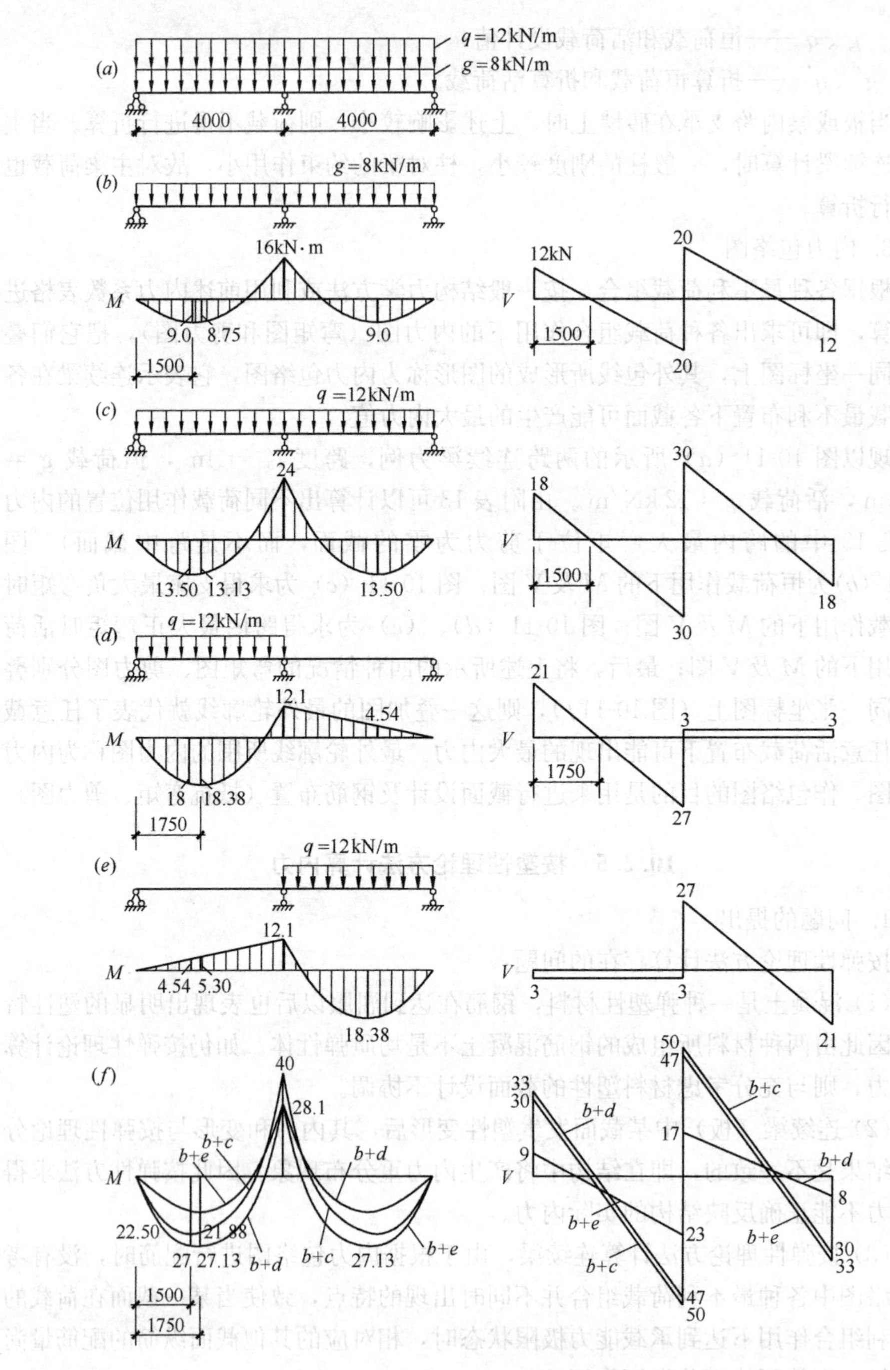

图 10-11　弯矩、剪力图

力重分布的计算方法。它既能较好地符合结构的实际受力状态，也能取得一定的经济效益。

2. 塑性内力重分布的基本原理

(1) 钢筋混凝土受弯构件的塑性铰

图 10-12 (a) 为钢筋混凝土简支梁，在集中荷载 P 作用下，跨中垂直截面内力从加荷载至破坏经历了三个阶段（图 10-12f），当进入第Ⅲ阶段时，受拉钢筋开始屈服（M-φ 图上 B 点）并产生塑流，混凝土垂直裂缝迅速发展，受压区高度不断缩小，截面绕中和轴转动，最后其受压区边缘混凝土达到极限压应变 ε_{cu} 被压碎（C 点），致使构件破坏。从该图中截面的弯矩与曲率关系曲线（即 M-φ 曲线）可以看出，自钢筋开始屈服至构件破坏（BC 段），截面所承受的弯矩仅有微小增长的情况下，曲率激增，亦即截面相对转角急剧增大（图 10-12e），从而构件在塑性变形集中产生的区域（ab，相应于图 10-12b 中 $M \geqslant M_y$ 的部分），犹如形成了一个能够转动的“铰”，工程中称之为塑性铰（图 10-12d）。可以认为这是构件受弯“屈服”的现象。

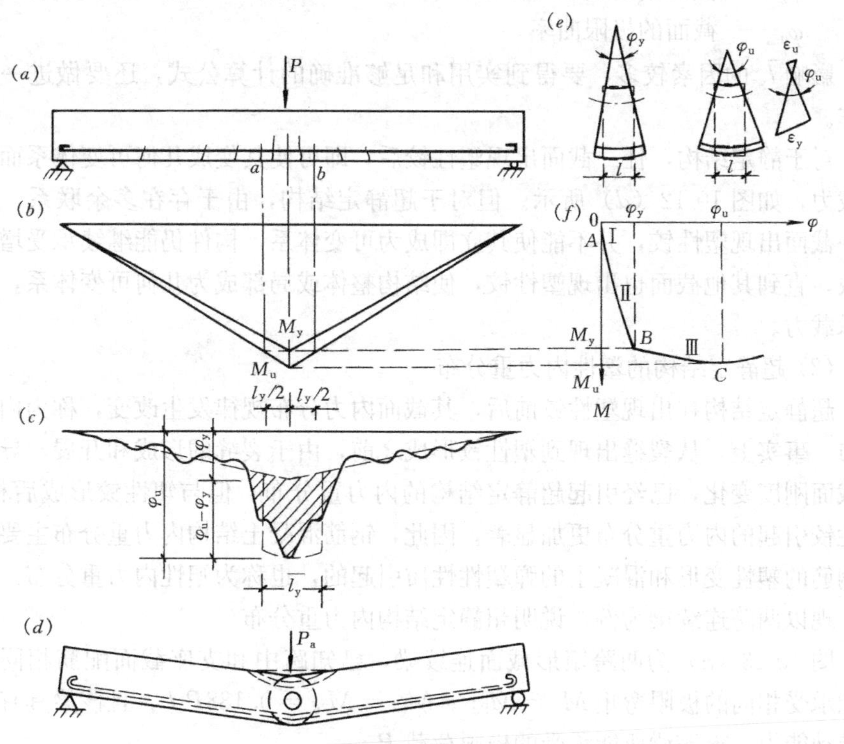

图 10-12 简支梁的塑性铰及 M-φ 曲线

钢筋混凝土受弯构件的塑性铰，对于适筋梁，主要是由于受拉钢筋首先屈服后产生较大的塑性变形使截面发生塑性转动所形成，最后由于混凝土被压碎而使构件破坏；对于超筋梁，破坏时受拉钢筋不能屈服，主要是由于混凝土的塑性变形引起截面转动而形成，其转动量较小，而且是突然发生的破坏，在设计中应予避免。

塑性铰与理想铰有四点不同：①理想铰不承受任何弯矩，而塑性铰处则承受弯矩，其值等于该截面的受弯承载力 M_u；②理想铰可沿任意方向转动，塑性铰只能绕弯矩作用方向转动；③理想铰集中于一点，塑性铰则是一个区域；④理想铰的转动是任意的，塑性铰的转动能力是有限的，取决于纵向钢筋配筋率 ρ 和混凝土极限压应变 ε_{cu}。

塑性铰区处于梁跨中弯矩最大截面（$M=M_u$）两侧 $l_y/2$ 范围内，l_y 称为塑性铰长度。图 10-12（*c*）中实线为曲率的实际分布线，虚线为计算时假定的折算曲率分布线，构件的曲率可分为弹性部分和塑性部分。塑性铰的转角 θ 理论上可由塑性曲率的积分来计算，并将其分布用等效矩形来代替，其高度为塑性曲率（$\varphi_u-\varphi_y$），宽度为等效区域长度 $\bar{l}_y=\beta l_y, \beta<1.0$，塑性铰的转角 θ 为：

$$\theta=(\varphi_u-\varphi_y)\bar{l}_y \tag{10-7}$$

式中　φ_y—— 截面钢筋屈服时曲率；

φ_u—— 截面的极限曲率。

影响 $\bar{l}_y$ 的因素较多，要得到实用和足够准确的计算公式，还要做进一步的工作。

对于静定结构，任一截面出现塑性铰后，即可使其变成几何可变体系而丧失承载力，如图 10-12（*d*）所示。但对于超静定结构，由于存在多余联系，构件某一截面出现塑性铰，并不能使其立即成为可变体系，构件仍能继续承受增加的荷载，直到其他截面也出现塑性铰，使结构整体或局部成为几何可变体系，才丧失承载力。

(2) 超静定结构的塑性内力重分布

超静定结构在出现塑性铰前后，其截面内力分布规律发生改变，称为内力重分布。事实上，从裂缝出现到塑性铰形成之前，由于裂缝的形成和开展，导致构件截面刚度变化，已经引起超静定结构的内力重分布。但与塑性铰形成后相比，塑性铰引起的内力重分布更加显著。因此，钢筋混凝土结构内力重分布主要是由于钢筋的塑性变形和混凝土的弹塑性性质引起的，也称为塑性内力重分布。

现以两跨连续梁为例，说明超静定结构内力重分布。

图 10-13（*a*）为两跨矩形截面连续梁，已知跨中和支座截面配筋相同，即均能承受相同的极限弯矩 $M_u=M_{Bu}=M_{1u}=M_{2u}=0.188P_el$，且该梁具有足够的转动能力。求该梁所能承受的极限荷载 P_u。

1）按弹性理论计算（图 10-13*b*）

在集中荷载 P 的作用下，支座 B 截面和跨中截面的内力分布规律为：

$$M_B=0.188Pl$$

$$M_1=M_2=0.156Pl$$

当 $P=P_e$ 时，支座 B 截面达到受弯承载力，即 $M_{Bu}=0.188P_el$。

相应的跨中截面 $M_{1e}=M_{2e}=0.156P_el<M_u=0.188P_el$，即跨中截面受弯

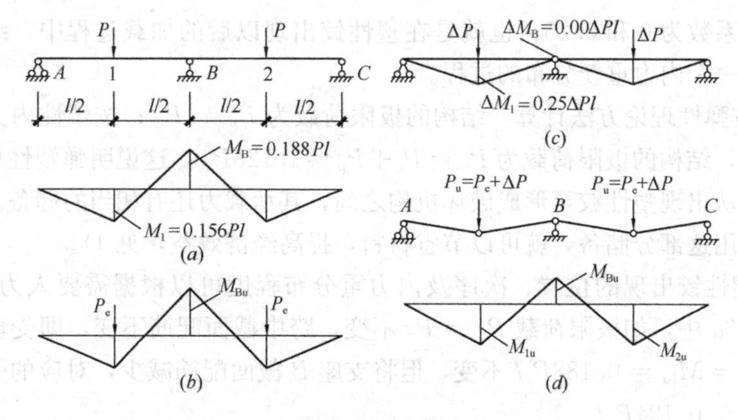

图 10-13 双跨连续梁随荷载的变化过程

承载力还有余量，为 $\Delta M_{1u}=\Delta M_{2u}=0.188P_el-0.156P_el=0.032P_el$。若按弹性理论分析，当支座 B 截面达到受弯承载力时，整个结构就已达到承载能力极限状态，此时梁的极限荷载 $P_u=P_e$。

2）考虑塑性内力重分布（图 10-13c）

当 B 支座达到受弯承载力 M_{Bu} 时，由于该截面具有足够的转动能力，则支座 B 截面将出现塑性铰，这时两跨连续梁变成两跨简支梁。若继续加载 ΔP，则支座 B 截面和跨中截面的内力分布规律发生变化：

$$\Delta M_B=0.00\Delta Pl$$

$$\Delta M_1=\Delta M_2=0.25\Delta Pl$$

若 $\Delta P=P_p$ 时，跨中破坏，得 $\Delta M_1=\Delta M_2=0.25P_pl=\Delta M_{1u}=\Delta M_{2u}=0.032P_el$，则：

$$P_p=\frac{0.032P_el}{0.25l}=0.128P_e$$

此时跨中截面达到受弯承载力 $M_{1u}=M_{2u}=M_{1e}+\Delta M_{1u}=0.188P_el$，即跨中截面出现塑性铰，梁成为机构体系而破坏（图 10-13d）。

考虑塑性内力重分布后，梁所承受的极限荷载会提高，即 $P_u=P_e+P_p=1.128P_e$。

从上述例题可以得出以下几点具有普遍意义的结论：

1）按弹性理论分析认为，当结构某一截面达到承载能力极限状态，整个结构即达到承载能力极限状态。按塑性理论分析认为，结构达到承载能力极限状态的标志不是某一个截面的屈服，而是一个或几个截面出现塑性铰后，结构的整体或局部形成几何可变体系。考虑塑性内力重分布，使结构设计从弹性理论过渡到塑性理论，使结构承载能力极限状态从单一截面发展到整个结构。

2）如上述例题，按弹性理论计算时，支座截面和跨中截面的弯矩系数为 0.188 和 0.156；当支座截面出现塑性铰后，若再继续加载，支座截面和跨中截面的弯矩系数为0和0.25，也就是在塑性铰出现以后的加载过程中，结构的内力经历了一个内力重新分布的过程。

3）按弹性理论方法计算，结构的极限荷载为 $P_u = P_e$；按塑性内力重分布方法计算，结构的极限荷载为 $P_u = P_e + P_p = 1.128P_e$，这说明弹塑性材料的超静定结构从出现塑性铰至形成破坏机构之间，其承载力还有相当的储备。如果在设计中利用这部分储备，就可以节省材料，提高经济效益，见4）。

4）塑性铰出现的位置、次序及内力重分布程度可以根据需要人为地控制。在图10-13*a* 中，如极限荷载 $P_u = P_e$ 不变，跨中截面配筋不变，即受弯承载力仍为 $M_{1u} = M_{2u} = 0.188P_e l$ 不变，但将支座 B 截面配筋减少，对应的受弯承载力为 $M_{Bu} = 0.124P_e l$。

当 $P_1 = 0.66P_e$ 时，支座 B 截面达到受弯承载力，即 $M_{Bu} = 0.188 \times (0.66P_e)l = 0.124P_e l$，此时支座 B 截面出现塑性铰，相应的跨中截面 $M_{1e} = 0.156 \times (0.66P_e)l = 0.103P_e l < M_{1u} = 0.188P_e l$，即跨中截面受弯承载力还有余量，$\Delta M_{1u} = 0.188P_e l - 0.103P_e l = 0.085P_e l$。

若继续加载 $\Delta P = P_p = 0.34P_e$ 时，$\Delta M_1 = 0.25P_p l = \Delta M_{1u} = 0.085P_e l$，此时跨中截面达到受弯承载力 $M_{1u} = M_{1e} + \Delta M_{1u} = 0.188P_e l$，即跨中截面出现塑性铰，梁成为机构体系而破坏。

考虑塑性内力重分布后，尽管支座 B 截面配筋减少，但梁所承受的极限荷载仍为 $P_u = P_1 + P_p = 0.66P_e + 0.34P_e = P_e$。对于多跨连续梁，根据这一原理，调低支座弯矩，尤其是离端第二支座的弯矩调低后，支座负钢筋将减少，这对解决支座截面配筋拥挤，保证支座截面混凝土浇捣质量非常有利。

3. 连续梁板考虑塑性内力重分布的计算方法——调幅法

目前工程中常用调幅法来考虑塑性内力重分布，即在弹性理论计算的弯矩包络图基础上，将选定的某些支座截面较大的弯矩值按内力重分布的原理加以调整，然后按调整后的内力进行截面设计。这一方法的优点是计算较为简便，调整的幅度明确，平衡条件自然得到满足。

截面弯矩的调整幅度用弯矩调幅系数 β 来表示，即：

$$\beta = \frac{M_B - M'_B}{M_B} \tag{10-8}$$

式中　M_B——按弹性理论计算的弯矩设计值；

　　　M'_B——调幅后的弯矩设计值。

仍以两跨连续梁为例，图10-14的外包线为按弹性理论计算求得的弯矩包络图，支座截面 B 处弯矩 $M_B = 0.188Pl$，跨中截面弯矩 $M_1 = 0.156Pl$。如将支座弯矩调整降低至 $M'_B = 0.15Pl$，即支座弯矩调幅系数 $\beta = \frac{(0.188 - 0.15)Pl}{0.188Pl} = 0.202$，则跨中弯矩可根据静力平衡条件确定，即：

$$M = M_0 - \frac{1}{2}(M^l + M^r) = \frac{1}{4}Pl - \frac{0 + 0.15Pl}{2} = 0.175Pl \tag{10-9}$$

式中　M_0——按弹性理论计算的弯矩设计值；

M^l、M^r——连续梁（板）的左、右支座截面调幅后的弯矩设计值。

由此可见，调幅后，支座弯矩降低了，跨中弯矩增加了。

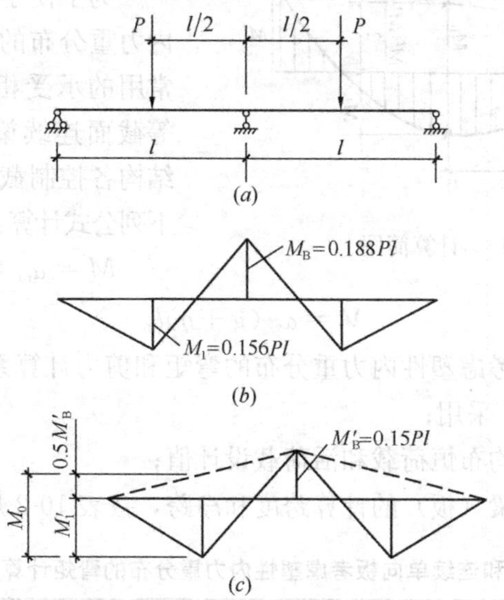

图 10-14　弯矩调幅法中力的平衡

综上所述，考虑影响内力重分布应遵循下列设计原则：

(1) 为了保证塑性铰具有足够的转动能力，即塑性铰有较大的塑性极限转动角度，要求受拉纵筋应具有良好的塑性，混凝土应有较大的极限压应变，避免受压区混凝土"过早"被压坏，以实现完全的内力重分布。为此《规范》规定，钢筋应选用满足最大力下总伸长率限值要求的钢筋；梁截面相对受压区高度应满足$\xi \leqslant 0.35$的限制条件要求，而且不宜$\xi < 0.1$。混凝土强度等级宜在C20～C45范围内。

(2) 为了避免塑性铰出现过早，转动幅度过大，致使梁（板）的裂缝过宽及变形过大，应控制支座截面的弯矩调整幅度，一般宜满足调幅系数$\beta = \frac{M_B - M'_B}{M_B} \leqslant 0.25$（梁）或$0.20$（板）。

(3) 为了尽可能地节省钢筋，应使调整后的跨中弯矩尽可能接近原包络图的弯矩值，以及使支座截面调幅后，结构仍能满足平衡条件，则梁（板）的跨中截面弯矩值应取按弹性理论方法计算的弯矩包络图的弯矩值和按下式计算值（图10-15）中的较大者：

$$M = M_0 - \frac{1}{2}(M^l + M^r) \tag{10-10}$$

符号同前。

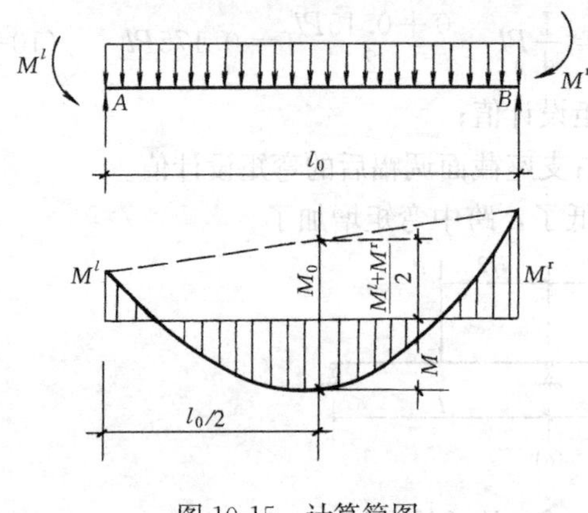

图 10-15　计算简图

(4) 调幅后，支座及跨中控制截面弯矩值均不宜小于 $M_0/3$。

4. 等跨连续梁（板）在均布荷载作用下的内力计算

为了便于计算，根据上述考虑内力重分布的分析方法，对工程中常用的承受相等均布荷载的等跨、等截面连续梁（板）进行调整后，结构各控制截面的弯矩、剪力可按下列公式计算：

$$M = \alpha_m (g+q) l_0^2 \tag{10-11}$$

$$V = \alpha_v (g+q) l_n \tag{10-12}$$

式中　α_m、α_v——考虑塑性内力重分布的弯矩和剪力计算系数，按表 10-4、10-5 采用；

g、q——均布恒荷载和活荷载设计值；

l_0、l_n——梁（板）的计算跨度和净跨，按表 10-2 规定取值。

连续梁和连续单向板考虑塑性内力重分布的弯矩计算系数 α_m　　表 10-4

<table>
<tr><th colspan="2" rowspan="3">支承情况</th><th colspan="6">截面位置</th></tr>
<tr><th>端支座</th><th>边跨跨内</th><th>离端第二支座</th><th>离端第二跨跨内</th><th>中间支座</th><th>中间跨跨内</th></tr>
<tr><th>A</th><th>Ⅰ</th><th>B</th><th>Ⅱ</th><th>C</th><th>Ⅲ</th></tr>
<tr><td colspan="2">梁（板）搁置在墙上</td><td>0</td><td>$\frac{1}{11}$</td><td rowspan="4">二跨连续：
$-\frac{1}{10}$
三跨以上连续：
$-\frac{1}{11}$</td><td rowspan="4">$\frac{1}{16}$</td><td rowspan="4">$-\frac{1}{14}$</td><td rowspan="4">$\frac{1}{16}$</td></tr>
<tr><td>板</td><td rowspan="2">与梁整浇连接</td><td>$-\frac{1}{16}$</td><td rowspan="2">$\frac{1}{14}$</td></tr>
<tr><td>梁</td><td>$-\frac{1}{24}$</td></tr>
<tr><td colspan="2">梁与柱整浇连接</td><td>$-\frac{1}{16}$</td><td>$\frac{1}{14}$</td></tr>
</table>

注：1. 表中系数适用于荷载 $q/g > 0.3$ 的等跨连续梁和连续单向板。

2. 对相邻跨度差小于10%的不等跨梁（板），仍可采用表中弯矩系数值。

3. 计算支座弯矩时，应取相邻两跨中的较大的跨度值，计算跨中弯矩时应取本跨长度。

连续梁和连续单向板考虑塑性内力重分布的剪力计算系数 α_v　　表 10-5

<table>
<tr><th rowspan="3">支承情况</th><th colspan="5">截面位置</th></tr>
<tr><th>端支座内侧</th><th colspan="2">离端第二支座</th><th colspan="2">中间支座</th></tr>
<tr><th>α_{vA}^{r}</th><th>α_{vB}^{l}</th><th>α_{vB}^{r}</th><th>α_{vC}^{l}</th><th>α_{vC}^{r}</th></tr>
<tr><td>搁置在墙上</td><td>0.45</td><td>0.60</td><td rowspan="2">0.55</td><td rowspan="2">0.55</td><td rowspan="2">0.55</td></tr>
<tr><td>与梁或柱整浇连接</td><td>0.50</td><td>0.55</td></tr>
</table>

5. 按塑性内力重分布方法计算的适用范围

结构按塑性内力重分布方法设计时，较之按弹性理论计算结果，既更符合结构的实际工作情况，又改善了支座截面的配筋，故对于结构体系布置规则的连续梁（板）的承载力计算宜尽量采用这种计算方法。但它不可避免地导致结构承载力的可靠度降低，结构在使用阶段的裂缝较宽及变形较大，因此通常在下列情况下，应按弹性理论方法进行设计：

(1) 直接承受动力荷载作用的结构。

(2) 要求不出现裂缝或处于三 a、三 b 类环境情况下的结构。

(3) 处于重要部位而又要求有较大承载力储备的构件。如肋梁楼盖中的主梁，一般按弹性理论设计。

10.2.6　截面计算和构造要求

当求得连续梁（板）的内力以后，即可进行结构控制截面承载力计算。在一般情况下，如果再满足了构造要求，可不进行变形和裂缝验算。

下面仅介绍整体现浇连续梁（板）的截面计算及构造要求的特点。

1. 板的计算要点

(1) 在求得单向板各跨内和支座截面控制内力后，可根据正截面受弯承载力计算相应截面的配筋。

板由于跨高比 l_0/h 较大，一般情况下总是 $M/M_u > V/V_u$，即板的截面设计由弯矩控制，因此不必进行斜截面受剪承载力计算。但对于跨高比 l_0/h 较小，且荷载很大的板，如有人防要求的顶板、基础筏板等，还应进行受剪承载力计算。

(2) 连续板跨内截面在正弯矩作用下，下部受拉开裂，支座截面由于负弯矩作用上部受拉开裂，这就使板的实际轴线成拱形（图 10-16）。如果板的四周存在有足够刚度的边梁，能够有效地约束拱的支座侧移，即能够提供可靠的水平推力，则作用于板上的一部分荷载将通过拱的作用直接传给边梁（内拱卸荷），而使板的最终弯矩减小。为考虑这一有利作用，《规范》规定，对四周与梁整体连接的单向板，中间跨的跨内截面和支座截面控制弯矩可减少 20%。但对于边跨的跨内截面及离板端第二支座截面，由于边梁侧向刚度相对较小（或无边梁），忽略其提供的水平推力，因此计算弯矩不予降低。

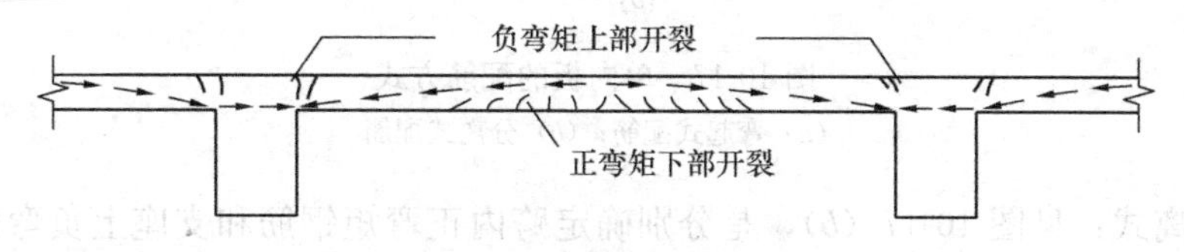

图 10-16　连续板的拱作用

2. 板的构造要求

(1) 板的厚度。

板的混凝土用量约占整个楼盖的50%以上，在满足刚度、经济和施工要求条件下，其厚度应尽量薄些，但必须满足表10-3相关要求。

(2) 配筋方式。

弯起式：见图10-17 (*a*)，是将跨内正弯矩钢筋在支座附近弯起一部分以承受支座负弯矩。配筋时，首先确定跨内截面钢筋直径和间距，要求各跨跨内钢筋间距应相同，然后由支座两侧跨内各弯起一半伸入支座（每隔一根弯起一根），然后凑支座截面钢筋数量。这种配筋方式钢筋锚固好，故可节省钢筋，但施工略显复杂。

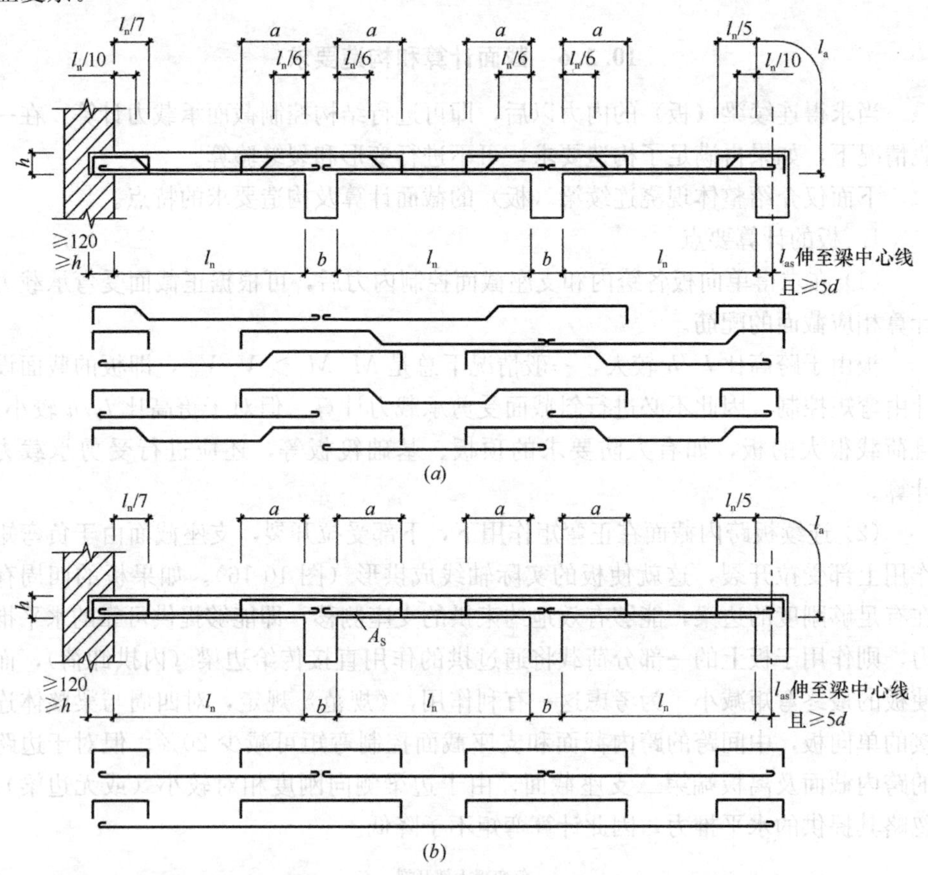

图10-17 单向板的配筋方式

(*a*) 弯起式配筋；(*b*) 分离式配筋

分离式：见图10-17 (*b*)，是分别确定跨内正弯矩钢筋和支座上负弯矩钢筋的直径和间距，并分别设置。这种配筋方式因设计和施工简便，已成为工程中主要配筋形式。缺点是为增加锚固性能而造成钢筋用量增加，故不宜用于承受动荷载的板中。

(3) 多跨连续板，当各跨跨度相差不超过20%时，可以不画弯矩包络图，而直接按图10-17确定钢筋的弯起和切断的位置。若各跨跨度相差超过20%，或各跨荷载相差悬殊时，则必须根据弯矩包络图来确定钢筋的布置。

采用分离式配筋的多跨板，板底钢筋宜全部伸入支座；支座负弯矩钢筋向跨内延伸的长度应根据负弯矩图确定，并满足钢筋锚固的要求。

采用弯起式配筋的多跨板，板底钢筋一般可在距支座边缘 $l_0/6$ 处弯起1/2～2/3以承受负弯矩。

支座处的负弯矩钢筋，可在距支座边不小于 a 的距离处切断，其取值如下：

$$\text{当}\ \frac{q}{g} \leqslant 3\ \text{时}, a = \frac{1}{4}l_0 \tag{10-13}$$

$$\text{当}\ \frac{q}{g} > 3\ \text{时}, a = \frac{1}{3}l_0 \tag{10-14}$$

式中 g、q——恒荷载及活荷载；

l_0——板的计算跨度。

(4) 按简支边或非受力边设计的现浇混凝土单向板，当与混凝土梁整体浇筑或嵌固在砌体墙内时，在受力方向，按简支边设计的计算简图与实际受力并不相同，它将由于墙或梁的约束而产生负弯矩；在非受力方向，部分荷载也将直接就近传至墙或梁（边梁或主梁）上，由于墙或梁的约束也将产生负弯矩，因此沿两个方向靠近墙边或梁边处都可能引起板顶裂缝，为承受这一负弯矩及控制裂缝宽度，《规范》规定，应设置垂直于板边的板面构造钢筋（图10-18），并符合下列要求：

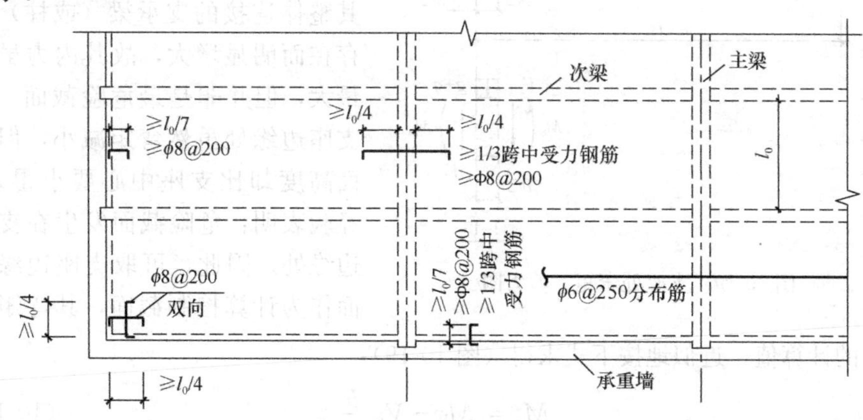

图10-18 单向板构造钢筋

（图中 ϕ 仅代表钢筋直径，与钢筋牌号无关）

钢筋直径不宜小于8mm，间距不宜大于200mm，且单位宽度内的配筋面积不宜小于跨内相应方向板底钢筋截面面积的1/3。与梁（边梁或主梁）整体浇筑单向板的非受力方向（如垂直主梁方向），钢筋截面面积尚不宜小于受力方向跨内板底钢筋截面面积的1/3。

钢筋从混凝土梁边伸入板内的长度不宜小于$l_0/4$，砌体墙支座处钢筋伸入板边的长度不宜小于$l_0/7$（分离式）或$l_0/10$（弯起式），其中l_0是单向板的计算跨度。

对于两邻边嵌固在墙内的板角部分，当板面受到墙体约束而产生负弯矩时，在板顶将引起圆弧形裂缝，因此在楼板角部，宜沿两个方向正交、斜向平行或放射状布置附加钢筋，并按受拉钢筋在梁内锚固，即从墙边伸入板内的长度不宜小于$l_0/4$。

(5) 当按单向板设计时，应在垂直于受力的方向布置分布钢筋。采用分布钢筋的作用是：①把荷载较分散地传递到板的各受力钢筋上去；②承载因混凝土收缩及温度变化在垂直于板跨方向所产生的拉应力；③在施工中固定受力钢筋的位置。分布钢筋的截面面积不宜小于单位宽度上受力钢筋的15%，且配筋率不宜小于0.15%；分布钢筋直径不宜小于6mm，间距不宜大于250mm。

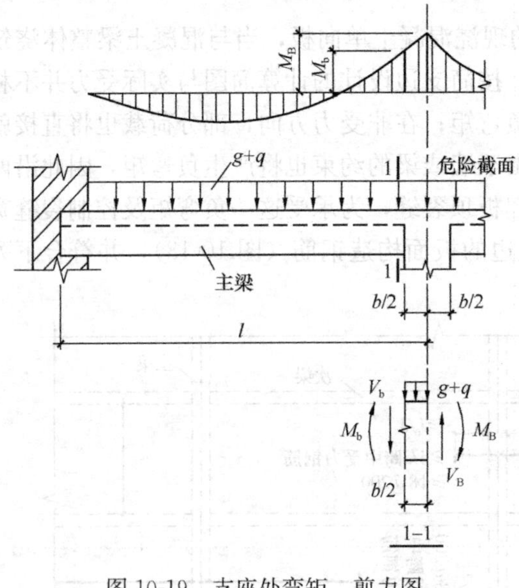

图10-19　支座处弯矩、剪力图

3. 梁的计算要点

(1) 支座控制截面内力。

当板、梁与支座整浇时，若按弹性理论计算，则计算跨度取支座中心线间的距离，因而其支座最大负弯矩将发生在支座中心处。但此处的截面高度却由于与其整体连接的支承梁（或柱）的存在而明显增大，故其内力虽为最大，但并非是最危险截面。而支座边缘处虽然弯矩减小，但截面高度却比支座中心要小得多。经验表明：危险截面发生在支座边缘处。因此，可取支座边缘截面作为计算控制截面，其弯矩和剪力的计算值，近似地按下式求得（图10-19）：

$$M_b = M_B - V_0 \frac{b}{2} \tag{10-15}$$

$$V_b = V_B - (g+q)\frac{b}{2} \tag{10-16}$$

式中　M_B、V_B——支座中心线处截面的弯矩和剪力；

V_0——按简支梁计算的支座边缘处剪力设计值；

g、q——作用于结构上的均布恒荷载和活荷载设计值；

b——支座宽度。

(2) 连续次梁、主梁在进行正截面承载力计算时，由于板与次梁、板与主梁均为整体连接，板可作为梁的翼缘参加工作。因此在跨内正弯矩作用区段，板处在梁的受压区，梁应按T形截面计算，在支座附近（或跨内）的负弯矩作用区段，由于板处在梁的受拉区，梁应按矩形截面计算。

(3) 在进行主梁支座截面承载力计算时，应根据主梁负弯矩纵筋的实际位置来确定截面的有效高度 h_0，如图10-20所示。由于在主梁支座处，次梁与主梁负弯矩钢筋相互交叉重叠，而主梁钢筋一般均在次梁钢筋下面，主梁、次梁在支座截面处有效高度 h_0 的取值（对一类环境）如下：

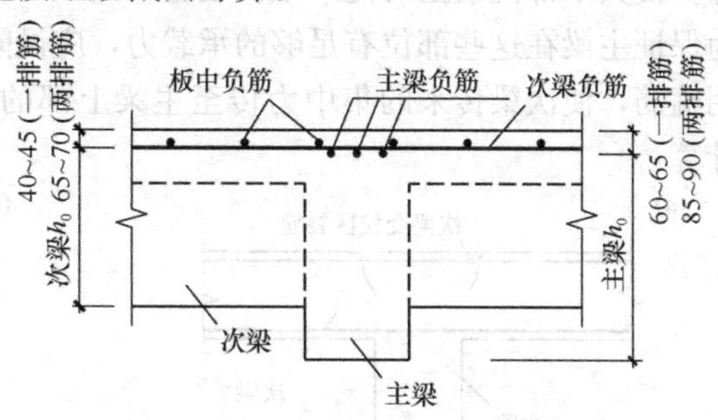

图10-20 板、次梁、主梁负筋相对位置

当为单排钢筋时 $h_0=h-(60\sim65\text{mm})$

当为双排钢筋时 $h_0=h-(85\sim90\text{mm})$

(4) 次梁内力可按塑性理论方法计算，而主梁内力则宜按弹性理论方法计算。

4. 梁的构造要求

(1) 梁的截面尺寸按表10-3相关要求初步估算。

(2) 钢筋的布置。

当次梁各跨跨度相差不超过20%，活荷载与恒荷载的比值 $q/g\leqslant3$ 时，可不必画材料图，而按图10-21的构造规定确定钢筋的截断和弯起位置。

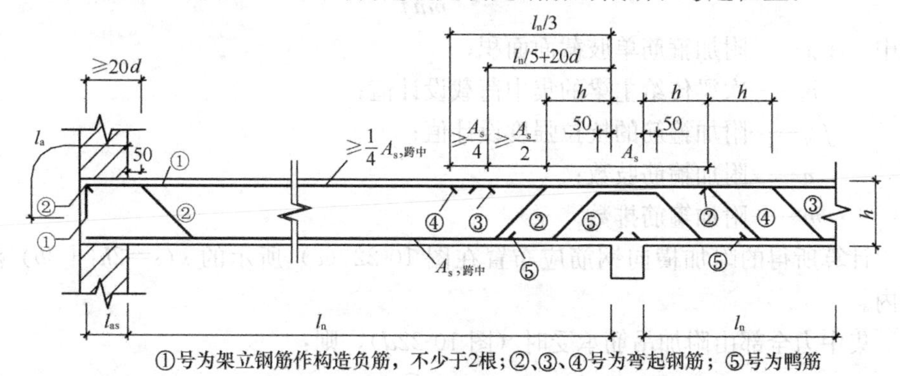

图10-21 不必画材料图的次梁配筋构造规定

对于主梁及其他不等跨次梁，应在弯矩包络图上作材料图来确定纵向钢筋的截断和弯起位置。

(3) 附加横向钢筋。

在次梁与主梁相交处，次梁顶部在负弯矩作用下将产生裂缝（图 10-22*a*）。因此次梁传来的集中荷载将通过其受压区的剪切面传至主梁截面高度的中、下部，使其下部混凝土可能产生斜裂缝（图 10-22*b*），最后被拉脱而发生局部破坏。为保证主梁在这些部位有足够的承载力，应设附加横向钢筋，附加横向钢筋宜采用箍筋，使次梁传来的集中力传至主梁上部的受压区。其所需截面面积按下式计算：

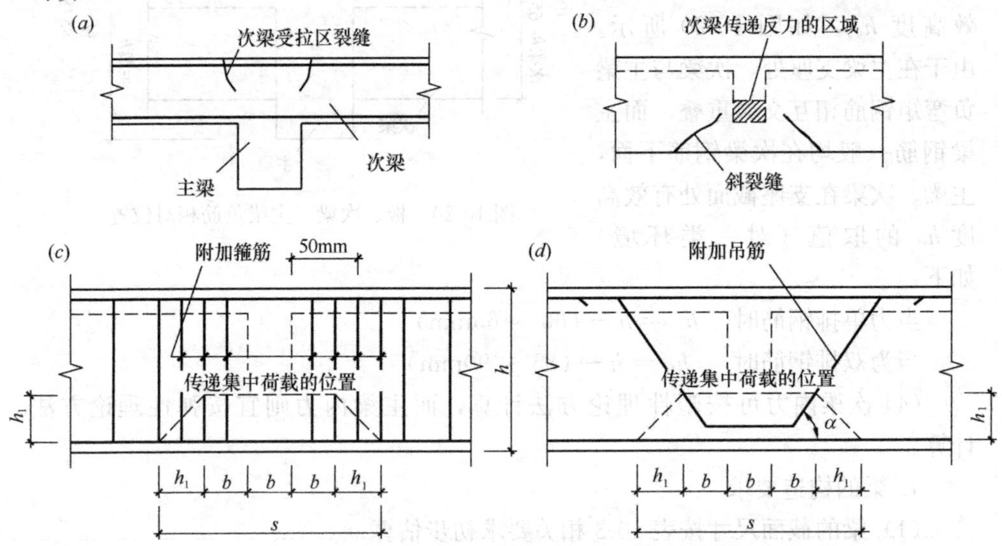

图 10-22 附加横向钢筋的布置

$$A_{sv1} \geqslant \frac{F}{mnf_{yv}} \tag{10-17}$$

式中 A_{sv1}——附加箍筋单肢截面面积；

F——次梁传给主梁的集中荷载设计值；

f_{yv}——附加箍筋的抗拉强度设计值；

n——附加箍筋肢数；

m——附加箍筋排数。

计算所得的附加横向钢筋应布置在图 10-22（*c*）所示的 $s(s=2h_1+3b)$ 范围内。

集中力全部由附加吊筋承受时（图 10-22*d*），则：

$$A_{sv} \geqslant \frac{F}{2f_{yv}\sin\alpha} \tag{10-18}$$

式中 A_{sv}——附加吊筋截面面积；

f_{yv}——附加吊筋的抗拉强度设计值；

α——附加吊筋与梁轴线间的夹角。

10.2.7 整体式单向板肋梁楼盖设计例题

1. 设计资料

某设计基准期为50年的仓库楼盖，环境类别为一类，采用现浇钢筋混凝土结构，楼盖梁板结构布置如图10-23所示。

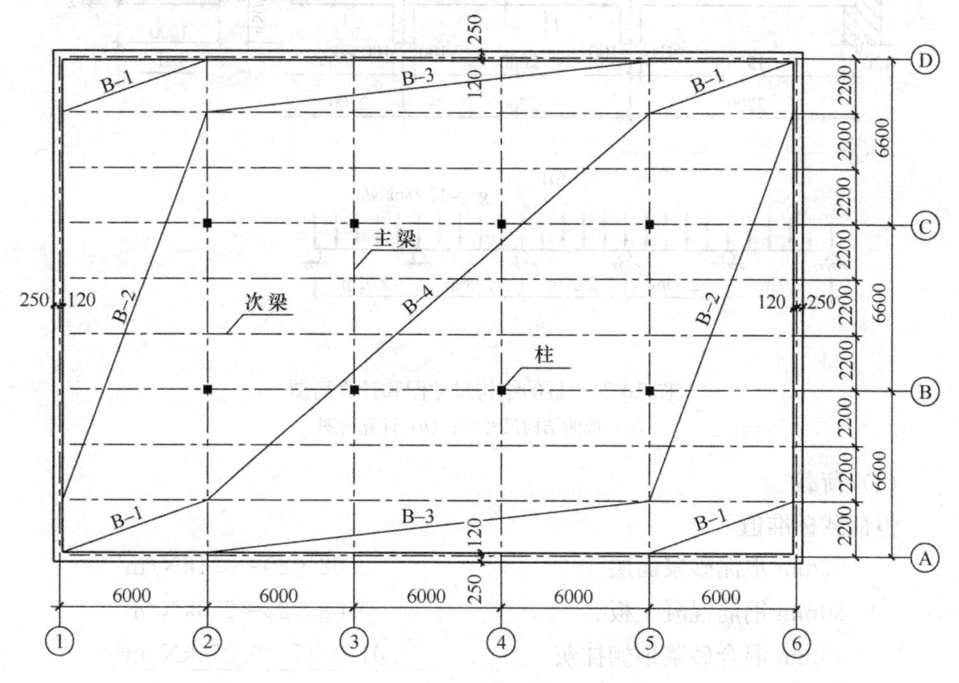

图10-23 楼盖梁板结构平面布置图

(1) 楼板构造层做法：20mm厚水泥砂浆面层，15mm厚混合砂浆顶棚抹灰。

(2) 楼面活荷载：标准值为7kN/m²。

(3) 恒荷载分项系数为1.2；活荷载分项系数为1.3（因楼面活荷载标准值大于4kN/m²）。

(4) 材料选用：

混凝土 采用C30（f_c=14.3N/mm²，f_t=1.43N/mm²）；

钢 筋 梁中纵向受力纵筋采用HRB400级（f_y=360N/mm²），

其余钢筋采用HPB300级（f_y=270N/mm²）。

(5) 柱高 $H_0=H=4.5$m，柱截面尺寸为300mm×300mm。

2. 板的计算

板按考虑塑性内力重分布方法计算。

板的厚度按构造要求取 $h=80\text{mm}>\dfrac{l}{40}\approx\dfrac{2200}{40}=55\text{mm}$。次梁截面高度取 $h=450\text{mm}>\dfrac{l}{15}\approx\dfrac{6000}{15}=400\text{mm}$，截面宽度 $b=200\text{mm}$。板的结构尺寸如图10-24（a）所示。

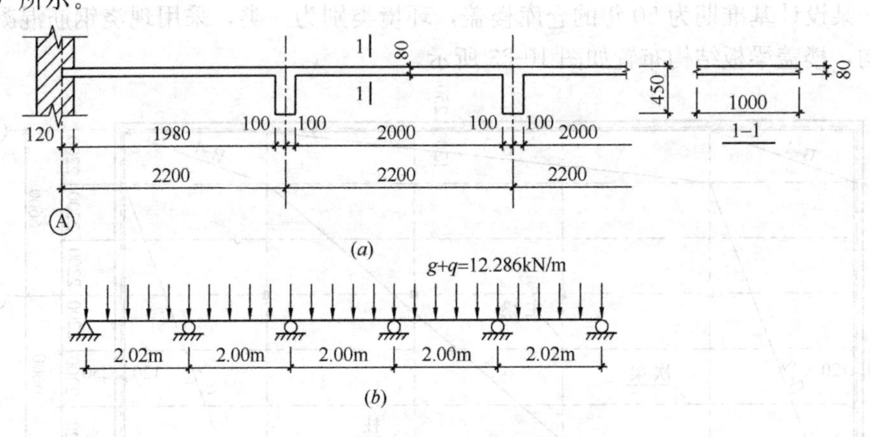

图10-24　板的结构尺寸图和计算简图

（a）板的结构尺寸图；（b）计算简图

（1）荷载

恒荷载标准值

20mm水泥砂浆面层	$0.02\times20=0.4\text{kN/m}^2$
80mm钢筋混凝土板	$0.08\times25=2.0\text{kN/m}^2$
15mm混合砂浆顶棚抹灰	$0.015\times17=0.255\text{kN/m}^2$
	$g_k=2.655\text{kN/m}^2$

恒荷载设计值　$g=1.2\times2.655=3.186\text{kN/m}^2$

活荷载设计值　$q=1.3\times7.0=9.1\text{kN/m}^2$

合计　$=12.286\text{kN/m}^2$

即每米板宽　$g+q=12.286\text{kN/m}$

（2）内力计算

计算跨度：

边跨　$l_0=2.2-0.12-\dfrac{0.2}{2}+\dfrac{0.08}{2}=2.02\text{m}$

中间跨　$l_0=2.2-0.20=2.0\text{m}$

跨度差（2.02−2.0）/2.0=1%＜10%，说明可按等跨连续板计算内力。取1m宽板带作为计算单元，其计算简图如图10-24（b）所示。

各截面的弯矩计算见表 10-6。

(3) 截面承载力计算

b=1000mm，h=80mm，h_0=80−20=60mm，各截面的配筋计算见表 10-7。

连续板各截面弯矩计算 **表 10-6**

截面	边跨跨内	离端第二支座	离端第二跨跨内 中间跨跨内	中间支座
弯矩计算系数 α_m	$\frac{1}{11}$	$-\frac{1}{11}$	$\frac{1}{16}$	$-\frac{1}{14}$
$M=\alpha_m(g+q)l_0^2$ (kN·m)	$\frac{1}{11}\times12.286\times2.02^2$ $=4.56$	$-\frac{1}{11}\times12.286\times2.02^2$ $=-4.56$	$\frac{1}{16}\times12.286\times2.00^2$ $=3.07$	$-\frac{1}{14}\times12.286\times2.00^2$ $=-3.51$

板的配筋（分离式）计算 **表 10-7**

板带部位	边区板带（①～②、⑤～⑥轴线间）				中间区板带（②～⑤轴线间）			
板带部位截面	边跨跨内	离端第二支座	离端第二跨跨内 中间跨跨内	中间支座	边跨跨内	离端第二支座	离端第二跨跨内 中间跨跨内	中间支座
M(kN·m)	4.56	−4.56	3.07	−3.51	4.56	−4.56	3.07×0.8 =2.46 [注]	−3.51×0.8 =−2.81
$\alpha_s=\frac{M}{\alpha_1 f_c b h_0^2}$	0.089	0.089	0.060	0.068	0.089	0.089	0.048	0.055
$\xi=1-\sqrt{1-2\alpha_s}$	0.093	0.093 <0.35	0.062	0.071	0.093	0.093	0.049	0.056
$A_s=\xi b h_0\frac{\alpha_1 f_c}{f_y}$ (mm²)	295	295	196	225	295	295	156	178
选配钢筋	Φ8 @170	Φ8 @170	Φ6/8 @170	Φ6/8 @170	Φ8 @170	Φ8 @170	Φ6 @170	Φ6/8 @170
实配钢筋 (mm²)	296	296	231	231	296	296	166	231

注：中间区板带②～⑤轴线间，其各内区格板的四周与梁整体连接，故各跨跨内和中间支座考虑板的内拱作用，其计算弯矩降低 20%。

板的配筋示意图见图 10-25，采用分离式配筋。

3. 次梁计算

次梁按考虑塑性内力重分布方法计算。

取主梁的梁高 $h=650\text{mm}>\frac{l}{12}\approx\frac{6600}{12}=550\text{mm}$，梁宽 $b=250\text{mm}$。次梁结构

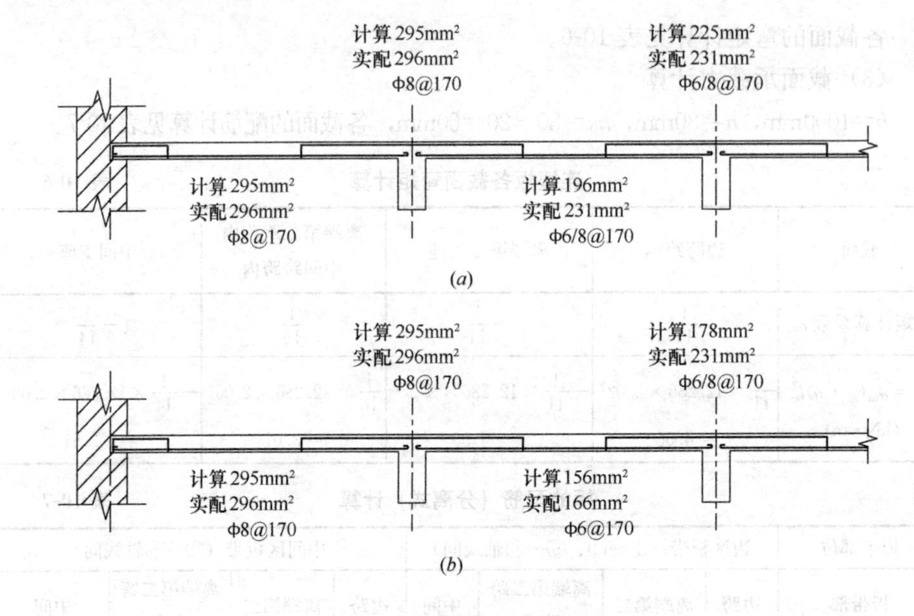

图10-25　板的配筋示意图

(a) 边区板带；(b) 中间区板带

尺寸见图10-26 (a)。

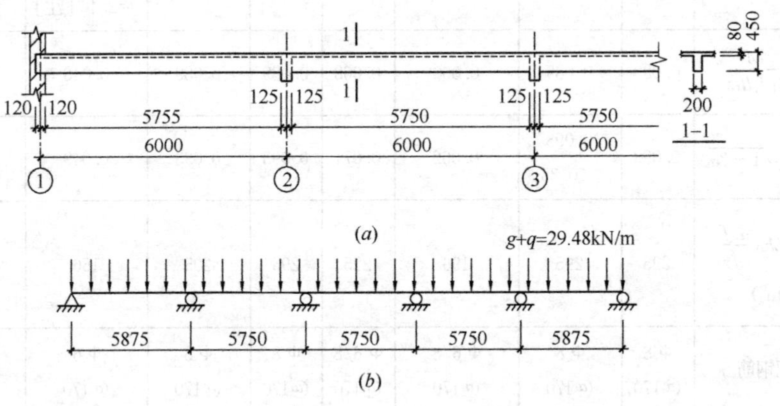

图10-26　次梁的结构尺寸图和计算简图

(a) 次梁的结构尺寸图；(b) 计算简图

(1) 荷载

恒荷载设计值

由板传来　　$3.186 \times 2.2 = 7.01\text{kN/m}$

次梁自重　　$1.2 \times 25 \times 0.2 \times (0.45 - 0.08) = 2.22\text{kN/m}$

梁侧抹灰

$$1.2 \times 17 \times 0.015 \times (0.45 - 0.08) \times 2 = 0.23\text{kN/m}$$

$$g = 9.46\text{kN/m}$$

活荷载设计值

由板传来 $q = 9.1 \times 2.2 = 20.02\text{kN/m}$

合计 $g + q = 29.48\ \text{kN/m}$

(2) 内力计算

计算跨度:

边跨 $l_n = 6.0 - 0.12 - \dfrac{0.25}{2} = 5.755\text{m}$

$$l_0 = l_n + \frac{a}{2} = 5.755 + \frac{0.24}{2} = 5.875\text{m} < 1.025 l_n = 5.9\text{m}$$

中间跨 $l_0 = l_n = 6.0 - 0.25 = 5.75\text{m}$

跨度差 $(5.875 - 5.75)/5.75 = 2.2\% < 10\%$

说明可按等跨连续梁计算内力。计算简图如图 10-26 (*b*) 所示。计算见表 10-8、表 10-9。

次梁弯矩计算 **表 10-8**

截面	边跨跨内	离端第二支座	离端第二跨跨内 中间跨跨内	中间支座
弯矩计算系数 α_m	$\frac{1}{11}$	$-\frac{1}{11}$	$\frac{1}{16}$	$-\frac{1}{14}$
$M = \alpha_m (g+q) l_0^2$ (kN·m)	$\frac{1}{11} \times 29.48 \times 5.875^2$ $= 92.50$	$-\frac{1}{11} \times 29.48 \times 5.875^2$ $= -92.50$	$\frac{1}{16} \times 29.48 \times 5.75^2$ $= 60.91$	$-\frac{1}{14} \times 29.48 \times 5.75^2$ $= -69.62$

次梁剪力计算 **表 10-9**

截面	端支座右侧	离端第二支座左侧	离端第二支座右侧	中间支座 左侧、右侧
剪力计算系数 α_v	0.45	0.6	0.55	0.55
$V = \alpha_v (g+q) l_n$ (kN)	$0.45 \times 29.48 \times 5.755$ $= 76.35$	$0.6 \times 29.48 \times 5.755$ $= 101.79$	$0.55 \times 29.48 \times 5.75$ $= 93.23$	$0.55 \times 29.48 \times 5.75$ $= 93.23$

(3) 截面承载力计算

次梁跨内截面按 T 形截面计算，其翼缘计算宽度为:

边跨 $b'_f = \dfrac{1}{3} l_0 = \dfrac{1}{3} \times 5875 = 1958.33\text{mm} < b + s_n = 200 + 2000 = 2200\text{mm}$

又 $b + 12h'_f = 200 + 12 \times 80 = 1160\text{mm}$，故取 $b'_f = 1160\text{mm}$

离端第二跨、中间跨 $b'_f = 1160\text{mm}$

梁高 $h = 450\text{mm}$，$h_0 = 450 - 40 = 410\text{mm}$

翼缘厚 $h'_f = 80\text{mm}$

判别T形截面类型：

$$\alpha_1 f_c b'_f h'_f\left(h_0-\frac{h'_f}{2}\right)=1\times14.3\times1160\times80\times\left(410-\frac{80}{2}\right)$$

$$=491.0\text{kN}\cdot\text{m}>\begin{cases}92.50\text{kN}\cdot\text{m}\ (\text{边跨跨中})\\60.91\text{kN}\cdot\text{m}\ (\text{离端第二跨、中间跨跨中})\end{cases}$$

故各跨内截面均属于第一类T形截面。

支座截面按矩形截面计算，离端第二支座按布置两排纵筋考虑，取 $h_0=450-70=380\text{mm}$，中间支座按布置一排纵筋考虑，$h_0=410\text{mm}$，次梁正截面及斜截面承载力计算分别见表10-10及表10-11。次梁配筋示意图见图10-27。

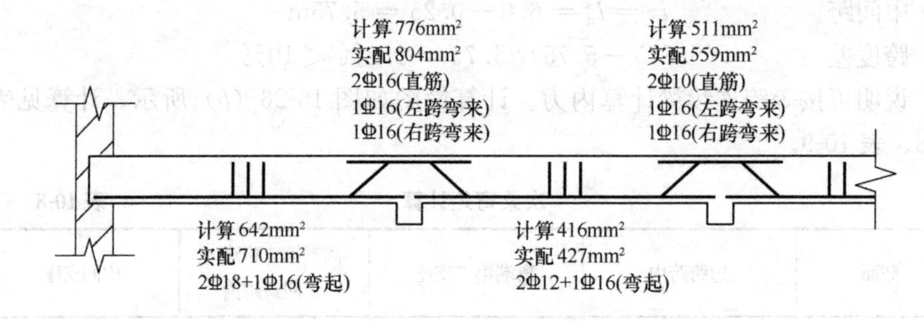

图10-27　次梁配筋示意图

次梁正截面承载力计算　　**表10-10**

截面	边跨跨内	离端第二支座	离端第二跨跨内 中间跨跨内	中间支座
M(kN·m)	92.50	−92.50	60.91	69.62
$\alpha_s=\frac{M}{\alpha_1 f_c b'_f h_0^2}$ $\left(\text{或}\frac{M}{\alpha_1 f_c b h_0^2}\right)$	$\frac{92.50\times10^6}{1.0\times14.3\times1160\times410^2}$ $=0.033$	$\frac{92.50\times10^6}{1.0\times14.3\times200\times380^2}$ $=0.224$	$\frac{60.91\times10^6}{1.0\times14.3\times1160\times410^2}$ $=0.022$	$\frac{69.62\times10^6}{1.0\times14.3\times200\times410^2}$ $=0.145$
$\xi=1-\sqrt{1-2\alpha_s}$	0.034	0.257<0.35	0.022	0.157
$A_s=\xi b'_f h_0\frac{\alpha_1 f_c}{f_y}$ $\left(\text{或}A_s=\xi b h_0\frac{\alpha_1 f_c}{f_y}\right)$ (mm²)	$0.034\times1160\times410$ $\times\frac{1.0\times14.3}{360}=642.32$	$0.257\times200\times380$ $\times\frac{1.0\times14.3}{360}=775.85$	$0.022\times1160\times410$ $\times\frac{1.0\times14.3}{360}=415.62$	$0.157\times200\times410$ $\times\frac{1.0\times14.3}{360}=511.38$
选配钢筋	2Φ18+1Φ16	4Φ16	2Φ12+1Φ16	2Φ10+2Φ16
实配钢筋面积(mm²)	710	804	427	559

次梁斜截面承载力计算 **表 10-11**

截面	端支座右侧	离端第二支座左侧	离端第二支座右侧	中间支座左侧、右侧
V(kN)	76.35	101.79	93.23	93.23
$0.25\beta_c f_c bh_0$(N)	$0.25\times1.0\times14.3\times200\times410=293150>V$	$0.25\times1.0\times14.3\times200\times380=271700>V$	$271700>V$	$293150>V$
$0.7f_t bh_0$(N)	$0.7\times1.43\times200\times410=82082>V$	$0.7\times1.43\times200\times380=76076<V$	$76076<V$	$82082>V$
选用箍筋	2Φ8	2Φ8	2Φ8	2Φ8
$A_{sv}=nA_{sv1}$ (mm²)	101	101	101	101
$s=\dfrac{f_{yv}A_{sv}h_0}{V-0.7f_t bh_0}$	<0	$\dfrac{270\times101\times380}{101790-76076}=402.99$	$\dfrac{270\times101\times380}{93230-76076}=604.09$	$\dfrac{270\times101\times410}{93230-82082}=1002.93$
实配箍筋间距 s(mm)	200	200	200	200

最小配箍率要求：

$$\rho_{sv}=\frac{A_{sv}}{sb}=\frac{101}{200\times200}=0.253\%$$

$$\rho_{sv,\min}=0.24\frac{f_t}{f_{yv}}=0.127\%$$

$\rho_{sv}>\rho_{sv,\min}$，因此满足最小配箍率要求。

4. 主梁计算

主梁按弹性理论计算。

主梁的结构尺寸如图 10-28（a）所示。

（1）荷载

由次梁传来恒荷载设计值 $9.46\times6.0=56.76$kN

主梁自重（折算为集中荷载）

$1.2\times25\times0.25\times(0.65-0.08)\times2.2=9.41$kN

抹灰（折算为集中荷载）

$1.2\times17\times0.015\times(0.65-0.08)\times2\times2.2=0.77$kN

$G=66.94$kN

由次梁传来活荷载设计值 $Q=20.02\times6.0=120.12$kN

合计 $G+Q=187.06$kN

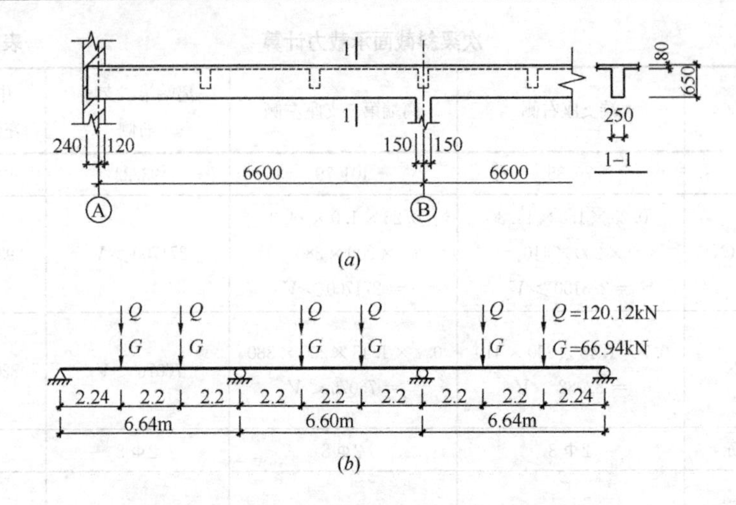

图 10-28 主梁的结构尺寸图和计算简图

(a) 主梁的结构尺寸图；(b) 计算简图

(2) 内力计算

计算跨度：

边跨 $l_n = 6.60 - 0.12 - \frac{0.3}{2} = 6.33\text{m}$

$$l_0 = 1.025 l_n + \frac{b}{2} = 1.025 \times 6.33 + \frac{0.3}{2} = 6.64\text{m} < l_n + \frac{a}{2} + \frac{b}{2}$$

$$= 6.33 + \frac{0.36}{2} + \frac{0.3}{2} = 6.66\text{m}$$

中间跨 $l_n = 6.60 - 0.3 = 6.30\text{m}$

$$l_0 = l_n + b = 6.30 + 0.3 = 6.60\text{m}$$

平均跨度 $l_0 = (6.64 + 6.60)/2 = 6.62\text{m}$（计算支座弯矩用）

跨度差 $(6.64 - 6.60)/6.60 = 0.61\% < 10\%$，则可按等跨连续梁计算。

由于主梁线刚度较柱的线刚度大得多（$i_{梁}/i_{柱} = 8.5 > 4$，考虑翼缘作用，主梁线刚度计算时乘以系数1.5），故主梁可视为铰支柱顶上的连续梁，计算简图如图10-28 (b) 所示。

在各种不同分布的荷载作用下，其内力计算可采用等跨连续梁的内力系数表（附表13）进行，则由恒荷载和活荷载引起的跨内和支座截面最大弯矩及剪力按下式计算：

$$M = KGl + KQl$$

$$V = KG + KQ$$

对边跨取 $l = 6.64\text{m}$，对中间跨取 $l = 6.60\text{m}$，对支座 B 取 $l = 6.62\text{m}$。

式中系数 K 值由附表13中查得，具体计算结果以及最不利内力组合见表

10-12、表 10-13。

主梁弯矩计算（kN·m） **表 10-12**

序号	计算简图	边跨跨内	中间支座	中间跨跨内
		$\frac{K}{M_1}$	$\frac{K}{M_B(M_C)}$	$\frac{K}{M_2}$
①	GG GG GG A 1 B 2 C 3 D	$\frac{0.244}{108.45}$	$\frac{-0.267}{-118.32}$	$\frac{0.067}{29.60}$
②	QQ QQ	$\frac{0.289}{230.51}$	$\frac{-0.133}{-105.76}$	$\frac{M_B}{-105.76}$
③	QQ	$\approx\frac{1}{3}M_B=-35.25$	$\frac{-0.133}{-105.76}$	$\frac{0.200}{158.56}$
④	QQ QQ	$\frac{0.229}{182.65}$	$\frac{-0.311(-0.089)}{-247.31(-70.77)}$	$\frac{0.170}{134.77}$
⑤	QQ QQ	$\approx\frac{1}{3}M_B=-23.59$	−70.77(−247.31)	134.77
最不利内力组合	①+②	338.96	−224.08	−76.16
	①+③	73.20	−224.08	188.16
	①+④	291.10	−365.63 (−189.09)	164.37
	①+⑤	84.86	−189.09 (−365.63)	164.37

主梁剪力计算（kN） **表 10-13**

序号	计算简图	端支座	中间支座	
		$\frac{K}{V_A^r}$	$\frac{K}{V_B^l(V_C^l)}$	$\frac{K}{V_B^r(V_C^r)}$
①	GG GG GG A 1 B 2 C 3 D	$\frac{0.733}{49.07}$	$\frac{-1.267(-1.000)}{-84.81(-66.94)}$	$\frac{1.000(1.267)}{66.94(84.81)}$
②	QQ QQ	$\frac{0.866}{104.02}$	$\frac{-1.134(0)}{-136.22}$	$\frac{0(1.134)}{136.22}$
④	QQ QQ	$\frac{0.689}{82.76}$	$\frac{-1.311(-0.778)}{-157.48(-93.45)}$	$\frac{1.222(0.089)}{146.79(10.69)}$
⑤	QQ QQ	−10.69	−10.69(−146.79)	93.45(157.48)
最不利内力组合	①+②	153.09	−221.03	66.94
	①+④	131.83	−242.29 (−160.39)	213.73 (95.50)
	①+⑤	38.38	−95.5 (−213.73)	160.39 (242.29)

将以上最不利内力组合下的弯矩图及剪力图分别叠画在同一坐标图上，即可得主梁的弯矩包络图及剪力包络图，见图 10-29。

（3）截面承载力计算

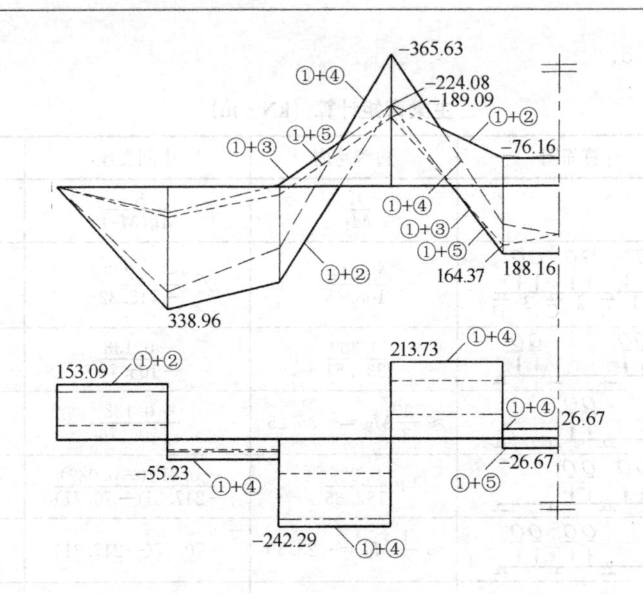

图10-29　主梁的弯矩包络图及剪力包络图

主梁跨内截面按T形截面计算，其翼缘计算宽度为：

$$b'_f=\frac{1}{3}l_0=\frac{1}{3}\times6600=2200\text{mm}<b+s_n=6000\text{mm}$$

并取 $h_0=650-40=610\text{mm}$

判别T形截面类型：

$$\alpha_1f_cb'_fh'_f\left(h_0-\frac{h'_f}{2}\right)=1.0\times14.3\times2200\times80\times\left(610-\frac{80}{2}\right)$$

$$=1434.6\text{kN}\cdot\text{m}>M_1=338.96\text{kN}\cdot\text{m}$$

故属于第一类T形截面。

支座截面按矩形截面计算，取 $h_0=650-90=560\text{mm}$（因支座弯矩较大，考虑布置两排纵筋，并布置在次梁主筋下面）。

主梁正截面及斜截面承载力计算分别见表10-14及表10-15。

主梁正截面承载力计算　　**表10-14**

截面	边跨跨内	中间支座	中间跨跨内	
M(kN·m)	338.96	−365.63	188.16	−76.16
$V_0\frac{b}{2}$(kN·m)		$(66.94+120.12)\times\frac{0.3}{2}=28.06$		
$M-V_0\frac{b}{2}$ (kN·m)		−337.57		
$\alpha_s=\frac{M}{\alpha_1f_cb'_fh_0^2}$ $\left(或\frac{M}{\alpha_1f_cbh_0^2}\right)$	$\frac{338.96\times10^6}{1.0\times14.3\times2213\times610^2}=0.029$	$\frac{337.57\times10^6}{1.0\times14.3\times250\times560^2}=0.301$	$\frac{188.16\times10^6}{1.0\times14.3\times2200\times610^2}=0.016$	$\frac{76.16\times10^6}{1.0\times14.3\times250\times580^2}=0.063$

续表

截面	边跨跨内	中间支座	中间跨跨内	
$\xi=1-\sqrt{1-2\alpha_s}$	0.029	0.369<0.35	0.016	0.065
$A_s=\xi b'_f h_0 \frac{\alpha_1 f_c}{f_y}$ $\left(或 A_s=\xi b h_0 \frac{\alpha_1 f_c}{f_y}\right)$ (mm²)	$0.029\times2213\times610\times\frac{1.0\times14.3}{360}=1555$	$0.369\times250\times560\times\frac{1.0\times14.3}{360}=2052$	$0.016\times2200\times610\times\frac{1.0\times14.3}{360}=853$	$0.065\times250\times580\times\frac{1.0\times14.3}{360}=374$[注]
选配钢筋	2Φ20+2Φ25	2Φ25+2Φ22+2Φ16	2Φ16+2Φ18	2Φ22
实配钢筋面积(mm²)	1610	2144	911	760

注：$h_0=650-70=580$mm。

主梁斜截面承载力计算 **表 10-15**

截面	支座 A^r	支座 B^l	支座 B^r
V(kN)	153.09	242.29	213.73
$0.25\beta_c f_c b h_0$(N)	$0.25\times1.0\times14.3\times250\times610=545187.5>V$	$0.25\times1.0\times14.3\times250\times560=500500>V$	$500500>V$
$0.7f_t b h_0$(N)	$0.7\times1.43\times250\times610=152652.5<V$	$0.7\times1.43\times250\times560=140140<V$	$140140<V$
选用箍筋	2Φ8	2Φ8	2Φ8
$A_{sv}=nA_{sv1}$(mm²)	101	101	101
$s=\frac{f_{yv}A_{sv}h_0}{V-0.7f_t b h_0}$	$\frac{270\times101\times610}{153090-152652.5}=38022$	<0	<0
实配箍筋间距 s(mm)	250	250	250
$V_{cs}=0.7f_t b h_0+f_{yv}\frac{A_{sv}}{s}h_0$(N)		$140140+270\times\frac{101}{250}\times560=201225$	$140140+270\times\frac{101}{250}\times560=201225$
$A_{sb}=\frac{V-V_{cs}}{0.8f_y\sin\alpha}$(mm²)		$\frac{242290-201225}{0.8\times360\times0.707}=202$	$\frac{213730-201225}{0.8\times360\times0.707}=61$
选配弯筋		1Φ25	1Φ16
实配弯筋面积(mm²)		490.9	201

(4) 主梁吊筋计算

由次梁传至主梁的全部集中力为：

$$G+Q=66.94+120.12=187.06\text{kN}$$

则 $A_s=\frac{G+Q}{2f_y\sin\alpha}=\frac{187.06\times10^3}{2\times360\times0.707}=367.5\text{mm}^2$

选 2Φ16（$A_s=402\text{mm}^2$）。

主梁的配筋示意图见图 10-30。

5. 施工图

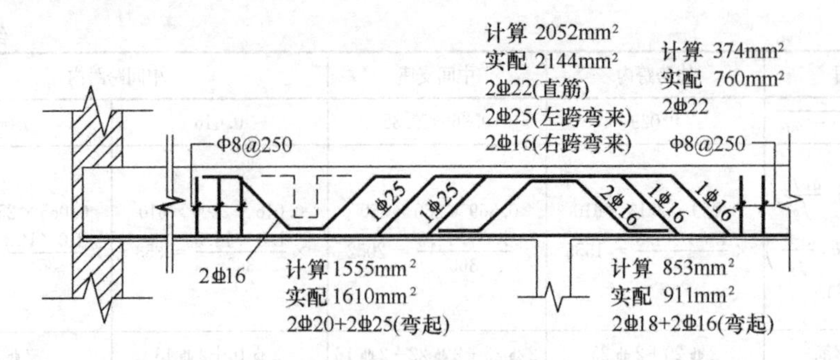

图 10-30　主梁配筋示意图

板、次梁配筋图和主梁配筋及材料图分别见图 10-31～图 10-33 及表 10-16。

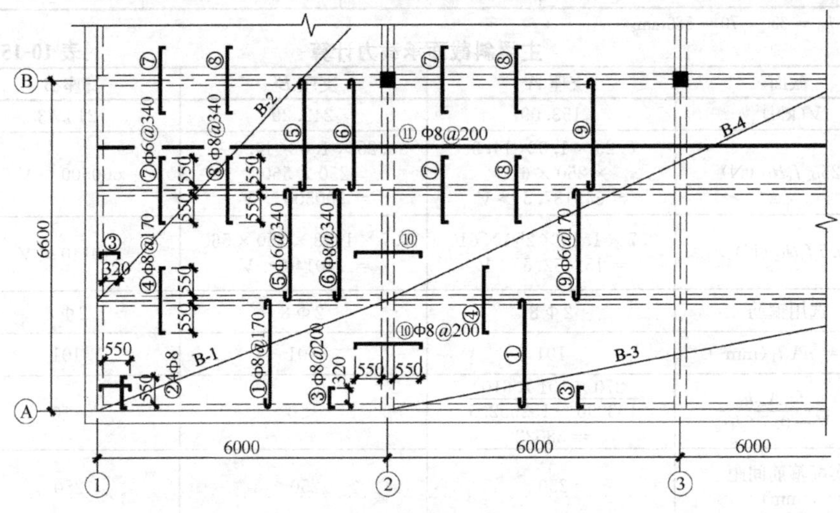

图 10-31　板的配筋图

板的配筋表　　　　**表 10-16**

编号	简图	直径	长度 mm	根数	总长 m	钢筋用量 kg
1	2080	A8	2180	354	771.7	304.8
2	65 660 65	A8	790	32	25.3	10.0
3	65 430 65	A8	560	502	281.1	111.0
4	65 1300 65	A8	1430	354	506.2	200.0
5	2100	A6	2200	252	554.4	123.1
6	2100	A8	2200	252	554.4	219.0
7	65 1300 65	A6	1430	534	763.6	169.5
8	65 1300 65	A8	1430	534	763.6	301.6
9	2100	A6	2200	742	1632.4	362.4
10	65 1350 65	A8	1480	400	592	233.8
11	5980	A8	—	—	2996	1183.4

合计：3218.7kg

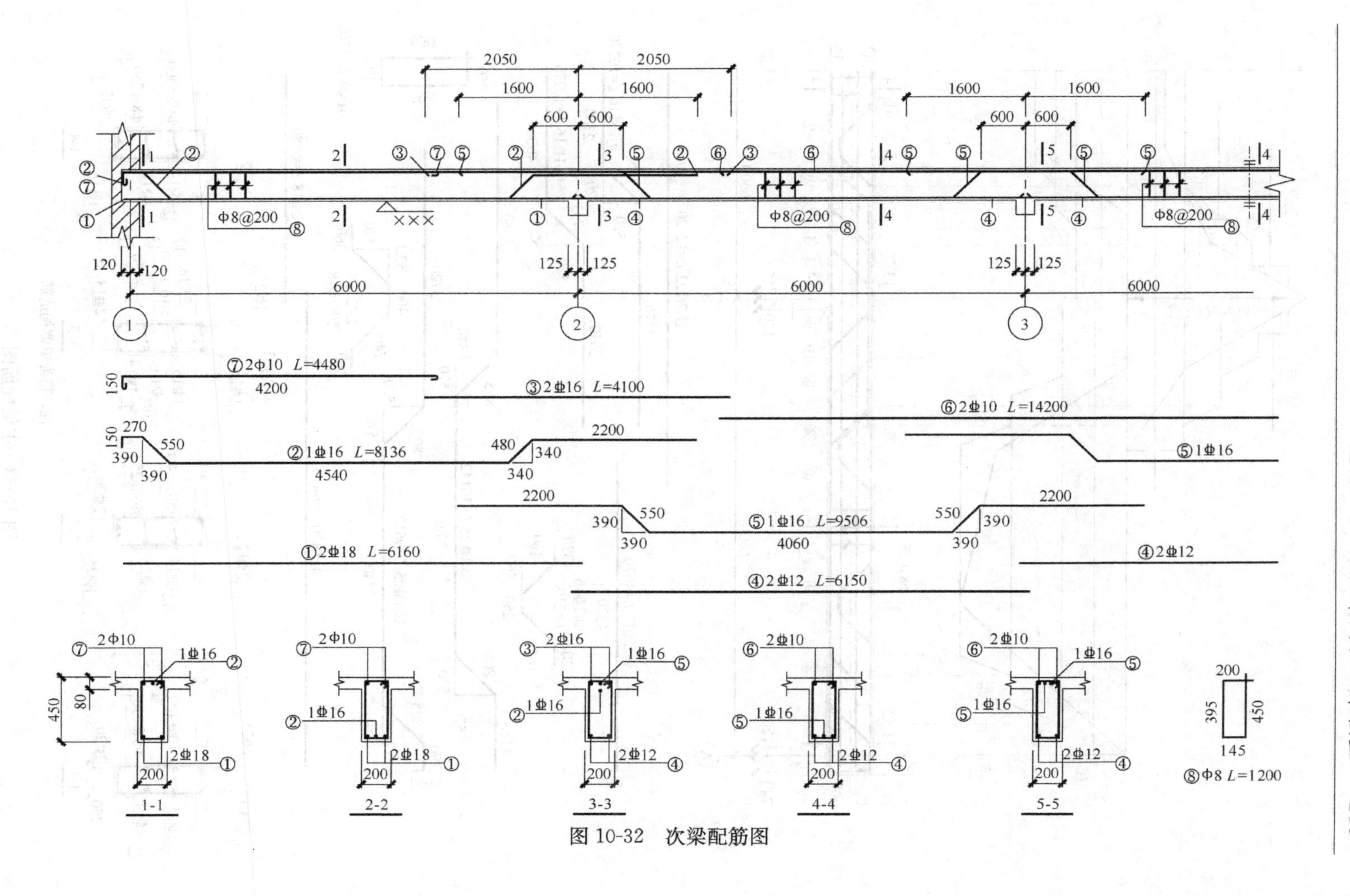
2050
2050
1600
1600
1600
1600
600
600
600
600
Φ8@200
×××
120
120
125
125
125
125
6000
6000
6000
⑦2Φ10 L=4480
4200
150
③2Φ16 L=4100
⑥2Φ10 L=14200
②1Φ16 L=8136
4540
270
550
390
480
340
2200
⑤1Φ16
⑤1Φ16 L=9506
4060
①2Φ18 L=6160
④2Φ12
④2Φ12 L=6150
2Φ10
1Φ16
2Φ18
2Φ16
2Φ12
200
450
80
1-1
2-2
3-3
4-4
5-5
395
145
⑧Φ8 L=1200

图 10-32 次梁配筋图

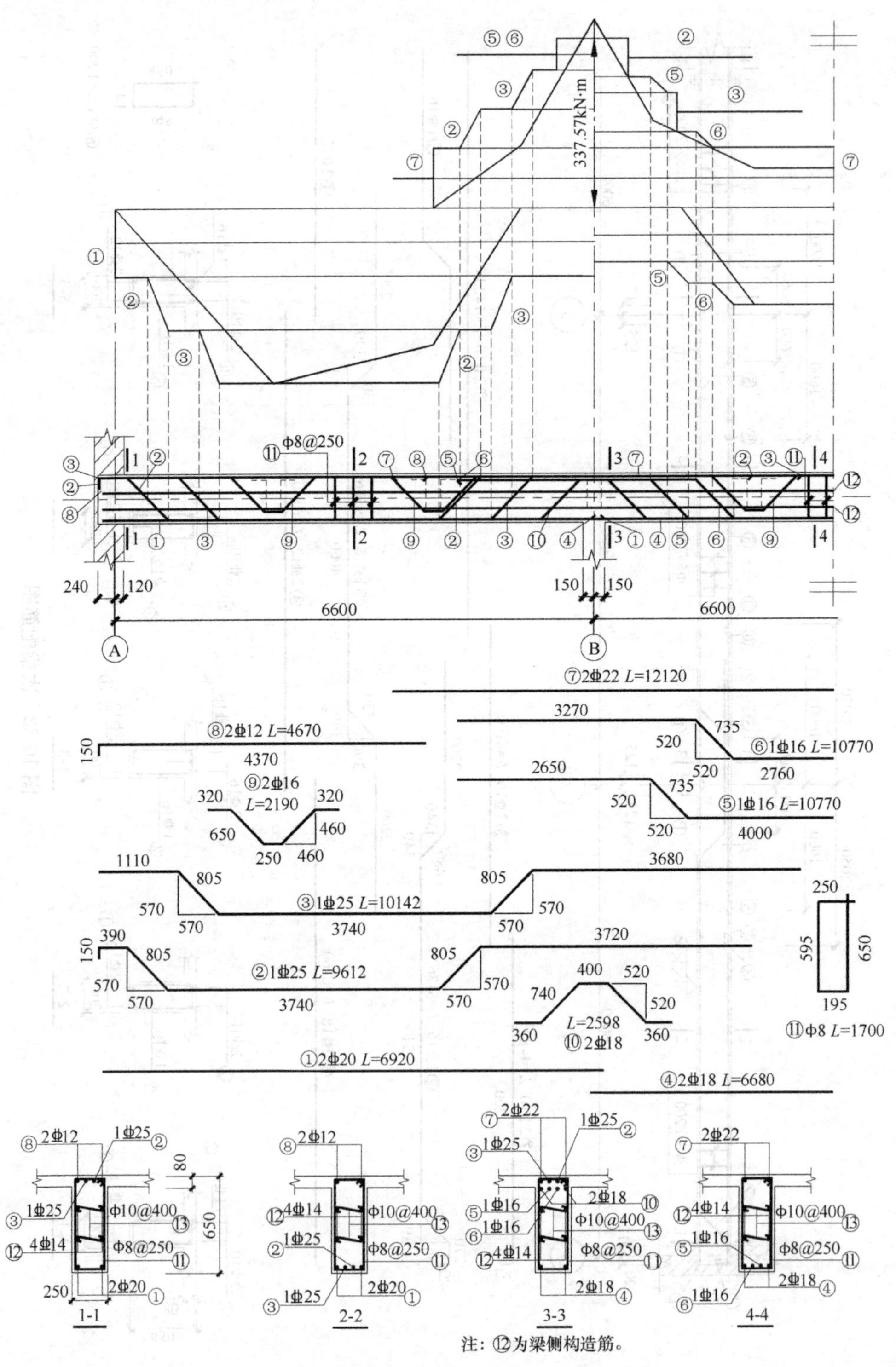

注：⑫为梁侧构造筋。

图10-33　主梁配筋图

§10.3　现浇双向板肋梁楼盖

在肋梁楼盖中，如果梁格布置使各区格板的长边与短边之比 $\frac{l_2}{l_1}\leqslant 2$ 时，应按双向板设计；$3>\frac{l_2}{l_1}>2$ 时，宜按双向板设计。这种楼盖称双向板肋梁楼盖（图 10-34）。

双向板肋梁楼盖受力性能较好，可以跨越较大跨度，梁格布置使顶棚整齐美观，常用于民用房屋跨度较大的房间以及门厅等处。当梁格尺寸及使用荷载较大时，双向板肋梁楼盖比单向板肋梁楼盖经济，所以也常用于工业房屋楼盖。

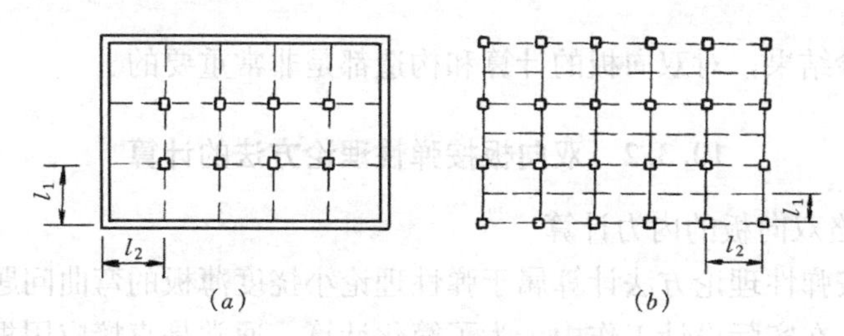

图 10-34　双向板肋梁楼盖

10.3.1　双向板的受力特征及试验结果

用弹性力学理论来分析，双向板的受力特征不同于单向板，它在两个方向的横截面上都作用有弯矩和剪力，另外还有扭矩；而单向板则只是认为一个方向作用有弯矩和剪力，另一方向不传递荷载。双向板中因有扭矩的存在，使板的四角有翘起的趋势，受到墙的约束后，板的跨中弯矩减小，刚度较大。因此双向板的受力性能比单向板优越，其跨度可达 5m 左右（单向板常用跨度仅 1.7～2.7m）。

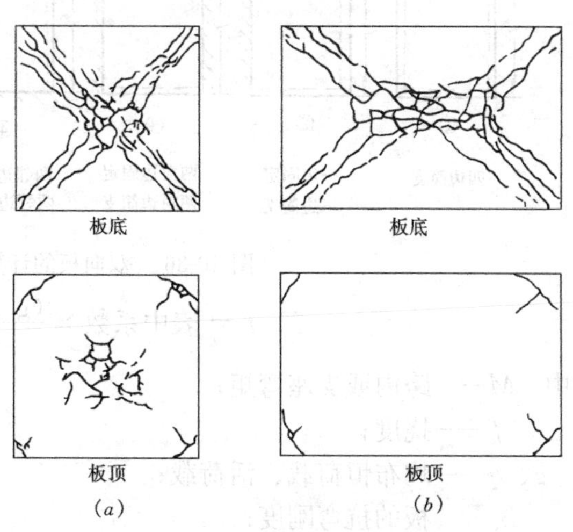

图 10-35　钢筋混凝土板的破坏裂缝
(a) 正方形板；(b) 矩形板

钢筋混凝土双向板的受力情况较为复杂，试验研究表明：

在承受均布荷载的四边简支正方形板中（图 10-35a），当荷载逐渐增加时，首先在板底中央出现裂缝，然后沿着对角线方向向四角扩展，在接近破坏时，板的顶面四角附近出现了圆弧形裂缝，它促使板底对角线方向裂缝进一步扩展，最终由于跨中钢筋屈服导致板的破坏。

在承受均布荷载的四边简支矩形板中（图 10-35*b*），第一批裂缝出现在板底中央且平行长边方向；当荷载继续增加时，这些裂缝逐渐延伸，并沿 45°方向向四角扩展，然后板顶四角亦出现圆弧形裂缝，最后导致板的破坏。

不论是简支的正方形还是矩形板，在荷载作用下，板的四角都有翘起的趋势，板传给四边支承梁的压力，沿边长并非均匀分布，而是中部较大，两端较小。

板中钢筋一般都布置成与板的四边平行，以便于施工。在同样配筋率时，采用较细钢筋较为有利；在同样数量的钢筋时，将板中间部分排列较密些，要比均匀放置适宜。

以上试验结果，对双向板的计算和构造都是非常重要的。

10.3.2 双向板按弹性理论方法的计算

1. 单区格双向板的内力计算

双向板按弹性理论方法计算属于弹性理论小挠度薄板的弯曲问题，由于内力分析很复杂，在实际设计工作中，为了简化计算，通常是直接应用根据弹性理论编制的计算用表（附表 14）进行内力计算。在该附表中，按边界条件选列了 6 种计算简图（图 10-36），分别给出了在均布荷载作用下的跨内弯矩系数（泊松比 $\nu_c=0$ 时）、支座弯矩系数和挠度系数，则可算出有关弯矩和挠度。

$$M = 表中系数 \times (g+q)l^2 \qquad (10\text{-}19)$$

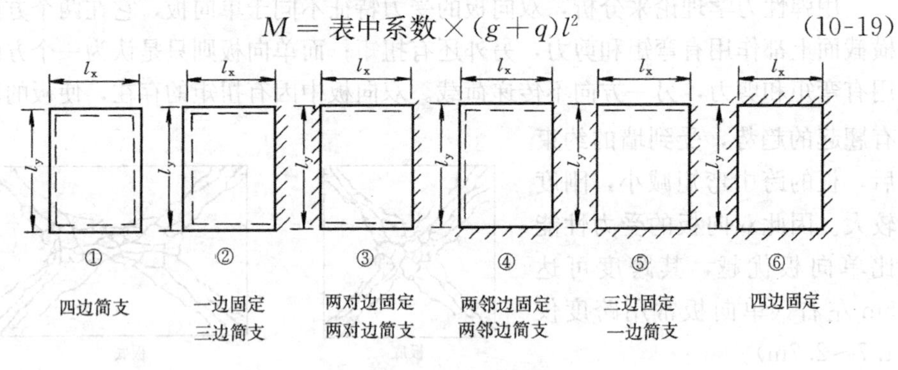

图 10-36 双向板的计算简图

$$f = 表中系数 \times \frac{(g+q)l^4}{B_c} \qquad (10\text{-}20)$$

式中 M——跨内或支座弯矩；

f——挠度；

g、q——均布恒荷载、活荷载；

B_c——板的抗弯刚度；

l——取用 l_x 和 l_y 中之较小者；

l_x、l_y——x 和 y 方向的计算跨度。

但对于跨内弯矩尚需考虑横向变形的影响，按下式计算：

$$M_x^{(\nu_c)} = M_x + \nu_c M_y \tag{10-21}$$

$$M_y^{(\nu_c)} = M_y + \nu_c M_x \tag{10-22}$$

式中 $M_x^{(\nu_c)}$、$M_y^{(\nu_c)}$——考虑 ν_c 的影响 l_x 及 l_y 方向的跨内弯矩；

M_x、M_y——$\nu_c = 0$ 时，l_x 及 l_y 方向的跨内弯矩；

ν_c——泊松比，对于钢筋混凝土 $\nu_c = 0.2$。

2. 多区格等跨连续双向板的内力计算

连续双向板内力的精确计算更为复杂，在设计中一般采用实用计算方法，通过对双向板上活荷载的最不利布置以及支承情况等合理的简化，将多区格连续板转化为单区格板进行计算。该法假定其支承梁抗弯刚度很大，梁的竖向变形忽略不计，抗扭刚度很小，可以转动；当在同一方向的相邻最大与最小跨度之差小于20%时可按下述方法计算。

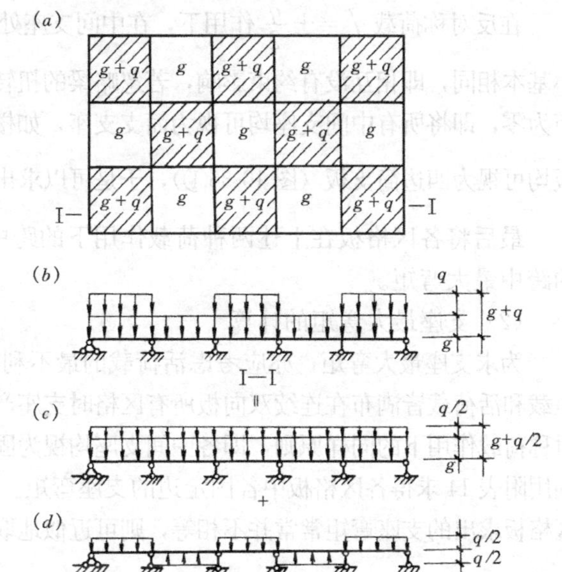

图 10-37　双向板活荷载的最不利布置

(1) 各区格板跨中最大弯矩的计算

多区格连续双向板与多跨连续单向板类似，也需要考虑活荷载的最不利布置。亦即，当求某区格板跨中最大弯矩时，应在该区格布置活荷载，然后在其左右前后分别隔跨布置活荷载，通常称为棋盘式布置（图 10-37*a*）；此时在活荷载作用的区格内，将产生跨中最大弯矩。

在图 10-37（*b*）所示的荷载作用下，任一区格板的边界条件为既非完全固定又非理想简支的情况。为了能利用单区格双向板的内力计算系数表计算连续双向板，可以采用下列近似方法：把棋盘式布置的荷载分解为各跨满布的对称荷载和各跨向上向下相间作用的反对称荷载（图 10-37*c*、*d*）。

对称荷载　$g' = g + \frac{q}{2}$

反对称荷载　$q' = \pm \frac{q}{2}$

在对称荷载 $g' = g + \frac{q}{2}$ 作用下，所有中间支座两侧荷载相同，若忽略远跨荷载的影响，可以近似地认为支座截面处转角为零，即将所有中间支座均可视为固定支座，从而所有中间区格板均可视为四边固定双向板（图 10-36⑥）；边、角区格板的外边界条件按实际情况确定，如楼盖周边视为简支，则其边区格可视为三边固定一边简支双向板（图 10-36⑤）；角区格板可视为两邻边固定两邻边简支双向板（图 10-36④）。这样，根据各区格板的四边支承情况，即可分别求出在 $g' = g + \frac{q}{2}$ 作用下的跨中弯矩。

在反对称荷载 $q' = \pm\frac{q}{2}$ 作用下，在中间支座处相邻区格板的转角方向一致，大小基本相同，即相互没有约束影响，若忽略梁的扭转作用，则可近似认为支座截面弯矩为零，即将所有中间支座均可视为简支支座，如楼盖周边视为简支，则所有各区格板均可视为四边简支板（图 10-36①），于是可以求出在 $q' = \pm\frac{q}{2}$ 作用下的跨中弯矩。

最后将各区格板在上述两种荷载作用下的跨中弯矩相叠加，即得到各区格板的跨中最大弯矩。

（2）支座最大弯矩的计算

为求支座最大弯矩，亦应考虑活荷载的最不利布置，为简化计算，可近似认为恒载和活荷载皆满布在连续双向板所有区格时支座产生最大弯矩。此时，可用前述在对称荷载作用下的同样原则，即各中间支座均视为固定，各周边支座视为简支，则可利用附表 14 求得各区格板中各固定边的支座弯矩。但对某些中间支座，由相邻两个区格板求出的支座弯矩常常并不相等，则可近似地取其平均值作为该支座弯矩值。

10.3.3　双向板按塑性理论方法的计算

钢筋混凝土为弹塑性体，因而按弹性理论计算与试验结果存在一定差异，并且双向板是一种超静定结构，在受力过程中将发生塑性内力重分布，所以应考虑材料的塑性性能来计算双向板的内力，才能符合其实际受力情况，并能节约材料（可节省钢筋约 20%～30%）。

目前常用的计算方法有机动法、板块极限平衡法、板带法以及用电子计算机分析的最佳配筋法等。

当荷载形式确定以后，对于已知的一块双向板，其承载力即极限荷载值是唯一的。但是，双向板是高次超静定结构，因而，一般情况下，按塑性理论计算其极限荷载的精确值是不容易的，只能计算其上限值和下限值，而精确值就在二者之间。

机动法，属于上限值，即偏于“不安全”方面，但实际上由于穹窿作用的有利影响，所求得的值并非真的“上限值”，许多试验亦指出，实际的破坏荷载都大大超过计算值。板带法属于“下限值”，即偏于“安全”一面。

现仅介绍板块极限平衡法。

1. 基本假定

（1）板在即将破坏时，最大弯矩处形成“塑性铰线”（或称屈服线），将板分割成若干板块，成为机动可变体系。

(2) 均布荷载作用下，塑性铰线为直线。塑性铰线位置（即破坏图形）与板的形状、尺寸、边界条件、荷载形式、配筋数量等有关。通常负的塑性铰线发生在固定边界处，正的塑性铰线则通过相邻板块转动轴的交点，见图 10-38。

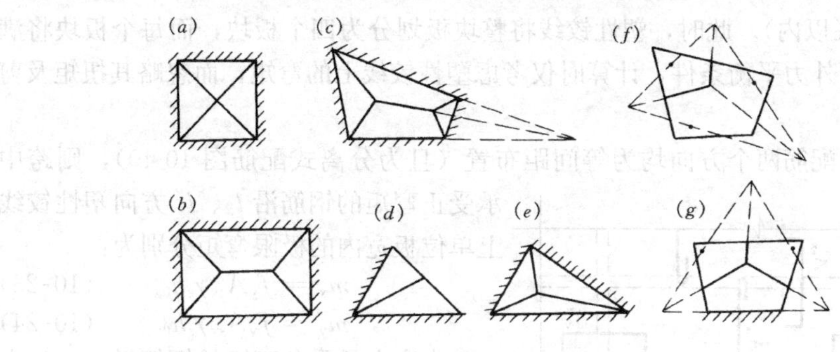

图 10-38 板块的塑性铰线

(3) 板块的弹性变形远较塑性铰线处的变形小，故可视板块为刚性的，整个板的变形都集中在塑性铰线上，破坏时，各板块皆绕塑性铰线转动。

(4) 板的破坏图形往往有许多种可能性，但其中必有一个最危险的是相应于极限荷载为最小的塑性铰线。

(5) 在上述塑性铰线上，钢筋达到屈服，混凝土达到抗压强度，此时已进入极限内力矩的工作状态。

2. 四边支承矩形双向板基本计算公式

(1) 四边固定或连续双向板

均布荷载作用下的双向板，一般情况下发生“倒锥形”的破坏机构。图 10-39

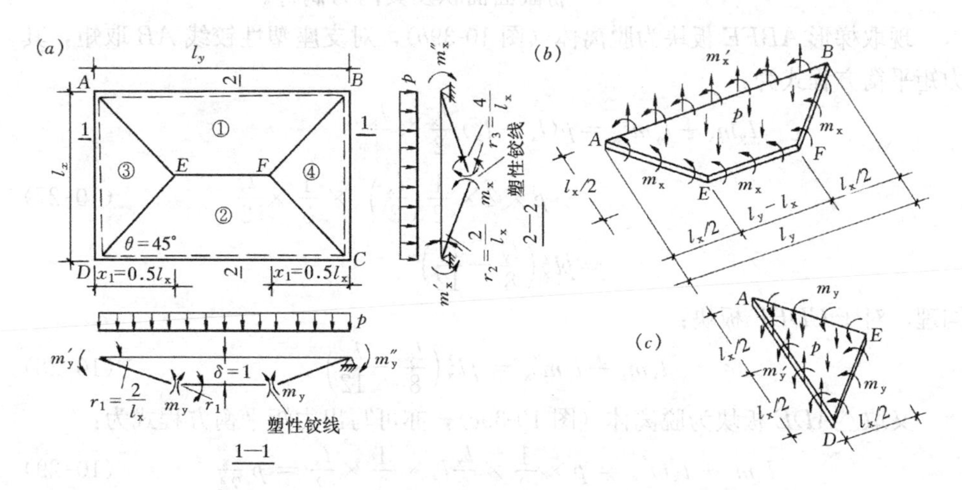

图 10-39 四边固定或连续双向板塑性铰线及脱离体图

正塑性铰线——；负塑性铰线— — —

(*a*) 为一承受均布荷载 p 的四边固定（或连续）的矩形双向板，短边及长边跨长分别为 l_x 及 l_y。从工程实用出发，可近似地假定其破坏图形如图 10-39（*a*）所示，即四周支承边形成负塑性铰线，跨中形成正塑性铰线呈对称形并沿 $\theta=45°$方向向四角发展。这样，计算工作将大为简化，而计算结果与理论分析误差很小（一般在5%以内）。此时，塑性铰线将整块板划分为四个板块，而每个板块将满足各自的内外力平衡条件，计算时仅考虑塑性铰线上的弯矩，而忽略其扭矩及剪力。

设板内配筋两个方向均为等间距布置（且为分离式配筋图 10-40），则跨中承受正弯矩的钢筋沿 l_x、l_y 方向塑性铰线上单位板宽内的极限弯矩分别为：

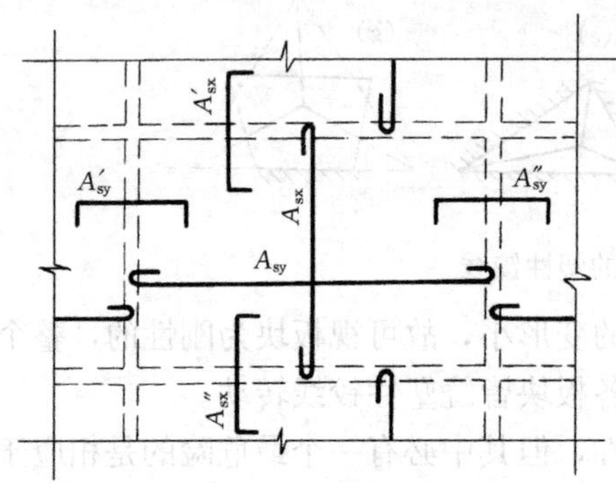

图 10-40　双向板分离式配筋布置

$$m_x = f_y A_{sx} \gamma_s h_{0x} \tag{10-23}$$

$$m_y = f_y A_{sy} \gamma_s h_{0y} \tag{10-24}$$

支座上承受负弯矩的钢筋沿 l_x、l_y 方向塑性铰线上单位板宽内的极限弯矩分别为：

$$m'_x = m''_x = f_y A'_{sx} \gamma_s h'_{0x} = f_y A''_{sx} \gamma_s h''_{0x} \tag{10-25}$$

$$m'_y = m''_y = f_y A'_{sy} \gamma_s h'_{0y} = f_y A''_{sy} \gamma_s h''_{0y} \tag{10-26}$$

式中　A_{sx}、A_{sy} 及 $\gamma_s h_{0x}$、$\gamma_s h_{0y}$ ——跨中沿 l_x 及 l_y 方向单位板宽内的纵向受力钢筋截面面积及其内力偶臂；

A'_{sx}、A''_{sx}、A'_{sy}、A''_{sy} 及 $\gamma_s h'_{0x}$、$\gamma_s h''_{0x}$、$\gamma_s h'_{0y}$、$\gamma_s h''_{0y}$ ——支座上沿 l_x 及 l_y 方向单位板宽内的纵向受力钢筋截面面积及其内力偶臂。

现取梯形 $ABFE$ 板块为脱离体（图 10-39*b*），对支座塑性铰线 AB 取矩，其力矩平衡方程式为：

$$\begin{aligned} l_y m_x + l_y m'_x &= p(l_y - l_x)\frac{l_x}{2}\times\frac{l_x}{4} \\ &\quad + p\times 2\times\frac{1}{2}\left(\frac{l_x}{2}\right)^2\times\frac{1}{3}\times\frac{l_x}{2} \\ &= p l_x^2\left(\frac{l_y}{8}-\frac{l_x}{12}\right) \end{aligned} \tag{10-27}$$

同理，对于 $CDEF$ 板块：

$$l_y m_x + l_y m''_x = p l_x^2\left(\frac{l_y}{8}-\frac{l_x}{12}\right) \tag{10-28}$$

又取△ADE 板块为脱离体（图 10-39*c*），亦可写出力矩平衡方程式为：

$$l_x m_y + l_x m'_y = p\times\frac{1}{2}\times\frac{l_x}{2}l_x\times\frac{1}{3}\times\frac{l_x}{2} = p\frac{l_x^3}{24} \tag{10-29}$$

同理，对于 BCF 板块：

$$l_x m_y + l_x m''_y = p\frac{l_x^3}{24} \tag{10-30}$$

将以上四式相加即得：

$$2l_y m_x + 2l_x m_y + l_y m'_x + l_y m''_x + l_x m'_y + l_x m''_y = \frac{pl_x^2}{12}(3l_y - l_x) \tag{10-31}$$

为了便于考虑钢筋的不同布置方式时的计算，式（10-31）也可采用以塑性铰线上总弯矩的形式来表达。

设沿跨中塑性铰线 l_x 及 l_y 方向的总极限正弯矩各为 $M_x = l_y m_x$、$M_y = l_x m_y$；沿支座塑性铰线上 l_x 及 l_y 方向的总极限负弯矩各为 $M'_x = l_y m'_x$、$M''_x = l_y m''_x$、$M'_y = l_x m'_y$、$M''_y = l_x m''_y$，则由式（10-31）可得：

$$2M_x + 2M_y + M'_x + M''_x + M'_y + M''_y = \frac{pl_x^2}{12}(3l_y - l_x) \tag{10-32}$$

上式为设计时直接应用的基本公式。

(2) 四边简支双向板

四边简支双向板的支座弯矩为零，则式（10-32）中 $M'_x = M''_x = M'_y = M''_y = 0$，可得以总弯矩来表达的四边简支双向板的基本公式为：

$$M_x + M_y = \frac{pl_x^2}{24}(3l_y - l_x) \tag{10-33}$$

3. 四边支承双向板的设计

(1) 双向板的其他破坏形式

设各内力间的比值为 $\frac{m_y}{m_x} = \alpha$；$\frac{m'_x}{m_x} = \frac{m''_x}{m_x} = \frac{m'_y}{m_y} = \frac{m''_y}{m_y} = \beta$。

若钢筋弯起过早或数量过多时，将使余下的钢筋可能承担不了该处的正弯矩，致使该处的钢筋比跨中钢筋先达到屈服而出现塑性铰线，发生如图 10-41 所示“倒锥台形”的破坏机构，将导致极限荷载的降低。验算表明，如跨中钢筋在距支座 $l_x/4$ 处弯起一半，当取 $\alpha = \frac{m_y}{m_x} = \left(\frac{l_x}{l_y}\right)^2 = \frac{1}{n^2}$（其中 $n = l_y/l_x$），$\beta = 1.5 \sim 2.5$ 时，将不会形成这种破坏机构。

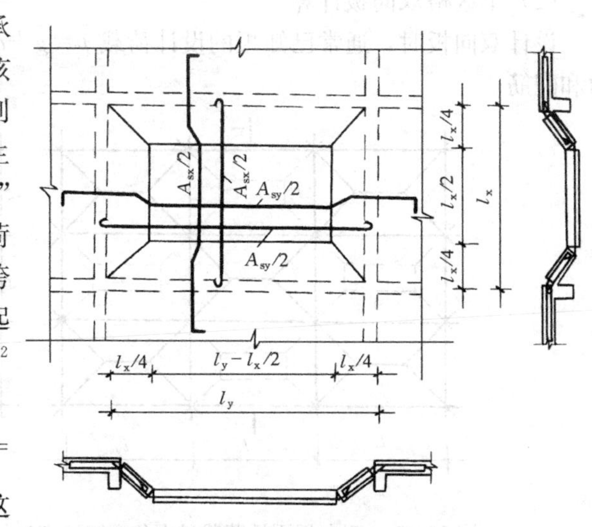

图 10-41 双向板因钢筋弯起过早或过多时产生的“倒锥台形”破坏

当支座负弯矩钢筋切断

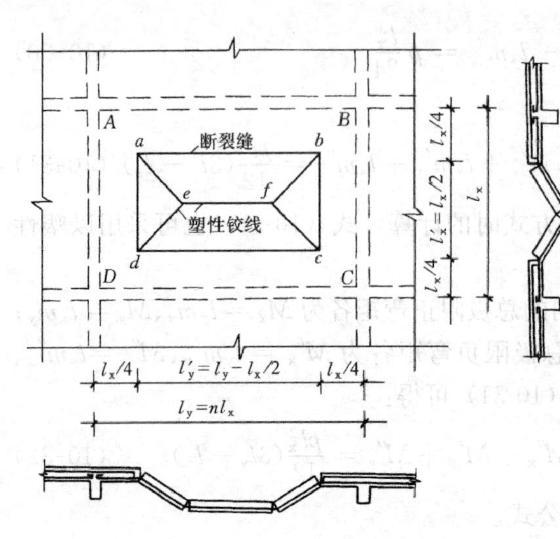

图10-42　双向板因负弯矩筋切断过早产生的“局部倒锥形”破坏

过早时，在没有负弯矩钢筋的区域可能形成如图10-42所示的“局部倒锥形”破坏机构，使极限荷载降低。验算表明，当支座负弯矩钢筋在距支座边 $l_x/4$ 处切断时，只要调幅后的支座负弯矩取值适当，即 β 取值不过大，则会防止形成这种破坏机构。但 β 取值亦不宜过小，否则将导致板的裂缝开展过大，因此设计时，β 值亦可在1.5～2.5之间选用。

对于多区格连续双向板，当恒载为满布，而活荷载较大且按棋盘式间隔布置时，也可能产生如图10-43所示的破坏机构，对有活荷载的区格出现正弯矩塑性铰线而产生“倒锥形”破坏；没有活荷载的区格，由于支座负弯矩钢筋在某处过早切断，致使该处钢筋截面突然减小，余下的钢筋承担不了该处负弯矩，因而出现负弯矩塑性铰线，产生“正锥台形”破坏。根据一般配筋形式，即支座负弯矩钢筋在距支座边 $l_x/4$ 处切断时，在一般情况下不会出现这种破坏形式；但当活荷载较大时，为防止产生这种破坏情况应验算支座负弯矩钢筋切断点的位置。

(2) 单区格双向板计算

设计双向板时，通常已知板的设计荷载 $p=g+q$ 和净跨 l_x、l_y，要求确定内力和配筋。

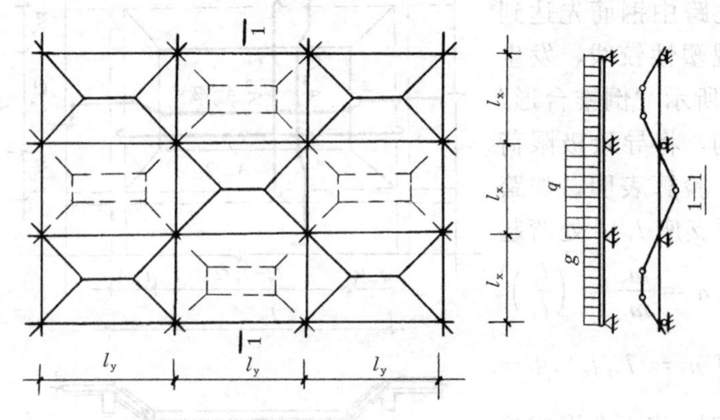

图10-43　双向板因活荷载过大负弯矩区产生的“正锥台形”破坏

根据前述的配筋形式可求得塑性铰线上的总弯矩为：

$$M_x = l_y m_x \tag{10-34}$$
$$M_y = l_x m_y = \alpha l_x m_x \tag{10-35}$$
$$M'_x = M''_x = l_y m'_x = \beta l_y m_x \tag{10-36}$$
$$M'_y = M''_y = l_x m'_y = \beta l_x m_y = \beta \alpha l_x m_x \tag{10-37}$$

然后可利用基本公式式（10-32）进行内力和配筋计算。在该公式中有 4 个未知数 m_x、m_y、$m'_x=m''_x$、$m'_y=m''_y$，不可能求解，故需预先选定内力间的比值 α 及 β。

从经济观点和构造要求考虑做如下假定：

1）通常可取为 $\alpha=\frac{m_y}{m_x}=\left(\frac{l_x}{l_y}\right)^2=\frac{1}{n^2}$，其目的是使其值与弹性板跨中两个方向计算弯矩的比值相近，亦即在使用阶段跨中两个方向的截面应力较为接近。

2）为了防止发生“局部倒锥形”破坏，β 值可在 1.5～2.5 之间选用。

在选定内力比值后，即可用某一内力（如 m_x）来表示跨中及支座弯矩并代入基本公式式（10-32），即可以求出某一内力（如 m_x），则其余各项内力按原来选定的比值即可一一求出，然后根据式（10-23）～式（10-26），可进而求出相应配筋 A_{sx}～A''_{sy}。

对于板中某些支座为简支的各种不同边界条件的双向板，只要取各简支支座的弯矩值等于零，按同样方法可以求出相应板的内力和配筋。在《建筑结构静力计算手册》中列有各种边界条件的双向板计算图表，供设计时查用。

若采用弯起式配筋，如图 10-41，为了充分利用钢筋，可将板内跨中正弯矩钢筋在距支座 $l_x/4$ 处弯起一半作为支座负弯矩钢筋（不足部位另设直钢筋），这样，在板的 $l_x/4\times l_x/4$ 角隅区将有一半钢筋弯起至板的顶部，而不再承受正弯矩，则式（10-34）、式（10-35）应为：

$$\begin{aligned} M_x &= \left(l_y - \frac{l_x}{2}\right)m_x + 2\times\frac{l_x}{4}\times\frac{m_x}{2} \\ &= \left(l_y - \frac{l_x}{4}\right)m_x \end{aligned} \tag{10-38}$$

$$\begin{aligned} M_y &= \frac{l_x}{2}m_y + 2\times\frac{l_x}{4}\times\frac{m_y}{2} \\ &= \frac{3}{4}l_x m_y = \frac{3}{4}\alpha l_x m_x \end{aligned} \tag{10-39}$$

（3）多区格连续双向板计算

在计算连续双向板时，内区格板可按四边固定的单区格板进行计算，边区格或角区格板可按外边界的实际支承情况的单区格板进行计算。计算时，首先从中间区格板开始，将中间区格板计算得出的各支座弯矩值，作为计算相邻区格板支座的已知弯矩值。这样，依次由内向外直至外区格板可一一解出。

10.3.4 双向板的截面设计与构造要求

1. 截面设计

（1）双向板的厚度：板厚 h 应满足表 10-3 的规定。

（2）板的截面有效高度。由于跨中弯矩短跨方向比长跨方向大，因此短跨方向的受力钢筋应放在长跨方向受力钢筋的外侧，以充分利用板的有效高度，因而在估计 h_0 时（对一类环境）：

短向　$h_0=h-20\text{mm}$

长向　$h_0=h-30\text{mm}$

求截面配筋时，内力臂系数可取 $\gamma_s=0.90\sim0.95$。

（3）弯矩折减。双向板在荷载作用下由于支座的约束，整块板存在着穹窿的作用，从而使板的跨中弯矩减小，因此，截面设计时考虑这种有利的影响，对周边与梁整体连接的板，其计算弯矩可根据下列情况予以减少：

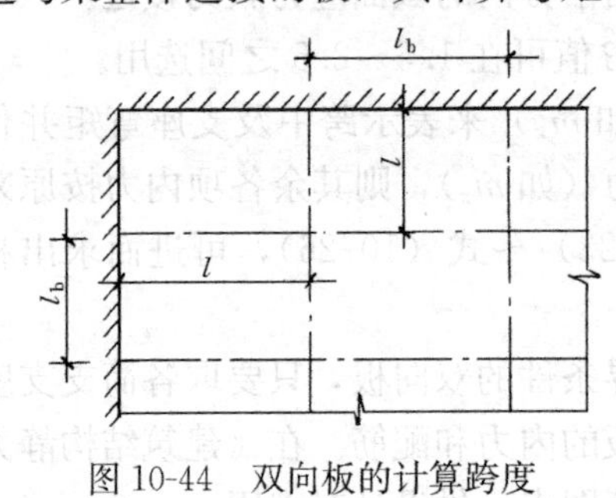

图10-44　双向板的计算跨度

1）中间区格的跨中截面及中间支座上减少20%。

2）边区格的跨中截面及从楼板边缘算起的第二支座上：

当 $l_b/l<1.5$ 时，减少20%；

当 $1.5\leqslant l_b/l<2.0$ 时，减少10%。

其中，l 为垂直于板边缘方向的计算跨度；l_b 为沿板边缘方向的计算跨度。如图10-44所示。

3）角区格不应减少。

2. 钢筋配置

双向板的受力钢筋沿纵横两个方向配置，配筋形式类似于单向板，有弯起式和分离式两种。

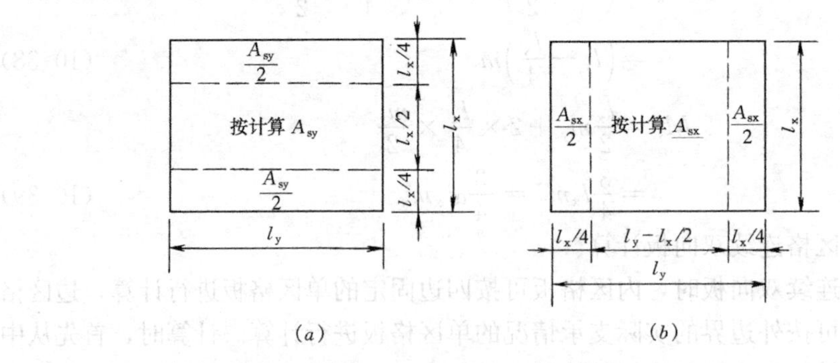

图10-45　双向板配筋时板带的划分

(a) 平行于 l_y 方向的钢筋；(b) 平行于 l_x 方向的钢筋

按弹性理论计算时，板底钢筋数量是根据跨中最大弯矩求得的，而跨中弯矩沿板宽向两边逐渐减小，故配筋亦应向两边逐渐减少。考虑到施工方便，可将板在两个方向各划分成三个板带（图10-45），边缘板带的宽度为较小跨度的1/4，其余为中间板带。在中间板带内按最大弯矩配筋，而边缘板带配筋减少一半，但每米宽度内不得少于3根。连续板支座负弯矩钢筋，则按各支座的最大负弯矩求得，沿全支座均匀布置而不在边缘板带内减少。

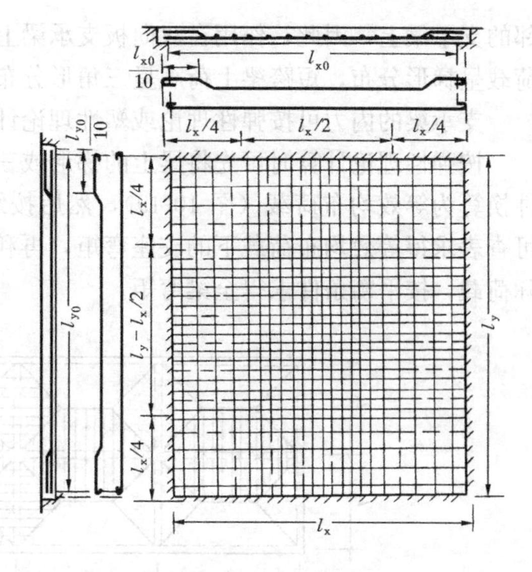

图 10-46 简支双向板配筋

按塑性理论计算时，通常跨中及支座钢筋皆均匀布置。

在简支的双向板中，考虑到计算时未考虑支座的部分固定，故可将每个方向的跨中钢筋弯起1/3伸入至支座内，以承受可能产生的负弯矩。图10-46为四边简支双向板的典型配筋情况。两边嵌固在墙内的板角处，与单向板肋梁楼盖中相同亦应双向配置构造负筋，这是因为不仅可以控制由于墙体的约束限制板角上翘而引起的与墙边成45°方向裂缝的扩展，而且可以防止由此可能导致的极限荷载的降低。在多区格连续板及四边固定的板中，跨中钢筋可弯起1/2～2/3作为支座负弯矩钢筋，不足部分另加直钢筋；由于边缘板带内纵筋较少，可在四角上面另加两个方向的附加钢筋。图10-47为连续双向板一个中间区格板的典型配筋情况。

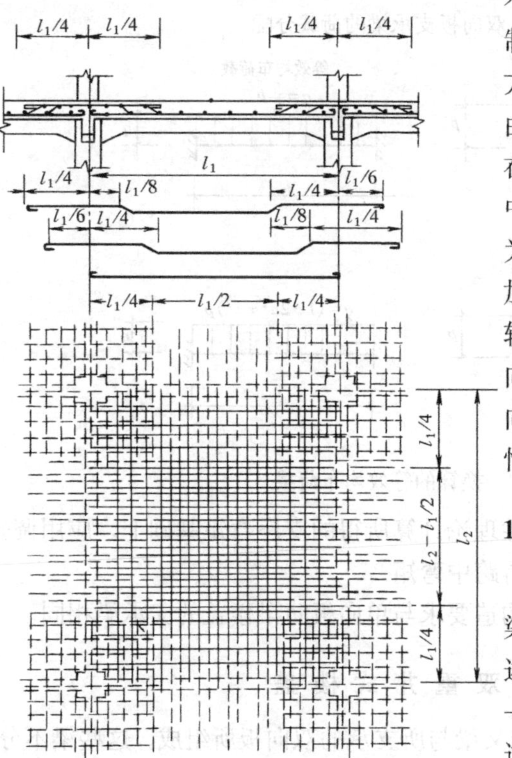

图 10-47 连续双向板中间区格配筋

10.3.5 双向板支承梁的计算特点

精确地确定双向板传给支承梁的荷载较为复杂，通常采用下述近似方法求得（图10-48），从每一区格的四角作45°线与平行于长边的中线相交，将整块板分成四个板块，每个板块的荷载传至相邻的支承梁上，因此，作用在双向板支承梁上的荷载不是均匀分布的，长跨梁上荷载呈梯形分布，短跨梁上荷载呈三角形分布。

支承梁的内力可按弹性理论或塑性理论计算。

按弹性理论计算时可先将梁上的梯形或三角形荷载，根据支座转角相等的条件换算为等效均布荷载（图10-49），然后按结构力学方法计算；对等跨连续梁可查表求得等效均布荷载下的支座弯矩，再利用所求得的支座弯矩和每一跨的实际荷载，按平衡条件求得全梁弯矩。

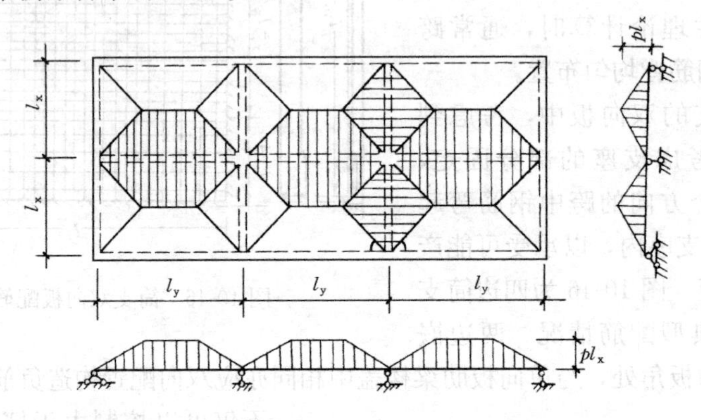

图10-48　双向板支承梁的荷载分配

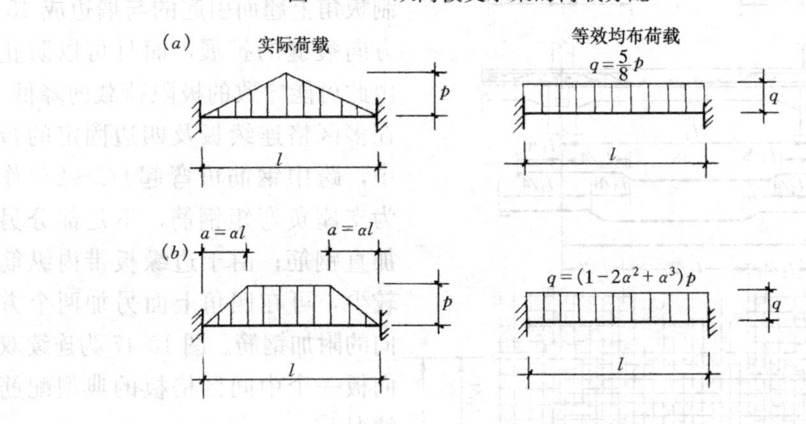

图10-49　换算的等效均布荷载

按塑性理论计算时，可在弹性理论计算所得的支座弯矩基础上，应用调幅法选定支座弯矩，再按实际荷载求得跨中弯矩。

双向板支承梁的截面设计及构造要求与单向板肋梁楼盖的支承梁相同。

10.3.6　双重井式楼盖*

双重井式楼盖是由双向井字交叉梁与所支承的双向板所组成。这些梁不分主、次梁，而是共同直接承受由板传来的荷载，整个梁格形成四边支承的双向受弯体系。

双重井式楼盖在平面上宜做成正方形，如必须做成矩形，其长短边之比不宜大于1.5。交叉梁可直接支承在墙上（图10-50a）或具有足够刚度的大梁上（图10-50c），梁亦可采用沿45°方向布置（图10-50b、d），称为正交斜放井式楼盖。

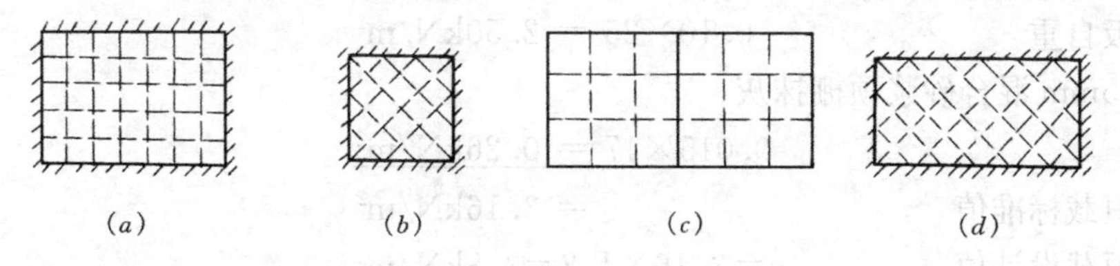

图10-50　双重井式楼盖梁格形式

在一般荷载下，当板厚为80mm时，梁格的短边长度可控制在3.6m左右。当平面为正方形或接近正方形时，一般可取梁高$h=\frac{l}{18}\sim\frac{l}{16}$，梁宽$b=\frac{h}{4}\sim\frac{h}{3}$，$l$为房间平面的短边长度。

双重井式楼盖可以跨越较大跨度，两个方向梁的截面尺寸较小且相同，梁格布置均匀，因而外形美观，常能满足建筑上对顶棚装修的要求，但造价相对较高。

双重井式楼盖中的板，可按双向板计算，可以不考虑梁的挠度影响。

10.3.7　整体式双向板肋梁楼盖设计例题

1. 设计资料

某厂房双向板肋梁楼盖的结构布置如图10-51所示，板厚选用100mm，20mm厚水泥砂浆面层，15mm厚混合砂浆顶棚抹灰，楼面活荷载标准值$q=5.0\text{kN/m}^2$，混凝

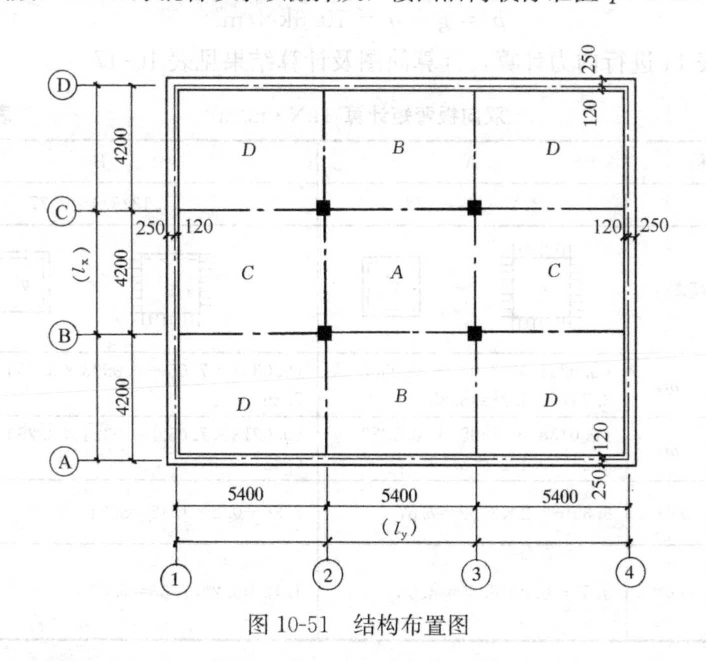

图10-51　结构布置图

土为C30（$f_c=14.3\text{N/mm}^2$），钢筋为HPB300级（$f_y=270\text{N/mm}^2$）。

2. 荷载计算

20mm水泥砂浆面层　　$0.02\times20=0.40\text{kN/m}^2$

板自重　　$0.10\times25=2.50\text{kN/m}^2$

15mm混合砂浆顶棚抹灰

　　$0.015\times17=0.26\text{kN/m}^2$

恒载标准值　　$=3.16\text{kN/m}^2$

恒载设计值　　$g=3.16\times1.2=3.8\text{kN/m}^2$

活荷载设计值　　$q=5.0\times1.3=6.5\text{kN/m}^2$

合计　　$p=g+q=10.3\text{kN/m}^2$

3. 按弹性理论计算

在求各区格板跨内正弯矩时，按恒载满布及活荷载棋盘式布置计算，取荷载：

$$g'=g+\frac{q}{2}=3.8+\frac{6.5}{2}=7.05\text{kN/m}^2$$

$$q'=\frac{q}{2}=\frac{6.5}{2}=3.25\text{kN/m}^2$$

在g'作用下，各内支座均可视作固定，某些区格板跨内最大正弯矩不在板的中心点处；在q'作用下，各区格板四边均可视作简支，跨内最大正弯矩则在板的中心点处，计算时，可近似取二者之和作为跨内最大正弯矩值。

在求各中间支座最大负弯矩时，按恒载及活荷载均满布各区格板计算，取荷载：

$$p=g+q=10.3\text{kN/m}^2$$

按附表14进行内力计算，计算简图及计算结果见表10-17。

双向板弯矩计算（kN·m/m）　　**表10-17**

区格			A	B
l_x/l_y			4.2/5.4=0.78	4.13/5.4=0.77
	计算简图		g' + q'	g' + q'
跨内	$\nu=0$	m_x	$(0.0281\times7.05+0.0585\times3.25)\times4.2^2=6.85$	$(0.0337\times7.05+0.0596\times3.25)\times4.13^2=7.36$
		m_y	$(0.0138\times7.05+0.0327\times3.25)\times4.2^2=3.59$	$(0.0218\times7.05+0.0324\times3.25)\times4.13^2=4.42$
	$\nu=0.2$	$m_x^{(\nu)}$	$6.85+0.2\times3.59=7.57$	$7.36+0.2\times4.42=8.24$
		$m_y^{(\nu)}$	$3.59+0.2\times6.85=4.96$	$4.42+0.2\times7.36=5.89$

续表

区格			A	B
l_x/l_y			4.2/5.4=0.78	4.13/5.4=0.77
支座	计算简图		$g+q$	$g+q$
	m'_x		$0.0679\times10.3\times4.2^2=12.34$	$0.0811\times10.3\times4.13^2=14.25$
	m'_y		$0.0561\times10.3\times4.2^2=10.19$	$0.0720\times10.3\times4.13^2=12.65$
区格			C	D
l_x/l_y			4.2/5.33=0.79	4.13/5.33=0.78
	计算简图		g' + q'	g' + q'
跨内	$\nu=0$	m_x	$(0.0318\times7.05+0.0573\times3.25)\times4.2^2=7.24$	$(0.0375\times7.05+0.0585\times3.25)\times4.13^2=7.75$
		m_y	$(0.0145\times7.05+0.0331\times3.25)\times4.2^2=3.70$	$(0.0213\times7.05+0.0327\times3.25)\times4.13^2=4.37$
	$\nu=0.2$	$m_x^{(\nu)}$	$7.24+0.2\times3.70=7.98$	$7.75+0.2\times4.37=8.62$
		$m_y^{(\nu)}$	$3.70+0.2\times7.24=5.15$	$4.37+0.2\times7.75=5.92$
支座	计算简图		$g+q$	$g+q$
	m'_x		$0.0728\times10.3\times4.2^2=13.23$	$0.0905\times10.3\times4.13^2=15.90$
	m'_y		$0.0570\times10.3\times4.2^2=10.36$	$0.0753\times10.3\times4.13^2=13.23$

由该表可见，板间支座弯矩是不平衡的，实际应用时可近似取相邻两区格板支座弯矩的平均值，即

$$A-B\text{ 支座}\quad m'_x=\frac{1}{2}(-12.34-14.25)=-13.30\text{kN}\cdot\text{m/m}$$

$$A-C\text{ 支座}\quad m'_y=\frac{1}{2}(-10.19-10.36)=-10.28\text{kN}\cdot\text{m/m}$$

$$B-D\text{ 支座}\quad m'_y=\frac{1}{2}(-12.65-13.23)=-12.94\text{kN}\cdot\text{m/m}$$

$$C-D\text{ 支座}\quad m'_x=\frac{1}{2}(-13.23-15.90)=-14.57\text{kN}\cdot\text{m/m}$$

各跨中、支座弯矩既已求得（考虑 A 区格板四周与梁整体连接，乘以折减系数 0.8），即可近似按 $A_s=\frac{m}{0.95f_yh_0}$ 算出相应的钢筋截面面积，取跨中及支座截面 $h_{0x}=80\text{mm}$，$h_{0y}=70\text{mm}$，具体计算不赘述。

4. 按塑性理论计算

（1）弯矩计算

1）中间区格板 A

计算跨度：
$$l_x=4.2-0.2=4.0\text{m}$$
$$l_y=5.4-0.2=5.2\text{m}$$
$$n=\frac{l_y}{l_x}=\frac{5.2}{4.0}=1.3，取\ \alpha=0.6\approx\frac{1}{n^2}，\beta=2$$

采用弯起式配筋，跨中钢筋在距支座 $l_x/4$ 处弯起一半，故得跨中及支座塑性铰线上的总弯矩为：
$$M_x=\left(l_y-\frac{l_x}{4}\right)m_x=\left(5.2-\frac{4.0}{4}\right)m_x=4.2m_x$$
$$M_y=\frac{3}{4}\alpha l_xm_x=\frac{3}{4}\times0.6\times4.0m_x=1.8m_x$$
$$M'_x=M''_x=\beta l_ym_x=2\times5.2m_x=10.4m_x$$
$$M'_y=M''_y=\beta\alpha l_xm_x=2\times0.6\times4.0m_x=4.8m_x$$

代入基本公式式（10-32），由于区格板 A 四周与梁整接，内力折减系数为 0.8：
$$2M_x+2M_y+M'_x+M''_x+M'_y+M''_y=\frac{pl_x^2}{12}\times(3l_y-l_x)$$
$$2\times4.2m_x+2\times1.8m_x+2\times10.4m_x+2\times4.8m_x=\frac{0.8\times10.3\times4.0^2\times(3\times5.2-4.0)}{12}$$

故得
$$m_x=3.01\text{kN}\cdot\text{m/m}$$
$$m_y=\alpha m_x=0.6\times3.01=1.81\text{kN}\cdot\text{m/m}$$
$$m'_x=m''_x=\beta m_x=2\times3.01=6.02\text{kN}\cdot\text{m/m}$$
$$m'_y=m''_y=\beta m_y=2\times1.81=3.62\text{kN}\cdot\text{m/m}$$

2）边区格板 B
$$l_x=4.2-\frac{0.2}{2}-0.12+\frac{0.1}{2}=4.03\text{m}$$
$$l_y=5.2\text{m}$$
$$n=\frac{5.2}{4.03}=1.29$$

由于 B 区格为三边连续一边简支板，无边梁，内力不作折减，又由于长边支座弯矩为已知，$m'_x=6.02\text{kN}\cdot\text{m/m}$，则：

$$M_x=\left(5.2-\frac{4.03}{4}\right)m_x=4.19m_x$$

$$M_y=\frac{3}{4}\times 0.6\times 4.03m_x=1.81m_x$$

$$M'_x=6.02\times 5.2=31.3;\ M''_x=0$$

$$M'_y=M''_y=2\times 0.6\times 4.03m_x=4.84m_x$$

代入式（10-32）：

$$2\times 4.19m_x+2\times 1.81m_x+31.3+0+2\times 4.84m_x=\frac{10.3\times 4.03^2}{12}(3\times 5.2-4.03)$$

故得

$$m_x=6.0\text{kN}\cdot\text{m/m}$$

$$m_y=0.6\times 6=3.6\text{kN}\cdot\text{m/m}$$

$$m'_y=m''_y=\beta m_y=2\times 3.6=7.2\text{kN}\cdot\text{m/m}$$

3）边区格板 C（计算过程略）

$$m_x=4.43\text{kN}\cdot\text{m/m}$$

$$m_y=0.6\times 4.43=2.66\text{kN}\cdot\text{m/m}$$

$$m'_x=m''_x=2\times 4.43=8.86\text{kN}\cdot\text{m/m}$$

4）角区格板 D（计算过程略）

$$m_x=7.23\text{kN}\cdot\text{m/m}$$

$$m_y=0.6\times 7.23=4.34\text{kN}\cdot\text{m/m}$$

（2）配筋计算

各区格板跨中及支座弯矩既已求得，取截面有效高度 $h_{0x}=80\text{mm}$，$h_{0y}=70\text{mm}$，即可近似按 $A_s=\frac{m}{0.95f_yh_0}$ 计算钢筋截面面积，计算结果见表 10-18，配筋图见图 10-52。

双向板配筋计算 **表 10-18**

截面			m（kN·m）	h_0（mm）	A_s（mm²）	选配钢筋	实配面积（mm²）
跨中	A区格	l_x方向	3.01	80	147	Φ8@200	251
		l_y方向	1.81	70	101	Φ8@200	251
	B区格	l_x方向	6.00	80	292	Φ10@200	393
		l_y方向	3.60	70	202	Φ8@200	251
	C区格	l_x方向	4.43	80	216	Φ8@200	251
		l_y方向	2.66	70	156	Φ8@200	251
	D区格	l_x方向	7.23	80	352	Φ10@200	393
		l_y方向	4.34	70	255	Φ8/10@200	322

续表

截　面		m（kN·m）	h_0（mm）	A_s（mm²）	选配钢筋	实配面积（mm²）
支座	$A-B$	6.02	80	294	Φ8/10@200 Φ8@400	447
	$A-C$	3.62	80	177	Φ8@200 Φ8@400	376
	$B-D$	7.20	80	457	Φ8/10@200 Φ8@400	447
	$C-D$	8.86	80	423	Φ8/10@200 Φ8@400	447

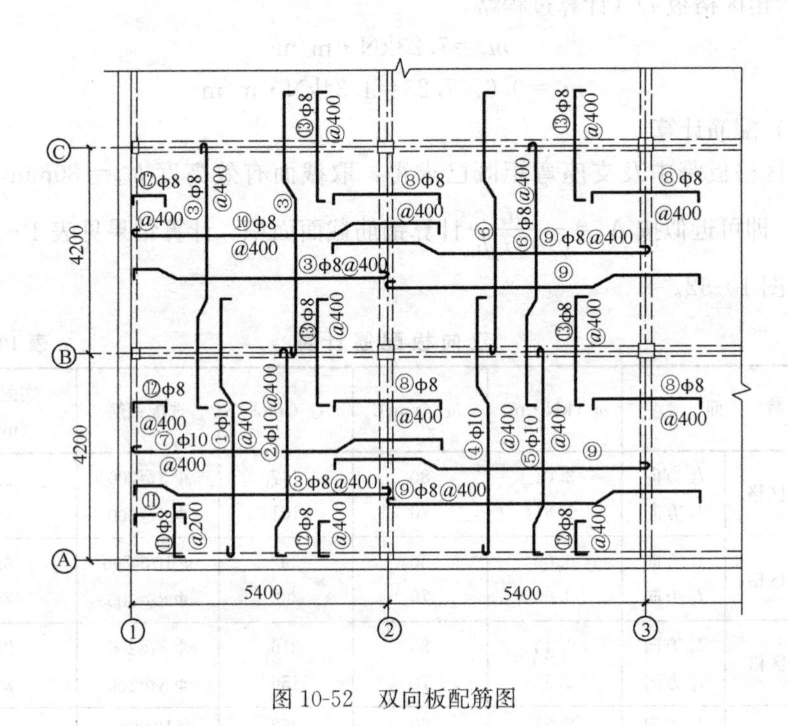

图10-52　双向板配筋图

§10.4 无 梁 楼 盖

10.4.1 概 述

无梁楼盖是一种“板、柱”框架体系。将钢筋混凝土板直接支承在柱上，而完全取消了肋梁（图10-2）。故板厚比肋梁楼盖大。为了改善板的受力条件，通常在柱的上端与板的连接处，尺寸加大，形成柱帽，用以作为板的支座，但也有无柱帽的。

无梁楼盖的优点是结构体系简单，传力途径短捷，建筑构造高度较肋梁楼盖为小，因而可以减小房屋的体积和减少墙体结构；顶棚平整，可以大大改善采光、通风和卫生条件，并可节省模板，简化施工。一般说来，当楼面有效荷载在$5kN/m^2$以上，跨度在6m以内时，无梁楼盖较肋梁楼盖经济。因而无梁楼盖常用于多层厂房、仓库、商场、冷藏库等建筑，随着升板结构的推广，无梁楼盖又得到了新的应用。

无梁楼盖的柱网通常布置成正方形或矩形，以正方形最为经济。楼盖的四周可支承在墙上或边梁上，或悬臂伸出边柱以外（图10-53）。悬臂板挑出的距离接近$0.4l$时（l为中间区格跨度），能使边支座负弯矩约等于中间支座的弯矩值，可取得经济效果，但这将使房屋周边形成狭窄地带，对建筑使用不利。

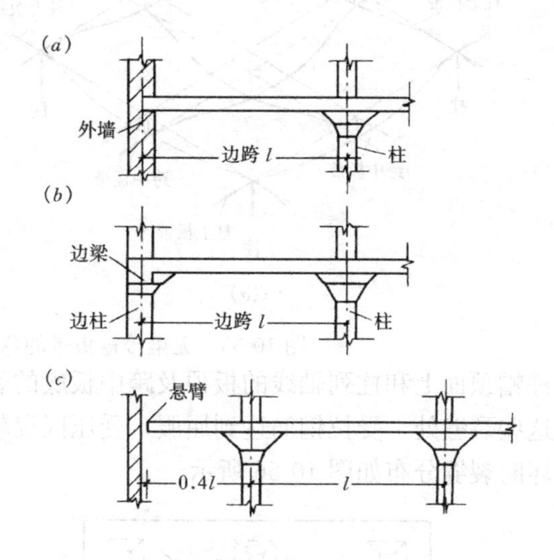

图10-53 无梁楼盖板的四周支承情况
(a) 周边支承在墙上；(b) 周边支承在边梁上；(c) 周边板悬挑式

无梁楼盖可以是整浇的，也可以是预制装配的。

无梁楼盖在竖向荷载作用下，相当于点支承的平板，根据这一静力工作特点，可将楼板在纵横两个方向，假想划分为两种板带，如图10-54所示，柱中心线两侧各$l_x/4$（或$l_y/4$）宽的板带称为柱上板带；柱距中间宽为$l_x/2$（或$l_y/2$）的板带称为跨中板带。柱上板带可以视作是支承在柱上的“连续板”，而跨中板带则可视作是支承在与它垂直的柱上板带上的“连续板”（当柱的线刚度相对较小可以忽略时，否则应将板与柱视作连续框架）。各板带的弯曲变形和弯矩分布大致如图10-55所示。板在柱顶为峰形凸曲面，在区格中部为碗形凹曲面。显然，板在跨中截面上为正弯矩，且在柱上板带内的弯矩M_2较

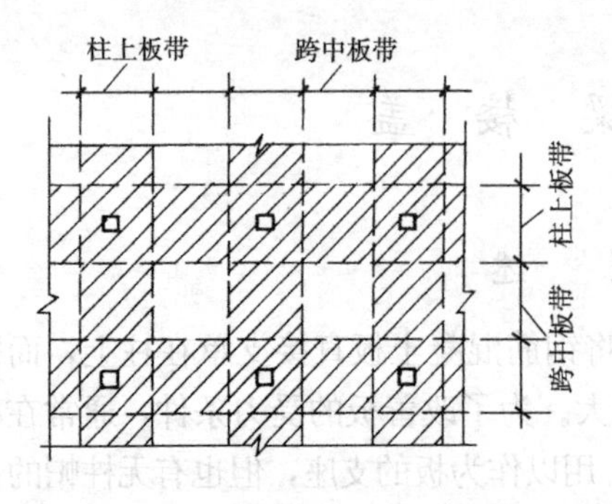

图10-54　无梁楼盖板带的划分

大，在跨中板带内的弯矩 M_4 较小；而在柱中心线截面上为负弯矩，由于柱的存在，柱上板带的刚度比跨中板带的刚度大得多，故在柱上板带内的弯矩 M_1 比跨中板带内的弯矩 M_3 大得多。

试验研究表明，在均布荷载作用下，柱帽顶面边缘上出现第一批裂缝。继续加荷时板顶沿柱列轴线也出现裂缝。随着荷载的增加，在板顶裂缝不断发展的同时，跨中板底出现互相垂直且平行于柱列轴线的裂缝并不断发展。当即将破坏时，在

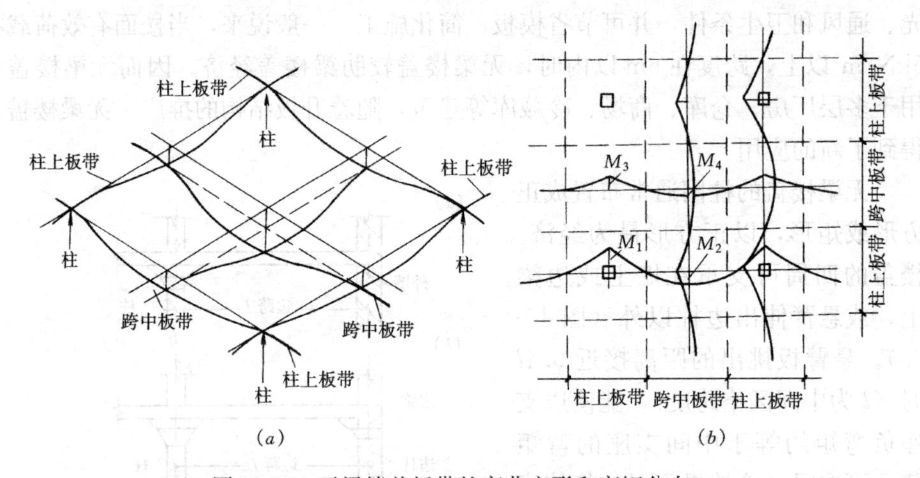

图10-55　无梁楼盖板带的弯曲变形和弯矩分布

柱帽顶面上和柱列轴线的板顶及跨中板底的裂缝中出现一些特别大的主裂缝。在这些裂缝处，受拉钢筋达到屈服，受压区混凝土被压碎，此时楼板即告破坏。破坏时裂缝分布如图10-56所示。

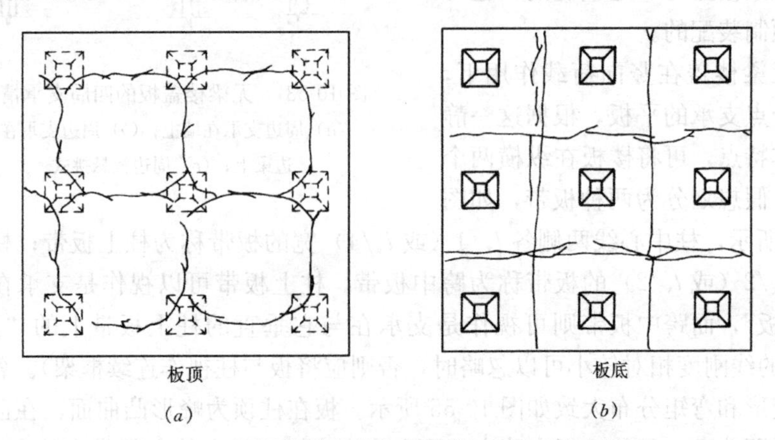

图10-56　无梁楼盖在均布荷载作用下出现的裂缝

10.4.2 内力计算简述

无梁楼盖按弹性理论计算的总弯矩法和等代框架法。

1. 总弯矩法

(1) 板的弯矩计算

此法是在试验研究和实践经验基础上，提出了一整套弯矩分配系数。计算时，先算出总弯矩，再乘以弯矩分配系数即可得出各截面的弯矩。因为采用的是“经验系数”，故又称经验系数法，在使用此法时必须符合下列条件：

1）每个方向至少应有3个连续跨；

2）同一方向上的最大跨度与最小跨度之比应不大于1.2，且两端跨不大于相邻的内跨；

3）任一区格内的长跨与短跨之比不大于1.5；

4）活荷载不大于恒载的3倍；

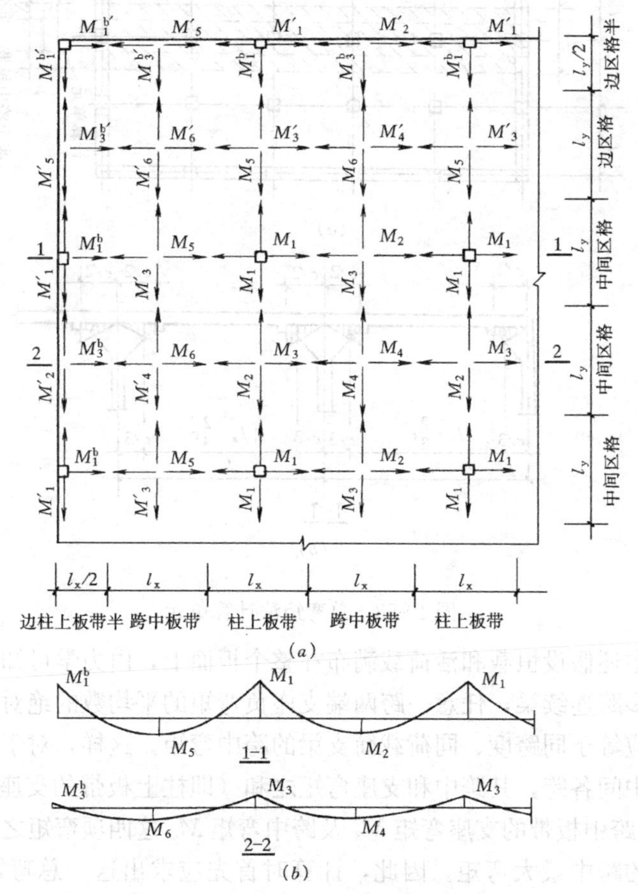

图10-57 总弯矩法的板带弯矩分配

5）为了保证无梁楼盖本身不承受水平荷载，在楼盖的结构体系中应具有抗侧力支撑或剪力墙。

整个无梁楼盖在纵横两个方向的板带（图10-57*a*）的弯矩图如图10-57（*b*）所示。

总弯矩法是以中间区格板带的弯矩为准，对边缘区格板带的弯矩，则是通过乘以不同的修正系数而求得。因此，计算时取一条宽相当于柱网宽度，并以一列柱为支座的中间区格板带作为计算单元（图10-58*a*）。在这一单元板带中包括一条柱上板带和一条跨中板带。此外，如图10-58（*b*）所示，假设在柱帽计算宽度 c 的范围内，板的支座压应力呈三角形分布。于是纵横两个方向计算单元的计算跨度分别为 $l_x-\frac{2}{3}c$ 和 $l_y-\frac{2}{3}c$。

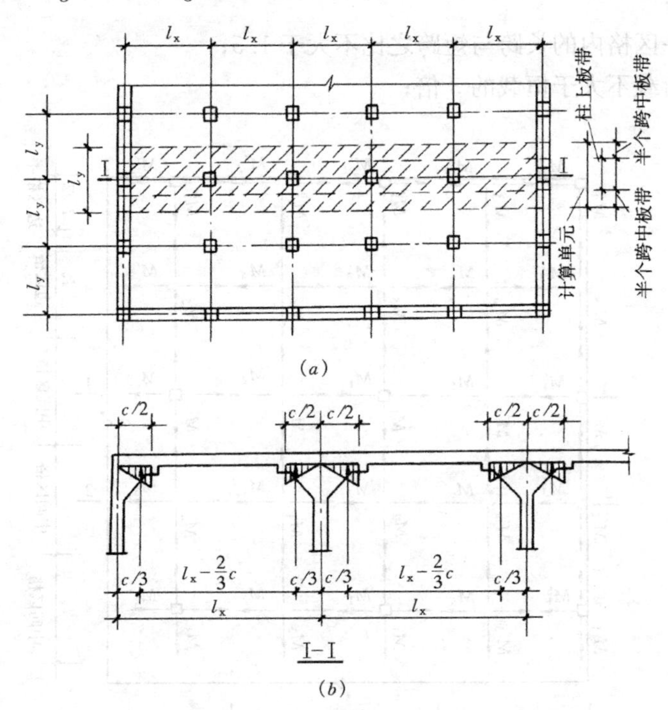

图10-58　总弯矩法计算单元

在该法中还假设恒载和活荷载满布在整个板面上，由力学可知，对于均布荷载作用下的多跨连续梁，任意一跨两端支座负弯矩的平均数的绝对值加上该跨的跨中弯矩，应等于同跨度、同荷载简支梁的跨中弯矩。这样，对于无梁楼盖计算单元板带的中间各跨，其跨中和支座弯矩之和（即柱上板带的支座弯矩 M_1 及跨中弯矩 M_2、跨中板带的支座弯矩 M_3 及跨中弯矩 M_4 这四项弯矩之和）应等于按简支板计算的跨中最大弯矩。因此，计算时首先应求出这一总弯矩，其沿 x 方向的总弯矩值为：

$$M_{0x}=\frac{1}{8}(g+q)l_y\left(l_x-\frac{2}{3}c\right)^2 \tag{10-40}$$

而沿 y 方向的总弯矩为：

$$M_{0y}=\frac{1}{8}(g+q)l_x\left(l_y-\frac{2}{3}c\right)^2 \tag{10-41}$$

如果采用正方形柱网，即 $l_x=l_y=l$，则两个方向的总弯矩相等，其值为：

$$M_0=\frac{1}{8}(g+q)l\left(l-\frac{2}{3}c\right)^2 \tag{10-42}$$

式中 g、q——板面恒载及活荷载（kN/m^2）；

l_x、l_y——沿纵横两个方向的柱网轴线尺寸；

c——柱帽计算宽度。

在一般情况下，当求得总弯矩后，连续板的弯矩分配大致为：支座截面负弯矩为 2/3 简支弯矩，跨中截面正弯矩为 1/3 简支弯矩；而柱上板带的支座截面刚度大很多，故支座负弯矩在柱上和跨中板带间可按 3∶1 分配；跨中正弯矩则按 0.55∶0.45 分配。因此，对中间区格板带中间各跨沿 x 方向两个板带弯矩分配如下。

柱上板带：

支座截面负弯矩 $M_1=-\frac{3}{4}\times\frac{2}{3}M_{0x}=-0.5M_{0x}$

跨中截面正弯矩 $M_2=0.55\times\frac{1}{3}M_{0x}\approx0.2M_{0x}$ （$0.18M_{0x}$）

跨中板带：

支座截面负弯矩 $M_3=\frac{1}{4}\times\frac{2}{3}M_{0x}\approx-0.15M_{0x}$ （$-0.17M_{0x}$）

跨中截面正弯矩 $M_4=0.45\times\frac{1}{3}M_{0x}=0.15M_{0x}$

以上两式括号内所示的弯矩值参见升板结构的相关规定取用。

对中间区格板带的边跨，由于边柱和边梁与内支座相比刚度较弱，边支座上的弯矩减小，而边跨中的弯矩相应增大，修正系数与上下柱和板的线刚度比有关，一般取：边支座截面负弯矩为 53％的简支弯矩，边跨中截面正弯矩为 40％的简支弯矩；但由于柱上板带有边柱约束，刚度很大，而跨中板带只有边梁约束，刚度很小，故边支座负弯矩在柱上和跨中板带按 9∶1 分配。因此，对于中间区格板带边跨 x 方向两个板带弯矩分配如下。

柱上板带：

边支座截面负弯矩 $M_1^b=-0.9\times0.53M_{0x}=-0.48M_{0x}$

跨中截面正弯矩 $M_5=0.55\times0.4M_{0x}=0.22M_{0x}$

跨中板带：

边支座截面负弯矩 $M_3^b=-0.1\times0.53M_{0x}\approx-0.05M_{0x}$

跨中截面正弯矩　$M_6 = 0.45 \times 0.4 M_{0x} = 0.18 M_{0x}$

对边缘区格平行于边梁的半边柱上板带和跨中板带的截面弯矩，由于楼盖沿外边缘设有边梁，有一部分板面荷载将由边梁承受，故可以比中间区格板带的相应值有所降低。一般可按下列方法确定：柱上板带截面每米宽的正、负弯矩，为中间区格柱上板带相应弯矩的 0.5；跨中板带截面每米宽的正、负弯矩，为中间区格跨中板带相应弯矩的 0.8。

对 y 方向的各板带弯矩值的计算与上述方法相同。

必须指出，在截面设计时，考虑穹窿作用等有利影响，应将计算弯矩乘以 0.8 的折减系数。

(2) 支柱内力计算

当楼盖的活荷载所占的比例很小时，无梁楼盖的支柱可按轴心受压构件计算。由楼盖传给支柱的轴心压力为：

$$N = (g + q) l_x l_y \tag{10-43}$$

若楼盖的活荷载所占比重较大时，则还需考虑由于活荷载的不均匀分布所引起的附加弯矩，而按偏心受压构件计算。

2. 等代框架法

等代框架法，即将整个结构分别沿纵、横柱列方向划分为具有“框架柱”和“框架梁”的纵向与横向框架。等代框架梁的宽度为：当竖向荷载作用时，取等于板跨中心线间的距离；当水平荷载作用时，取等于板跨中心线距离的一半，较为适宜。等代框架梁的高度即板的厚度。等代框架梁的跨度，两个方向分别取等于 $l_x - 2/3c$ 和 $l_y - 2/3c$。等代框架柱的计算高度为：对于各楼层，取层高减去柱帽的高度；对底层，取基础顶面至该层楼板底面的高度减去柱帽的高度。

当仅有竖向荷载时，等代框架可按分层法简化计算，即所计算的上、下层楼板均视作上层柱与下层柱的固定远端。这样，就将一个等代的多层框架计算变为简单的二层或一层（顶层）框架的计算。

按等代框架计算时，应考虑活荷载的最不利布置，将最后算得的等代框架梁的弯矩值，根据实际受力情况，按表 10-19 中所列的系数分配给柱上板带和跨中板带。板带的划分如图 10-59 (*a*) 所示。等代框架法的适用范围为任一区格的长跨与短跨之比不大于 2。

等代框架法计算的弯矩分配系数　　**表 10-19**

截面		柱上板带	跨中板带
内跨	支座截面负弯矩	0.75	0.25
	跨中截面正弯矩	0.55	0.45
边跨	边支座截面负弯矩	0.90	0.10
	跨中截面正弯矩	0.55	0.45
	第一内支座截面负弯矩	0.75	0.25

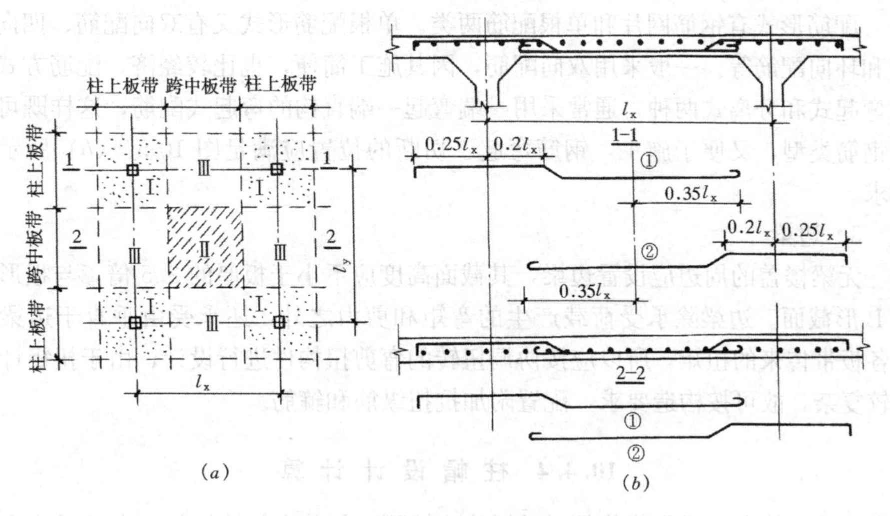

图 10-59 无梁楼盖板的配筋

(*a*)板带划分；(*b*)板的配筋

10.4.3 无梁楼盖的构造

1. 板的厚度

精确计算无梁楼盖的挠度较为复杂，在一般情况下不予计算，而板厚必须使楼盖具有足够的刚度，设计时板厚（*h*）宜遵守下列规定：

有顶板柱帽时 $h \geqslant \frac{l}{35}$，无顶板柱帽时 $h \geqslant \frac{l}{32}$，而且均应 $h \geqslant 150\text{mm}$，l 为区格的长边尺寸。

当采用无柱帽时，柱上板带可适当加厚，加厚部分的宽度可取相应板跨的 0.3。

2. 板的配筋

无梁楼盖中板的配筋可以划分为以下 3 个区域（图 10-59*a*）。

Ⅰ区：每个柱的柱上部分，两个方向均为柱上板带，受荷载后均产生负弯矩，故两个方向的受力钢筋都应布置在板顶，并把长跨方向的钢筋放在上面。

Ⅱ区：每个区格的中部，两个方向均为跨中板带，受荷载后均产生正弯矩，故两个方向的受力钢筋都应布置在板底，并把长跨方向的钢筋放在下面。

Ⅲ区：一个方向为柱上板带，另一个方向为跨中板带，受荷载后在柱上板带方向产生正弯矩，受力钢筋应布置在板底；而跨中板带方向产生负弯矩，受力钢筋应布置在板顶。

根据柱上和跨中板带截面弯矩算得的钢筋，沿纵横两个方向可均匀布置于各自板带。钢筋的直径和间距，与一般双向板的要求相同，但对于承受负弯矩的钢筋宜采用直径不小于 ϕ12 的钢筋，以保证施工时具有一定刚性。

配筋形式有钢筋网片和单根配筋两类。单根配筋形式又有双向配筋、四向配筋和环向配筋等。一般采用双向配筋，因其施工简便，也比较经济。配筋方式也有弯起式和分离式两种，通常采用一端弯起一端直钩的弯起式配筋，这样既可减少钢筋类型，又便于施工，钢筋弯起、切断的位置应满足图10-59（*b*）所示的要求。

3. 边梁

无梁楼盖的周边应设置边梁，其截面高度应不小于板厚的2.5倍，与板形成倒L形截面。边梁除承受荷载产生的弯矩和剪力之外，还承受由垂直于边梁方向各板带传来的扭矩，所以应按协调扭转的弯剪扭构件进行设计，由于扭矩计算比较复杂，故可按构造要求，配置附加抗扭纵筋和箍筋。

10.4.4 柱帽设计计算

无梁楼盖全部楼面荷载是通过板柱连接面上的剪力传给柱的。由于板柱连接面积较小，而楼面荷载很大，可能因抗剪能力不足而发生冲切破坏（图10-60），将沿柱周边产生45°方向的斜裂缝，板柱之间发生错位。为了增大板柱连接面积，提高抗冲切承载力，在柱顶可设置柱帽。柱帽除上述作用外，还可以减小板的计算跨度以及增加楼面的刚度。

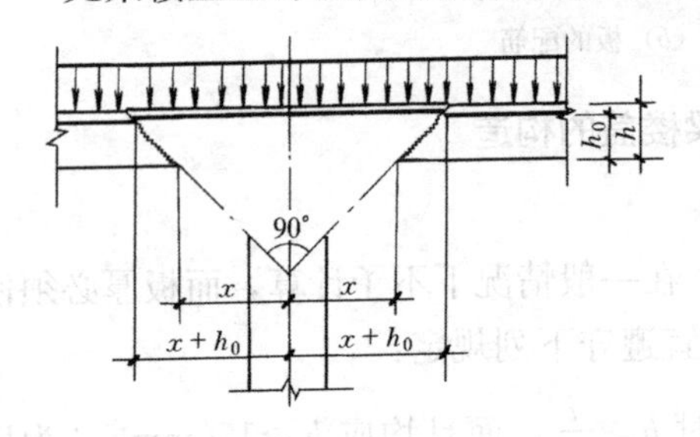

图10-60　柱帽冲切破坏

常用柱帽有三种形式（图10-61）。

（1）无顶板柱帽，适用于板面荷载较小时。

（2）折线形柱帽，适用于板面荷载较大时，它的传力过程比较平缓，但施工较为复杂。

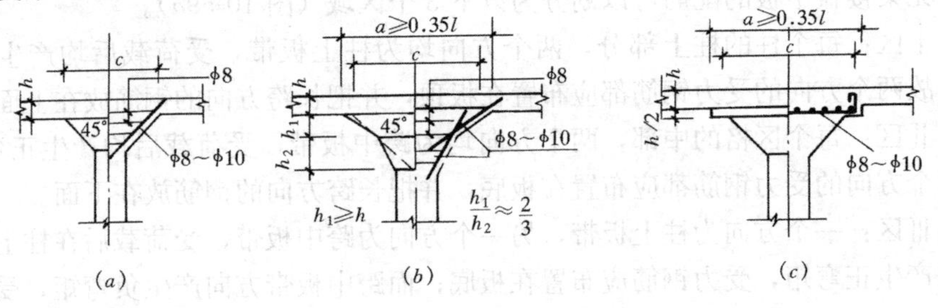

图10-61　柱帽形式

（*a*）无顶板柱帽；（*b*）折线形柱帽；（*c*）有顶板柱帽

（3）有顶板柱帽，适用条件同第二种，而施工方便，但传力作用稍差。图10-61中 c 为柱帽的计算宽度，大体为（0.2～0.3）l，l 为板区格的边长；a 为顶板宽度，一般取 $a \geqslant 0.35l$；顶板厚度一般取板厚的一半。

由于柱帽是按照45°压力线确定其尺寸的，故不需进行配筋计算，钢筋按构造要求配置，如图10-61所示。

为防止板沿柱帽周边发生冲切破坏（图10-60），应验算其冲切承载力，验算公式如下：

$$F_l \leqslant 0.7\beta_h f_t \eta u_m h_0 \tag{10-44}$$

$$F_l = (g+q)[l_x l_y - 4(x+h_0)(y+h_0)] \tag{10-45}$$

式中 F_l——冲切力设计值，对板柱结构，即作用在柱顶轴向荷载设计值的层间差值减去柱顶冲切破坏锥体范围内的荷载设计值，如图10-60所示（x、y为两个互相垂直的短边及长边尺寸）；

β_h——截面高度影响系数，按式（4-9）确定；

f_t——混凝土抗拉强度设计值；

u_m——距冲切破坏锥体周边 $h_0/2$ 处的周长；

h_0——板的截面有效高度。

式（10-44）中的系数 η，应按下列两个公式计算，并取其中较小值：

$$\eta_1 = 0.4 + \frac{1.2}{\beta_s} \tag{10-46}$$

$$\eta_2 = 0.5 + \frac{\alpha_s h_0}{4u_m} \tag{10-47}$$

式中 η_1——局部荷载或集中反力作用面积形状的影响系数；

η_2——临界截面周长与板截面有效高度之比的影响系数；

β_s——局部荷载或集中反力作用面积为矩形时的长边与短边尺寸的比值，当 $\beta_s<2$ 时，取 $\beta_s=2$；当 $\beta_s>4$ 时，取 $\beta_s=4$；当为圆形截面时，取 $\beta_s=2$；

α_s——板柱结构中柱类型的影响系数，对中柱，取 $\alpha_s=40$；对边柱，取 $\alpha_s=30$；对角柱，取 $\alpha_s=20$。

若板的冲切承载力不满足式（10-44）要求，且板厚受到限制时，亦可配置抗冲切箍筋或弯起钢筋，其计算和构造要求详见《规范》。

§10.5 装配式铺板楼盖*

目前，在工业与民用建筑中的楼盖和屋盖已广泛采用装配式结构，它有利于建筑标准化、工厂化和机械化，可以加快施工速度，提高工程质量，节约材料和劳动力，降低造价。

装配式楼盖的形式主要有铺板式、无梁式和密肋式等。铺板式楼盖是最常用的一种，它由预制板铺设在支承梁上或承重墙上而构成。

10.5.1 预制铺板及预制梁截面形式

1. 预制铺板的形式

(1) 实心板

实心板是最简单的一种铺板（图 10-62）。其上下表面平整，制作方便。但自重大，刚度小，且浪费材料，只宜用于小跨度上，通常用作走廊板、地沟盖板等。常用跨度 $l=1.2\sim2.4\text{m}$，板厚可取 $h\geqslant\frac{l}{30}$，常用板厚 $h=50\sim100\text{mm}$。常用板宽（标志尺寸[1]）$B=500\sim1000\text{mm}$。轻质混凝土板多做成实心板，自重轻，保温性能好，可用作屋面板。

(2) 空心板

空心板（图 10-63）与实心板相比，材料用量省，自重轻，隔声效果和受力性能好，刚度大，并保留了上下板面平整的优点。因此，在预制楼盖中得到广泛使用，但它的制作稍复杂，板面不能任意开洞，自重仍较大。

图 10-62 实心板　　图 10-63 空心板

空心板的截面高度可取 $h\geqslant(1/20\sim1/25)\,l$（普通钢筋混凝土板）和 $h\geqslant(1/30\sim1/35)\,l$（预应力混凝土板）。我国大部分省、市均编有空心板定型图，截面高度有 $h=110\text{mm}$（或 120mm）、180mm 和 240mm，常用跨度 $l=2.4\sim4.8\text{m}$（普通钢筋混凝土板）和 $l=2.4\sim7.5\text{m}$（预应力混凝土板），常用板宽 $B=600\text{mm}$、900mm 和 1200mm。

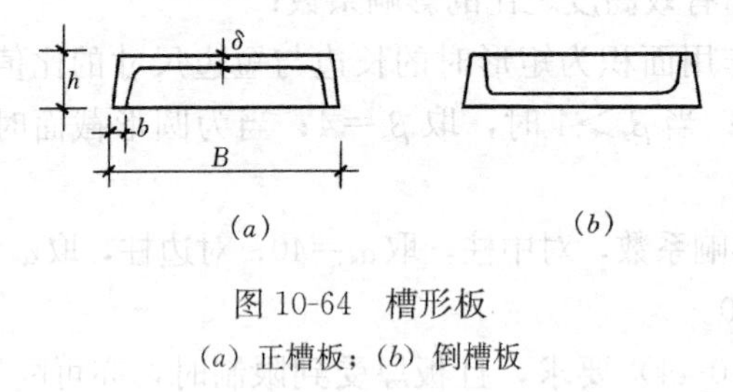

图 10-64 槽形板

(a) 正槽板；(b) 倒槽板

(3) 槽形板

槽形板有正槽板及倒槽板两种（图 10-64）。

正槽板受力合理，与空心板相比，具有节省材料、自重轻、制作简单、造价低廉、便于开洞等优点。但它的截面形状不封闭，不能提供平整顶棚，隔声效果

[1] 铺板的标志尺寸是根据建筑平面尺寸按模数关系而定下的名义尺寸。考虑到构件在制作时可能发生正公差，因此，设计时，应使板的实际尺寸比标志尺寸小一些，这个尺寸称为板的构造尺寸，一般板的构造宽度比标志宽度小 5～10mm，构造长度比标志长度小 10～20mm。

差。一般用于工业及民用房屋中对顶棚要求不高的屋面、楼面。

倒槽板与正槽板相比可提供平整顶棚，但受力性能及经济指标较差。可用于无需保温、防水的屋面，如厂房内部库房的屋盖；或与正槽板组成双层屋盖，中间铺放保温材料。

槽形板由面板、纵肋和横肋组成，横肋除在板的两端设置外，在板的中部也可设置数道，以提高板的整体刚度。面板厚度 $\delta=25\sim30\text{mm}$，纵肋高 $h=(1/22\sim1/17)\ l$，一般 $h=120\text{mm}$、180mm 和 240mm，肋宽 $b=50\sim80\text{mm}$，常用跨度 $l=1.5\sim6.0\text{m}$，常用板宽 $B=600\text{mm}$、900mm 和 1200mm。

为了节省材料，提高板的刚度，应尽量采用预应力混凝土槽板，目前我国各地区均编有槽板的定型图。

(4) T形板

T形板有单T板和双T板（图10-65），有预应力和非预应力两种。

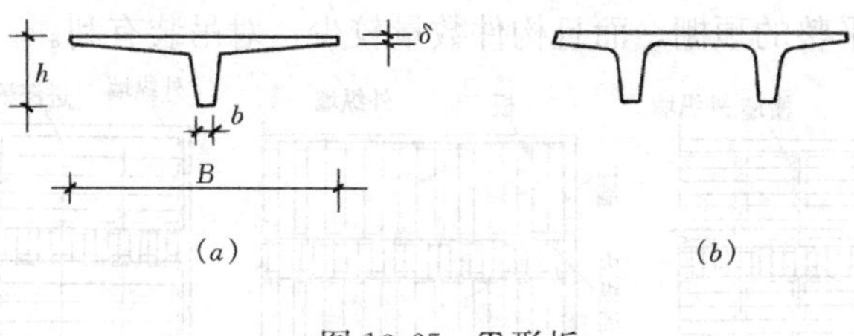

图10-65 T形板

(a) 单T板；(b) 双T板

单T板具有受力性能好，制作简便，节省材料，能跨越较大跨度等优点。因此，它可用于工业与民用建筑的单层和多层房屋的楼板、屋面板，也可用作外墙板。

双T板除具有上述优点外，整体刚度比单T板好，承载力大。T形板存在的问题是，板间的连接比较薄弱，对有振动设备的楼盖尚无实践经验。

单T板和双T板均编有定型图，常用跨度 $l=6\sim12\text{m}$，肋高 $h=300\sim500\text{mm}$，板面厚度 $\delta=40\sim50\text{mm}$，板宽 $B=1500\sim2100\text{mm}$。

2. 楼盖梁的形式

在装配式楼盖中有时需设置楼盖梁。楼盖梁可分为预制和现浇两种，应视梁的尺寸及施工吊装条件而定；一般多采用简支梁或带伸臂的简支梁，有时也采用连续梁。梁的截面形式有矩形、T形、倒T形、十字形及花篮形等（图10-66）。

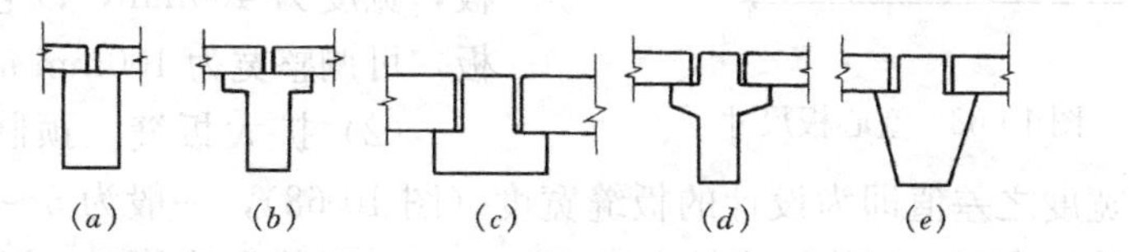

图10-66 预制梁截面形式

(a) 矩形；(b) T形；(c) 倒T形；(d) 十字形；(e) 花篮形

矩形截面梁的外形简单，施工方便，应用广泛。当梁高较大时，为满足房屋净空要求，往往采用十字形梁或花篮形梁。

10.5.2　铺板式楼盖的结构布置

1. 结构布置方案

铺板式楼盖的结构布置，主要根据建筑平面、墙体承重方案，同时考虑结构简单、经济合理和施工方便等要求来确定。在混合结构房屋中，当采用横墙承重方案时，由于房屋开间不大，横墙较多，可将预制板沿房屋纵向直接搁置于横墙上（图 10-67*a*），由于楼板跨度较小，因而楼盖材料用量较省。当采用纵墙承重或纵横墙混合承重时，楼盖结构布置有两种方案：①长向板方案，是将预制板沿房屋横向直接搁置于纵墙上（图 10-67*b*）；②短向板加进深梁方案，是将预制板沿房屋纵向搁置于由纵墙支承的进深梁上（图 10-67*c*）。前者比后者可以获得较大的房间净空和平整的顶棚，而且构件数量较少，对吊装有利。

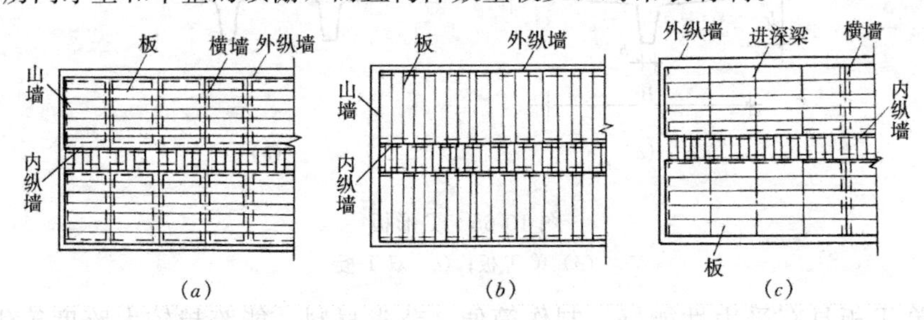

图 10-67　铺板式楼盖结构布置方案

2. 梁板型号的选择与布板缝隙的处理

结构布置方案确定后，即可进行预制板、梁型号的选择，在一般定型图集中均有选型方法的说明。选型时，只要计算出作用于楼面或梁上的均布荷载，即可在图集中选择允许荷载不小于所计算的均布荷载的板或梁。

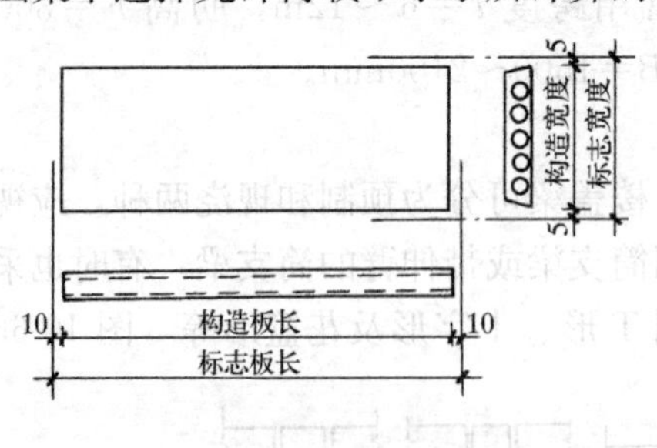

图 10-68　空心板尺寸

板的跨度尺寸及块数可根据房间的平面尺寸来确定。排板剩有空隙时，可采用下列措施处理：

（1）采用调缝板。有的定型图集中，提供一种专为调整板缝隙的特型板，宽度为 400mm，以它替换标准铺板，可调整宽为 100mm 倍数的空隙。

（2）扩大板缝。预制板的标志宽度与构造宽度之差值即为设计的板缝宽度（图 10-68），一般为 5～10mm，当排板所剩空隙不大时，可将缝宽扩大至 20～30mm 以使空隙匀开，板缝不宜过宽，否则不利于灌注混凝土，并需考虑配筋。但为了保证灌缝质量，目前一般采用的板缝稍大。

(3) 挑砖或压墙。当排板剩下的缝隙较大时，可用挑砖的办法来解决，但挑出不得大于120mm（图10-69）。当排板尺寸稍大于房屋净尺寸时，对于槽形板可将边肋嵌入墙内；但空心板不可铺进墙内，因板面较薄，易被压碎。

(4) 局部现浇。当上述方法均不合适时，可采用现浇混凝土板带来填补缝隙。

3. 楼板穿管的处理

立管的处理：厨房或卫生间的给水、排水管道穿越楼板时，如立管的直径较小，位置又比较分散，可在板上凿洞穿管，但不得损伤板肋；如立管直径较大或位置比较集中，则宜采用槽形板，或局部采用现浇楼板。

水平管的处理：当有照明、动力管道在楼盖水平内敷设而又要求不外露时，可将管道敷设在预制板间留出的缝隙中（图10-70*a*），或降低楼板的标高将管道埋设在较厚的面层中（图10-70*b*）。

4. 隔墙的处理

当楼盖结构上设有非承重隔墙时，应对楼板的承载力和挠度进行验算。当荷载较小或板跨不大时，可将隔墙直接搁置在楼板上，如为垂直于板跨方向的普通半砖隔墙，墙下尚宜加设构造钢筋（图10-71）；当荷载较大或板跨较大时，可在隔墙下设承墙梁（图10-72）或其他的有效措施。承墙梁多为预制，也可做成整浇梁或整浇板带。

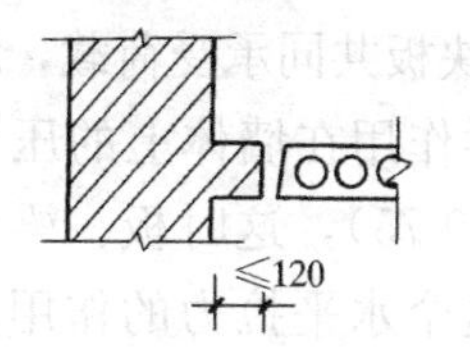

图10-69 缝隙挑砖处理

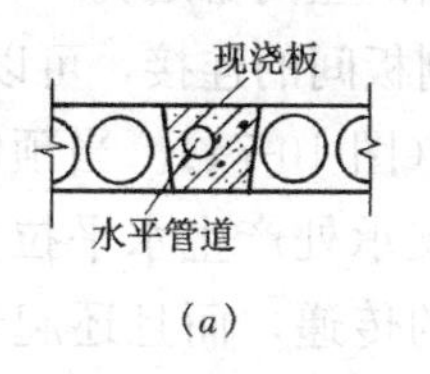

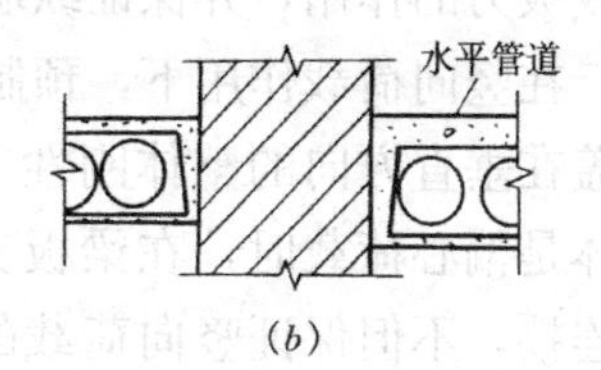

图10-70 楼板穿管处理

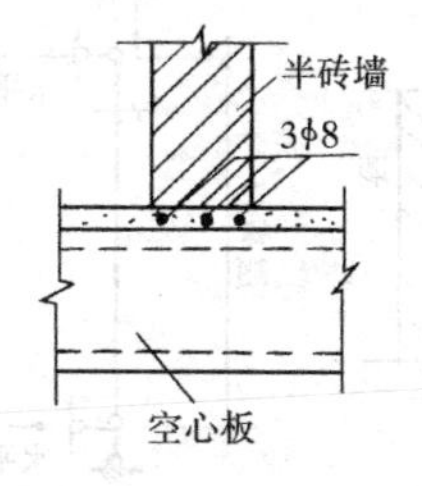

图10-71 隔墙处理之一

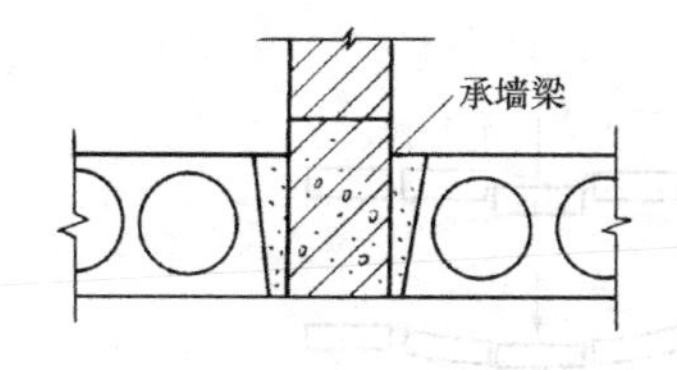

图10-72 隔墙处理之二

楼盖布置中还有很多问题需要解决。如阳台或挑檐板的固定、烟囱及其他垂直通道的通过等，在此不一一述及，设计时可参考有关资料。

10.5.3 装配式楼盖的连接

装配式楼盖的连接是设计中的重要问题。即不仅要求组成楼盖的各预制构件应有足够的承载力和刚度，同时应使各构件之间有可靠的连接，以保证楼盖本身的整体性和房屋的整体刚度以及楼盖与房屋其他构件的共同工作。这对地震区的房屋尤为重要。

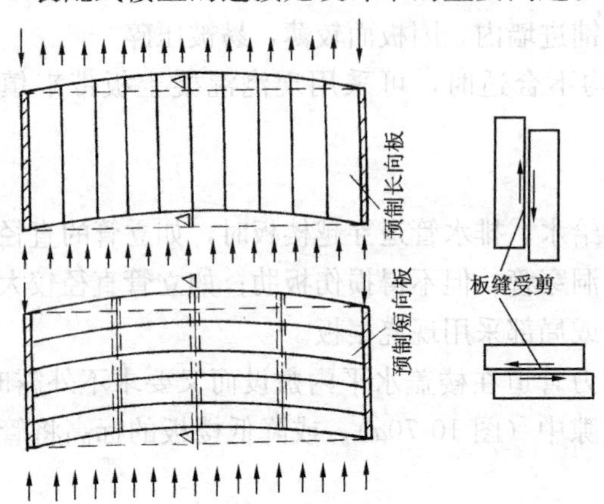

图 10-73 水平荷载下楼盖的受力状态

混合结构房屋多为刚性方案。在水平荷载（风荷载、地震作用）作用下，楼盖起着支承纵墙的水平梁作用，并通过楼盖本身的弯曲和剪切，将水平力传给横墙。因此，预制板缝间的连接承受楼盖在水平方向发生弯曲和剪切变形时产生的弯曲和剪切应力，起着保证装配式楼盖水平方向整体性的作用（图 10-73）；板与横墙的连接起着保证将水平力传给横墙的作用；板和纵墙的连接起着支承纵墙传给楼板的水平压力或吸力的作用，并保证纵墙的竖向稳定。

在竖向荷载作用下，预制板间的连接，可以保证几块板共同承受荷载，增强楼盖在垂直方向的整体刚性（图 10-74）。当预制板、梁作用在墙体上的压力对墙体是偏心荷载时，在梁板支承处产生水平拉力（图 10-75），这时板、梁与墙的连接，不但保证竖向荷载的传递，而且还起着承受这个水平拉力的作用。因此，设计装配式楼盖时，应处理好下列几个连接构造问题。

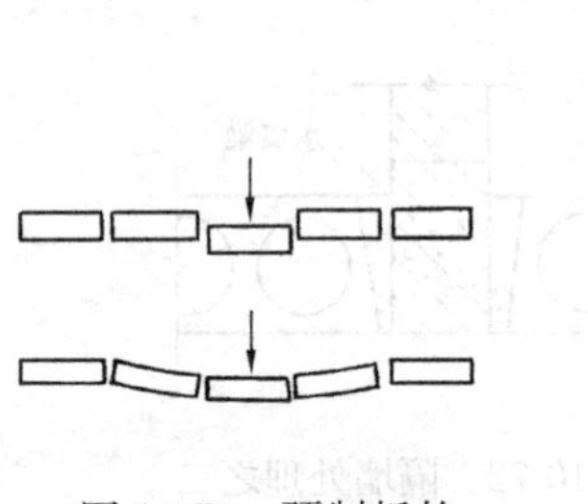
图 10-74 预制板的连接在竖向的整体性

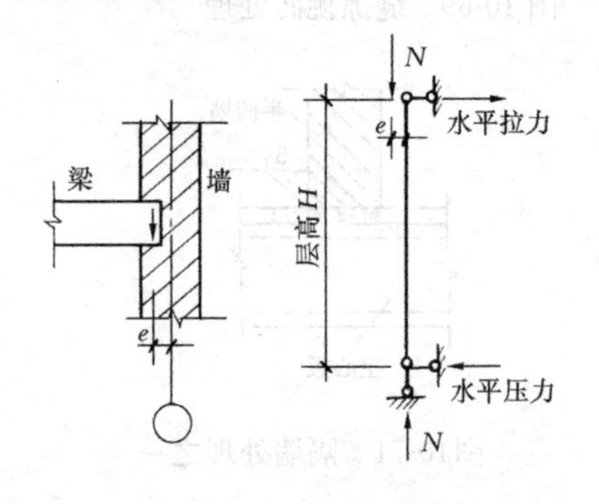

图 10-75 砖墙计算简图

1. 板与板的连接构造

一般情况下，可采用灌缝的办法，用不低于 C15 的细石混凝土灌注（图 10-

76a)，当缝窄灌注困难时，可用水泥砂浆灌注。

当板缝过宽（≥50mm）时，板缝上可能受到局部荷载，下部应配置纵向受力钢筋，数量按现浇板带计算（图 10-76b）。

当板面有振动荷载以及对楼盖整体性能要求较高时，可在板缝内加设纵横向拉结钢筋（图 10-77）；或更进一步加强整体刚性的做法，是在预制板上现浇一层配有钢筋网的混凝土面层。

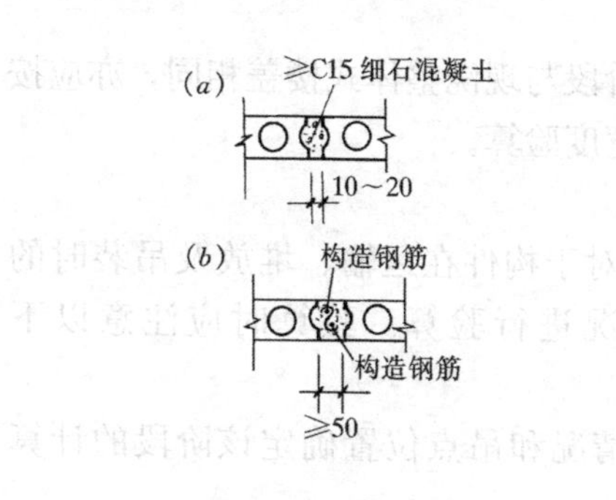

图 10-76 板与板的连接构造之一

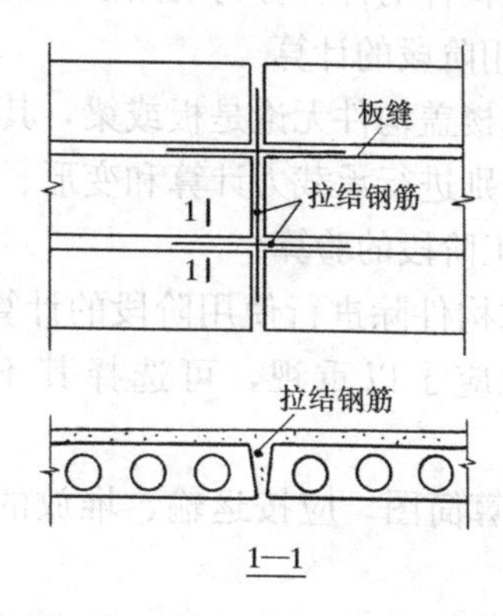

图 10-77 板与板的连接构造之二

2. 板与墙、梁的连接构造

一般情况下，预制板搁置于墙、梁上不需要特殊连接措施，但应用 10～20mm 厚 M5 水泥砂浆坐浆铺放，并应保证足够的支承长度 a，当板支承在墙上时，要求 $a \geq 100$mm，当板支承在梁上时，则要求 $a \geq 80$mm。当空心板搁置在墙上时，为防止板嵌入墙内的端部被压坏，应将端部孔洞用混凝土或砖块堵砌密实。当槽形板搁置在墙上时，因板的两端为实体横肋，不必采取其他措施。

为了加强板与墙、梁的连接以及传力作用，往往在预制板支座上部加设锚拉钢筋与墙、梁连接，例如图 10-78 所示为板和与其平行的墙的拉结构造。

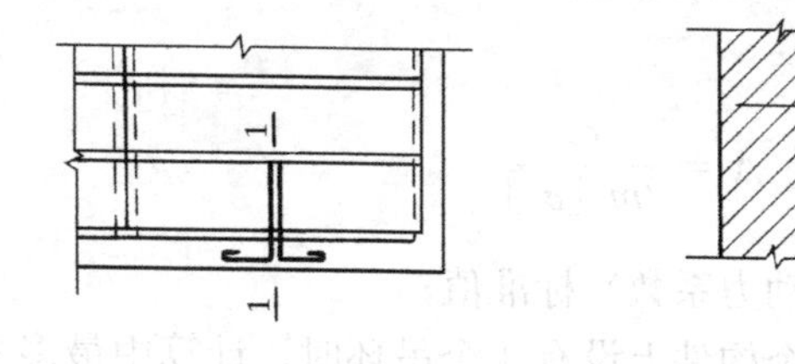

图 10-78 板与墙的连接构造

3. 梁与墙的连接构造

一般情况下，预制梁在墙上的支承长度应不小于 180mm，而且在支承处应坐浆 10～20mm，以承受因梁在墙上偏心作用而产生的水平拉力；在个别情况下

(如抗地震时)，在预制梁端应设置拉结钢筋。

预制梁下砌体局部受压验算承载力不足时，应按计算设置梁垫，梁与梁垫以及梁垫与墙体之间都要铺设砂浆。

10.5.4 装配式楼盖构件的计算特点

装配式构件的计算分为使用阶段的计算和施工阶段的验算两个方面。

1. 使用阶段的计算

装配式楼盖构件无论是板或梁，其使用阶段与现浇整体式楼盖相同，亦应按一般原理分别进行承载力计算和变形、裂缝宽度验算。

2. 施工阶段的验算

装配式构件除进行使用阶段的计算外，对于构件在运输、堆放及吊装时的工作状态也应予以重视，可选择其不利情况进行验算。验算时应注意以下问题：

(1) 计算简图。应按运输、堆放的实际情况和吊点位置确定该阶段的计算简图。

(2) 动力系数。考虑运输、吊装时的振动作用，构件的自重应乘以动力系数1.5。

(3) 结构的重要性系数。由于施工阶段的荷载是临时性的，验算时结构的重要性系数可取0.9。

(4) 施工或检修集中荷载。设计屋面板、檩条、挑檐、雨篷和预制小梁时，应取1.0kN施工或检修集中荷载出现在最不利位置处进行验算，但此集中荷载与使用活荷载不同时考虑。

3. 吊环计算

为了吊装方便，预制构件一般设置吊环。吊环应采用HPB300级钢筋制作，严禁使用冷加工钢筋，以防脆断。吊环锚入构件的深度应不小于$30d$（d为吊环钢筋直径)，并宜焊接或绑扎在钢筋骨架上。

吊环截面可按下式计算确定：

$$A_s=\frac{G}{2m\,[\sigma_s]} \tag{10-48}$$

式中 G——构件自重（不考虑动力系数）标准值；

m——受力吊环数，当一个构件上设有4个吊环时，计算中最多只能考虑其中3个同时发挥作用，取$m=3$；

$[\sigma_s]$——吊环钢筋的容许设计应力，一般取$[\sigma_s]=50\text{N/mm}^2$（已将动力作用考虑在此容许设计应力中）。

§10.6　楼　　梯

楼梯是多层及高层房屋的竖向通道，是房屋的重要组成部分。钢筋混凝土楼梯由于经济耐用，耐火性能好，因而被广泛采用。

10.6.1　楼梯结构的选型

楼梯的外形和几何尺寸由建筑设计确定。目前楼梯的类型较多，按施工方法的不同，可分为整体式楼梯和装配式楼梯。按梯段结构形式的不同，主要分为板式和梁式两种。

板式楼梯由梯段板、平台板和平台梁组成（图10-79）。梯段板是一块带有踏步的斜板，两端支承在上、下平台梁上。其优点是下表面平整，支模施工方便，外观也较轻巧。其缺点是梯段跨度较大时，斜板较厚，材料用量较多。因此，当活荷载较小，梯段跨度不大于3m时，宜采用板式楼梯。

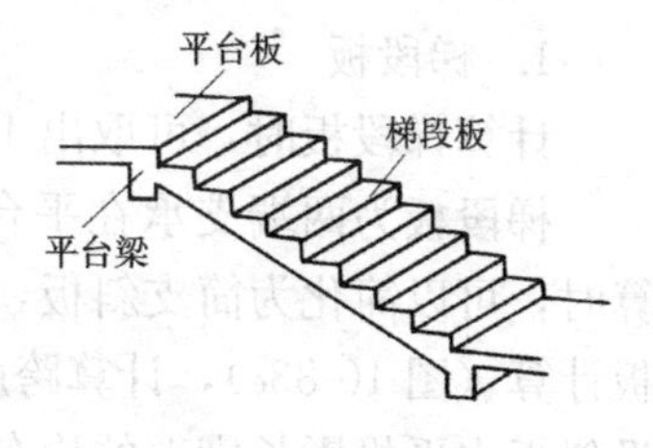

图 10-79　板式楼梯

梁式楼梯由踏步板、梯段梁、平台板和平台梁组成（图10-80）。踏步板支承在两边斜梁（双梁式）或中间一根斜梁（单梁式）或一边斜梁另一边承重墙上；斜梁再支承在平台梁上。斜梁可设在踏步下面或上面，也可以用现浇栏板代替斜梁。当梯段跨度大于3m时，采用梁式楼梯较为经济，但支模及施工比较复杂，而且外观也显得比较笨重。

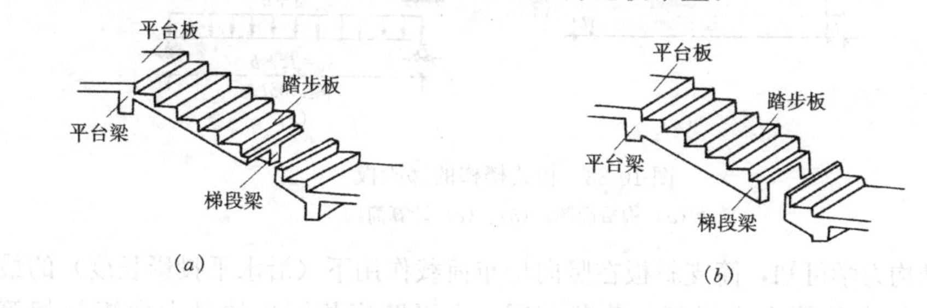

图 10-80　梁式楼梯

(*a*) 单梁式楼梯；(*b*) 双梁式楼梯

除上述两种基本形式外，还有几种形式楼梯：

如螺旋式（图10-81）和对折式（图10-82）楼梯，造型新颖、轻巧，常在公共建筑中采用，但它是空间受力体系，计算复杂，用钢量大，造价高。螺旋式楼梯，一般多在不便设置平台的场合，或者在有特殊建筑造型需要时采用。对折式楼梯具有悬臂的梯段和平台，支座仅设在上下楼层处，当建筑中不宜设置平台梁和平台板的支承时，可予采用。

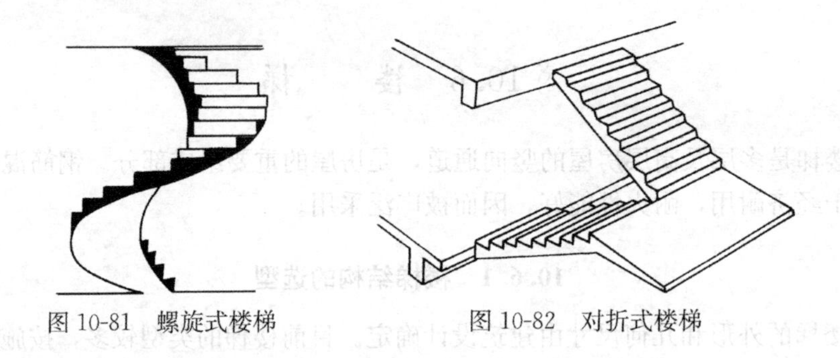

图10-81　螺旋式楼梯　　　　图10-82　对折式楼梯

10.6.2　现浇板式楼梯的计算与构造

1. 梯段板

计算梯段板时，可取出1m宽板带或以整个梯段板作为计算单元。

梯段板为两端支承在平台梁上的斜板，图10-83（*a*）为其纵剖面。内力计算时，可以简化为简支斜板，计算简图如图10-83（*b*）所示。斜板又可化作水平板计算（图10-83*c*），计算跨度按斜板的水平投影长度取值，但荷载亦同时化作沿斜板水平投影长度上的均布荷载。

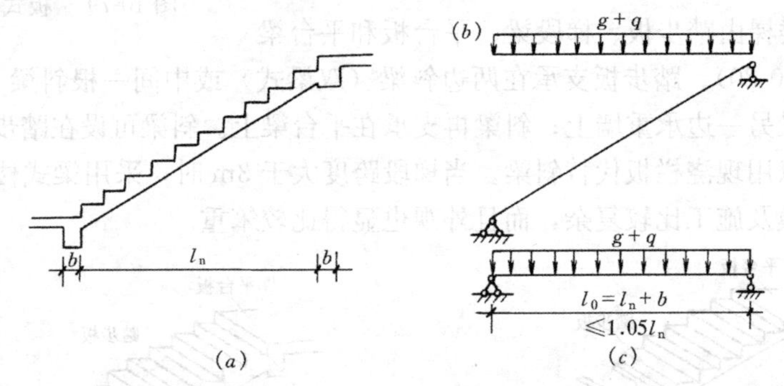

图10-83　板式楼梯的梯段板

（*a*）构造简图；（*b*）、（*c*）计算简图

由结构力学可知，简支斜板在竖向均布荷载作用下（沿水平投影长度）的最大弯矩与相应的简支水平板（荷载相同、水平跨度相同）的最大弯矩是相等的，即：

$$M_{\max}=\frac{1}{8}(g+q)l_0^2 \tag{10-49}$$

而简支斜板在竖向均布荷载作用下的最大剪力与相应的简支水平板的最大剪力有如下关系：

$$V_{\max}=\frac{1}{2}(g+q)l_n\cos\alpha \tag{10-50}$$

式中　g、q——作用于梯段板上沿水平投影方向的恒荷载及活荷载设计值；

l_0、l_n——梯段板的计算跨度及净跨的水平投影长度；

α——梯段板的倾角。

考虑到梯段板与平台梁为整体连接，平台梁对梯段板有弹性约束作用这一有利因素，故可以减小梯段板的跨中弯矩，计算时最大弯矩取：

$$M_{\max} = \frac{1}{10}(g+q)l_0^2 \tag{10-51}$$

由于梯段板为斜向搁置的受弯构件，竖向荷载除引起弯矩和剪力外，还将产生轴向力，但其影响很小，设计时可不考虑。

梯段板中受力钢筋按跨中弯矩计算求得，配筋可采用弯起式或分离式。采用弯起式时，一半钢筋伸入支座，一半靠近支座处弯起。如考虑到平台梁对梯段板的弹性约束作用，在板的支座应配置一定数量的构造负筋，以承受实际存在的负弯矩和防止产生过宽的裂缝，一般可取 $\phi8@200$，长度为 $l_0/4$。受力钢筋的弯起点位置见图 10-84。在垂直受力钢筋方向仍应按构造配置分布钢筋，并要求每个踏步板内至少放置一根分布钢筋。

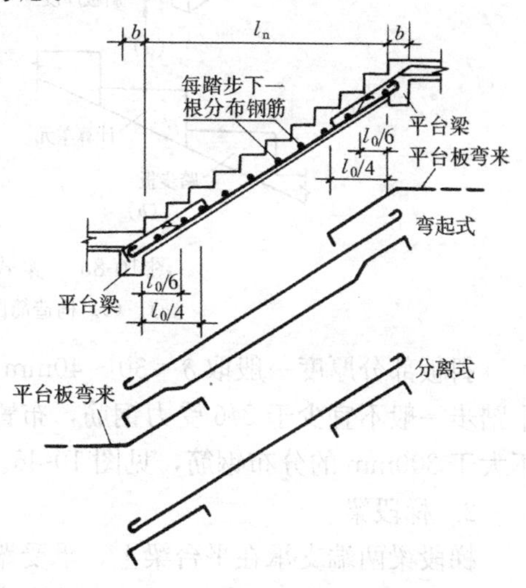

图 10-84 板式楼梯梯段板的配筋示意图

梯段板和一般板的计算相同，可不必进行斜截面受剪承载力验算。梯段板厚度应不小于$\left(\frac{1}{30}\sim\frac{1}{25}\right)l_0$。

2. 平台板

平台板一般均属单向板（有时也可能是双向板），当板的两边均与梁整体连接时，考虑梁对板的弹性约束，板的跨中弯矩也可按 $M=\frac{1}{10}(g+q)l_0^2$ 计算。当板的一边与梁整体连接而另一边支承在墙上时，板的跨中弯矩则应按 $M=\frac{1}{8}(g+q)l_0^2$ 计算，式中 l_0 为平台板的计算跨度。

3. 平台梁

平台梁两端一般支承在楼梯间承重墙上，承受梯段板、平台板传来的均布荷载和自重，可按简支的倒 L 形梁计算。平台梁截面高度，一般取 $h\geqslant l_0/12$（l_0 为平台梁的计算跨度）。其他构造要求与一般梁相同。

10.6.3 现浇梁式楼梯的计算与构造

1. 踏步板

梁式楼梯的踏步板为两端支承在梯段梁上的单向板（图10-85*a*），为了方便，可在竖向切出一个踏步作为计算单元（图10-85*b*），其截面为梯形，可按截面面积相等的原则简化为同宽度的矩形截面的简支梁计算，计算简图见图10-85（*c*）。

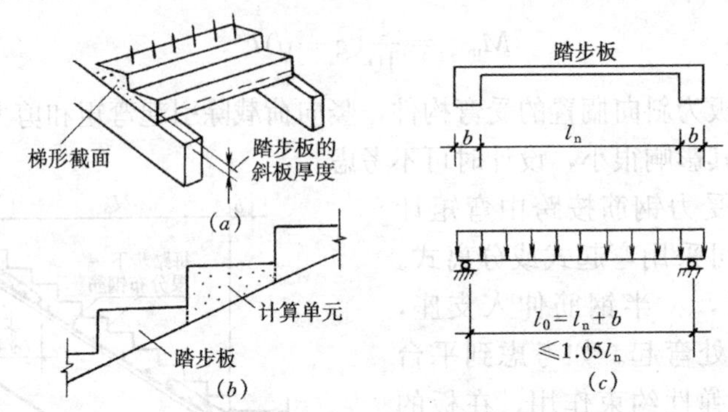

图10-85　梁式楼梯的踏步板

（*a*）、（*b*）构造简图；（*c*）计算简图

斜板部分厚度一般取$\delta=30\sim40$mm。踏步板配筋除按计算确定外，要求每个踏步一般不宜少于2ϕ6受力钢筋，布置在踏步下面斜板中，并沿梯段布置间距不大于300mm的分布钢筋，见图10-86。

2. 梯段梁

梯段梁两端支承在平台梁上，承受踏步板传来的荷载和自重，图10-87（*a*）为其纵剖面。计算内力时，与板式楼梯中梯段板的计算原理相同，可简化为简支斜梁，又将其化作水平梁计算，计算简图见图10-87（*b*），其最大弯矩和最大剪力按下式计算（轴向力亦不予考虑）：

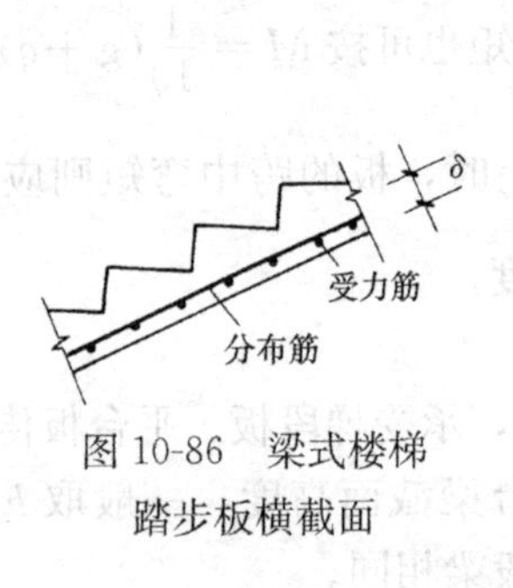

图10-86　梁式楼梯踏步板横截面

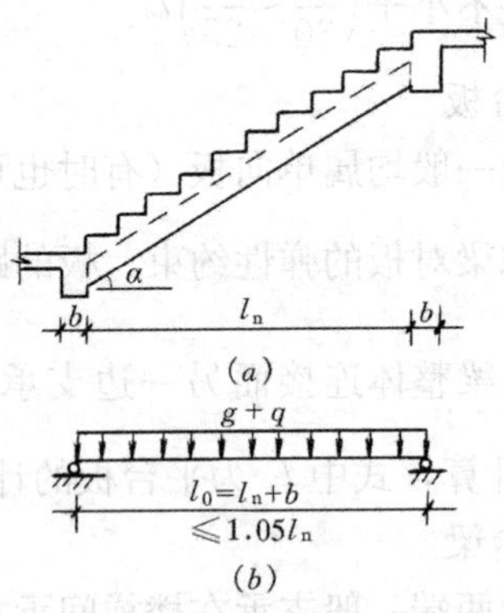

图10-87　梁式楼梯的梯段梁

（*a*）构造简图；（*b*）计算简图

$$M_{\max}=\frac{1}{8}(g+q)l_0^2 \tag{10-52}$$

$$V_{\max}=\frac{1}{2}(g+q)l_n\cos\alpha \tag{10-53}$$

式中 g、q——作用于梯段梁上沿水平投影方向的恒荷载及活荷载设计值；

l_0、l_n——梯段梁的计算跨度及净跨的水平投影长度；

α——梯段梁与水平线的倾角。

梯段梁按倒L形截面计算，踏步板下斜板为其受压翼缘。梯段梁的截面高度一般取 $h \geqslant l_0/20$。梯段梁的配筋与一般梁相同。配筋示意图见图10-88。

3. 平台梁与平台板

梁式楼梯的平台梁、平台板计算与板式楼梯基本相同，其不同处仅在于，梁式楼梯中的平台梁，除承受平台板传来的均布荷载和其自重外，还承受梯段梁传来的集中荷载。平台梁的计算简图见图10-89。

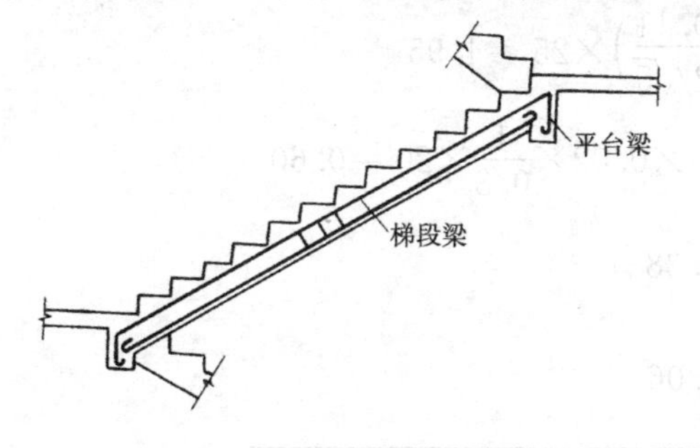

图10-88 梯段梁配筋

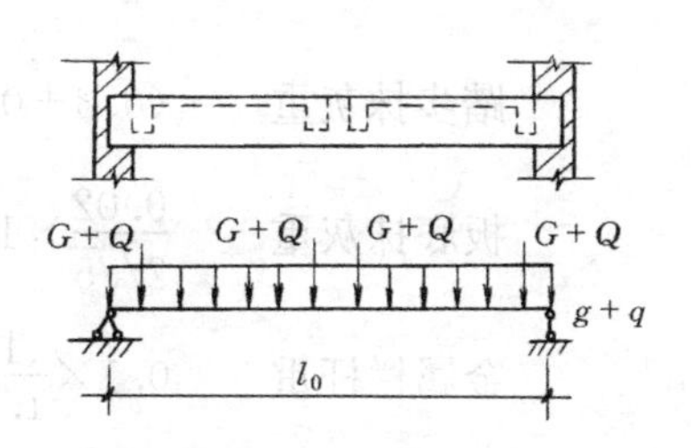

图10-89 平台梁的计算简图

10.6.4 楼梯设计例题

1. 设计资料

某板式楼梯结构布置如图10-90所示。踏步面层为20mm厚水泥砂浆抹灰，

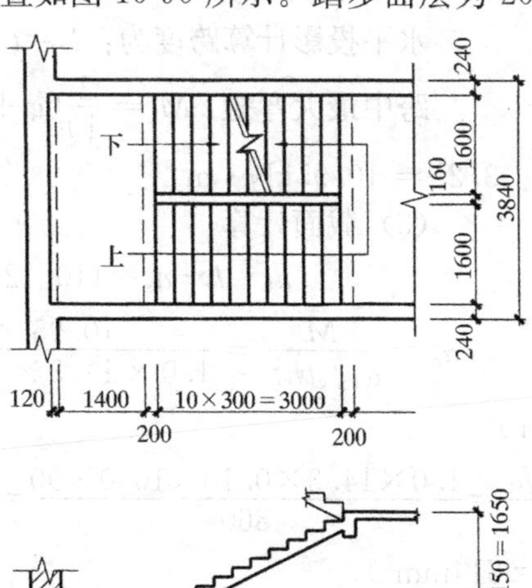

图10-90 楼梯结构的平、剖面尺寸

底面为20mm厚混合砂浆抹灰，金属栏杆重0.1kN/m，楼梯活荷载标准值q_k＝2.5kN/m^2，混凝土为C30（f_c＝14.3N/mm^2，f_t＝1.43N/mm^2），钢筋牌号为HRB400级（f_y＝360N/mm^2）。环境类别为一类。

2. 梯段板计算

估算板厚，$h=\frac{l_0}{30}=\frac{3200}{30}=106.7\text{mm}$，取$h=110$mm，取1m宽作为计算单元。

（1）荷载计算

恒载

梯段板自重　$\left(\frac{1}{2}\times 0.15+\frac{0.11}{2/\sqrt{5}}\right)\times 25=4.95$

踏步抹灰重　$(0.3+0.15)\times 0.02\times\frac{1}{0.3}\times 20=0.60$

板底抹灰重　$\frac{0.02}{2/\sqrt{5}}\times 17=0.38$

金属栏杆重　$0.1\times\frac{1}{1.6}=0.06$

标准值　$g_k=5.99$

设计值　$g=1.2\times 5.99=7.19$

活荷载　设计值　$q=1.4\times 2.50=3.50$

合　计　$g+q=10.69\text{kN/m}$

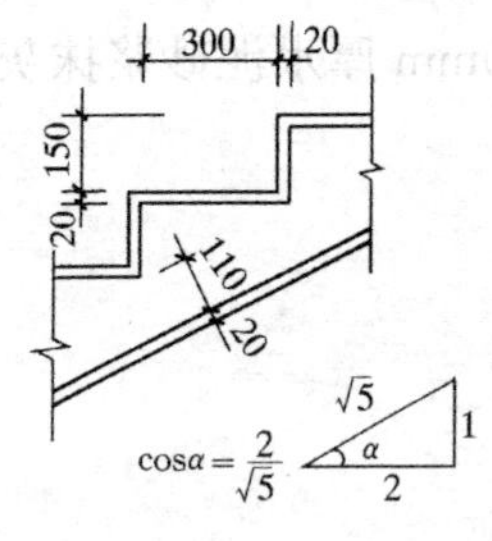

图10-91　梯段板构造

（2）内力计算

水平投影计算跨度为：$l_0=l_n+b=3.0+0.2=3.2\text{m}$

跨中最大弯矩：$M=\frac{1}{10}(g+q)l_0^2=\frac{1}{10}\times 10.69\times 3.2^2=10.95\text{kN}\cdot\text{m}$

（3）截面计算

$$h_0=h-a_s=110-20=90\text{mm}$$

$$\alpha_s=\frac{M}{\alpha_1 f_c b h_0^2}=\frac{10.95\times 10^6}{1.0\times 14.3\times 1000\times 90^2}=0.095$$

查附表8得$\xi=0.10$

$$A_s=\frac{\alpha f_c \xi b h_0}{f_y}=\frac{1.0\times 14.3\times 0.10\times 1000\times 90}{360}=357.5\text{mm}^2$$

选Φ12@200（A_s＝514mm^2）。

3. 平台板计算

取板厚h＝60mm，并取1m宽板带作为计算单元。

（1）荷载计算

恒载

平台板自重	$0.06\times25=1.50$
板面抹灰重	$0.02\times20=0.40$
板底抹灰重	$0.02\times17=0.34$

	标准值	$g_k=2.24$
	设计值	$g=1.2\times2.24=2.69$
活荷载	设计值	$q=1.4\times2.5=3.50$
	合　计	$g+q=6.19\text{kN/m}$

(2) 内力计算

计算跨度为：$l_0=l_n+\dfrac{h}{2}+\dfrac{b}{2}=1.4+\dfrac{0.06}{2}+\dfrac{0.2}{2}=1.53\text{m}$

跨中最大弯矩：$M=\dfrac{1}{8}(g+q)l_0^2=\dfrac{1}{8}\times6.19\times1.53^2=1.81\text{kN}\cdot\text{m}$

(3) 截面计算

$$h_0=h-a_s=60-20=40\text{mm}$$

$$\alpha_s=\frac{M}{\alpha_1 f_c b h_0^2}=\frac{1.81\times10^6}{1.0\times14.3\times1000\times40^2}=0.079$$

查附表 8 得 $\xi=0.082$

$$A_s=\frac{\alpha_1 f_c \xi b h_0}{f_y}=\frac{1.0\times14.3\times0.082\times1000\times40}{360}=130.29\text{mm}^2$$

选Φ 8@200（$A_s=251\text{mm}^2$）。

4. 平台梁计算

计算跨度为：$l_0=1.05l_n=1.05\times3.36$

$=3.53\text{m}<l_n+a=3.36+0.24=3.60\text{m}$

估算截面尺寸：$h=\dfrac{l_0}{12}=\dfrac{3530}{12}=294\text{mm}$，取 $b\times h=200\text{mm}\times400\text{mm}$

(1) 荷载计算

梯段板传来	$1069\times\dfrac{3.0}{2}=16.04$
平台板传来	$6.19\times\left(\dfrac{1.4}{2}+0.2\right)=5.57$
平台梁自重	$1.2\times0.2\times(0.4-0.06)\times25=2.04$
平台梁侧抹灰	$1.2\times2\times(0.4-0.06)\times0.02\times17=0.28$
合　计	$g+q=23.93\text{kN/m}$

(2) 内力计算

跨中最大弯矩：$M=\frac{1}{8}(g+q)l_0^2=\frac{1}{8}\times 23.93\times 3.53^2=37.27\text{kN}\cdot\text{m}$

支座最大剪力：$V=\frac{1}{2}(g+q)l_n=\frac{1}{2}\times 23.93\times 3.36=40.20\text{kN}$

(3) 截面计算

1) 受弯承载力计算

按倒L形截面计算，受压翼缘计算宽度取下列中较小值：

$$b'_f=\frac{1}{6}l_0=\frac{1}{6}\times 3530=588\text{mm}$$

$$b'_f=b+\frac{s_0}{2}=200+\frac{1400}{2}=900\text{mm}$$

取 $b'_f=588\text{mm}$

取　$h_0=h-a_s=400-35=365\text{mm}$

$$\alpha_1 f_c b'_f h'_f\left(h_0-\frac{h'_f}{2}\right)=1.0\times 14.3\times 588\times 60\times\left(365-\frac{60}{2}\right)$$

$$=169.01\text{kN}\cdot\text{m}>M=37.27\text{kN}\cdot\text{m}$$

属于第一类T形截面。

$$\alpha_s=\frac{M}{\alpha_1 f_c b'_f h_0^2}=\frac{37.27\times 10^6}{1.0\times 14.3\times 588\times 365^2}=0.033$$

查附表8得 $\xi=0.034$

$$A_s=\frac{\alpha_1 f_c \xi b'_f h_0}{f_y}==\frac{1.0\times 14.3\times 0.034\times 588\times 365}{360}=289.86\text{mm}^2$$

选3Φ12 ($A_s=339\text{mm}^2$)。

2) 受剪承载力计算

$0.25\beta_c f_c bh_0=0.25\times 1.0\times 14.3\times 200\times 365=257.4\times 10^3=260.98\text{kN}>V$

截面尺寸满足要求。

$0.7f_t bh_0=0.7\times 1.43\times 200\times 365=73.07\times 10^3\text{N}=73.07\text{kN}>V$

仅需按构造要求配置箍筋，选用双肢Φ8@300。

配筋示意图见图10-92和图10-93。

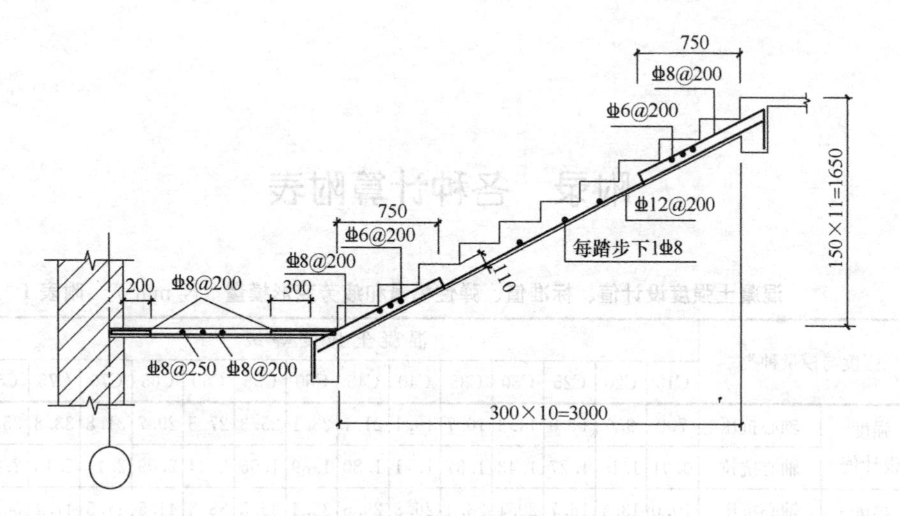

图 10-92 梯段板、平台板配筋示意图

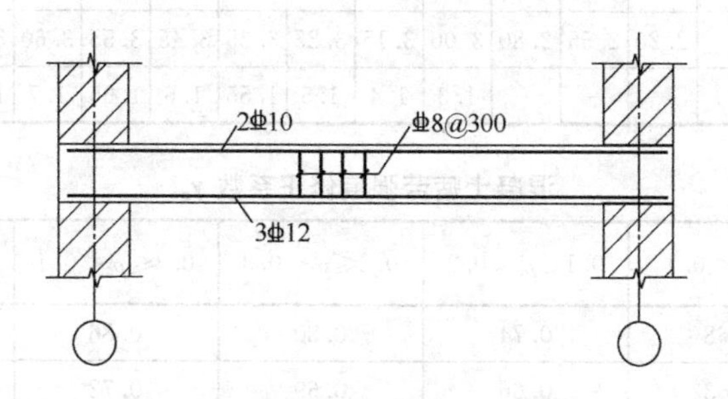

图 10-93 平台梁配筋示意图

附录　各种计算附表

混凝土强度设计值、标准值、弹性模量和疲劳变形模量（N/mm²）　附表 1

强度与模量种类		混凝土强度等级													
		C15	C20	C25	C30	C35	C40	C45	C50	C55	C60	C65	C70	C75	C80
强度设计值	轴心抗压	7.2	9.6	11.9	14.3	16.7	19.1	21.1	23.1	25.3	27.5	29.7	31.8	33.8	35.9
	轴心抗拉	0.91	1.10	1.27	1.43	1.57	1.71	1.80	1.89	1.96	2.04	2.09	2.14	2.18	2.22
强度标准值	轴心抗压	10.0	13.4	16.7	20.1	23.4	26.8	29.6	32.4	35.5	38.5	41.5	44.5	47.4	50.2
	轴心抗拉	1.27	1.54	1.78	2.01	2.20	2.39	2.51	2.64	2.74	2.85	2.93	2.99	3.05	3.11
弹性模量（$\times 10^4$）		2.20	2.55	2.80	3.00	3.15	3.25	3.35	3.45	3.55	3.60	3.65	3.70	3.75	3.80
疲劳变形模量（$\times 10^4$）		—	—	—	1.3	1.4	1.5	1.55	1.6	1.65	1.7	1.75	1.8	1.85	1.9

混凝土疲劳强度修正系数 γ_p　附表 2

ρ_c^f		$0 \leq \rho_c^f < 0.1$	$0.1 \leq \rho_c^f < 0.2$	$0.2 \leq \rho_c^f < 0.3$	$0.3 \leq \rho_c^f < 0.4$	$0.4 \leq \rho_c^f < 0.5$
受压	γ_ρ	0.68	0.74	0.80	0.86	0.93
受拉		0.63	0.66	0.69	0.72	0.74
ρ_c^f		$0.5 \leq \rho_c^f < 0.6$	$0.6 \leq \rho_c^f < 0.7$	$0.7 \leq \rho_c^f < 0.8$	$p_c^f \geq 0.8$	
受压	γ_ρ	1.0	1.0	1.0	1.0	
受拉		0.76	0.80	0.90	1.00	

钢筋强度设计值、强度标准值及弹性模量（N/mm²）　附表 3

种类（牌号）	直径 d（mm）	强度标准值		强度设计值		弹性模量
		屈服 f_{yk}	极限 f_{stk}	抗压 f'_y	抗拉 f_y	$E_s \times 10^5$
HPB300（ϕ）	6～22	300	420	270	270	2.10
HRB335（Φ） HRBF335（Φ^F）	6～50	335	455	300	300	2.00
HRB400（Φ） HRBF400（Φ^F） RRB400（Φ^R）	6～50	400	540	360	360	
HRB500（Φ） HRBF500（Φ^F）	6～50	500	630	410	435	

预应力钢筋强度标准值（N/mm^2）　　**附表 4-1**

种类		符号	直径 d（mm）	屈服强度标准值 f_{pyk}	极限强度标准值 f_{ptk}
中强度预应力钢丝	光面 螺旋肋	ϕ^{PM} ϕ^{HM}	5、7、9	620	800
				780	970
				980	1270
预应力螺纹钢筋	螺纹	ϕ^{T}	18、25、32、40、50	785	980
				930	1080
				1080	1230
消除应力钢丝	光面 螺旋肋	ϕ^{P} ϕ^{H}	5	—	1570
				—	1860
			7	—	1570
			9	—	1470
				—	1570
钢绞线	1×3 （三股）	ϕ^{S}	8.6 10.8 12.9	—	1570
				—	1860
				—	1960
	1×7 （七股）		9.5、12.7、15.2、17.8	—	1720
				—	1860
				—	1960
			21.6	—	1860

注：极限强度为 $1960N/mm^2$ 的钢绞线作后张应力配筋时应有可靠的工程经验。

预应力钢筋强度设计值、弹性模量（N/mm^2）　　**附表 4-2**

种类	极限强度标准值 f_{ptk}	抗拉强度设计值 f_{py}	抗压强度设计值 f'_{py}
中强度预应力钢丝	800	510	410
	970	650	
	1270	810	
消除应力钢丝	1470	1040	410
	1570	1110	
	1860	1320	
钢绞线	1570	1110	390
	1720	1220	
	1860	1320	
	1960	1390	
预应力螺纹钢筋	980	650	410
	1080	770	
	1230	900	

注：当预应力筋的强度标准值不符合上表的规定时，其强度设计值应进行相应的比例换算。

普通钢筋及预应力筋在最大力下的总伸长率限值　附表 5

钢筋品种	普通钢筋			预应力筋
	HPB300	HRB335、HRBF335、HRB400、HRBF400、HRB500、HRBF500	RRB400	
δ_{gt}(%)	10.0	7.5	5.0	3.5

普通钢筋疲劳应力幅限值（N/mm²）　附表 6-1

疲劳应力比值 ρ_s^f	疲劳应力幅限值 Δf_y^f HRB335	疲劳应力幅限值 Δf_y^f HRB400	疲劳应力比值 ρ_s^f	疲劳应力幅限值 Δf_y^f HRB335	疲劳应力幅限值 Δf_y^f HRB400
0.0	175	175	0.5	115	123
0.1	162	162	0.6	97	106
0.2	154	156	0.7	77	85
0.3	144	149	0.8	54	60
0.4	131	137	0.9	28	31

注：当纵向受拉钢筋采用闪光接触对焊连接时，其接头处的钢筋疲劳应力幅限值应按表中数值乘以0.8取用。

预应力钢筋疲劳应力幅限值 Δf_{py}^f（N/mm²）　附表 6-2

疲劳应力比值 ρ_p^f	钢绞线 $f_{ptk}=1570$	消除应力钢丝 $f_{ptk}=1570$
0.7	144	240
0.8	118	168
0.9	70	88

注：1. 当 ρ_p^f 不小于0.9时，可不作预应力筋疲劳验算。
2. 当有充分依据时，表中规定的疲劳应力幅限值可作适当调整。

纵向受力钢筋的最小配筋百分率 ρ_{min}（%）　附表 7

受力类型			最小配筋百分率
受压构件	全部纵向钢筋	强度等级 500（N/mm²）	0.50
		强度等级 400（N/mm²）	0.55
		强度等级 300、335（N/mm²）	0.60
	一侧纵向钢筋		0.20
受弯构件、偏心受拉、轴心受拉构件一侧受拉钢筋			0.2 和 $45f_t/f_y$ 较大值

注：1. 受压构件全部纵筋最小配筋百分率，当采用C60以上的混凝土时，应按表中规定增加0.10。
2. 板类受弯构件（不包括悬臂板）的受拉钢筋，当采用400级、500级的钢筋时，其最小配筋百分率，应允许采用0.15和 $45f_t/f_y$ 的较大值。
3. 偏心受拉构件中的受压钢筋，应按受压构件一侧的纵筋考虑。
4. 受压构件的全部纵筋和一侧纵筋的配筋率以及轴心受拉构件和小偏心受拉构件一侧受拉钢筋的配筋率，均应按构件的全部截面面积计算。
5. 受弯构件、大偏心受拉构件一侧受拉钢筋的配筋百分率应按全截面面积扣除受压翼缘 $(b_f'-b)h_f'$ 后的截面面积计算。
6. 当钢筋沿构件截面周边布置时，“一侧纵筋”系指沿受力方向两个对称边中一边布置的纵筋。

钢筋混凝土受弯构件正截面抗弯能力计算系数表

（单筋矩形及T形截面·任意强度等级）　　附表8

ξ	γ_s	α_s	ξ	γ_s	α_s	ξ	γ_s	α_s
0.01	0.995	0.010	0.21	0.895	0.188	0.41	0.795	0.326
0.02	0.990	0.020	0.22	0.890	0.196	0.42	0.790	0.332
0.03	0.985	0.030	0.23	0.885	0.203	0.43	0.785	0.337
0.04	0.980	0.039	0.24	0.880	0.211	0.44	0.780	0.343
0.05	0.975	0.048	0.25	0.875	0.219	0.45	0.775	0.349
0.06	0.970	0.058	0.26	0.870	0.226	0.46	0.770	0.354
0.07	0.965	0.067	0.27	0.865	0.234	0.47	0.765	0.359
0.08	0.960	0.077	0.28	0.860	0.241	0.48	0.760	0.365
0.09	0.955	0.085	0.29	0.855	0.248	0.49	0.755	0.370
0.10	0.950	0.095	0.30	0.850	0.255	0.50	0.750	0.375
0.11	0.945	0.104	0.31	0.845	0.262	0.51	0.745	0.380
0.12	0.940	0.113	0.32	0.840	0.269	0.52	0.740	0.385
0.13	0.935	0.121	0.33	0.835	0.275	0.53	0.735	0.390
0.14	0.930	0.130	0.34	0.830	0.282	0.54	0.730	0.394
0.15	0.925	0.139	0.35	0.825	0.289	0.55	0.725	0.400
0.16	0.920	0.147	0.36	0.820	0.295	0.56	0.720	0.403
0.17	0.915	0.155	0.37	0.815	0.301	0.57	0.715	0.408
0.18	0.910	0.164	0.38	0.810	0.309	0.58	0.710	0.412
0.19	0.905	0.172	0.39	0.805	0.314			
0.20	0.900	0.180	0.40	0.800	0.320			

注：1. 当混凝土强度等级为C50及以下时，表中系数$\xi=\xi_b=0.576$、0.550、0.518、0.482系分别指300级、335级、400级和500级钢筋的界限相对受压区高度。当混凝土强度等级为C80时，表中系数$\xi=\xi_b=0.493$、0.463、0.429系分别指335级、400级和500级钢筋的界限相对受压区高度。

2. 当混凝土强度等级大于C50而又小于C80时，相应的钢筋界限相对受压区高度取值，应按表3-6及3.4.3节介绍的线性插入法确定。

钢筋混凝土板每米宽的钢筋面积表（mm^2）　　附表9

钢筋间距 (mm)	钢筋直径 (mm)											
	3	4	5	6	6/8	8	8/10	10	10/12	12	12/14	14
70	101	179	281	404	561	719	920	1121	1369	1616	1907	2199
75	94.3	167	262	377	524	671	859	1047	1277	1508	1780	2052

续表

钢筋间距 (mm)	钢筋直径 (mm)											
	3	4	5	6	6/8	8	8/10	10	10/12	12	12/14	14
80	88.4	157	245	354	491	629	805	981	1198	1414	1669	1924
85	83.2	148	231	333	462	592	758	924	1127	1331	1571	1811
90	78.5	140	218	314	437	559	716	872	1064	1257	1483	1710
95	74.5	132	207	298	414	529	678	826	1008	1190	1405	1620
100	70.6	126	196	283	393	503	644	785	958	1131	1335	1539
110	64.2	114	178	257	357	457	585	714	871	1028	1214	1399
120	58.9	105	163	236	327	419	537	654	798	942	1113	1283
125	56.5	100	157	226	314	402	515	628	766	905	1068	1231
130	54.4	96.6	151	218	302	387	495	604	737	870	1027	1184
140	50.5	89.7	140	202	281	359	460	561	684	808	954	1099
150	47.1	83.8	131	189	262	335	429	523	639	754	890	1026
160	44.1	78.5	123	177	246	314	403	491	599	707	834	962
170	41.5	73.9	115	166	231	296	379	462	564	665	785	905
180	39.2	69.8	109	157	218	279	358	436	532	628	742	855
190	37.2	66.1	103	149	207	265	339	413	504	595	703	810
200	35.3	62.8	98.2	141	196	251	322	393	479	565	668	770
220	32.1	57.1	89.3	129	179	229	293	357	435	514	607	700
240	29.4	52.4	81.9	118	164	210	268	327	399	471	556	641
250	28.3	50.2	78.5	113	157	201	258	314	383	451	534	616
260	27.2	48.3	75.5	109	151	193	248	302	369	435	513	592
280	25.2	44.9	70.1	101	140	180	230	280	342	404	477	550
300	23.6	41.9	65.5	94	131	168	215	262	319	377	445	513
320	22.1	39.2	61.4	88	123	157	201	245	299	353	417	481

钢筋截面面积表（mm^2） **附表 10-1**

公称直径 (mm)	钢筋截面面积 A_s（mm^2）及钢筋排成一列时梁的最小宽度 b（mm）												单根钢筋理论重量 (kg/m)
	1 根	2 根	3 根		4 根		5 根		6 根	7 根	8 根	9 根	
	A_s	A_s	A_s	b	A_s	b	A_s	b	A_s	A_s	A_s	A_s	
6	28.3	57	85		113		142		170	198	226	255	0.222
8	50.3	101	151		201		252		302	352	402	453	0.395
10	78.5	157	236		314		393		471	550	628	707	0.617
12	113.1	226	339	150	452	$\frac{200}{180}$	565	$\frac{250}{220}$	678	791	904	1017	0.888

续表

公称直径(mm)	钢筋截面面积 A_s（mm^2）及钢筋排成一列时梁的最小宽度 b（mm）												单根钢筋理论重量(kg/m)
	1根	2根	3根		4根		5根		6根	7根	8根	9根	
	A_s	A_s	A_s	b	A_s	b	A_s	b	A_s	A_s	A_s	A_s	
14	153.9	308	461	150	615	$\frac{200}{180}$	769	$\frac{250}{220}$	923	1077	1231	1385	1.21
16	201.1	402	603	$\frac{180}{150}$	804	200	1005	250	1206	1407	1608	1809	1.58
18	254.5	509	763	$\frac{180}{150}$	1017	$\frac{220}{200}$	1272	$\frac{300}{250}$	1527	1781	2036	2290	2.00
20	314.2	628	942	180	1256	220	1570	$\frac{300}{250}$	1884	2199	2513	2827	2.47
22	380.1	760	1140	180	1520	$\frac{250}{220}$	1900	300	2281	2661	3041	3421	2.98
25	490.9	982	1473	$\frac{200}{180}$	1964	250	2454	300	2945	3436	3927	4418	3.85
28	615.8	1232	1847	200	2463	250	3079	$\frac{350}{300}$	3695	4310	4926	5542	4.83
32	804.2	1609	2413	200	3217	300	4021	350	4826	5630	6434	7238	6.31
36	1017.9	2036	3054		4072		5089		6107	7125	8143	9161	7.99
40	1256.6	2513	3770		5027		6283		7540	8796	10053	11310	9.87
50	1964	3928	5892		7856		9820		11784	13748	15712	17676	15.42

注：表中梁最小宽度 b 为分数时，横线以上数字表示钢筋在梁顶部时所需的宽度，横线以下数字表示钢筋在梁底部时所需宽度。

钢绞线、钢丝公称直径、公称截面面积及理论重量　　附表 10-2

种类		公称直径(mm)	公称截面面积(mm^2)	理论重量(kg/m)	种类	公称直径(mm)	公称截面面积(mm^2)	理论重量(kg/m)
钢绞线	1×3	8.6	37.7	0.296	1×7标准型	17.8	191	1.500
		10.8	58.9	0.462		21.6	285	2.237
		12.9	84.8	0.666	钢丝	5	19.63	0.154
	1×7标准型	9.5	54.8	0.430		7	38.48	0.302
		12.7	98.7	0.775		9	63.62	0.499
		15.2	140	1.101		—	—	—

受弯构件的挠度限值　　　附表 11

构件类型	挠度限值（以计算跨度 l_0 计算）
吊车梁：手动吊车	$l_0/500$
电动吊车	$l_0/600$
屋盖，楼盖及楼梯结构：	
当 $l_0<7\text{m}$ 时	$l_0/200$ （$l_0/250$）
当 $7\text{m}\leqslant l_0\leqslant 9\text{m}$ 时	$l_0/250$ （$l_0/300$）
当 $l_0>9\text{m}$ 时	$l_0/300$ （$l_0/400$）

注：1. 表中 l_0 为构件的计算挠度；计算悬臂构件的挠度限值，其 l_0 按实际悬臂长度的 2 倍取用；
2. 表中括号内的数值适用于使用上对挠度有较高要求的构件；
3. 如果构件制作时预先起拱，而且使用上允许，则在验算挠度时，可将计算所得的挠度值减去起拱值；预应力混凝土构件尚可减去预加应力产生的反拱值；
4. 构件制作时起拱值和预加力所产生的反拱值，不宜超过构件在相应荷载组合作用下的挠度计算值。

结构构件的裂缝控制等级和最大裂缝宽度限值 ω_{lim} （mm）　　　附表 12

<table>
<tr><th rowspan="2">环境类别</th><th colspan="2">钢筋混凝土结构</th><th colspan="2">预应力混凝土结构</th></tr>
<tr><th>裂缝控制等级</th><th>ω_{lim}</th><th>裂缝控制等级</th><th>ω_{lim}</th></tr>
<tr><td>一</td><td rowspan="2">三级</td><td>0.30（0.40）</td><td rowspan="2">三级</td><td>0.20</td></tr>
<tr><td>二 a</td><td rowspan="3">0.2</td><td>0.10</td></tr>
<tr><td>二 b</td><td rowspan="2">三级</td><td>二级</td><td>—</td></tr>
<tr><td>三 a、三 b</td><td>一级</td><td>—</td></tr>
</table>

注：1. 对处于年平均相对湿度小于 60％地区一类环境下的受弯构件，其最大裂缝宽度限值可采用括号内的数值；
2. 在一类环境下，对钢筋混凝土屋架、托架及需作疲劳验算的吊车梁，其最大裂缝宽度限值应取为 0.2mm；对钢筋混凝土屋面梁和托梁，其最大裂缝宽度限值应取为 0.3mm；
3. 在一类环境下，对预应力混凝土屋架、托架及双向板体系，应按二级裂缝控制等级进行验算；对一类环境下的预应力混凝土屋面梁、托架、单向板，应按表中二 a 类环境的要求进行验算；在一类和二 a 类环境下需作疲劳验算的预应力混凝土的吊车梁，应按裂缝控制等级不低于二级的构件进行验算；
4. 表中规定的预应力混凝土构件的裂缝控制等级和最大裂缝宽度限值仅适用于正截面的验算；预应力混凝土构件的斜截面裂缝控制验算应符合本书下册的有关规定；
5. 对于筒仓等特种结构以及处于四、五类环境下的结构构件，其裂缝验算应符合专门的标准有关规定；
6. 表中的最大裂缝宽度限值仅适用于验算荷载引起的最大裂缝宽度。

附表 13　等截面等跨连续梁在常用荷载作用下的内力系数表

1. 在均布及三角形荷载作用下：

$$M=\text{表中系数}\times ql^2$$
$$V=\text{表中系数}\times ql$$

2. 在集中荷载作用下：

$$M=\text{表中系数}\times Ql$$
$$V=\text{表中系数}\times Q$$

注：上式中 l 为梁的计算跨度。

3. 内力正负号规定：

M——使截面上部受压，下部受拉为正；

V——对邻近截面所产生的力矩沿顺时针方向者为正。

两　跨　梁　　附表 13-1

荷载图	跨内最大弯矩		支座弯矩	剪力		
	M_1	M_2	M_B	V_A	$V_{B左}$ $V_{B右}$	V
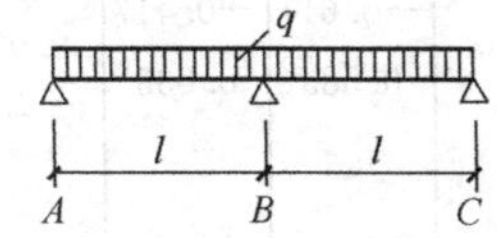 均布荷载 q 满布两跨（A、B、C，跨度 l、l）	0.070	0.070	−0.125	0.375	−0.625 0.625	−0.375
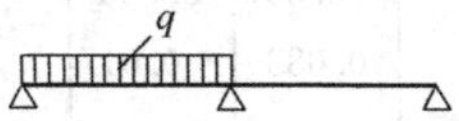 均布荷载 q 作用于第一跨	0.096	—	−0.063	0.437	−0.563 0.063	0.063
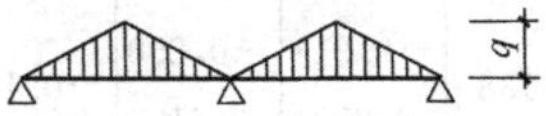 三角形荷载 q 作用于两跨	0.048	0.048	−0.078	0.172	−0.328 0.328	−0.172
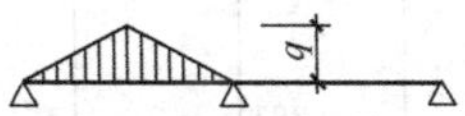 三角形荷载 q 作用于第一跨	0.064	—	−0.039	0.211	−0.289 0.039	0.039
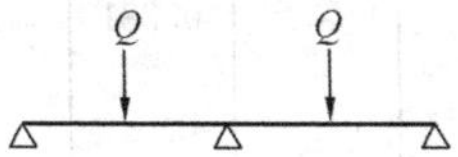 集中荷载 Q 作用于两跨跨中	0.156	0.156	−0.188	0.312	−0.688 0.688	−0.312
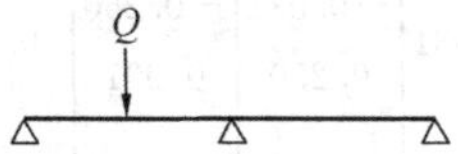 集中荷载 Q 作用于第一跨跨中	0.203	—	−0.094	0.406	−0.594 0.094	0.094
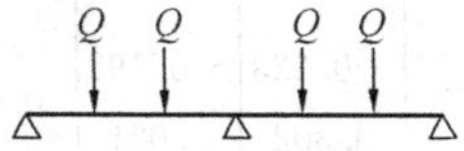 两个集中荷载 Q 作用于每跨	0.222	0.222	−0.333	0.667	−1.333 1.333	−0.667
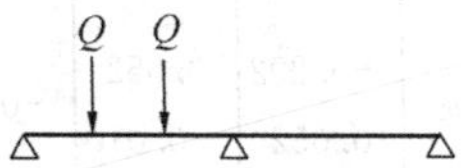 两个集中荷载 Q 作用于第一跨	0.278	—	−0.167	0.833	−1.167 0.167	0.167

三　跨　梁　　　　**附表 13-2**

荷载图	跨内最大弯矩		支座弯矩		剪力			
	M_1	M_2	M_B	M_C	V_A	$V_{B左}$ $V_{B右}$	$V_{C左}$ $V_{C右}$	V_D
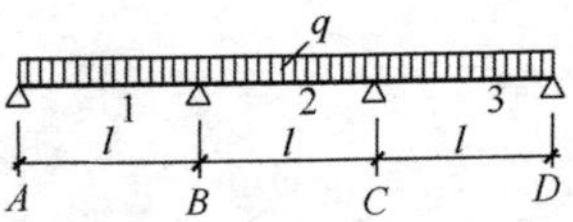 q; 1 2 3; l l l; A B C D	0.080	0.025	−0.100	−0.100	0.400	−0.600 0.500	−0.500 0.600	−0.400
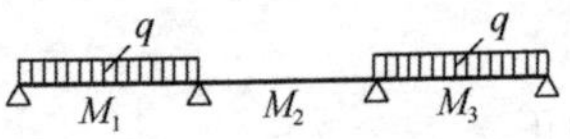 q q; M_1 M_2 M_3	0.101	—	−0.050	−0.050	0.450	−0.550 0	0 0.550	−0.450
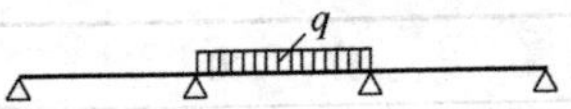 q	—	0.075	−0.050	−0.050	−0.050	−0.050 0.500	−0.500 0.050	0.050
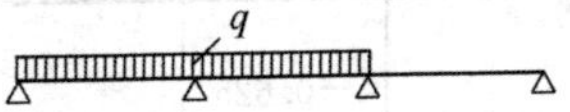 q	0.073	0.054	−0.117	−0.033	0.383	−0.617 0.583	−0.417 0.033	0.033
 q	0.094	—	−0.067	0.017	0.433	−0.567 0.083	0.083 −0.017	−0.017
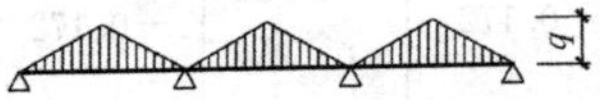 q	0.054	0.021	−0.063	−0.063	0.188	−0.313 0.250	−0.250 0.313	−0.188
 q	0.068	—	−0.031	−0.031	0.219	−0.281 0	0 0.281	−0.219
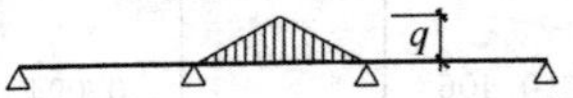 q	—	0.052	−0.031	−0.031	−0.031	−0.031 0.250	−0.250 0.031	0.031
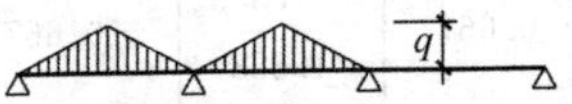 q	0.050	0.038	−0.073	−0.021	0.177	−0.323 0.302	−0.198 0.021	0.021
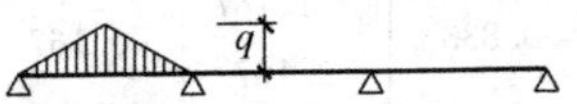 q	0.063	—	−0.042	0.010	0.208	−0.292 0.052	0.052 −0.010	−0.010

续表

荷载图	跨内最大弯矩		支座弯矩		剪力			
	M_1	M_2	M_B	M_C	V_A	$V_{B左}$ $V_{B右}$	$V_{C左}$ $V_{C右}$	V_D
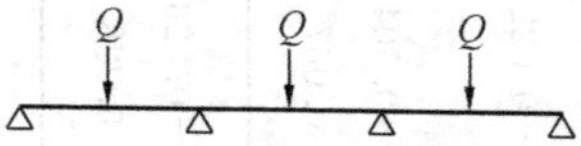	0.175	0.100	−0.150	−0.150	0.350	−0.650 0.500	−0.500 0.650	−0.350
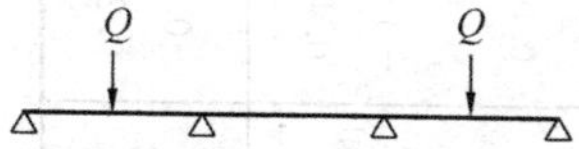	0.213	—	−0.075	−0.075	0.425	−0.575 0	0 0.575	−0.425
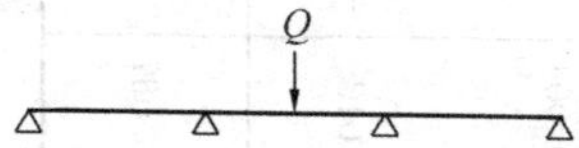	—	0.175	−0.075	−0.075	−0.075	−0.075 0.500	−0.500 0.075	0.075
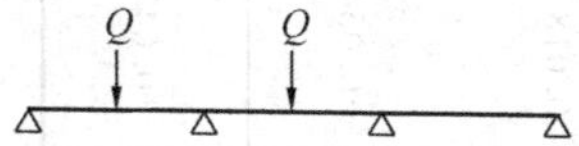	0.162	0.137	−0.175	−0.050	0.325	−0.675 0.625	−0.375 0.050	0.050
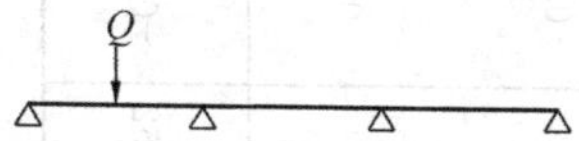	0.200	—	−0.100	0.025	0.400	−0.600 0.125	0.125 −0.025	−0.025
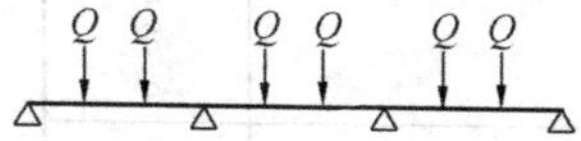	0.244	0.067	−0.267	−0.267	0.733	−1.267 1.000	−1.000 1.267	−0.733
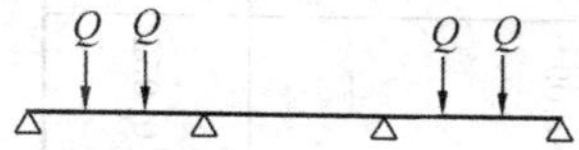	0.289	—	−0.133	−0.133	0.866	−1.134 0	0 1.134	−0.866
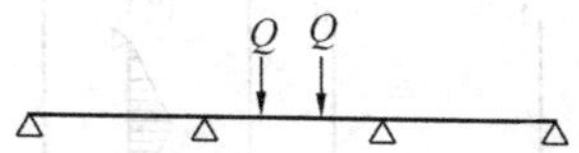	—	0.200	−0.133	−0.133	−0.133	−0.133 1.000	−1.000 0.133	0.133
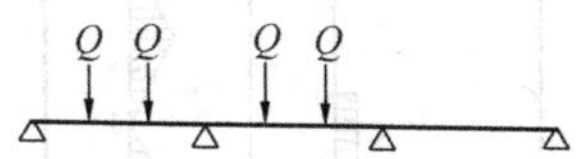	0.229	0.170	−0.311	−0.089	0.689	−1.311 1.222	−0.778 0.089	0.089
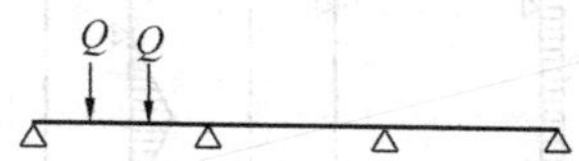	0.274	—	−0.178	0.044	0.822	−1.178 0.222	0.222 −0.044	−0.044

附表 13-3

四 跨 梁

荷载图	跨内最大弯矩				支座弯矩			剪力				
	M_1	M_2	M_3	M_4	M_B	M_C	M_D	V_A	$V_{B左}$ $V_{B右}$	$V_{C左}$ $V_{C右}$	$V_{D左}$ $V_{D右}$	V_E
q; l l l l; A B C D E	0.077	0.036	0.036	0.077	−0.107	−0.071	−0.107	0.393	−0.607 0.536	−0.464 0.464	−0.536 0.607	−0.393
q q; M_1 M_2 M_3 M_4	0.100	—	0.081	—	−0.054	−0.036	−0.054	0.446	−0.554 0.018	0.018 0.482	−0.518 0.054	0.054
q q	0.072	0.061	—	0.098	−0.121	−0.018	−0.058	0.380	−0.620 0.603	−0.397 −0.040	−0.040 0.558	−0.442
q	—	0.056	0.056	—	−0.036	−0.107	−0.036	−0.036	−0.036 0.429	−0.571 0.571	−0.429 0.036	0.036
q	0.094	—	—	—	−0.067	0.018	−0.004	0.433	−0.567 0.085	0.085 −0.022	−0.022 0.004	0.004
q	—	0.074	—	—	−0.049	−0.054	0.013	−0.049	−0.049 0.496	−0.504 0.067	0.067 −0.013	−0.013
b	0.052	0.028	0.028	0.052	−0.067	−0.045	−0.067	0.183	−0.317 0.272	−0.228 0.228	−0.272 0.317	−0.183

续表

荷载图	跨内最大弯矩				支座弯矩			剪力				
	M_1	M_2	M_3	M_4	M_B	M_C	M_D	V_A	$V_{B左}$ $V_{B右}$	$V_{C左}$ $V_{C右}$	$V_{D左}$ $V_{D右}$	V_E
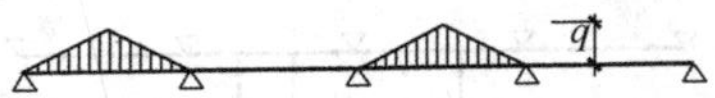	0.067	—	0.055	—	−0.034	−0.022	−0.034	0.217	−0.284 0.011	0.011 0.239	−0.261 0.034	0.034
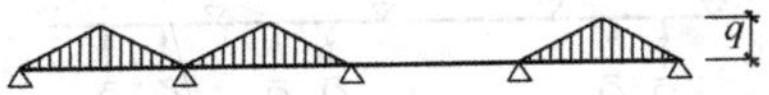	0.049	0.042	—	0.066	−0.075	−0.011	−0.036	0.175	−0.325 0.314	−0.186 −0.025	−0.025 0.286	−0.214
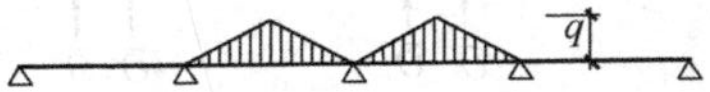	—	0.040	0.040	—	−0.022	−0.067	−0.022	−0.022	−0.022 0.205	−0.295 0.295	−0.205 0.022	0.022
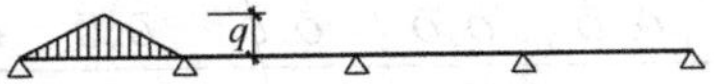	0.063	—	—	—	−0.042	0.011	−0.003	0.208	−0.292 0.053	0.053 −0.014	−0.014 0.003	0.003
	—	0.051	—	—	−0.031	−0.034	0.008	−0.031	−0.031 0.247	−0.253 0.042	0.042 −0.008	−0.008
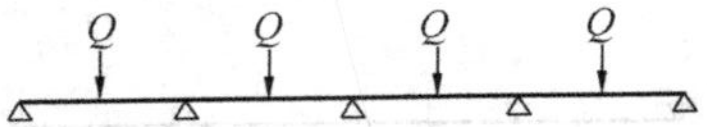	0.169	0.116	0.116	0.169	−0.161	−0.107	−0.161	0.339	−0.661 0.554	−0.446 0.446	−0.554 0.661	−0.339
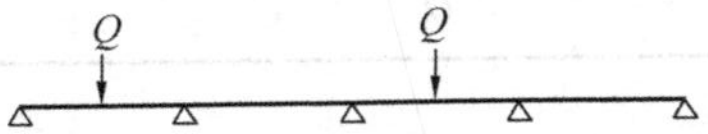	0.210	—	0.183	—	−0.080	−0.054	−0.080	0.420	−0.580 0.027	0.027 0.473	−0.527 0.080	0.080
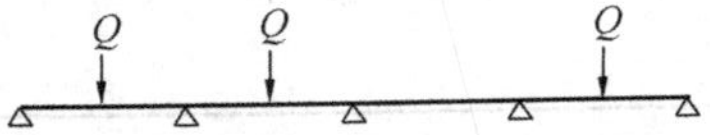	0.159	0.146	—	0.206	−0.181	−0.027	−0.087	0.319	−0.681 0.654	−0.346 −0.060	−0.060 0.587	−0.413

续表

荷载图	跨内最大弯矩				支座弯矩			剪力				
	M_1	M_2	M_3	M_4	M_B	M_C	M_D	V_A	$V_{B左}$ $V_{B右}$	$V_{C左}$ $V_{C右}$	$V_{D左}$ $V_{D右}$	V_E
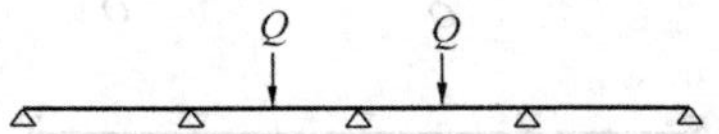	—	0.142	0.142	—	−0.054	−0.161	−0.054	−0.054	−0.054 0.393	−0.607 0.607	−0.393 0.054	0.054
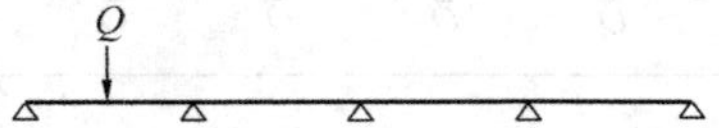	0.200	—	—	—	−0.100	0.027	−0.007	0.400	−0.600 0.127	0.127 −0.033	−0.033 0.007	0.007
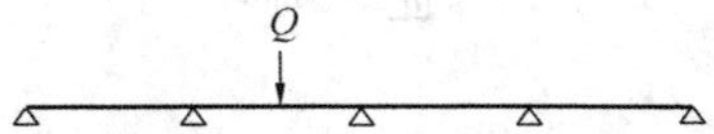	—	0.173	—	—	−0.074	−0.080	0.020	−0.074	−0.074 0.493	−0.507 0.100	0.100 −0.020	−0.020
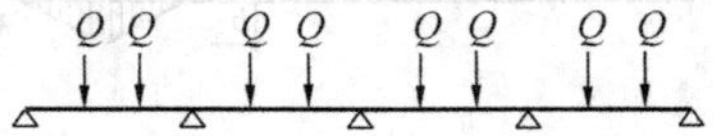	0.238	0.111	0.111	0.238	−0.286	−0.191	−0.286	0.714	−1.286 1.095	−0.905 0.905	−1.095 1.286	−0.714
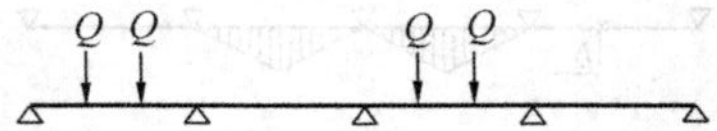	0.286	—	0.222	—	−0.143	−0.095	−0.143	0.857	−1.143 0.048	0.048 0.952	−1.048 0.143	0.143
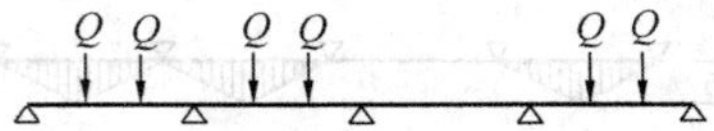	0.226	0.194	—	0.282	−0.321	−0.048	−0.155	0.679	−1.321 1.274	−0.726 −0.107	−0.107 1.155	−0.845
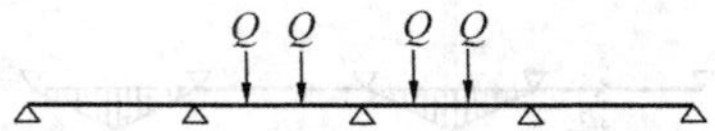	—	0.175	0.175	—	−0.095	−0.286	−0.095	−0.095	−0.095 0.810	−1.190 1.190	−0.810 0.095	0.095
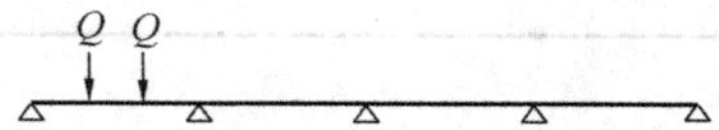	0.274	—	—	—	−0.178	0.048	−0.012	0.822	−1.178 0.226	0.226 −0.060	−0.060 0.012	0.012
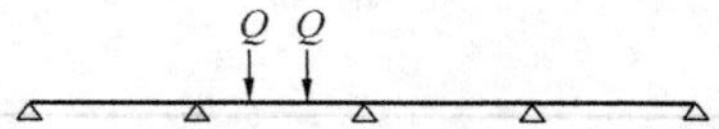	—	0.198	—	—	−0.131	−0.143	0.036	−0.131	−0.131 0.988	−1.012 0.178	0.178 −0.036	−0.036

五 跨 梁 附表 13-4

荷载图	跨内最大弯矩			支座弯矩				剪力					
	M_1	M_2	M_3	M_B	M_C	M_D	M_E	V_A	$V_{B左}$ $V_{B右}$	$V_{C左}$ $V_{C右}$	$V_{D左}$ $V_{D右}$	$V_{E左}$ $V_{E右}$	V_F
q; l l l l l; A B C D E F	0.078	0.033	0.046	−0.105	−0.079	−0.079	−0.105	0.394	−0.606 0.526	−0.474 0.500	−0.500 0.474	−0.526 0.606	−0.394
q q q; M_1 M_2 M_3 M_4 M_5	0.100	—	0.085	−0.053	−0.040	−0.040	−0.053	0.447	−0.553 0.013	0.013 0.500	−0.500 −0.013	−0.013 0.553	−0.447
q q	—	0.079	—	−0.053	−0.040	−0.040	−0.053	−0.053	−0.053 −0.513	−0.487 0	0 0.487	−0.513 0.053	0.053
q q	0.073	②0.059 0.078	—	−0.119	−0.022	−0.044	−0.051	0.380	−0.620 0.598	−0.402 −0.023	−0.023 0.493	−0.507 0.052	0.052
q q	①— 0.098	0.055	0.064	−0.035	−0.111	−0.020	−0.057	−0.035	−0.035 0.424	−0.576 0.591	−0.409 −0.037	−0.037 0.557	−0.443
q	0.094	—	—	−0.067	0.018	−0.005	0.001	0.433	−0.567 0.085	0.085 −0.023	−0.023 0.006	0.006 −0.001	0.001
q	—	0.074	—	−0.049	−0.054	0.014	−0.004	−0.049	−0.049 0.495	−0.505 0.068	0.068 −0.018	−0.018 0.004	0.004
q	—	—	0.072	0.013	−0.053	−0.053	0.013	0.013	0.013 −0.066	−0.066 0.500	−0.500 0.066	0.066 −0.013	−0.013

续表

荷载图	跨内最大弯矩			支座弯矩				剪力					
	M_1	M_2	M_3	M_B	M_C	M_D	M_E	V_A	$V_{B左}$ $V_{B右}$	$V_{C左}$ $V_{C右}$	$V_{D左}$ $V_{D右}$	$V_{E左}$ $V_{E右}$	V_F
	0.053	0.026	0.034	−0.066	−0.049	−0.049	−0.066	0.184	−0.316 0.266	−0.234 0.250	−0.250 0.234	−0.266 0.316	0.184
	0.067	—	0.059	−0.033	−0.025	−0.025	−0.033	0.217	−0.283 0.008	0.008 0.250	−0.250 −0.008	−0.008 0.283	0.217
	—	0.055	—	−0.033	−0.025	−0.025	−0.033	−0.033	−0.033 0.258	−0.242 0	0 0.242	−0.258 0.033	0.033
	0.049	②0.041 0.053	—	−0.075	−0.014	−0.028	−0.032	0.175	0.325 0.311	−0.189 −0.014	−0.014 0.246	−0.255 0.032	0.032
	①— 0.066	0.039	0.044	−0.022	−0.070	−0.013	−0.036	−0.022	−0.022 0.202	−0.298 0.307	−0.193 −0.023	−0.023 0.286	−0.214
	0.063	—	—	−0.042	0.011	−0.013 0.003	0.001	0.208	−0.292 0.053	0.053 −0.014	−0.014 0.004	0.004 −0.001	−0.001
	—	0.051	—	−0.031	−0.034	0.009	−0.002	−0.031	−0.031 0.247	−0.253 0.043	0.043 −0.011	−0.011 0.002	0.002
	—	—	0.050	0.008	−0.033	−0.033	0.008	0.008	0.008 −0.041	−0.041 0.250	−0.250 0.041	0.041 −0.008	−0.008

续表

荷载图	跨内最大弯矩			支座弯矩				剪力					
	M_1	M_2	M_3	M_B	M_C	M_D	M_E	V_A	$V_{B左}$ $V_{B右}$	$V_{C左}$ $V_{C右}$	$V_{D左}$ $V_{D右}$	$V_{E左}$ $V_{E右}$	V_F
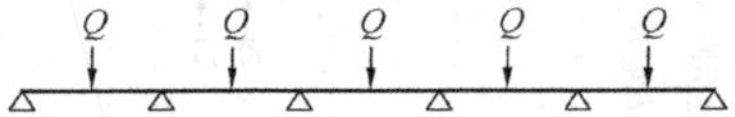	0.171	0.112	0.132	−0.158	−0.118	−0.118	−0.158	0.342	−0.658 0.540	−0.460 0.500	−0.500 0.460	−0.540 0.658	−0.342
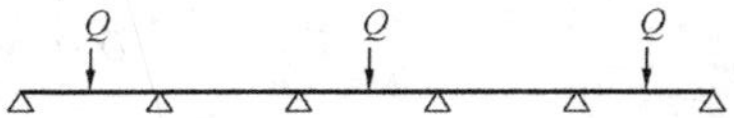	0.211	—	0.191	−0.079	−0.059	−0.059	−0.079	0.421	−0.579 0.020	0.020 0.500	−0.500 −0.020	−0.020 0.579	−0.421
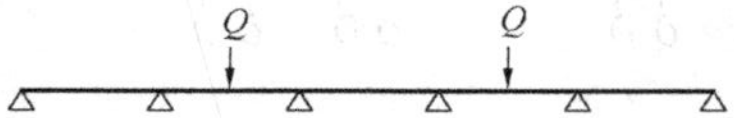	—	0.181	—	−0.079	−0.059	−0.059	−0.079	−0.079	−0.079 0.520	−0.480 0	0 0.480	−0.520 0.079	0.079
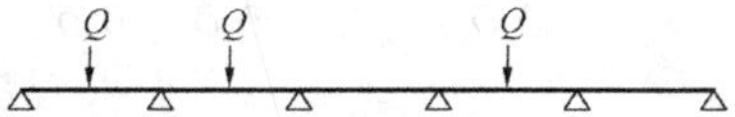	0.160	②0.144 0.178	—	−0.179	−0.032	−0.066	−0.077	0.321	−0.679 0.647	−0.353 −0.034	−0.034 0.489	−0.511 0.077	0.077
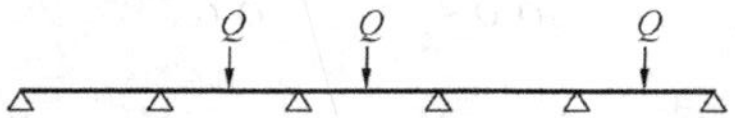	①— 0.207	0.140	0.151	−0.052	−0.167	−0.031	−0.086	−0.052	−0.052 0.385	−0.615 0.637	−0.363 −0.056	−0.056 0.586	−0.414
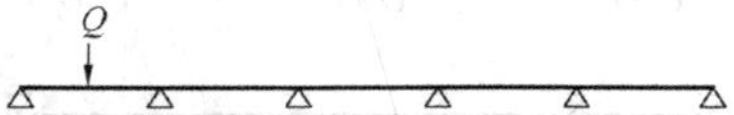	0.200	—	—	−0.100	0.027	−0.007	0.002	0.400	−0.600 0.127	0.127 −0.034	−0.034 0.009	0.009 −0.002	−0.002
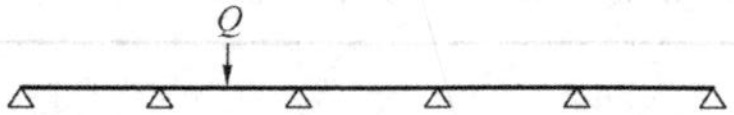	—	0.173	—	−0.073	−0.081	0.022	−0.005	−0.073	−0.073 0.493	−0.507 0.102	0.102 −0.027	−0.027 0.005	0.005
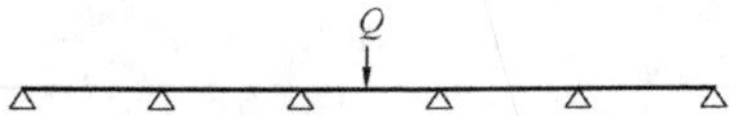	—	—	0.171	0.020	−0.079	−0.079	0.020	0.020	0.020 −0.099	−0.099 0.500	−0.500 0.099	0.099 −0.020	−0.020

续表

荷载图	跨内最大弯矩			支座弯矩				剪力					
	M_1	M_2	M_3	M_B	M_C	M_D	M_E	V_A	$V_{B左}$ $V_{B右}$	$V_{C左}$ $V_{C右}$	$V_{D左}$ $V_{D右}$	$V_{E左}$ $V_{E右}$	V_F
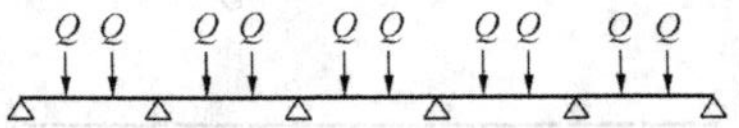	0.240	0.100	0.122	−0.281	−0.211	0.211	−0.281	0.719	−1.281 1.070	−0.930 1.000	−1.000 0.930	−1.070 1.281	−0.719
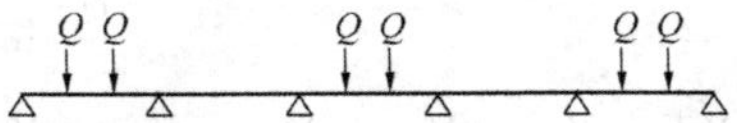	0.287	—	0.228	−0.140	−0.105	−0.105	−0.140	0.860	−1.140 0.035	0.035 1.000	−1.000 −0.035	−0.035 1.140	−0.860
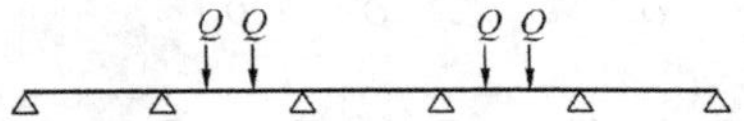	—	0.216	—	−0.140	−0.105	−0.105	−0.140	−0.140	−0.140 1.035	−0.965 0	 0.965	−1.035 0.140	0.140
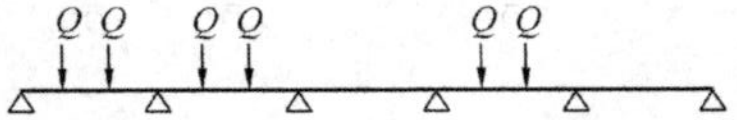	0.227	②0.189/0.209	—	−0.319	−0.057	−0.118	−0.137	0.681	−1.319 1.262	−0.738 −0.061	−0.061 0.981	−1.019 0.137	0.137
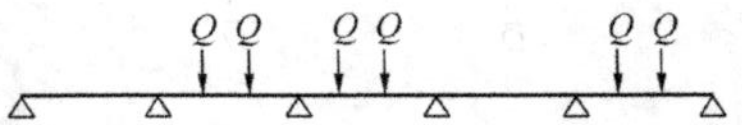	①—/0.282	0.172	0.198	−0.093	−0.297	−0.054	−0.153	−0.093	−0.093 0.796	−1.204 1.243	−0.757 −0.099	−0.099 1.153	−0.847
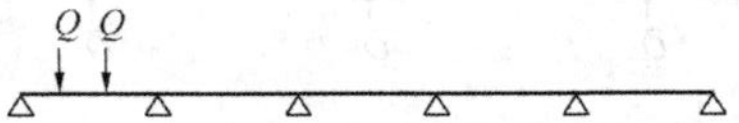	0.274	—	—	−0.179	0.048	−0.013	0.003	0.821	−1.179 0.227	0.227 −0.061	−0.061 0.016	0.016 −0.003	−0.003
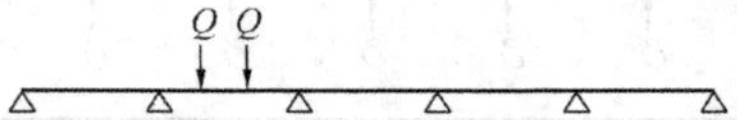	—	0.198	—	−0.131	−0.144	0.038	−0.010	−0.131	−0.131 0.987	−1.013 0.182	0.182 −0.048	−0.048 0.010	0.010
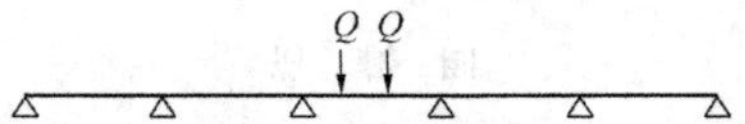	—	—	0.193	0.035	−0.140	−0.140	0.035	0.035	0.035 −0.175	−0.175 1.000	−1.000 0.175	0.175 −0.035	−0.035

表中：① 分子及分母分别为 M_1 及 M_5 的弯矩系数；② 分子及分母分别为 M_2 及 M_4 的弯矩系数。

附表 14　双向板在均布荷载作用下的计算系数表

符号说明

$$B_c=\frac{Eh^3}{12(1-\nu^2)}$$

式中　B_c——板的抗弯刚度；

E——弹性模量；

h——板厚；

ν——泊松比。

v、v_{max}——板中心点的挠度和最大挠度；

m_x、m_{xmax}——平行于 l_x 方向板中心点单位板宽内的弯矩和板跨内最大弯矩；

m_y、m_{ymax}——平行于 l_y 方向板中心点单位板宽内的弯矩和板跨内最大弯矩；

m'_x——固定边中点沿 l_x 方向单位板宽内的弯矩；

m'_y——固定边中点沿 l_y 方向单位板宽内的弯矩；

- - - - - - - - - - - - - - 代表简支边；

┴┴┴┴┴┴┴代表固定边；

正负号的规定：

弯矩——使板的受荷面受压者为正；

挠度——变位方向与荷载方向相同者为正。

①

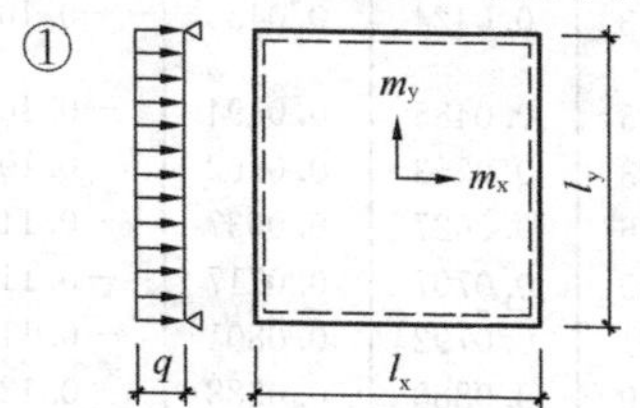

挠度＝表中系数×$\frac{(g+q)\ l^4}{B_c}$

$\nu=0$，弯矩＝表中系数×$(g+q)\ l^2$

式中 l 取用 l_x 和 l_y 中的较小者。

附表 14-1

l_x/l_y	v	m_x	m_y	l_x/l_y	v	m_x	m_y
0.50	0.01013	0.0965	0.0174	0.80	0.00603	0.0561	0.0334
0.55	0.0094	0.0892	0.0210	0.85	0.00547	0.0506	0.0348
0.60	0.00867	0.0820	0.0242	0.90	0.00496	0.0456	0.0353
0.65	0.00796	0.0750	0.0271	0.95	0.00449	0.0410	0.0364
0.70	0.00727	0.0683	0.0296	1.00	0.00406	0.0368	0.0368
0.75	0.00663	0.0620	0.0317				

②

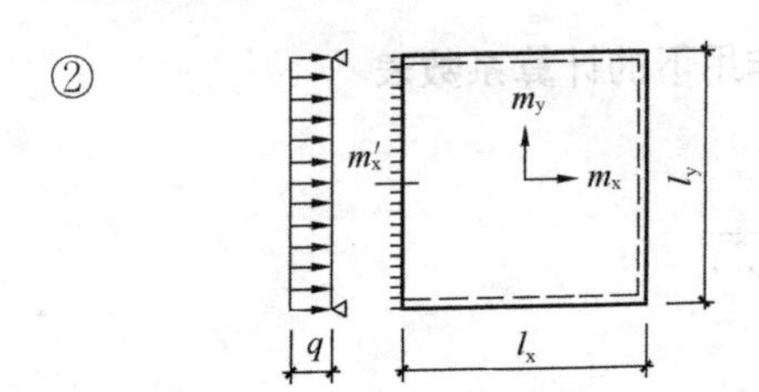

挠度＝表中系数×$\frac{(g+q)\ l^4}{B_c}$

$\nu=0$，弯矩＝表中系数×（$g+q$）l^2

式中 l 取用 l_x 和 l_y 中的较小者。

附表 14-2

l_x/l_y	l_y/l_x	v	v_{max}	m_x	m_{xmax}	m_y	m_{ymax}	m'_x
0.50		0.00488	0.00504	0.0588	0.0646	0.0060	0.0063	−0.1212
0.55		0.00471	0.00492	0.0563	0.0618	0.0081	0.0087	−0.1187
0.60		0.00453	0.00472	0.0539	0.0589	0.0104	0.0111	−0.1158
0.65		0.00432	0.00448	0.0513	0.0559	0.0126	0.0133	−0.1124
0.70		0.00410	0.00422	0.0485	0.0529	0.0148	0.0154	−0.1087
0.75		0.00388	0.00399	0.0457	0.0496	0.0168	0.0174	−0.1048
0.80		0.00365	0.00376	0.0428	0.0463	0.0187	0.0193	−0.1007
0.85		0.00343	0.00352	0.0400	0.0431	0.0204	0.0211	−0.0965
0.90		0.00321	0.00329	0.0372	0.0400	0.0219	0.0226	−0.0922
0.95		0.00299	0.00306	0.0345	0.0369	0.0232	0.0239	−0.0880
1.00	1.00	0.00279	0.00285	0.0319	0.0340	0.0243	0.0249	−0.0839
	0.95	0.00316	0.00324	0.0324	0.0345	0.0280	0.0287	−0.0882
	0.90	0.00360	0.00368	0.0328	0.0347	0.0322	0.0330	−0.0926
	0.85	0.00409	0.00417	0.0329	0.0347	0.0370	0.0378	−0.0970
	0.80	0.00464	0.00473	0.0326	0.0343	0.0424	0.0433	−0.1014
	0.75	0.00526	0.00536	0.0319	0.0335	0.0485	0.0494	−0.1056
	0.70	0.00595	0.00605	0.0308	0.0323	0.0553	0.0562	−0.1096
	0.65	0.00670	0.00680	0.0291	0.0306	0.0627	0.0637	−0.1133
	0.60	0.00752	0.00762	0.0268	0.0289	0.0707	0.0717	−0.1166
	0.55	0.00838	0.00848	0.0239	0.0271	0.0792	0.0801	−0.1193
	0.50	0.00927	0.00935	0.0205	0.0249	0.0880	0.0888	−0.1215

③

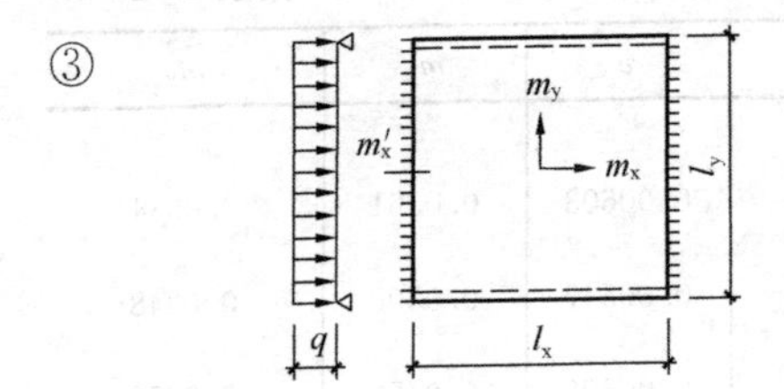

挠度＝表中系数×$\frac{(g+q)\ l^4}{B_c}$

$\nu=0$，弯矩＝表中系数×（$g+q$）l^2

式中 l 取用 l_x 和 l_y 中的较小者。

附表 14-3

l_x/l_y	l_y/l_x	v	m_x	m_y	m'_x
0.50		0.00261	0.0416	0.0017	−0.0843
0.55		0.00259	0.0410	0.0028	−0.0840
0.60		0.00255	0.0402	0.0042	−0.0834
0.65		0.00250	0.0392	0.0057	−0.0826
0.70		0.00243	0.0379	0.0072	−0.0814

续表

l_x/l_y	l_y/l_x	v	m_x	m_y	m'_x
0.75		0.00236	0.0366	0.0088	−0.0799
0.80		0.00228	0.0351	0.0103	−0.0782
0.85		0.00220	0.0335	0.0118	−0.0763
0.90		0.00211	0.0319	0.0133	−0.0743
0.95		0.00201	0.0302	0.0146	−0.0721
1.00	1.00	0.00192	0.0285	0.0158	−0.0698
	0.95	0.00223	0.0296	0.0189	−0.0746
	0.90	0.00260	0.0306	0.0224	−0.0797
	0.85	0.00303	0.0314	0.0266	−0.0850
	0.80	0.00354	0.0319	0.0316	−0.0904
	0.75	0.00413	0.0321	0.0374	−0.0959
	0.70	0.00482	0.0318	0.0441	−0.1013
	0.65	0.00560	0.0308	0.0518	−0.1066
	0.60	0.00647	0.0292	0.0604	−0.1114
	0.55	0.00743	0.0267	0.0698	−0.1156
	0.50	0.00844	0.0234	0.0798	−0.1191

④

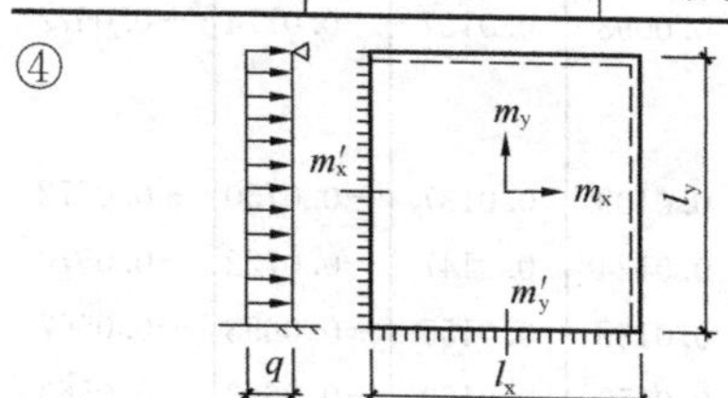

挠度＝表中系数×$\frac{(g+q)\ l^4}{B_c}$

$\nu=0$，弯矩＝表中系数×（$g+q$）l^2

式中 l 取用 l_x 和 l_y 中的较小者。

附表 14-4

l_x/l_y	v	v_{max}	m_x	m_{xmax}	m_y	m_{ymax}	m'_x	m'_y
0.50	0.00468	0.00471	0.0559	0.0562	0.0079	0.0135	−0.1179	−0.0786
0.55	0.00445	0.00454	0.0529	0.0530	0.0104	0.0153	−0.1140	−0.0785
0.60	0.00419	0.00429	0.0496	0.0498	0.0129	0.0169	−0.1095	−0.0782
0.65	0.00391	0.00399	0.0461	0.0465	0.0151	0.0183	−0.1045	−0.0777
0.70	0.00363	0.00368	0.0426	0.0432	0.0172	0.0195	−0.0992	−0.0770
0.75	0.00335	0.00340	0.0390	0.0396	0.0189	0.0206	−0.0938	−0.0760
0.80	0.00308	0.00313	0.0356	0.0361	0.0204	0.0218	−0.0883	−0.0748
0.85	0.00281	0.00286	0.0322	0.0328	0.0215	0.0229	−0.0829	−0.0733
0.90	0.00256	0.00261	0.0291	0.0297	0.0224	0.0238	−0.0776	−0.0716
0.95	0.00232	0.00237	0.0261	0.0267	0.0230	0.0244	−0.0726	−0.0698
1.00	0.00210	0.00215	0.0234	0.0240	0.0234	0.0249	−0.0667	−0.0677

⑤

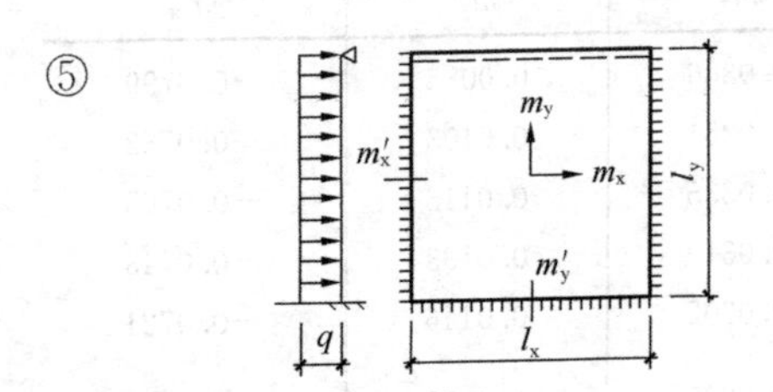

挠度＝表中系数×$\frac{(g+q)\ l^4}{B_c}$

$\nu=0$，弯矩＝表中系数×（$g+q$）l^2

式中 l 取用 l_x 和 l_y 中的较小者。

附表 14-5

l_x/l_y	l_y/l_x	v	v_{max}	m_x	m_{xmax}	m_y	m_{ymax}	m'_x	m'_y
0.50		0.00257	0.00258	0.0408	0.0409	0.0028	0.0089	−0.0836	−0.0569
0.55		0.00252	0.00255	0.0398	0.0399	0.0042	0.0093	−0.0827	−0.0570
0.60		0.00245	0.00249	0.0384	0.0386	0.0059	0.0105	−0.0814	−0.0571
0.65		0.00237	0.00240	0.0368	0.0371	0.0076	0.0116	−0.0796	−0.0572
0.70		0.00227	0.00229	0.0350	0.0354	0.0093	0.0127	−0.0774	−0.0572
0.75		0.00216	0.00219	0.0331	0.0335	0.0109	0.0137	−0.0750	−0.0572
0.80		0.00205	0.00208	0.0310	0.0314	0.0124	0.0147	−0.0722	−0.0570
0.85		0.00193	0.00196	0.0289	0.0293	0.0138	0.0155	−0.0693	−0.0567
0.90		0.00181	0.00184	0.0268	0.0273	0.0159	0.0163	−0.0663	−0.0563
0.95		0.00169	0.00172	0.0247	0.0252	0.0160	0.0172	−0.0631	−0.0558
1.00	1.00	0.00157	0.00160	0.0227	0.0231	0.0168	0.0180	−0.0600	−0.0550
	0.95	0.00178	0.00182	0.0229	0.0234	0.0194	0.0207	−0.0629	−0.0599
	0.90	0.00201	0.00206	0.0228	0.0234	0.0223	0.0238	−0.0656	−0.0653
	0.85	0.00227	0.00233	0.0225	0.0231	0.0255	0.0273	−0.0683	−0.0711
	0.80	0.00256	0.00262	0.0219	0.0224	0.0290	0.0311	−0.0707	−0.0772
	0.75	0.00286	0.00294	0.0208	0.0214	0.0329	0.0354	−0.0729	−0.0837
	0.70	0.00319	0.00327	0.0194	0.0200	0.0370	0.0400	−0.0748	−0.0903
	0.65	0.00352	0.00365	0.0175	0.0182	0.0412	0.0446	−0.0762	−0.0970
	0.60	0.00386	0.00403	0.0153	0.0160	0.0454	0.0493	−0.0773	−0.1033
	0.55	0.00419	0.00437	0.0127	0.0133	0.0496	0.0541	−0.0780	−0.1093
	0.50	0.00449	0.00463	0.0099	0.0103	0.0534	0.0588	−0.0784	−0.1146

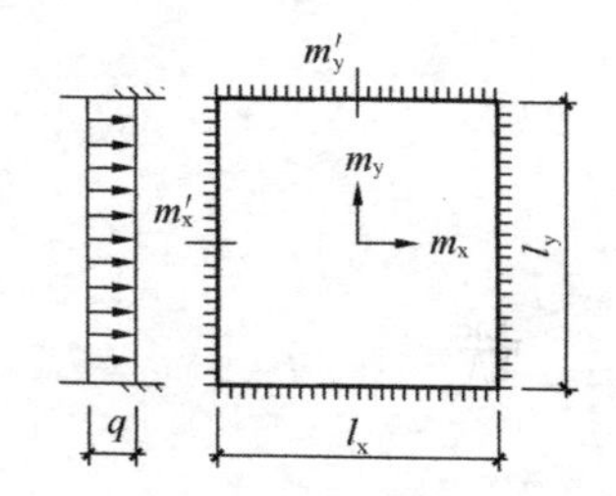

挠度＝表中系数×$\frac{(g+q)\ l^4}{B_c}$

ν=0，弯矩＝表中系数×（$g+q$）l^2

式中 l 取用 l_x 和 l_y 中的较小者。

附表 14-6

l_x/l_y	v	m_x	m_y	m'_x	m'_y
0.50	0.00253	0.0400	0.0038	−0.0829	−0.0570
0.55	0.00246	0.0385	0.0056	−0.0814	−0.0571
0.60	0.00236	0.0367	0.0076	−0.0793	−0.0571
0.65	0.00224	0.0345	0.0095	−0.0766	−0.0571
0.70	0.00211	0.0321	0.0113	−0.0735	−0.0569
0.75	0.00197	0.0296	0.0130	−0.0701	−0.0565
0.80	0.00182	0.0271	0.0144	−0.0664	−0.0559
0.85	0.00168	0.0246	0.0156	−0.0626	−0.0551
0.90	0.00153	0.0221	0.0165	−0.0588	−0.0541
0.95	0.00140	0.0198	0.0172	−0.0550	−0.0528
1.00	0.00127	0.0176	0.0176	−0.0513	−0.0513

参　考　文　献

[1] 混凝土结构设计规范(GB 50010—2010). 北京：中国建筑工业出版社，2011.

[2] 混凝土结构设计规范(GB 50010—2002). 北京：中国建筑工业出版社，2002.

[3] 建筑结构荷载规范(GB 50009—2012). 北京：中国建筑工业出版社，2012.

[4] 工程结构可靠性设计统一标准(GB 50153—2008). 北京：中国建筑工业出版社，2009.

[5] 钢筋混凝土用钢　第 1 部分：热轧光圆钢筋(GB 1499. 1—2008). 北京：中国标准出版社，2008.

[6] 钢筋混凝土用钢　第 2 部分：热轧带肋钢筋(GB 1499. 2—2007). 北京：中国标准出版社，2007.

[7] 1990CEB-FIR 模式规范(混凝土结构). 中国建筑科学研究院译，1991.

[8] ACI Building Code Requirements for Reinforced Concrete(ACI318-08). 2008.

[9] 国家建委建筑科学研究院主编. 钢筋混凝土结构研究报告选集. 北京：中国建筑工业出版社，1977.

[10] F. H. Wittmann. Adherence of Young on old Concrete，Switzerland. AEDIFICATIO Veriag. 1994.

[11] R. Park，T. Paulay. Reinforced Concrete Structures，1975.

[12] T. T. C. Hsu. Torsion of Reinforced Concrete Structures，1984.

[13] Н. И. Леванов，Л. Г. Суворкин. Железобенные Конструии. 1965.

[14] А. А. Гвозлев：Исслеловоние Свойств Ъетона И Железобетонны х Кострукции，1959.

[15] В. И. Му ращев：Трещиноустойчивость Жесткоть Прочность Железобетона. Москва，1950.

[16] Base. An Investigation of the Crack Control，Characteristics of Various Types of Barin Reinforced Concrete Beams. C and CA，London Research Report，1966.

[17] 前苏联. 混凝土和钢筋混凝土结构设计规范. СНиП 2. 03. 01-84. 冶金部建筑研究总院技术情报室，1986.

[18] 冯乃谦，邢锋. 高性能混凝土技术. 北京：原子能出版社，2000.

[19] 陈本沛. 混凝土结构理论和应用研究的现状与发展. 大连：大连理工大学出版社，1994.

[20] 赵国藩，黄承逵. 纤维混凝土的研究与应用. 大连：大连理工大学出版社，1992.

[21] 蔡绍怀. 现代钢管混凝土结构(修订版). 北京：人民交通出版社，2007.

[22] 钟善桐. 钢管混凝土结构(第 3 版). 北京：清华大学出版社，2003.

[23] 竺存宏，李广远. 预弯复合梁的设计与施工. 北京：人民交通出版社，1993.

[24] 杜拱辰. 部分预应力混凝土. 北京：中国建筑工业出版社，1990.

[25] 陶学康. 无粘结预应力混凝土设计与施工. 北京：地震出版社，1993.

[26] 孙宝俊. 现代 PRC 结构设计. 南京：南京出版社，1995.

[27] 朱伯芳. 有限单元法原理与应用(第三版). 北京：中国水利水电出版社，2009.
[28] 沈聚敏，王传志，江见鲸. 钢筋混凝土有限元与板壳极限分析. 北京：清华大学出版社，1993.
[29] 董哲仁. 钢筋混凝土非线性有限元法原理与应用. 北京：中国水利水电出版社，2002.
[30] 于骁中. 岩石和混凝土断裂力学. 长沙：中南工业大学出版社，1991.
[31] 赵国藩，曹居易，张宽权. 工程结构可靠度. 北京：科学出版社，2011.
[32] 赵国藩. 工程结构可靠性理论及应用. 大连：大连理工大学出版社，1996.
[33] 徐增全. 钢筋混凝土结构统一理论. 哈尔滨：哈尔滨建筑大学译，1993.
[34] 蒋元驹，韩素芳. 混凝土病害与修补加固. 北京：海洋出版社，1996.
[35] 天津大学，同济大学，南京工学院. 钢筋混凝土结构(上册). 北京：中国建筑工业出版社，1979.
[36] 王传志，滕智明. 钢筋混凝土结构理论. 北京：中国建筑工业出版社，1985.
[37] 黄国兴，惠荣炎，王秀军. 混凝土徐变与收缩. 北京：中国电力出版社，2012.
[38] 过镇海. 钢筋混凝土原理(第3版). 北京：清华大学出版社，2013.
[39] 王振东，叶英华. 混凝土结构设计计算. 北京：中国建筑工业出版社，2008.
[40] 黄士元等. 近代混凝土技术. 西安：陕西科学技术出版社，2002.
[41] 滕智明等. 钢筋混凝土基本构件(第二版). 北京：清华大学出版社，1999.
[42] 段芝霖，张誉，王振东. 钢筋混凝土结构设计理论丛书·抗扭. 北京：中国铁道出版社，1990.
[43] 孙训方，方孝淑，关来泰. 材料力学(1). 北京：高等教育出版社，2008.
[44] 陈骥. 钢结构稳定理论与设计(第五版). 北京：科学出版社，2011.
[45] 陈绍蕃. 钢结构设计原理(第三版). 北京：科学出版社，2005.
[46] 华东水利学院等. 水工钢筋混凝土结构. 北京：水利电力出版社，1983.
[47] 朱聘儒. 建筑结构. 北京：中国建筑工业出版社，1980.
[48] 丁大钧编著. 现代混凝土结构学. 北京：中国建筑工业出版社，2000.
[49] 《建筑结构静力计算》编写组. 建筑结构静力计算手册. 北京：中国建筑工业出版社，1985.
[50] 《钢筋混凝土结构构造》编写组. 建筑结构设计手册. 北京：中国建筑工业出版社，1971.

高校土木工程专业指导委员会规划推荐教材（经典精品系列教材）

征订号	书 名	定价	作 者	备 注
V16537	土木工程施工（上册）（第二版）	46.00	重庆大学、同济大学、哈尔滨工业大学	21世纪课程教材、“十二五”国家规划教材、教育部2009年度普通高等教育精品教材
V16538	土木工程施工（下册）（第二版）	47.00	重庆大学、同济大学、哈尔滨工业大学	21世纪课程教材、“十二五”国家规划教材、教育部2009年度普通高等教育精品教材
V16543	岩土工程测试与监测技术	29.00	宰金珉	“十二五”国家规划教材
V18218	建筑结构抗震设计（第三版）（附精品课程网址）	32.00	李国强 等	“十二五”国家规划教材、土建学科“十二五”规划教材
V22301	土木工程制图（第四版）（含教学资源光盘）	58.00	卢传贤 等	21世纪课程教材、“十二五”国家规划教材、土建学科“十二五”规划教材
V22302	土木工程制图习题集（第四版）	20.00	卢传贤 等	21世纪课程教材、“十二五”国家规划教材、土建学科“十二五”规划教材
V21718	岩石力学（第二版）	29.00	张永兴	“十二五”国家规划教材、土建学科“十二五”规划教材
V20960	钢结构基本原理（第二版）	39.00	沈祖炎 等	21世纪课程教材、“十二五”国家规划教材、土建学科“十二五”规划教材
V16338	房屋钢结构设计	55.00	沈祖炎、陈以一、陈扬骥	“十二五”国家规划教材、土建学科“十二五”规划教材、教育部2008年度普通高等教育精品教材
V15233	路基工程	27.00	刘建坤、曾巧玲 等	“十二五”国家规划教材
V20313	建筑工程事故分析与处理（第三版）	44.00	江见鲸 等	“十二五”国家规划教材、土建学科“十二五”规划教材、教育部2007年度普通高等教育精品教材
V13522	特种基础工程	19.00	谢新宇、俞建霖	“十二五”国家规划教材
V20935	工程结构荷载与可靠度设计原理（第三版）	27.00	李国强 等	面向21世纪课程教材、“十二五”国家规划教材
V19939	地下建筑结构（第二版）（赠送课件）	45.00	朱合华 等	“十二五”国家规划教材、土建学科“十二五”规划教材、教育部2011年度普通高等教育精品教材
V13494	房屋建筑学（第四版）（含光盘）	49.00	同济大学、西安建筑科技大学、东南大学、重庆大学	“十二五”国家规划教材、教育部2007年度普通高等教育精品教材

续表

征订号	书 名	定价	作 者	备 注
V20319	流体力学（第二版）	30.00	刘鹤年	21世纪课程教材、“十二五”国家规划教材、土建学科“十二五”规划教材
V12972	桥梁施工（含光盘）	37.00	许克宾	“十二五”国家规划教材
V19477	工程结构抗震设计（第二版）	28.00	李爱群 等	“十二五”国家规划教材、土建学科“十二五”规划教材
V20317	建筑结构试验	27.00	易伟建、张望喜	“十二五”国家规划教材、土建学科“十二五”规划教材
V21003	地基处理	22.00	龚晓南	“十二五”国家规划教材
V20915	轨道工程	36.00	陈秀方	“十二五”国家规划教材
V21757	爆破工程	26.00	东兆星 等	“十二五”国家规划教材
V20961	岩土工程勘察	34.00	王奎华	“十二五”国家规划教材
V20764	钢-混凝土组合结构	33.00	聂建国 等	“十二五”国家规划教材
V19566	土力学（第三版）	36.00	东南大学、浙江大学、湖南大学、苏州科技学院	21世纪课程教材、“十二五”国家规划教材、土建学科“十二五”规划教材
V20984	基础工程（第二版）（附课件）	43.00	华南理工大学	21世纪课程教材、“十二五”国家规划教材、土建学科“十二五”规划教材
V21506	混凝土结构（上册）——混凝土结构设计原理（第五版）（含光盘）	48.00	东南大学、天津大学、同济大学	21世纪课程教材、“十二五”国家规划教材、土建学科“十二五”规划教材、教育部2009年度普通高等教育精品教材
V22466	混凝土结构（中册）——混凝土结构与砌体结构设计（第五版）	56.00	东南大学、同济大学、天津大学	21世纪课程教材、“十二五”国家规划教材、土建学科“十二五”规划教材、教育部2009年度普通高等教育精品教材
V22023	混凝土结构（下册）——混凝土桥梁设计（第五版）	49.00	东南大学、同济大学、天津大学	21世纪课程教材、“十二五”国家规划教材、土建学科“十二五”规划教材、教育部2009年度普通高等教育精品教材
V11404	混凝土结构及砌体结构（上）	42.00	滕智明 等	“十二五”国家规划教材
V11439	混凝土结构及砌体结构（下）	39.00	罗福午 等	“十二五”国家规划教材

续表

征订号	书名	定价	作者	备注
V21630	钢结构(上册)——钢结构基础(第二版)	38.00	陈绍蕃	"十二五"国家规划教材、土建学科"十二五"规划教材
V21004	钢结构(下册)——房屋建筑钢结构设计(第二版)	27.00	陈绍蕃	"十二五"国家规划教材、土建学科"十二五"规划教材
V22020	混凝土结构基本原理(第二版)	48.00	张誉等	21世纪课程教材、"十二五"国家规划教材
V21673	混凝土及砌体结构(上册)	37.00	哈尔滨工业大学、大连理工大学等	"十二五"国家规划教材
V10132	混凝土及砌体结构(下册)	19.00	哈尔滨工业大学、大连理工大学等	"十二五"国家规划教材
V20495	土木工程材料(第二版)	38.00	湖南大学、天津大学、同济大学、东南大学	21世纪课程教材、"十二五"国家规划教材、土建学科"十二五"规划教材
V18285	土木工程概论	18.00	沈祖炎	"十二五"国家规划教材
V19590	土木工程概论(第二版)	42.00	丁大钧等	21世纪课程教材、"十二五"国家规划教材、教育部2011年度普通高等教育精品教材
V20095	工程地质学(第二版)	33.00	石振明等	21世纪课程教材、"十二五"国家规划教材、土建学科"十二五"规划教材
V20916	水文学	25.00	雒文生	21世纪课程教材、"十二五"国家规划教材
V22601	高层建筑结构设计(第二版)	45.00	钱稼茹	"十二五"国家规划教材、土建学科"十二五"规划教材
V19359	桥梁工程(第二版)	39.00	房贞政	"十二五"国家规划教材
V19938	砌体结构(第二版)	28.00	丁大钧等	21世纪课程教材、"十二五"国家规划教材、教育部2011年度普通高等教育精品教材